普通高等教育“十三五”规划教材

集成电路制造与封装基础

商世广　金　蕾　赵　萍　谢　端　编著

科学出版社

北　京

内 容 简 介

本书主要介绍半导体性质、硅片制备、氧化技术、图形技术、光刻技术、掺杂技术、薄膜物理制备、薄膜化学制备、工艺集成、工艺监控、封装技术、元器件可靠性设计和表面组装等微电子技术领域的基本内容，这些内容为进一步掌握半导体材料、半导体器件与集成电路制造、可靠性设计及表面组装的基本理论和方法奠定了坚实的基础。

本书可作为电子信息类微电子科学与工程、集成电路设计与集成系统、电子科学与技术、光电信息科学与工程、电子信息工程和应用物理学等专业的本科生和相关研究生的专业课程教材，也可供相近专业工程技术人员学习和参考。

图书在版编目(CIP)数据

集成电路制造与封装基础 / 商世广等编著. —北京：科学出版社，2018.8

ISBN 978-7-03-058386-4

Ⅰ. ①集…　Ⅱ. ①商…　Ⅲ. ①集成电路工艺　Ⅳ. ①TN405

中国版本图书馆 CIP 数据核字（2018）第 168593 号

责任编辑：宋无汗 / 责任校对：郭瑞芝
责任印制：张　伟 / 封面设计：陈　敬

科学出版社 出版
北京东黄城根北街 16 号
邮政编码：100717
http://www.sciencep.com

北京凌奇印刷有限责任公司 印刷

科学出版社发行　各地新华书店经销

*

2018 年 8 月第　一　版　开本：720×1000　B5
2022 年 4 月第四次印刷　印张：24 3/4
字数：499 000

定价：128.00 元

（如有印装质量问题，我社负责调换）

前　言

半导体产业已成为事关国民经济、国防建设和人民生活的基础性、战略性产业，也是推进信息化的重要力量。半导体产业的发展水平，已经成为一个国家综合国力发展水平的重要指标。半导体产业是很多国家重点扶持的首选产业之一，在全球已逐渐形成以集成电路设计、制造以及封装与测试为中心的三大产业群。目前，我国半导体产业与西方发达国家有着一定的差距，尤其是制造产业已经成为制约我国半导体产业发展的瓶颈。本书的出版对我国微电子技术专业及电子信息技术相关专业的人才培养具有重要的意义。

《集成电路制造与封装基础》从系统到相对独立性考虑，在内容的选取和编排上力求重点突出、难点分散，叙述了半导体材料的基本性质和制备、半导体工艺的基本原理、薄膜材料制备技术、工艺集成监控、封装技术以及元器件可靠性设计和表面组装等较全面的系列知识。本书的编写简化了深奥的理论论述，深入浅出、通俗易懂。谨希望本书的基础理论知识化作一滴甘泉汇入半导体专业知识的长河，供半导体器件和集成电路设计、制造及应用等信息技术领域的科研与工程技术人员阅读与参考。

本书分为五篇，共计 12 章。第一篇为半导体材料与衬底（第 1 章和第 2 章），主要内容包括半导体的性质、硅和硅片的制备，重点介绍了半导体的分类、缺陷、能带、能级和导电机制，半导体材料硅的提纯和多晶硅制备、单晶硅生长、硅片加工、硅片清洗以及硅片检验包装等。第二篇为半导体工艺原理（第 3～5 章），主要内容包括氧化技术、图形技术和掺杂技术，重点介绍了氧化、光刻、刻蚀、扩散和离子注入等工艺流程。第三篇为薄膜技术（第 6 章和第 7 章），主要内容包括薄膜的物理制备和化学制备，重点介绍了真空的获取和测量、真空蒸镀、溅射镀膜、离子镀、分子束外延和化学气相沉积等技术。第四篇为工艺集成与封装（第 8～10 章），主要内容包括工艺集成、工艺检测及监控和封装技术，重点介绍了欧姆接触、互连、CMOS 和双极型的电路集成、半导体工艺检测以及封装等技术。第五篇为元器件可靠性设计与组装（第 11 章和第 12 章），主要内容包括元器件的可靠性设计和表面组装检测技术，重点介绍了降额设计、热设计、静电防护、抗辐射、耐环境设计、可靠性试验以及表面组装的材料、工艺、在线和功能检测。这些内容为进一步理解和掌握半导体器件和集成电路分析、设计、制造的基本理论与方法奠定了坚实的基础。

本书的第 1、2、6、7 章由商世广编写，第 3～5 章由金蕾编写，第 8～10 章由赵萍编写，第 11 章和第 12 章由谢端编写，参与绘图的同志有程亭、杜玉环、蒋建朋、杜晓鸽和柴娜等。另外，在本书的编写过程中参阅了许多资料和文献，对参考资料和文献的作者一并表示诚挚的感谢。在编写本书过程中还引用了互联网上的最新技术报道和进展，在此向这些作者和机构表示衷心的感谢。共享资料，以及对某些资料进行加工、修改后引用到本书的，我们在此郑重声明，其著作权属于原作者，并在此向贡献者表示诚挚的感谢。

由于作者水平有限，书中难免存在不足之处，恳请广大读者批评指正。

编　者

2018 年 3 月

目　　录

第一篇　半导体材料与衬底

第二篇　半导体工艺原理

第三篇 薄膜技术

第五篇　元器件可靠性设计与组装

附　表

第一篇　半导体材料与衬底

第 1 章　半导体的性质

半导体技术是电子信息产业发展的基础，对航空航天技术、国防现代化乃至国民经济都会产生深刻的影响。半导体技术的发展直接依赖于半导体材料的开发和利用。半导体材料是半导体技术的重要分支之一，是半导体技术发展的物质基础。半导体材料在半导体行业中主要用来制作晶体管、固态激光器和集成电路等产品。半导体产品的性能、成品率和可靠性，除了与半导体产品本身的设计和制造工艺有关外，在很大程度上取决于半导体材料的质量。因此，半导体技术的发展，促进了半导体材料性能的提高；而半导体材料内在质量的改进，反过来又推动半导体技术向更高的水平迈进。本章主要介绍半导体材料的性质。

1.1　半导体的概述

常见的半导体有硅（Si）、锗（Ge）和砷化镓（GaAs）等，是制作晶体管、集成电路、电力电子器件和光电子器件的重要材料，支撑着通信、计算机、信息家电与网络技术等电子信息产业的发展。半导体是导电性可受控制，范围为绝缘体至导体的材料，它的发展对半导体工业的发展具有极大的影响。

1.1.1　半导体的基本性质

根据材料的导电性质，通常把导电性、导热性差的材料，称为绝缘体；而把导电性和导热性都比较好的金属材料称为导体；把介于绝缘体和导体之间的材料称为半导体[1]。典型三种材料的电阻率和电导率，如图 1-1 所示。

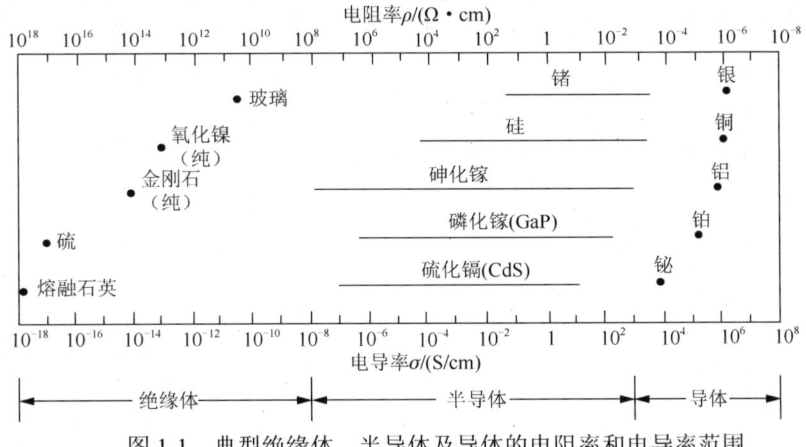

图 1-1　典型绝缘体、半导体及导体的电阻率和电导率范围

从图 1-1 中可以看出，绝缘物质的电阻率分布在 10^8～$10^{18}\Omega\cdot$cm，如熔融石英、金刚石、玻璃和硫等固态物质都分布在这个区间；导体物质的电阻率一般小于 $10^{-3}\Omega\cdot$cm，如铋、铂、铝、铜和银等金属都处于这个区间；而电阻率在 10^{-3}～$10^8\Omega\cdot$cm，介于绝缘体和导体之间的固态物质，则是本书主要研究的固态物质——半导体材料，如锗、硅和砷化镓等。半导体材料的主要特性[2]如下所示。

1）掺杂特性

完全不含杂质且无晶格缺陷的纯净半导体称为本征半导体，其电阻率很高。如果在本征半导体中有选择地掺入微量的某种杂质元素，就会使它的电阻率发生极大的变化。例如，在室温下的纯硅中掺入百万分之一的硼元素，其电阻率就会从 $2.14\times10^5\Omega\cdot$cm 减小到 $0.4\Omega\cdot$cm，可以使硅的导电能力提高 50 多万倍。这种适当掺入极微量的杂质元素，使导电性能显著增加的现象，是半导体最显著、最突出的特性——掺杂特性。正是通过掺入某些特定的杂质元素，可人为地、精确地控制半导体的导电能力，用以制作各种半导体器件。

2）光敏特性

半导体的电阻率对光的变化十分敏感。有光照时，电阻率很小；无光照时，电阻率很大。例如，常用的硫化镉光敏电阻，在没有光照时，电阻高达几十兆欧姆；受到光照时，电阻降到几十千欧姆，电阻值改变了上千倍。利用半导体的光敏特性，可制作出多种类型的光电器件，如光电二极管、光电三极管和硅光电池等。

3）热敏特性

半导体的电阻率随温度变化会发生明显的改变。例如，纯锗温度每升高 10℃，其电阻率就要减小到原来的 1/2。温度的细微变化，能从半导体电阻率的明显变化上反映出来。这种半导体的导电能力与温度的密切关系特性，称为半导体的热敏特性。利用半导体的热敏特性，可以制作感温元件——热敏电阻，可应用于温度测量和控制系统中。值得注意的是，各种半导体器件都因存在着热敏特性，在环境温度变化时影响其工作的稳定性。

此外，半导体材料还具有负电阻率温度特性、整流特性、电场和磁场效应等特性。

1.1.2　半导体的发展应用

半导体因其独特的电学性能，受到人们的广泛关注和深入研究。在实际的应用中，出现了整流管、三极管、场效应管以及平面工艺后的大规模集成电路和超大规模集成电路，同时开发出高温、高频、抗辐射及大功率等特殊的半导体器件。半导体的研发水平及产业化规模已成为衡量一个国家经济社会发展、科技进步和国防实力的重要标志。

1. 半导体的发展

人类认识半导体开始于 18 世纪电现象的发现。1833 年，英国巴拉迪最先发现硫化银的电阻随温度的变化情况不同于一般金属，其电阻随着温度的上升而降低，即热敏效应，这是人们对半导体现象的首次发现。1839 年，法国的贝克莱尔发现半导体和电解质接触形成的结，在光照下会产生一个电压，这就是后来人们熟知的光生伏特效应。1873 年，英国的史密斯发现硒晶体材料在光照下电导增加的光电导效应。1874 年，德国的布劳恩观察到某些硫化物的电导率与所加电场的方向有关，即它的导电有方向性。研究发现，在硫化物的两端加一个正向电压是导通的；如果把电压极性反过来则不导电，即为半导体的整流效应。同年，舒斯特又发现了铜与氧化铜的整流效应。虽然这四个效应早在 1880 年以前就被发现，但是半导体这个名词大概到 1911 年才被考尼白格和维斯首次使用，直到 1947 年才在贝尔实验室得以总结。

20 世纪初，人们应用半导体制出氧化亚铜低功率整流器和硒整流器等器件。尽管对其做了大量的研究工作，但由于在本质上缺乏理论上的认识，进展不大。20 世纪 30 年代初，由于量子力学的发展，能带理论被提出。固体能带理论解释了半导体的本质，为半导体材料和器件的发展打下了坚实的理论基础。

1948 年，锗晶体管的诞生掀起了电子工业的革命，打破了电子管一统天下的局面，从电子管时代进入半导体时代。此后，由于制造器件的需要，半导体的制备技术获得很大的进步。例如，直拉单晶、区熔提纯和高纯硅制备以及无位错硅单晶拉制等技术逐步完善并发展成熟，基本上解决了硅、锗器件的材料问题。

20 世纪 60 年代，以硅氧化和外延生长为前导的硅平面器件工艺的形成，使硅集成电路的研制获得成功，促使半导体工业的发展发生了一次飞跃。目前，大规模集成电路和超大规模集成电路已成为微电子技术的核心，为航天技术、高速计算技术等高科技的发展提供了条件，促进了整个社会的技术革命。

在硅、锗元素半导体材料研究的同时，其他半导体材料也取得了重大的进步。1952 年，韦尔克等发现元素周期表中Ⅲ族和Ⅴ族元素形成的二元化合物及多元化合物也是半导体材料。例如，砷化镓具有硅、锗不具备的电子迁移率高、禁带宽度大等优异特性；另外，砷化镓具有直接带隙结构和负阻效应，适合制作微波和光电器件。然而，这些化合物材料的制备远比硅、锗困难，直到 20 世纪 50 年代末，才用水平布里奇曼法制备出砷化镓单晶。1965 年，氧化硼液封拉制砷化镓单晶技术的发现，为工业化生长Ⅲ-Ⅴ族化合物打下了基础。20 世纪 60 年代初，液相外延和气相外延生长技术成功应用于化合物半导体薄膜的生长，自此半导体激光器等化合物半导体器件相继问世，化合物半导体的发展进入了高潮。

20 世纪 70 年代，分子束外延生长和金属有机气相外延生长技术的发展，可把外延层的厚度控制在原子层数量级，制备出量子阱、超晶格和应变层复合材料。超晶格的出现是半导体材料发展的又一个里程碑。低维材料推动着量子阱激光器、高速二维电子器件和光电集成器件的发展，同时也为根据半导体能带结构的差异而设计、生长新型的超晶格材料，为器件制作从杂质工程走向能带工程开拓了广阔的道路。

20 世纪 90 年代初，通过获得高质量 P 型氮化镓（GaN）外延薄膜材料，制作出了高亮度蓝色发光二极管并迅速产业化，为实现全彩显示奠定了基础。

2. 半导体的应用

半导体的物理性质是其产品应用的基础，表 1-1 列出了主要半导体材料的物理性质及应用情况。禁带宽度决定发射光的波长，禁带宽度越大，发射光的波长越短（蓝光发射）；禁带宽度越小，发射光的波长越长。电子迁移速率决定半导体低压条件下的高频工作性能，饱和速率决定半导体高压条件下的高频工作性能。

表 1-1　主要半导体材料的物理性质及应用

材料		Si	GaAs	GaN
物理性质	禁带宽度/eV	1.1	1.4	3.4
	饱和速率/($\times 10^7$cm/s)	1.0	2.1	2.7
	热导率/[W/(m·K)]	1.3	0.6	2.0
	击穿强度/(MV/cm)	0.3	0.4	5.0
	电子迁移强度/[$\mathrm{cm^2}$/(V·s)]	1350	8500	900
应用情况	光学应用	无	红外	蓝光/紫外
	高频性能	差	好	好
	高温性能	中	差	好
	发展阶段	成熟	发展中	初期
	相对制造成本	低	高	高

根据重要性和开发成功的先后顺序，半导体材料可以分为三代[3]。

第一代半导体主要是指硅、锗元素半导体。硅材料具有储量丰富、价格低廉、热性能与机械性能优良及易于生长大尺寸高纯度晶体等优点。目前，硅材料仍是电子信息产业最主要的基础材料，95%以上的半导体器件和 99%以上的集成电路都是用硅材料制作的。在 21 世纪，硅材料的主导和核心地位仍不会动摇。然而，硅材料的物理性质限制了其在光电子和高频、高功率器件上的应用。

第二代半导体主要是指砷化镓和磷化铟等III-V族二元化合物半导体。砷化镓是研究最深入、应用最广泛的半导体材料，技术较成熟。砷化镓是一种直接带隙的半导体材料，且具有禁带宽度宽、电子迁移率高的优点，不仅可直接研制光电子器件，如发光二极管、可见光激光器、近红外激光器、量子阱大功率激光器、红外探测器和高效太阳能电池等，而且在微电子方面，以半绝缘砷化镓（Si-GaAs）为基体，用直接离子注入自对准平面工艺研制的砷化镓高速数字电路、微波单片电路、光电集成电路、低噪声及大功率场效应晶体管，具有速度快、频率高、低功耗和抗辐射等特点。

砷化镓具有电子迁移率高（硅的 5～6 倍）、禁带宽度大等优点，其器件具有高频、高速和光电性能，并可在同一芯片同时处理光电信号，被公认是新一代的通信材料。随着高速信息产业的蓬勃发展，砷化镓成为继硅之后发展最快、应用最广和产量最大的半导体材料。同时，砷化镓在军事电子系统中的应用日益广泛，并占据着不可取代的重要地位。目前砷化镓材料的先进生产技术仍掌握在日本、德国以及美国等的国际大公司手中，国内企业在砷化镓材料生产技术方面还有较大差距。

第三代半导体是指以氮化镓、碳化硅、硒化锌和金刚石为代表的宽禁带半导体，又称高温半导体。这类半导体具有禁带宽度宽（大于 2.2eV）、热导率高、击穿电场高、抗辐射能力强及电子饱和速率高等特点，适用于高温、高频、抗辐射及大功率器件的制作。氮化镓的热导率明显高于常规半导体，而相对介电常数比常规材料要小，在高功率放大器、毫米波放大器和激光器上有着广泛的应用。宽带隙材料的热生率比常规半导体的小 10～14 个数量级，在电荷耦合器件、新型非易失性高速存储器中有重要的地位，有效地减小了光探测器的暗电流。

目前，第三代半导体材料面临的最主要的挑战是发展适合氮化镓薄膜生长的低成本衬底材料和大尺寸的氮化镓体单晶生长工艺。

1.2　半导体的晶体结构和分类

构成半导体材料的粒子（分子、离子实和电子）是依靠相互间作用结合成为晶体。根据相互作用时各种结合力的来源、物理本质和晶体的结合方式不同，半导体的结构不尽相同。半导体的种类很多，各自的分类方式也不尽相同。按照材料的功能及使用，可分为光电材料、热电材料、微波材料和敏感材料等。按照材料的组成和状态不同把材料分为无机半导体材料、有机半导体材料、无定形与液态半导体材料等。其中，无机半导体材料又包含元素半导体材料和化合物半导体材料。

1.2.1　半导体的晶体结构

材料内部微观粒子（原子或离子）的空间排列在决定材料特性上起着重要的作用。根据在固体内部微观粒子排列的不同，可把固体分为三类，即无定形（非晶体）、多晶体和单晶体。图 1-2 为三种晶体的结构示意图[4]。非晶体中组成微观粒子的排列没有一定的规则，原则上属于无序结构，近邻原子之间的相互作用，使得数个原子间距范围内在某些方面表现出一定的特征，因而可以看成具有一定的短程有序，如非晶态硅、非晶态锗等，它们没有固定熔点。多晶体中组成粒子的排列呈有序结构，只是不具有周期性或平移对称性，而是同时具有长程准周期平移序与晶体学不允许的长程取向序。单晶体具有一定的外形、固定的熔点，更重要的是组成粒子在空间的排列具有周期性，表现为既有长程取向有序，又有平移对称性，是一种高度长程有序的结构，常用的半导体材料锗、硅、砷化镓都是单晶体。

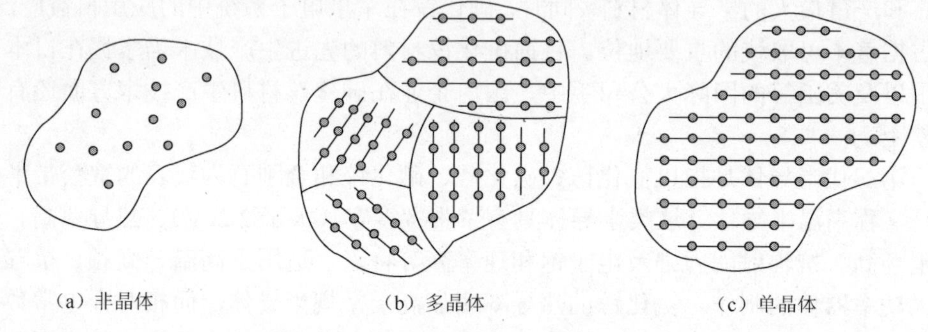

图 1-2　非晶体、多晶体和单晶体示意图

硅、锗和砷化镓都是最常用的半导体材料。硅和锗是Ⅳ族元素，具有金刚石结构。砷化镓是Ⅲ-Ⅴ族化合物半导体，属于闪锌矿结构。下面具体介绍金刚石、闪锌矿等一些典型的晶体结构。

1. 金刚石结构

金刚石是碳原子的一种结晶体。其中的碳原子都以共价键结合，原子排列的基本规律是每一个碳原子的周围都有 4 个按照正四面体分布的碳原子。这种结构可看成由两个面心立方布拉菲格子套构而成，套构的方式是沿着单胞立方体对角线的方向移动 1/4 距离，也可以看成由许多（111）的原子密排面沿着[111]方向、按照 ABCABCABC…规律堆积起来而构成。每个单胞中包含 8 个原子，每个原胞中包含 2 个不等价的原子，是一种复式晶格。重要的半导体硅和锗就具有金刚石型的晶体结构。

硅单晶属金刚石晶格结构，可以将其视为由两个面心立方晶格套构而成。如图 1-3（a）所示，该晶体虽然是由同一种化学元素硅构成，但其原子在晶格中的几何位置是不等价的。分析图 1-3（a）就会发现，两套面心立方格子上的每个原子都有 4 个最相邻的硅原子，而它们又都处于正四面体的顶点上，如图 1-3（b）所示，这是由硅的共价结构决定的。

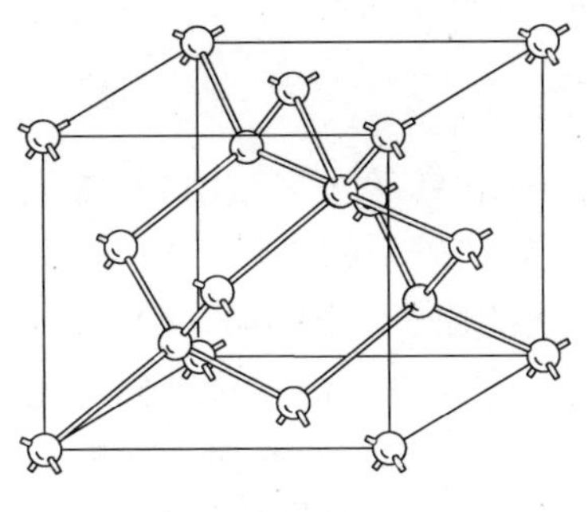

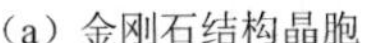

（a）金刚石结构晶胞

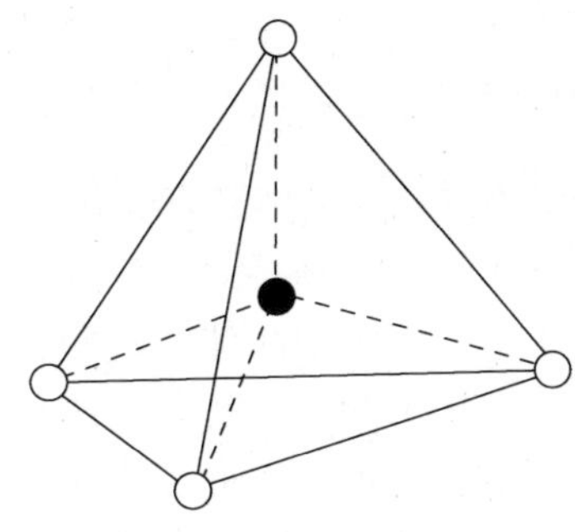

（b）正四面体结构

图 1-3　硅的晶体结构

硅晶体中的化学键为典型的共价键，共价键是通过价电子的共有化形成的。具体说来，共价键是由两原子间一对自旋相反的共有电子形成的[5]。电子的配对是形成共价键的必要条件。硅晶体中的每个原子都与 4 个最近邻原子形成 4 对自旋相反的共有电子，构成 4 个共价键。硅原子的最外层价电子分布为 $3s^23p^2$，3s 能级最多能容纳 2 个自旋相反的电子，现已有 2 个自旋相反的电子配成对了。3p 能级最多可容纳 6 个电子，现只有 2 个电子。根据洪德定则，即共价轨道上配布的电子将尽可能分占不同的轨道，且自旋平行。那么，两个 p 电子将分别占据两个 p 轨道，而空出一个 p 轨道。按照这种配布，s 轨道的两个电子已配成对了，不能再配对。只有 p 轨道上的 2 个电子尚未配对，可以和最近邻原子的价电子配成两对。这样每个原子只能和最近邻原子形成 2 个共价键，而实际上却是 4 个共价键，这个矛盾靠轨道的杂化来解决。硅原子的 3s 上的电子可以激发到 3p 上去，形成新的 sp^3 杂化轨道。sp^3 杂化轨道有 4 个未配对的电子，故可以形成 4 个共价键。虽然 3s 能级上的电子激发到 3p 能级上去需要一定的能量，但形成 2 个共价键所放出的能量更多，结果体系更趋稳定。

共价键有饱和性和方向性两个重要特性。所谓饱和性是 1 个电子和 1 个电子配对以后，就不能再与第 3 个电子配对了。硅原子轨道杂化以后，有 4 个未配对的价电子。这 4 个价电子分别与最近邻原子中的 1 个价电子配成自旋相反的电子对，形成 4 个共价键。因此，硅晶体中的任一原子能够形成的共价键数目最多为 4。这个特性就是共价键的饱和性。

所谓共价键的方向性是指原子只在特定的方向上形成共价键。硅原子的 4 个 sp^3 杂化轨道是等同的，各含有 1/4s 和 3/4p 成分，它们两两之间的夹角为 109° 28′。因此，它们的对称轴必须指向正四面体的四角。并且，共价键的强弱取决于形成共价键的两个电子轨道相互交叠的程度，交叠越多，共价键越强。因此，硅原子结合时的 4 个共价键取四面体顶角方向，因为 2 个最近邻原子的 sp^3 杂化轨道在四面体顶角方向重叠最大，所以共价键取这些方向，这就决定了硅晶体为金刚石结构。

2. 闪锌矿型结构

闪锌矿型结构，又称立方硫化锌型结构。砷化镓等大多数Ⅲ-Ⅴ族化合物半导体和一些重要的Ⅱ-Ⅵ族化合物半导体都具有闪锌矿型的晶体结构。类似金刚石结构，差别在于闪锌矿型晶体中有两种不同元素的原子。图 1-4（a）为闪锌矿型结构的晶胞，它是由两类原子各自组成的面心立方晶格，沿布拉维体对角线彼此位移四分之一空间对角线长度套构而成，每个原子被 4 个异族原子包围。例如，砷化镓晶体，其中一种是砷原子的面心立方格子；另一种是镓原子的面心立方格子。原胞的形成也与金刚石晶体的相同，每一个原胞包含 2 个不同元素的原子，因此闪锌矿型结构是一种复式晶格的晶体。

相比金刚石型结构晶体，闪锌矿型结构晶体在结构和性质上有很大的差别，主要由于化学键性质的不同。硅、锗等金刚石型晶体的价键均为共价键，但砷化镓等闪锌矿型结构晶体的化学键具有不同程度的离子性，也就是常称的极性。对于Ⅲ-Ⅴ族化合物砷化镓，晶体原子的配位数也是 4，即一个镓原子的周围有 4 个按照正面体分布的砷原子，一个砷原子的周围有 4 个镓原子。如图 1-4（b）所示，垂直于<111>晶向观察闪锌矿型结构的Ⅲ-Ⅴ族化合物砷化镓，是由许多密排原子面叠起来构成的。这些密排列面都是{111}晶面，并且一层是Ⅲ族镓原子面，其上一层就是Ⅴ族 As 原子面，再上一层又是镓原子面，……，这样间隔地堆叠起来即构成整个晶体。

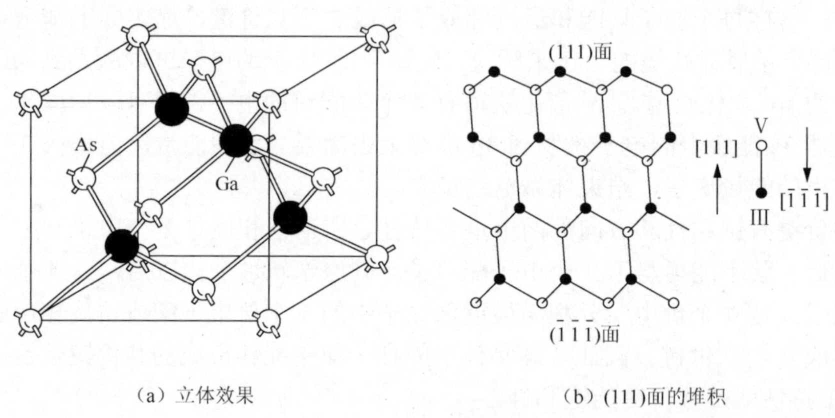

（a）立体效果　　（b）(111)面的堆积

图 1-4　闪锌矿型结构

除此之外，还有Ⅱ-Ⅵ族化合物构成的双原子层纤锌矿型结构以及一些重要的半导体材料不是四面体的结构，如Ⅳ-Ⅵ族化合物硫化铅、硒化铅、碲化铅，它们都是氯化钠型晶体结构结晶。

1.2.2　半导体的分类

1．元素半导体材料

元素半导体材料是指由单体元素构成的半导体材料。如表 1-2 所示，共有 12 种元素具有半导体性质，即硅、锗、硼、碲、碘、硒及碳、磷、砷、硫、锑、锡的某种同素异形体。其中，碳、磷、硒具有绝缘体与半导体两种形态；硼、硅、锗和碲具有半导性；锡、砷、锑具有半导体与金属两种形态。磷的熔点与沸点太低，碘的蒸气压太高，容易分解，实用价值不大。砷、锑、锡的稳定态是金属，半导体是不稳定的形态。硼、碳、碲因制备工艺上的困难和性能方面的局限性尚未被应用。因此，这 12 种元素半导体，只有锗、硅和硒三种元素已得到广泛应用。

表 1-2　元素半导体材料的主要性质

材料	熔点/℃	带隙/eV	迁移率/[cm^2/(V·s)]		有效质量/m_0	
			电子	空穴	电子（m_n^*）	空穴（m_p^*）
硼（B）	2030	1.6	—	—	—	—
金刚石（C）	4027	5.47	1800	1200	—	—
硅（Si）	1420	1.12（I）	1500	450	0.98	0.16
锗（Ge）	937	0.66（I）	3900	1900	1.64	0.044
灰锡（Sn）	231.9	0.082	1400	1200	—	—
红磷（P）	44.2	2.0	220	350	—	—
灰砷（As）	817	1.2	65	60	—	—
黑锑（Sb）	630.5	0.1	3	—	—	—
硫（S）	119	2.4	—	—	—	—
硒（Se）	217	1.8（D）	1	0.2	—	—
碲（Te）	449.5	0.3（D）	1100	57	0.38	0.26
碘（I）	113.7	1.3	—	—	—	—

注：D 为直接带隙；I 为间接带隙。

2．化合物半导体材料

化合物半导体材料可分为二元系、三元系和四元系等几种。二元系化合物主要包括Ⅳ-Ⅳ族化合物，如碳化硅以及硅锗合金等；Ⅲ-Ⅴ族化合物，由Ⅲ族元素铝、镓、铟和Ⅴ族元素磷、砷等组成，如砷化镓、磷化铟和氮化镓等；Ⅱ-Ⅵ族化合物，由Ⅱ族元素锌、镉、汞和Ⅵ族元素硫、硒、碲组成，如硫化锌和碲化镉等；Ⅰ-Ⅶ族化合物，由Ⅰ族元素铜、银、金和Ⅶ族元素氯、溴、碘组成，如溴化亚铜和碘化亚铜等；Ⅴ-Ⅵ族化合物，由Ⅴ族元素砷、锑、铋和Ⅵ族元素硫、硒、碲组成，如碲化铋、硒化铋、硫化铋和碲化砷等。除以上二元系化合物外，还有二元系化合物的固溶体，如砷化铟和锑化铟、锑化铝和锑化镓等。

三元系化合物半导体主要包括一个Ⅱ族和一个Ⅳ族原子去替代Ⅲ-Ⅴ族中两个Ⅲ族原子所构成的晶体，如二磷化硅锌、二磷化锗锌、二砷化锗锌和二硒化锡镉等；一个Ⅰ族和一个Ⅲ族原子去替代Ⅱ-Ⅵ族中两个Ⅱ族原子所构成的晶体，如硒化铜镓、碲化银铟和碲化铜铟等。

此外，还有结构为闪锌矿的四元系和更复杂的无机化合物，如四硫化铜铁锡等。

3. 有机半导体材料

有机半导体材料是具有半导体性质的有机材料，即导电能力介于金属和绝缘体之间，具有热激活电导率且电导率在 $10^{-10}\sim10^{2}\Omega\cdot cm$ 内的有机物。有机半导体可分为有机物、聚合物和给体-受体络合物三类。有机物类包括芳烃、染料和金属有机化合物，如紫精、酞菁、孔雀石绿和罗丹明 B 等；聚合物类包括主链为饱和类聚合物和共轭型聚合物，如聚苯、聚乙炔、聚乙烯咔唑和聚苯硫醚等；电荷转移络合物由电子给予体与电子接受体两部分组成，典型的有四甲基对苯二胺与四氰基对苯二醌二甲烷复合物。

早在 20 世纪 60 年代初，人们就发现一些有机材料和高分子聚合物属于半导体材料，可以制作多种半导体元器件。例如，利用有机/聚合物半导体材料制作发光二极管，发光波长可以从蓝色到红色，从而能制成全色显示屏和白色二极管。在相当长一段时间内，寿命成为妨碍其发展和使用的问题。近年来，在这方面的研究有所突破，使用寿命已达到一万小时以上，且应用范围不断扩大。有机半导体材料因其具有制作与使用方便、价格便宜等优点，得到广泛深入的研究和应用，具有美好的前景。

4. 无定形与液态半导体材料

无定形半导体是指没有晶格周期性的半导体。广义的无定形半导体包含液态半导体，也称非晶半导体或无序半导体。无定形半导体虽然长程无序，但是具有不同程度的短程有序，即以共价键结合的最近邻原子间的距离几乎不变，键角在一定范围内涨落，根据相应晶态材料而构成原子的结合方式，满足其化学价键的要求。无定形半导体与多晶、微晶的区别在于，多晶和微晶分别在尺度不同的晶粒范围内存在着严格的周期性。

1.3　半导体的缺陷

在理想完整的晶体中，原子按一定的次序严格地处在空间有规则的、周期性的格点上。但在实际的晶体中，由于晶体形成条件、原子的热运动及其他因素的影响，原子的排列不可能绝对的完整和规则，偏离了理想晶体结构的区域。这些与完整周期性点阵结构的偏离就是晶体中的缺陷，它破坏了晶体的对称性。

晶体结构中质点排列的某种不规则性或不完善性，又称晶格缺陷。晶格缺陷按其维数可分为点缺陷、线缺陷、面缺陷和体缺陷[6]。晶体中缺陷的存在，对晶体的性质产生重大影响。在某些情况下，极其少量的缺陷，可能会从根本上改变晶体的性能。

1.3.1 点缺陷

点缺陷只涉及大约一个原子大小范围的晶格缺陷，主要包括本征缺陷和杂质缺陷。本征缺陷主要有由晶格位置上缺失正常应有的质点而造成的空位以及额外的质点充填晶格空隙而产生的间隙；杂质缺陷主要有由杂质成分的质点替代了晶格中固有成分质点的位置而引起的替位以及充填晶格空隙而产生的间隙杂质，在类质同象混晶中替位是一种普遍存在的晶格缺陷。本节主要介绍本征缺陷，具体情况如下。

1）弗仑克尔缺陷

晶体结构中，由于原先占据一个格点的原子（或离子）离开格点位置，成为间隙原子（或离子），并在其原先占据的格点处留下一个空位，如图 1-5（a）所示，这样的空位-间隙对就称为弗仑克尔缺陷。

2）肖特基缺陷

原子在其平衡位置附近做热振动，由于热涨落个别原子可能获得足够大的动能，以至于克服平衡位置势阱的束缚而迁移到晶体表面上的某一格点位置，在晶体表面上构成新的一层，如图 1-5（b）所示。从而在晶体内部的格点上留下空缺的位置——空位，肖特基缺陷也称为空位。

3）反肖特基缺陷

由于热涨落，晶体表面上的个别原子可能获得足够的动能，进入晶体内部格点的间隙位置。这些位置在理想情况下是不为原子所占据的，从而在这些被占据的间隙位置形成缺陷。这些缺陷称为反肖特基缺陷，也称为填隙原子，如图 1-5（c）所示。

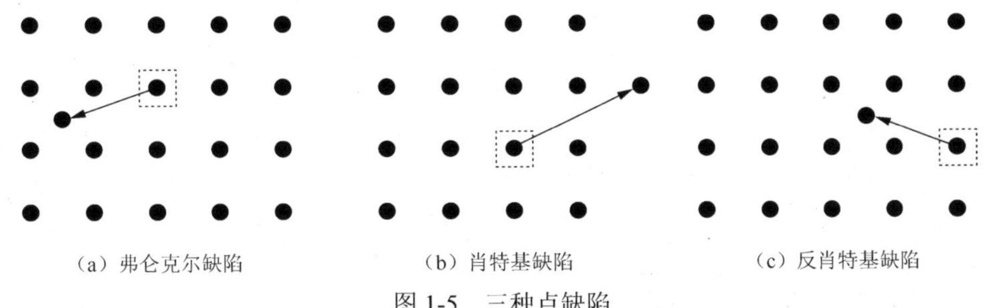

（a）弗仑克尔缺陷　（b）肖特基缺陷　（c）反肖特基缺陷

图 1-5　三种点缺陷

以上几种缺陷都是由热运动的涨落产生的，因此也称为热缺陷。由于热运动的随机性，缺陷也可能消失——称为复合。在一定温度下，缺陷的产生与复合是一种动态相互平衡过程，缺陷将保持一定的平衡浓度。

1.3.2　线缺陷

位错是晶体中常见的线缺陷，它可以通过范性形变产生。在位错附近，原子排列偏离了严格的周期性，相对位置发生错乱。位错可看成局部晶格沿一定的原子面发生晶格的滑移导致的现象。滑移不贯穿整个晶格，缺陷到晶格内部即终止，在已滑移部分和未滑移部分晶格的分界处造成质点的错乱排列，即位错。滑移区和未滑移区的交线，称为位错线。位错一般可分为刃型位错和螺型位错。

1）刃型位错

如图 1-6（a）所示，假设晶体沿 *ABCD* 切开到 *CD* 为止，*ABCD* 面为滑移面，若沿 *BC* 方向将晶体的上面部分向右推动，使原来重合的 *A* 和 *A'*、*B* 和 *B'*沿滑移矢量 ***b*** 方向移动一个原子间距，于是滑移面上面的部分由于滑移而挤压多出半个晶面。*CD* 左边是滑移区，右边是未滑移区，边界 *CD* 就是滑移部分和未滑移部分的分界线，称为位错线。位错线上方多出半个原子平面，像一把插在晶体内的刀，如图 1-6（b）所示，在“刀刃”附近原子排列严重偏离晶格的周期性。人们形象地称这种缺陷为刃型位错，也称棱位错。

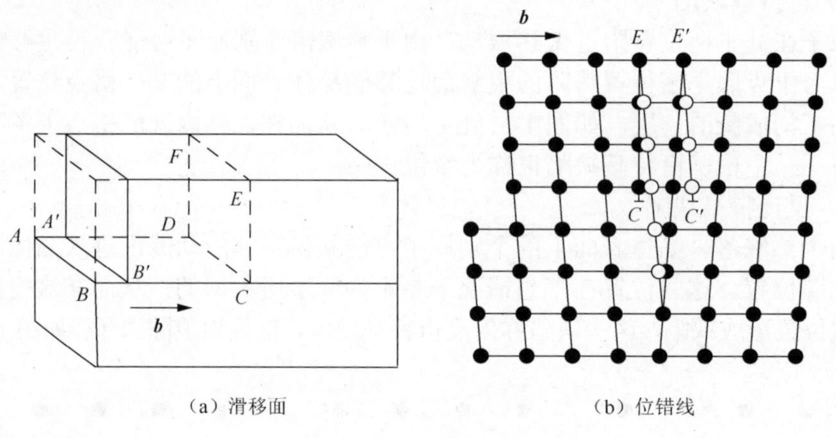

（a）滑移面　　（b）位错线

图 1-6　刃型位错

2）螺型位错

如图 1-7（a）所示，假设将一块晶体沿晶面 *ABCD* 切开到直线 *AD* 为止，*ABCD* 面为滑移面，*BC* 线两侧的原子沿 *AD* 方向滑移一个原子间距 *a*。*AD* 为滑移部分与未滑移部分的分界线，称为螺位错线。这时，原本与 *AD* 垂直的平行晶面，由于滑移面两侧晶面的相对位移，现在就变成一个螺旋式上升的晶面，如图 1-7（b）所示。显然在螺型位错结构中没有多余的半晶面，滑移矢量 ***b*** 与螺型位错线平行，都落在滑移面里。

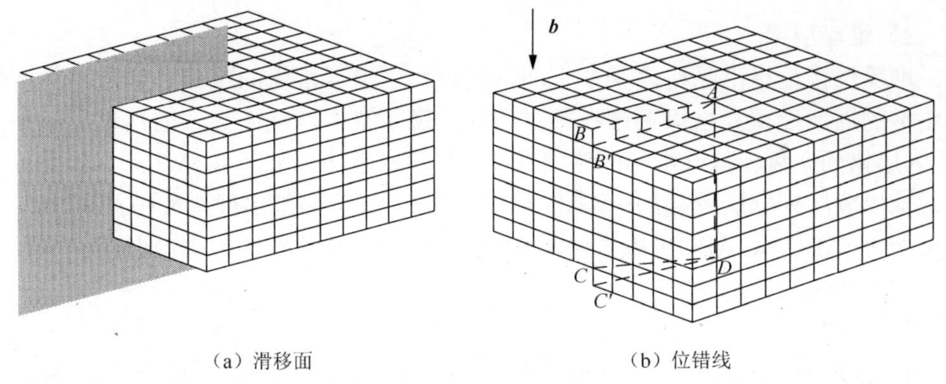

（a）滑移面　（b）位错线

图 1-7　螺型位错

1.3.3　面缺陷

面缺陷是指沿着晶格内或晶粒间某些面的两侧局部范围内所出现的二维晶格缺陷。面缺陷主要有同种晶体内的小角晶界、堆垛层错以及异种晶体间的相界等。

1）小角晶界

同种晶体内部结晶方位不同的两晶格间或不同晶粒之间的交界面，称为晶界。按结晶方位差异的大小可将晶界分为小角晶界和大角晶界等。小角晶界一般指的是两晶格间结晶方位差小于 10° 的晶界，大角晶界结晶方位差大于 15° 的晶界。图 1-8 表示两个取向不同的简单立方晶体的界面，在角 θ 的两边为完整的简单立方晶格，但彼此取向不同。可以认为单晶取向是绕垂直于纸面的轴转了一个小角 θ，口内的区域为过渡区。如果两部分倾角 θ 很小，过渡区是由少数几个多余的半截晶面所组成，即可认为晶界过渡区是由一些刃型位错的排列构成。若 D 代表两刃型位错之间的距离、a 为相邻原子的间距，则 $D=a/\theta$。这种模型已被 X 射线、光子衍射方法证实。

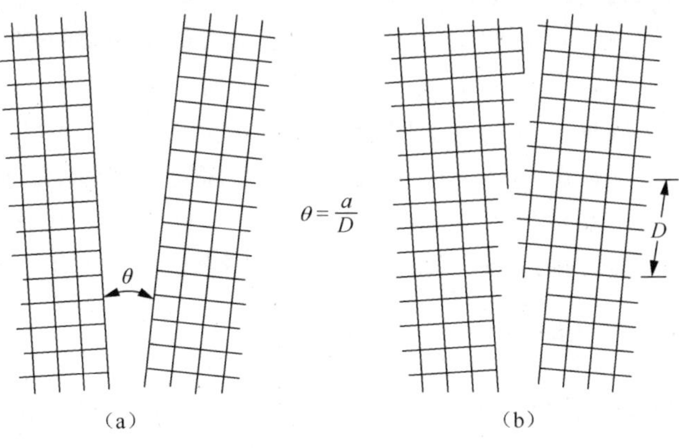

（a）　（b）

图 1-8　简单立方结构的小角晶界

2）堆垛层错

堆垛层错是指沿晶格内某一平面，质点发生错误堆垛的现象，它是晶体结构层正常的周期性重复堆垛顺序在某二层间出现了错误，从而导致的沿该层间平面（称为层错面）两侧附近原子的错误排布。假设在立方紧密堆积结构中，其固有的正常堆垛顺序为三层重复的…ABC ABC ABC…。若局部出现诸如…ABC ABAC ABC…、…ABC BC ABC…或者…ABC ABC ACB…几种新结构，分别称为外层错、内层错和孪生。

3）相界

相界为结构或化学成分不同的晶粒间的界面，也是常见的面缺陷的一种。主要产生的原因为在外延过程中，晶格的失配或晶格常数的差异。

1.3.4　体缺陷

晶体中偏离严格周期性的三维尺寸较大，如包裹体、微沉淀、空洞和气泡等缺陷，称为体缺陷。其中，包裹体是晶体生长过程中界面捕获的夹杂物，可能是晶体生长原料的某一过量组分形成的固体颗粒，也可能是晶体生长中引入的杂质微粒。包裹体是一种严重影响晶体性质的缺陷，因热膨胀系数和晶体材料不同将在晶体生长过程中产生内部应力，会导致晶体形变以及位错等其他缺陷的形成。

杂质硼、磷和砷等在硅晶体中只能形成有限固溶体，当掺入的数量超过晶体可接受的浓度时，杂质将在晶体中沉积，形成微沉淀体缺陷。

1.4　半导体的电子状态和能带

半导体具有诸多独特的物理性质，主要取决于半导体中电子的状态及其运动特点。半导体单晶材料和其他的固态晶体一样，也是由大量原子组成，原子又包括原子实和最外层电子，它们均处于不断的运动状态。为使问题简化，假定晶体中的原子实固定不动，并按一定规律作周期性排列，然后进一步认为每个电子都是在固定的原子实周期势场及其他电子的平均势场中运动，也就是单电子近似。用单电子近似的方法研究晶体中电子状态的理论称为能带理论。能带理论认为晶体中的电子是在整个晶体内运动的共有化电子，并且共有化电子是在晶体周期性的势场中运动，可定性地解释导体、半导体和绝缘体之间导电性能的差异。

1.4.1　原子能级和晶体能带

1. 电子的共有化运动

原子组成晶体后，由于电子壳层的交叠，电子不再完全局限于某一个原子上，可以由一个原子转移到相邻的原子上去。因而电子将可以在整个晶体中运动，这种运动称为电子的共有化运动。

在各原子中，相似壳层上的电子才有相同的能量，电子只能在相似壳层间转移。因此，共有化运动的产生是由于不同原子之间的相似壳层间的交叠，如 2p 支壳层、3s 支壳层的交叠，如图 1-9 所示。结合成晶体后，每一个原子能引起“与之相应”的共有化运动，如 3s 能级引起“3s”的共有化运动，2p 能级引起“2p”的共有化运动。内外壳层交叠程度也不相同，只有最外层电子的共有化运动才显著。

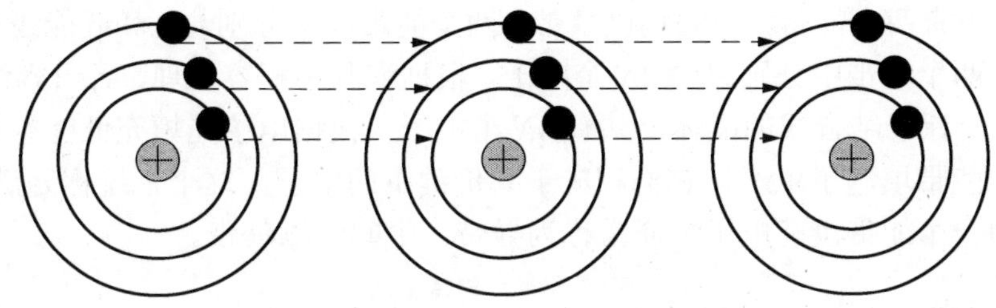

图 1-9　电子的共有化运动示意图

2. 能带的形成

如图 1-10 所示，在单个原子中，电子具有分立的能级，如 1s、2s、2p 等，在物理学中形象化地用一条条水平横线表示电子的各个能量值。如果晶体内含有 N 个相同的原子，那么原先每个原子中具有相同能量的所有价电子，现在处于共有化状态。这些被共有化的外层电子，由于泡利不相容原理的限制，不能再处于相同的能级上，这就使得原来相同的能级分裂成 N 个和原能级相近的新能级。由于 N 很大，新能级中相邻两能级的能量差仅为 10^{-22}eV，几乎可以看成连续的，N 个新能级具有一定的能量范围，通常称为能带。相邻两能带间的能量范围称为“能隙”或“禁带”。

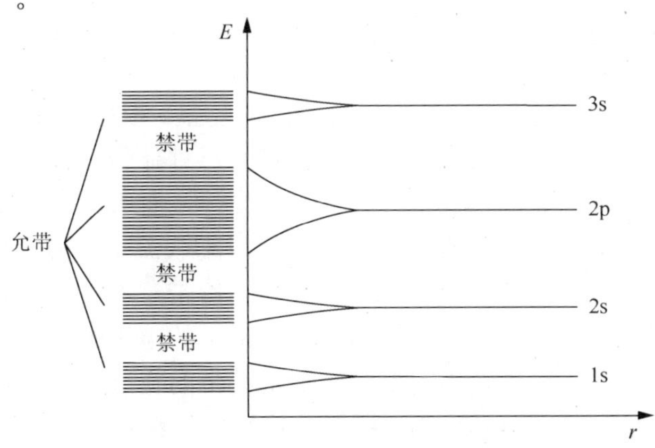

图 1-10　能级的分裂及能带

半导体或绝缘体中，在绝对零度下能被电子占满的最高能带称为价带，其最高能态 E_V 称为价带顶，价带以上能量最低的允许带称为导带，其最低能态 E_C 称为导带底。

但是必须指出，许多实际晶体的能带与孤立原子能级间的对应关系，并不都像上述内容那样简单，当共有化运动很强时，能带可能很宽而发生能带间的重叠。例如，金刚石和半导体材料硅、锗，它们的原子都有 4 个价电子，2 个 s 电子、2 个 p 电子，组成晶体后，由于轨道杂化的结果，其价电子形成的杂化能带如图 1-11 所示，上下有两个能带，中间隔以禁带。两个能带并不分别与 s 和 p 能级相对应，而是上下两个能带中分别包含 2N 个电子，根据泡利不相容原理，各可容纳 4N 个电子。N 个原子结合成的晶体，共有 4N 个电子，根据电子先填充低能态的原理，下面一个能带填满了电子，它们相应于共价键中的电子，这个带统称为满带或价带；上面一个能带没有电子，通常称为导带；中间隔以禁带。

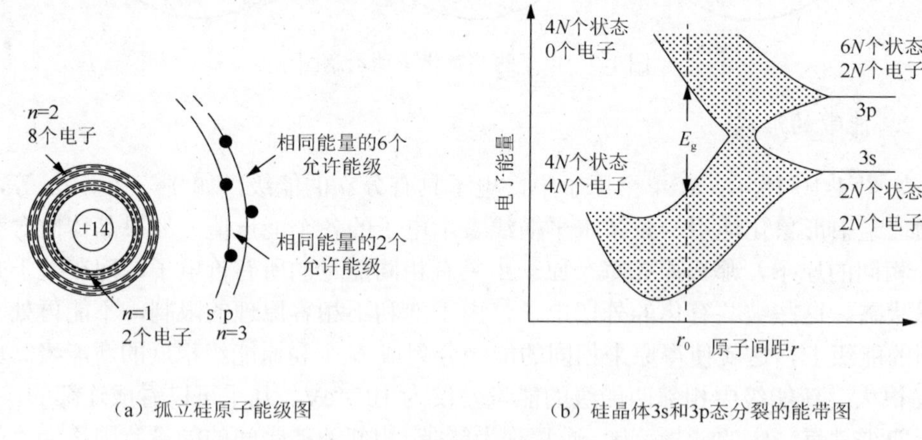

（a）孤立硅原子能级图　　（b）硅晶体3s和3p态分裂的能带图

图 1-11　硅的杂化能带图

1.4.2　晶体的能带结构

按固体能带理论，物质的核外电子有不同的能量。根据核外电子能级的不同，把它们的能级划分为导带、禁带和价带（满带）三种能带。在禁带里，是不允许有电子存在的，禁带把导带和价带分开。对于导体，有大量电子处于导带，能自由移动，如图 1-12（a）所示，在电场作用下，成为载流子，因此导体载流子的浓度很大。对于绝缘体和半导体，电子大多数处于价带，不能自由移动。然而，在热、光等外界因素的作用下，可以促使少量价带中的电子越过禁带，跃迁到导带上成为载流子。绝缘体和半导体的主要区别是禁带的宽度不同，半导体的禁带很窄（一般低于 3eV），如图 1-12（b）所示；绝缘体的禁带宽一些，如图 1-12（c）所示，电子的跃迁困难得多。因此，绝缘体的载流子的浓度很小，导电性能很弱。

实际上在绝缘体里，导带不是没有电子，而是总有一些电子会从价带跃迁到导带，但数量极少。一般情况下，可以忽略在外场作用下它们移动所形成的电流。

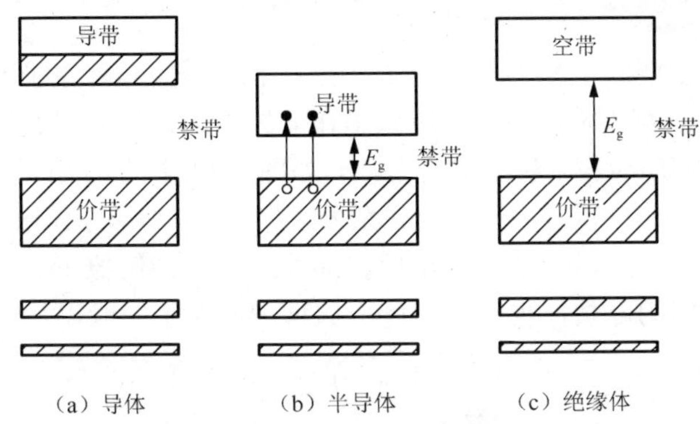

图 1-12　晶体能带结构示意图

1.5　半导体的导电机制

半导体中有自由电子和空穴两种载流子。在热力学的最低温度——热力学零度和没有外界能量激发时，价电子受共价键的束缚，晶体中不存在自由运动的电子，半导体不能导电。但是，当半导体的温度升高（如室温 300K）或受到光照等外界因素的影响时，某些共价键中的价电子获得了足够的能量，足以挣脱共价键的束缚，跃迁到导带成为自由电子，同时在共价键中留下相同数量的空穴。由于空穴的存在，邻近共价键中的价电子很容易跳过去填补这个空穴，从而使空穴转移到邻近的共价键中去，而后新的空穴又被其相邻的价电子填补，这一过程持续下去，就相当于空穴在运动。带负电荷的价电子依次填补空穴的运动与带正电荷的粒子做反方向运动的效果相同，因此把空穴视为带正电荷的粒子，与电子的电荷量相同，把热激发产生的这种跃迁过程称为本征激发。显然，本征激发所产生的自由电子和空穴数目是相同的。

可见，半导体中存在两种载流子，即带正电荷的空穴和带负电荷的自由电子。

在没有外加电场作用时，载流子的运动是无规则的，没有定向运动，不能形成电流；在外加电场作用下，自由电子将产生逆电场方向的运动，形成电子电流。同时，价电子也将逆电场方向依次填补空穴，其导电作用就像空穴沿电场运动一样，形成空穴电流。虽然在同样的电场作用下，电子和空穴的运动方向相反，但由于电子和空穴所带电荷相反，因而形成的电流是相加的，即顺着电场方向形成电子和空穴两种漂移电流。

1.6　半导体的杂质能级

组成晶体的主要原子称为基质原子。掺入晶体中的异种原子或同位素称为杂质，形成的缺陷称为杂质缺陷。杂质原子在晶体中的占据方式有两种，一种是杂质原子进入晶格间隙位置，称为填隙杂质，如图 1-13 中的 A 原子；另一种是杂质原子占据基质原子的位置，称为替位式杂质，如图 1-13 中的 B 原子。通常，半径相对较小的杂质原子常以填隙方式出现在晶体之中；杂质原子和晶格原子半径大小相近，而且它们的电负性也比较相近，这种杂质原子一般以替位方式存在。

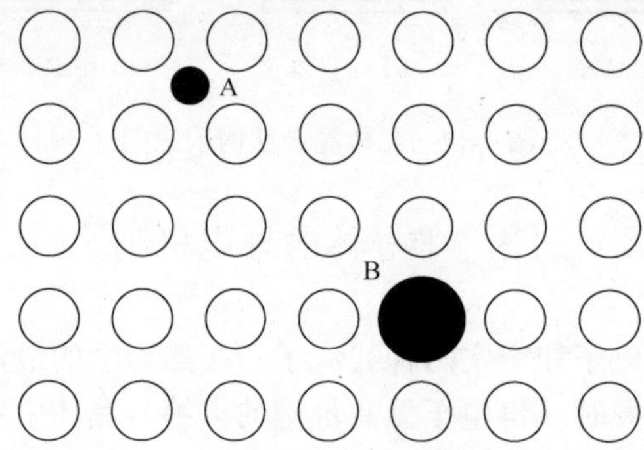

图 1-13　间隙式杂质和替位式杂质

1.6.1　施主杂质和施主能级

在本征半导体硅（或锗）中掺入少量的五价元素，如磷、砷或锑等的一种或几种，就可以构成 N 型半导体。如图 1-14 所示，在硅晶体中掺入少量的磷原子，磷原子取代了某些硅原子的位置。磷原子有五个价电子，其中有四个与相邻的硅原子结合成共价键，余下的一个不在共价键内，磷原子对它的束缚力较弱，只需要得到极小的外界能量，这个电子就可以挣脱磷原子的束缚而成为自由电子。这种使杂质的价电子游离成为自由电子的能量称为电离能。这种电离能远小于禁带宽度 E_g，因此在室温下，几乎所有的杂质都已电离而释放出自由电子。杂质电离产生的自由电子不是共价键中的价电子，不同于本征激发，不会产生空穴。失去一个价电子的杂质原子成为一个正离子，这个正离子固定在晶格结构中，形成不能移动的正电中心，不参与导电。

磷原子对第 5 个价电子的束缚力较弱，这是由于该电子的能级 E_D（也称施主能级）非常接近导带底，能带图如图 1-15 所示。在磷原子数量很少时，各施主能级间几乎没有什么影响，施主能级处于同一能量水平。

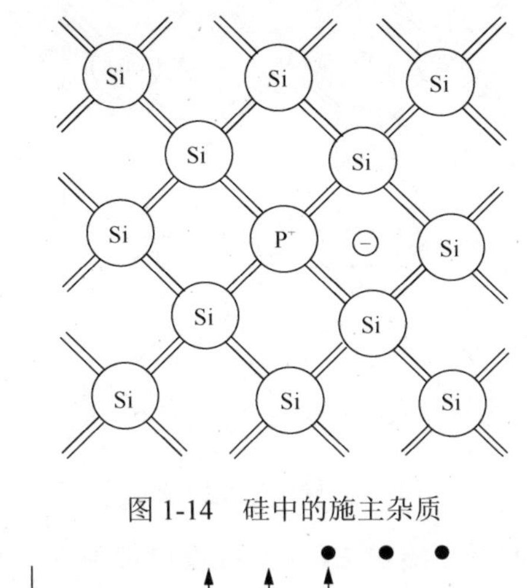

图 1-14 硅中的施主杂质

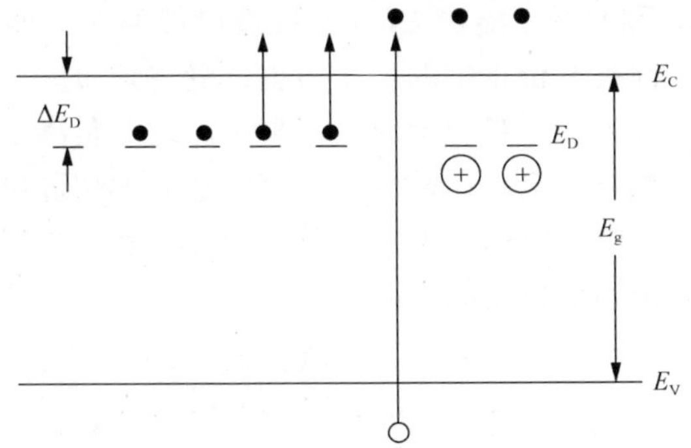

图 1-15 施主能级和施主电离

施主杂质能级 E_D 和导带底能级 E_C 之差，称为施主杂质电离能 ΔE_D。在常温下，对硅中掺有磷的杂质半导体，几乎所有磷施主能级上的电子都跃迁到导带，成为自由电子，留下不能移动的磷施主离子。因此，在 N 型半导体中，自由电子的浓度远大于空穴的浓度。因为自由电子占多数，所以称它为多数载流子，简称多子；而空穴占少数，故称它为少数载流子，简称少子。

1.6.2 受主杂质和受主能级

在本征半导体硅（或锗）中掺入少量的三价元素，如硼、铝或铟等的一种或几种，就可以形成 P 型半导体。如图 1-16 所示，若在硅晶体中掺入少量的硼原子，硼原子取代了某些硅原子的位置，形成替位式杂质。硼原子有三个价电子，当它与相邻的硅原子组成共价键时，缺少一个电子，产生一个空位，相邻共价键内的电子，只需要得到极小的外界能量，就可以挣脱共价键的束缚而填补到这个空位上去，从而产生一个可导电的空穴。因为三价杂质的原子很容易接受价电子，所以称它为“受主杂质”。

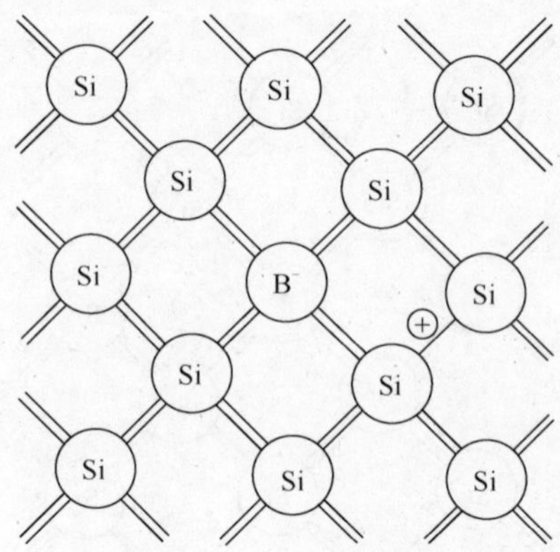

图 1-16　硅中的受主杂质

如图 1-17 所示，硼的受主能级 E_A 非常接近价带顶 E_V，即受主电离能 ΔE_A 很小，受主能级几乎全部被原价带中的电子占据，受主杂质硼全部电离。受主杂质接受了一个电子后，成为一个带负电荷的负离子。这个负离子固定在硅晶格结构中不能移动，因此不参与导电。在常温下，空穴数大大超过自由电子数，因此这类半导体主要由空穴导电，故称为 P 型或空穴型半导体。P 型半导体中，空穴为多数载流子，自由电子为少数载流子。

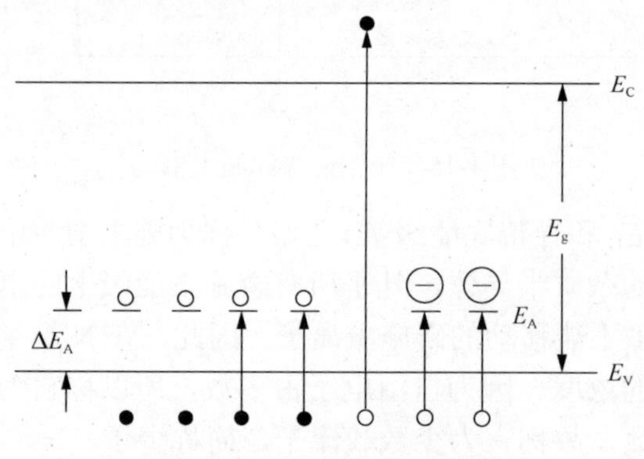

图 1-17　受主能级和受主电离

1.7　半导体的缺陷能级

缺陷在半导体的禁带中产生缺陷能级，它们可以与晶体能带发生电子交换，同样可向半导体内部提供电子或空穴，起到施主或受主作用。

1.7.1　点缺陷能级

在一定的温度下，晶格原子不仅在平衡位置附近做振动运动，而且有一部分原子会获得足够大的能量，克服周围原子的束缚，挤入晶格原子的空隙形成间隙原子，原来的位置便成为空位。在化合物晶体中，成分偏离正常的化学计量比也可能产生间隙原子和空位等。这些均为常见的点缺陷，点缺陷可以与晶体能带发生电子交换，等效起到施主作用或受主作用[7]。由于情况较为复杂，下面分别进行讨论。

1. 间隙原子或空位

在元素半导体中，空位最邻近有 4 个原子，每个原子各有一个不成对的电子，成为不饱和的共价键，这些键倾向于接受电子，因此空位表现出受主作用。而每个间隙原子有 4 个可以失去的未形成共价键的电子，表现出施主作用。

在离子晶体，如硫化物、硒化物、碲化物和氧化物等化合物中，当成分偏离正常的化学计量比时，会产生点缺陷。如图 1-18（a）所示，电负性小的原子 M 偏多时产生负离子空位 V_X；如图 1-18（b）所示，电负性大的原子 X 偏多时产生正离子空位 V_M。

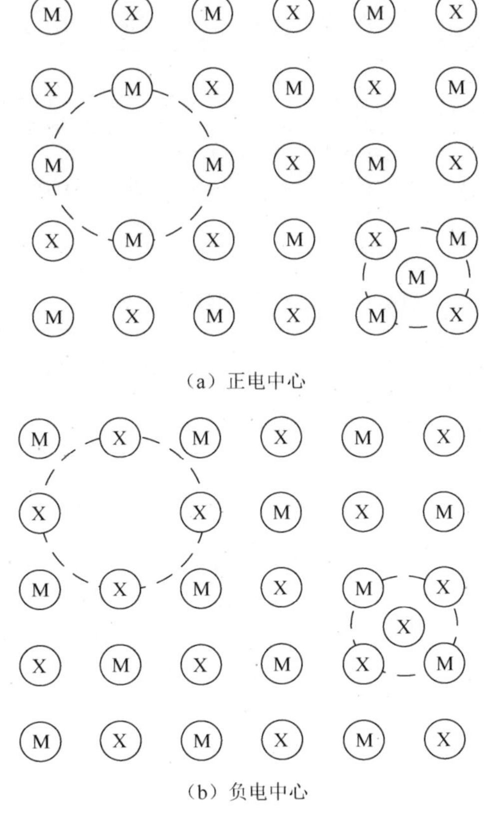

（a）正电中心

（b）负电中心

图 1-18　离子晶体中的间隙原子或空位

当正离子空位以及电负性大的原子为间隙原子时，起受主作用；当负离子空位以及电负性小的原子为间隙原子时，起施主作用。

可以利用上述现象来控制材料的导电类型。例如，硫化铅在硫分压大的气氛中处理，可产生铅空位而获得 P 型硫化铅。对于氧化物（如氧化锌），在真空中进行脱氧处理，可产生氧空位而获得 N 型材料。

然而，在砷化镓晶体中，热振动可以使镓原子离开晶格点形成镓空位和镓间隙原子，也可以使砷原子离开晶格点形成砷空位和砷间隙原子，如图 1-19 所示。由于在砷化镓中，镓偏多或砷偏多也能形成砷空位或镓空位，这些缺陷是起施主作用还是受主作用，目前尚无定论。

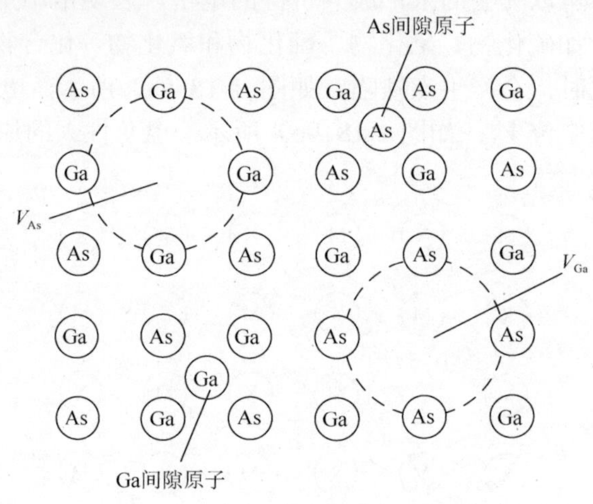

图 1-19　GaAs 的间隙原子或空位

2. 反结构缺陷

在化合物半导体中，替位原子形成的缺陷，也称为反结构缺陷。例如，在二元系化合物 AB 中，替位原子可以有两种，A 取代 B 的称为 A_B，B 取代 A 的称为 B_A，如图 1-20 所示。因为 B 的价电子比 A 的多，当 B 取代 A 后，有把多余价电子施放给导带的趋势；相反，A 取代 B 后有接受电子的倾向。例如，在砷化镓中，砷取代镓原子为 As_{Ga}，起施主作用；而镓取代砷原子为 Ga_{As}，起受主作用。这类缺陷在离子性强的化合物中存在的概率很小，因为库仑力的排斥作用，引入 A_B 或 B_A 所需要的能量很大，所以离子晶体中通常可以忽略它们的作用。

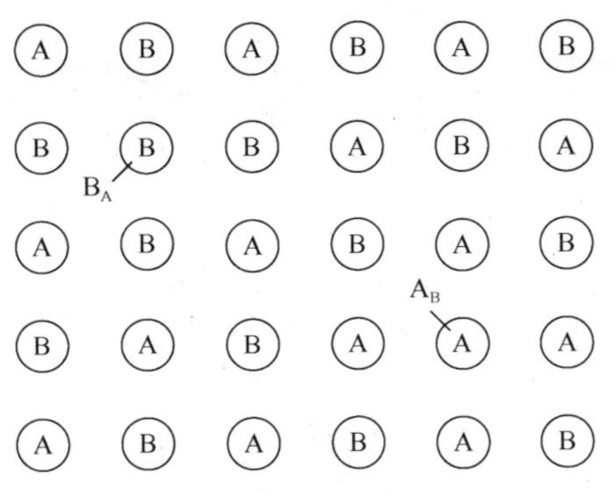

图 1-20　反结构缺陷

1.7.2　线缺陷能级

位错是指晶体中局部滑移区域的边界线，是半导体晶体中普遍存在的一种线缺陷，它对半导体材料和器件的性能会产生重要的影响。例如，在刃型位错（也称棱位错）线周围的原子与相邻的 3 个原子形成共价键，还有 1 个不成对的电子为不饱和的共价键，因此位错线上存在一串悬挂键，呈现电中性状态，如图 1-21（a）所示。当位错线接受电子而成为一串负电中心，起受主作用，如图 1-21（b）所示；位错线也可以失去电子而成为一串正电中心，起施主作用，如图 1-21（c）所示。

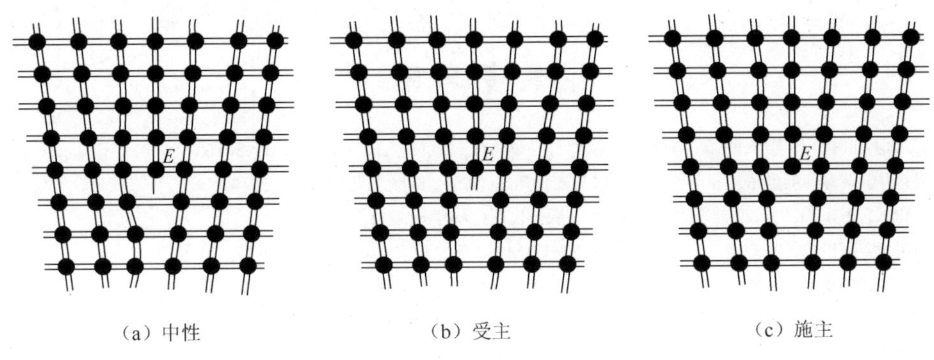

（a）中性　（b）受主　（c）施主

图 1-21　刃型位错

在位错线的周围，晶格发生畸变，能带会发生改变。如图 1-22 所示，晶格伸张区禁带宽度减小，在压缩区禁带变大。位错能级是深受主能级，当位错密度较高时，将与杂质间发生补偿作用，能使含有浅施主杂质的 N 型硅、锗中的载流子浓度降低，但对 P 型硅、锗没有这种影响。

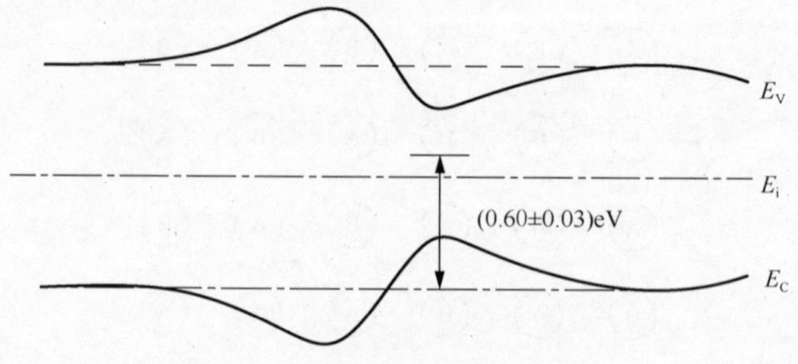

图 1-22　刃型位错能级及能带图

习　题

1. 半导体材料的主要特性有哪些？
2. 半导体材料可以分为哪几大类？
3. 半导体材料的缺陷有哪几种？
4. 线缺陷主要有哪两种，主要的区别是什么？
5. 能带是怎样形成的？导体、半导体和绝缘体的能带有什么区别？
6. 什么是施主杂质？对半导体的导电性能有什么作用？
7. 什么是受主杂质？对半导体的导电性能有什么作用？
8. 点缺陷对半导体的电学性能有什么影响？

参考文献

[1] 文常保, 商世广, 李演明. 半导体器件原理与技术[M]. 北京: 人民交通出版社, 2016.
[2] 裴素华, 黄萍, 刘爱华, 等. 半导体物理与器件[M]. 北京: 机械工业出版社, 2014.
[3] 杨树人, 王宗昌, 王兢. 半导体材料[M]. 3 版. 北京：科学出版社, 2013.
[4] 刘树林, 商世广, 柴常春, 等. 半导体器件物理[M]. 2 版. 北京: 电子工业出版社, 2015.
[5] 刘恩科, 朱秉升, 罗晋生. 半导体物理[M]. 7 版. 北京: 电子工业出版社, 2011.
[6] 贾护军. 固体物理基础教程[M]. 西安: 西安电子科技大学出版社, 2012.
[7] 曹全喜, 雷天民, 黄云霞, 等. 固体物理基础[M]. 西安: 西安电子科技大学出版社, 2008.

第 2 章　硅和硅片的制备

硅在宇宙中的储量排第八位。在地壳中，硅是第二丰富的元素，构成地壳总质量的 26.4%，仅次于第一丰富的元素氧（49.4%）。硅位于元素周期表Ⅳ主族，原子序数为 14，相对分子质量为 28.09，密度为 $2.33g/cm^3$，熔点为 1420℃，沸点为 2355℃。硅是具有银白色金属光泽的固体，具有熔点高、硬而脆的特点。硅在自然界中主要以二氧化硅和硅酸盐等形式存在，需经过较为复杂的冶炼环节和高要求的提纯加工，才能满足半导体产业的使用要求。除此之外，半导体材料还有元素半导体锗，二元系化合物半导体砷化镓、磷化铟，三元系化合物半导体砷铝化镓、砷磷化镓及非晶态半导体和有机半导体，然而，硅材料仍是半导体材料的基础，95%以上的半导体器件和 99%以上的集成电路都是用硅材料制备。

半导体材料是现代半导体器件、集成电路和半导体产业的基础。半导体材料制造技术的不断进步，推动了半导体器件、超大规模和超高速集成电路的迅速发展。本章主要以硅材料及硅片为代表，阐述半导体材料制造技术。

2.1　硅源的合成

硅的最初原料为硅石（SiO_2），是石英砂岩、石英岩、脉石英、交代硅质角岩和石英砂等的总称。其中，石英砂是硅原料的主要来源。另外，在诸多硅酸盐中，如硅酸钠、石棉和长石等矿物质，也是硅的重要来源。

多晶硅的制备，首先是将硅石制得冶金级硅并进行相应的酸浸洗法处理；其次，由冶金级硅制备硅的中间产物，如对四氯化硅（$SiCl_4$）、三氯氢硅（$SiHCl_3$）、二氯二氢硅（SiH_2Cl_2）和硅烷等进行相应的提纯处理；最后由中间产物分解制备高纯多晶硅。

2.1.1　硅的初级加工

工业生产中，将硅石和焦炭以一定的比例混合，在电炉中加热至 1600～1800℃制得纯度为 95%～99%的冶金级粗硅，其反应为

$$SiO_2+3C \longrightarrow SiC+2CO\uparrow \tag{2-1}$$

$$2SiC+SiO_2 \longrightarrow 3Si+2CO\uparrow \tag{2-2}$$

这样制得的冶金级粗硅纯度较低，也称为金属硅。工业制取的冶金级粗硅中一般含有铁、铝、碳、硼、磷和铜等杂质，这些杂质多以硅化合物或硅酸盐的形

式存在。为了进一步提高冶金级粗硅的纯度，可采用酸浸洗法，使杂质大部分溶解（有少数的碳化硅不溶）。主要的生产工艺是将粗硅粉碎后，依次用盐酸、王水、混合酸（$HF+H_2SO_4$）进行处理，最后用蒸馏水洗至中性，烘干后可得纯度为2～3个“N”（单词nine的首字母）的工业粗硅。

为满足半导体集成电路行业的发展要求，还必须将工业粗硅转化成易于提纯的液体或气体形式硅的中间产物，再经蒸馏、分解过程得到多晶硅。

2.1.2　硅的中间产物

硅的中间产物主要有四氯化硅、三氯氢硅、二氯二氢硅和硅烷等。根据情况，各中间产物的制备方法也不尽相同。

1. 四氯化硅

四氯化硅，别名为氯化硅、四氯化矽，无色或淡黄色发烟液体，有刺激性气味，易潮解。四氯化硅熔点为−70℃，沸点为57.6℃，蒸气压为55.9kPa（37.8℃），折射率为1.41，可混溶于苯、氯仿、石油醚等多数有机溶剂。四氯化硅的工业制备方法主要有硅铁氯化法、废触体氯化法、硅氢氯化法和二氧化硅氯化法等。其中，硅铁氯化法是最常用的方法，将工业粗硅在加热条件下直接与氯反应制得四氯化硅。工业上常用不锈钢（或石英）制备氯化炉，将硅铁装入氯化炉，从氯化炉底部通入氯气，加热至200～300℃时，就可以反应生成四氯化硅，其化学反应为

$$Si+2Cl_2 \longrightarrow SiCl_4 \tag{2-3}$$

生成的四氯化硅以气体状态从炉体上部转至冷凝器，冷却为液态后，再流入储料槽。在实际生产中，一般将氯化温度控制在450～500℃，一方面可提高生产率；另一方面可保证质量。若反应温度较低时，不仅反应速度慢，而且有副产品Si_2Cl_6和Si_3Cl_8等生成，影响产品纯度；若反应温度过高，硅铁中其他难挥发杂质氯化物也会随$SiCl_4$一起挥发，影响四氯化硅的纯度。

另外，四氯化硅是三氯氢硅制备多晶硅原料中的一个重要副产物，在制备三氯氢硅的过程中，控制不同的反应温度可以得到不同产率的四氯化硅。在77℃和催化剂的作用下，三氯氢硅经重整反应生成四氯化硅，具体反应为

$$2SiHCl_3(g) \longrightarrow SiH_2Cl_2(g)+SiCl_4(g) \tag{2-4}$$

四氯化硅在半导体工业中作为外延淀积硅源，虽然工艺早已趋于完善，但至今存在无法克服的技术问题，如外延淀积膜不均匀。目前，主要从硅源的原料进行改革，即以二氯二氢硅来代替四氯化硅。

2. 三氯氢硅

三氯氢硅是生产多晶硅的主要原料。三氯氢硅别名为硅氯仿、硅仿和三氯硅烷。三氯氢硅沸点为 31.8℃，熔点为–126.5℃，自燃温度为 185℃，在空气中爆炸极限的体积分数为 1.2%～90.5%。三氯氢硅主要的制备工艺有改良西门子法和氯氢化法两种。

1）改良西门子法

改良西门子法是将干燥的硅粉输送到流化床内，在流化床反应器内，硅粉与氯化氢气体进行合成反应，反应生成的氯硅烷混合单体经过除气、净化、冷却、加压、再冷却后送到脱气塔内，塔顶脱除低沸物氯化氢，氯化氢气体重新返回流化床循环使用，塔底混合单体经单体冷却器冷却后送入混合单体储罐中供精馏岗位使用。混合单体在精馏得到提纯后即可得到产品三氯氢硅和副产品四氯化硅。

流化床反应器内，用 350℃的导热油将氯化反应器加热至约 300℃，进行反应合成三氯氢硅，其主要反应式如下：

$$Si+3HCl \longrightarrow SiHCl_3+H_2\uparrow \tag{2-5}$$

反应过程中，还伴随一系列副反应：

$$Si+2HCl \longrightarrow SiH_2Cl_2 \tag{2-6}$$

$$Si+4HCl \longrightarrow SiCl_4+2H_2\uparrow \tag{2-7}$$

在 300～425℃的反应温度、2～5kPa 的气压条件下，反应产物含有氢气、三氯氢硅、四氯化硅、二氯二氢硅和少量未反应完的 HCl 和硅粉，$SiHCl_3$ 含量高于 88%。

2）氯氢化法

氯氢化法是将四氯化硅和氢气（间歇补充无水氯化氢气体）混合加热汽化后进入氯氢化反应器（流化床反应器）底部，通过气体分布器均匀分布，促使加入反应器的硅粉、催化剂（铜或铁基催化剂）均匀流化，反应物料充分接触，生成三氯氢硅与 HCl 气体，HCl 与硅粉反应又生成三氯氢硅，具体反应如下：

$$SiCl_4+H_2 \longrightarrow SiHCl_3+HCl \tag{2-8}$$

$$3HCl+Si \longrightarrow SiHCl_3+H_2 \tag{2-9}$$

在氯氢化反应器中，三氯氢硅的产率取决于反应温度、反应压力、金属级硅粉的粒度以及反应物在氯氢化反应器床层的停留时间，此外还与硅粉、四氯化硅或间歇加入的无水 HCl 气体量有关。

3. 二氯二氢硅

二氯二氢硅又称为二氯硅烷。在常温常压下为具有刺激性窒息气味和腐蚀性的无色有毒气体，在空气中易燃，44℃以上能自燃。二氯二氢硅是半导体外延和化学气相沉积（chemical vapor deposition，CVD）工艺中的硅源气体，主要制备方法有还原法、合成法、等离子体法、回收法、歧化法和联合法等多种。其中，最常见的为合成法和歧化法两种。

1）合成法

二氯二氢硅合成法有直接合成法和间接合成法。直接合成法以硅铜粉、氯化氢和氯气为原料，合成氯硅烷混合物。主要是将氯化氢通过含铜 5%的硅铜粉末，在 250～260℃的反应温度范围内反应，反应机理为

$$2Si+Cl_2 \longrightarrow 2SiCl\uparrow \tag{2-10}$$

$$Si+Cl_2 \longrightarrow SiCl_2\uparrow \tag{2-11}$$

$$2SiCl+4HCl \longrightarrow 2SiH_2Cl_2+Cl_2 \tag{2-12}$$

$$SiCl_2+2HCl \longrightarrow SiH_2Cl_2+Cl_2 \tag{2-13}$$

生成物是含量为 35%～39%的二氯二氢硅。为提高二氯二氢硅的产率，需预先在 300～350℃下用氯气通过硅铜粉生成氯化硅，提供干氯化氢与硅铜物质进一步反应的直接参加者，可提高二氯二氢硅的产率。

间接合成是通过中间氢化物使得 Si—Cl 键断裂降低所需要的活化能。在 300～400℃，将三氯氢硅蒸气和过量的氢，通过铝或锌层可生成 30%的二氯二氢硅。

2）歧化法

在催化剂作用下，三氯氢硅的歧化可得到二氯二氢硅，反应机理如下：

$$2SiHCl_3(g) \longrightarrow SiH_2Cl_2(g)+SiCl_4(g) \tag{2-14}$$

反应中，催化剂影响二氯二氢硅的产率。主要的催化剂有胺、胺盐、酞胺、金属氯化物和浮石等。其中，胺、胺盐及酞胺性能较好。歧化法的特点是三氯氢硅在较短时间内可使二氯二氢硅的产率达到理论值的 70%～80%，并且歧化反应装置与提纯塔组合连续工作，实现三氯氢硅不断的歧化反应，且可将二氯二氢硅和其他氯化物分开。

4. 硅烷

硅烷是硅与氢的化合物，是包括甲硅烷（SiH_4）、乙硅烷（Si_2H_6）和一些更高级的硅氢化合物的总称。其中，应用最多的是甲硅烷，简称硅烷。硅烷是一种无色气体，有大蒜气味，标准大气压下的熔点为–185℃、沸点为–111.5℃。硅烷作为一种提供硅组分的气体源，可用于制造多晶硅、单晶硅、微晶硅、非晶硅、氮化硅、氧化硅、异质硅和各种金属硅化物。因其高纯度和能实现精细控制的特点，已成为许多其他硅源无法取代的重要特种气体。制备硅烷的方法很多，归纳起来大体可分为如下三种。

（1）金属硅化物与无机酸、有机酸和盐类的化学反应。该化学反应中，常用的金属硅化物有硅化镁（Mg_2Si）和硅化钙（Ca_2Si）等，酸类有无机酸 HCl 和有机酸 CH_3COOH 等，盐类有 NH_4Cl、NH_4Br、NH_4SCN 和 N_2H_5Cl 等。硅化镁是将硅粉和镁粉在氢气（真空或氩气）中加热 500～550℃合成，其反应式如下：

$$2Mg+Si \longrightarrow Mg_2Si \quad (2\text{-}15)$$

硅化镁和盐酸的反应：

$$Mg_2Si+4HCl \longrightarrow SiH_4\uparrow+2MgCl_2 \quad (2\text{-}16)$$

硅化镁和固体氯化铵在液氨介质中反应：

$$Mg_2Si+4NH_4Cl \longrightarrow SiH_4\uparrow+2MgCl_2+4NH_3\uparrow \quad (2\text{-}17)$$

其中，液氨不仅是介质，而且可提供一个低温的环境。该方法所得的硅烷纯度比较高，但在实际生产中尚有未反应的镁存在，会发生如下的副反应：

$$Mg+2NH_4Cl \longrightarrow MgCl_2+2NH_3+H_2\uparrow \quad (2\text{-}18)$$

生产中所用的氯化铵一定要干燥，否则硅化镁与水作用生成的产物不是硅烷，而是氢气，其反应式如下：

$$2Mg_2Si+8NH_4Cl+3H_2O \longrightarrow 4MgCl_2+Si_2H_2O_3+8NH_3+6H_2\uparrow \quad (2\text{-}19)$$

硅烷在空气中易燃，并且浓度高时容易发生爆炸，整个系统必须与氧隔绝，严禁与外界空气接触。

（2）硅的卤化物与金属氢化物的反应。四氯化硅和氢化铝锂的反应为

$$SiCl_4+LiAlH_4 \longrightarrow AlCl_3+LiCl+SiH_4 \quad (2\text{-}20)$$

该反应以乙醚为介质，在常温、常压条件下进行。主要特点是不会产生高阶硅，如乙硅烷、丙硅烷等，且硅烷合成率较高，可达 80%～96%。

四氯化硅和氢化钠的反应为

$$SiCl_4+4NaH \longrightarrow SiH_4\uparrow+4NaCl \quad (2\text{-}21)$$

采用该方法制备硅烷有两种方法。一种是用乙醚为介质，以锌作为催化剂；另一种是以氯化钠为介质，在 90℃的条件下进行，合成率达 90%。

（3）硅或二氧化硅直接进行氢化反应。硅与氢直接进行反应为

$$Si+2H_2 \longrightarrow SiH_4\uparrow \quad (2\text{-}22)$$

该反应条件为硅熔于铝、常压和较高温度，反应的结果为氢的消耗量很大，硅烷的转化效率不高。也可采用超微硅粉以镍作催化剂，在高压氢中合成。

二氧化硅与氢直接进行反应为

$$3SiO_2+4Al+2AlCl_3+6H_2 \longrightarrow 3SiH_4\uparrow+6/n(AlOCl)_n \quad (2\text{-}23)$$

该固相反应是以 $AlCl_3$ 为催化剂，在压强为 900 个标准大气压、温度为 130～400℃的条件下，合成率为 80%左右，合成硅烷占 99%。

除此之外，硅烷的制备方法还有 Asimi 法、MEMC 法和无氯工艺法等。

2.2　多晶硅的提纯与制备

广泛应用于半导体集成电路行业的高纯硅材料就是人们在工业粗硅的基础上通过一系列的硅中间产物的提纯和制备得到的，其规模化生产至今已有几十年的历史。硅源化合物是决定所选择的制备多晶硅材料技术路线的前提。本节主要介绍不同硅源，如四氯化硅、三氯化硅、二氯二氢硅和硅烷等的提纯和多晶硅的制备方法。

2.2.1　多晶硅的提纯

对金属杂质含量而言，多晶硅的纯度高于 9 个“N”，单晶硅的纯度高于 11 个“N”；用于制备太阳能电池的太阳能级多晶硅的纯度需要高于 6 个“N”。高纯多晶硅的制备方法很多，据不完全统计有十几种，但所有的方法都是从工业粗硅开始，必须进行进一步提纯而得到。从大的类别来讲，硅提纯技术可以划分为物理法和化学法。物理提纯方法主要有区域熔化提纯法、直拉单晶法和定向凝固多晶硅锭法（铸造法）等。化学提纯方法主要有西门子法（气相沉淀反应法）、甲硅烷热分解法、流态化床法。在化学提纯的过程中，必须将硅源制取出既易提纯又易分解的含硅的中间化合物，如三氯氢硅、四氯化硅、二氯二氢硅和硅烷等，再将这些中间化合物提纯、分解或还原成高纯度的多晶硅。

2.2.2　多晶硅的制备

高纯多晶硅的工业化生产发展至今基本形成了以三氯氢硅氢还原法（也称改良西门子法）和硅烷热解法为主流的工艺[1]。相对而言，三氯氢硅氢还原法技术路线比较成熟、安全性相对较高，是目前最主要的多晶硅原料制备方法，占全球多晶硅总产量的90%以上。此外，由于 SiH_4 具有易提纯的特点，硅烷热分解法是制备高纯硅很有发展潜力的方法。如下主要介绍含硅的中间化合物的制备。

1. 四氯化硅氢还原法

1）四氯化硅的精馏提纯

四氯化硅中通常含有铁、铝、钛、硼、磷等杂质，但这些杂质可以通过吸附法、反应法、精馏法以及这些方法的组合除去。精馏法原理就是根据四氯化硅与杂质的沸点不同，它们具有不同的挥发能力，通过控制温度而将四氯化硅与杂质分离，达到提纯的目的。

2）四氯化硅的氢还原

精馏提纯后的四氯化硅与高纯度的氢气在高温的还原炉内发生还原反应而制

得高纯硅，其反应为

$$SiCl_4 + 2H_2 \longrightarrow Si + 4HCl\uparrow \quad (2\text{-}24)$$

实际反应比较复杂，因为四氯化硅被氢还原的速率较三氯氢硅氢还原法低，所以目前使用四氯化硅氢还原法制备高纯硅的较少。

2. 三氯氢硅氢还原法

1）三氯氢硅的提纯

由合成炉中得到的三氯氢硅往往混有硼、磷、砷、铝等杂质，并且它们是有害杂质，对单晶硅质量影响极大，必须设法除去。

近年来三氯氢硅的提纯方法发展很快，但因为精馏法工艺简单、操作方便，所以目前工业上主要用精馏法。三氯氢硅精馏是利用三氯氢硅与杂质氯化物的沸点不同而分离提纯的。

一般合成的三氯氢硅中常含有三氯化硼、三氯化磷、四氯化硅、三氯化砷、三氯化铝等氯化物。其中绝大多数氯化物的沸点与三氯氢硅相差较大，因此通过精馏的方法就可以将这些杂质除去。但三氯化硼和三氯化磷的沸点与三氯氢硅相近，较难分离，故需采用高效精馏，以除去这两种杂质。精馏提纯的除硼效果有一定限度，因此工业上也采用除硼效果较好的络合物法。

三氯氢硅沸点低，易燃易爆，全部操作要在低温条件下进行，一般操作环境温度不得超过 25℃，并且整个过程严禁接触火星，以免发生爆炸性的燃烧。

2）三氯氢硅的氢还原

为提高多晶硅的纯度，三氯氢硅在用氢还原之前必须进行精馏提纯。主要利用三氯氢硅和其中氯化物以及氢化物杂质的蒸气压、沸点的不同进行分离。精馏是在精馏塔内完成的，经过多级精馏后，三氯氢硅的纯度可以提高到 9 个“N”以上。

将提纯的三氯氢硅和高纯氢混合后，通入 1150℃还原炉内进行反应获取硅，其化学反应为

$$SiHCl_3 + H_2 \longrightarrow Si + 3HCl \quad (2\text{-}25)$$

同时，还伴有 $SiHCl_3$ 热分解和 $SiCl_4$ 还原反应：

$$4SiHCl_3 \rightleftarrows Si + 3SiCl_4 + 2H_2 \quad (2\text{-}26)$$

$$SiCl_4 + 2H_2 \rightleftarrows Si + 4HCl \quad (2\text{-}27)$$

生成的高纯多晶硅淀积在多晶硅载体上。

3. 二氯二氢硅分解法

1）二氯二氢硅的提纯

生产二氯二氢硅的过程中，得到的产物是一种混合物，其组分取决于制备的

方法。混合物的分离，首先用逐级冷凝，然后经多级精馏，便可使二氯二氢硅的浓度达到规定的要求。杂质通常采用萃取法、固体吸附法和络合物法等进行提纯，然而部分杂质，如硼采用物理提纯很难除去。

2）二氯二氢硅的分解

从理论上讲，利用二氯二氢硅沉积多晶硅比三氯氢硅优越，因为二氯二氢硅加热至 100℃以上时会自行分解而生成盐酸、氯、氢和硅，且转化效率比三氯氢硅和硅烷高。在相同氯氢比值下，无论最初的原料是否混有氯化氢，二氯二氢硅沉积效率均随温度的升高而增加，其化学反应原理为

$$3SiH_2Cl_2 \longrightarrow 3Si + 2HCl + 2Cl_2\uparrow + 2H_2\uparrow \tag{2-28}$$

4. *硅烷热分解法*

硅烷热分解法是制备高纯硅很有发展潜力的方法。这种方法的整个工艺流程除上述硅烷的合成外，还需要提纯和热分解两个步骤。

1）硅烷的提纯

硅烷在常温下为气态，一般来说气体提纯比液体和固体容易。因为硅烷的生成温度低，大部分金属杂质在这样低的温度下不易形成挥发性的氢化物，而即便能生成，也因其沸点较高难以随硅烷挥发出来，所以硅烷在生成过程中就已经经过一次冷化，有效地除去了那些不生成挥发性氢化物的杂质。

硅烷提纯是在液氨中进行的，在低温下，乙硼烷与液氨生成难以挥发的络合物而被除去，因而生成的硅烷不含硼杂质，这是硅烷法的优点之一。然而，硅烷中还有氨、氢及微量磷化氢、硫化氢、砷化氢、锑化氢、甲烷和水等杂质。因为硅烷与它们的沸点相差较大，所以可用低温液化方法除去水和氨，再用精馏提纯除去其他杂质。另外，还可用吸附法、预热分解法，或者将多种方法组合使用都可以达到提纯的目的。例如，除硅烷的分解温度高达 600℃外，其他杂质的氢化物气体的分解温度均低于 380℃，只要把预热炉的温度控制在 380℃左右，就可将杂质的氢化物分解，从而达到提纯硅烷的目的。

2）硅烷的热分解

将硅烷气体导入硅烷分解炉，在 800～900℃的发热硅芯上，硅烷分解并沉积出高纯多晶硅，其反应式如下：

$$SiH_4 \longrightarrow Si+2H_2 \tag{2-29}$$

硅烷热分解法制备多晶硅，不需要加还原剂就可有效地除去金属杂质，且硅烷分解温度远低于其他方法，因此由高温挥发或扩散引入的杂质就少。

2.3　单晶硅的生长

半导体衬底是半导体器件的基础，衬底材料和衬底的加工质量对半导体器件参数和工艺质量有着重要的影响。为了消除多晶材料中各小晶体之间的晶界对半导体材料特性参量的巨大影响，半导体器件的基体材料一般采用单晶体。单晶制备一般可分为体单晶制备和薄膜单晶制备[2]。在单晶制备过程中，晶体中的杂质和缺陷将会直接影响半导体材料的电阻率、载流子迁移率等参数。因此，如何精心设计，严格控制半导体晶体中的杂质和缺陷是半导体衬底加工过程中的一个核心问题，具有重大的现实意义。

2.3.1　晶体的掺杂

1. 液相掺杂

液相掺杂是在单晶生长过程中，最常用的掺杂方法，主要包括直接投杂和母合金两种掺杂方式。对于不易挥发的杂质，如硼可采用直接投杂方式，即将所需要杂质单质按剂量直接加入坩埚的多晶硅中一起熔化；对于易挥发的杂质，如砷和锑等，则放入掺杂勺，待材料熔化后，在拉晶前再投放到熔体中，并充入氩气抑制杂质挥发。直接投杂方式适合制备重掺杂的单晶硅。母合金掺杂是将杂质元素与硅先制成合金（常用母合金有硅磷和硅硼两种，杂质浓度分别是 10^{-2} 和 10^{-3} 数量级），再放入坩埚和原料一起熔化。采用母合金掺杂可使掺杂量更容易控制并准确，生长出的单晶电阻率能达到规定值。

2. 气相掺杂

气相掺杂也是半导体材料掺杂的一种常用方法。在气相外延中，掺杂剂通常以化合物的形式按一定量加入气态反应混合物中，可使外延膜获得合适的电学性能。然而，反应气体或载气对反应器材质及衬底支托材料的腐蚀作用以及往次实验在系统内暴露部件上沉积的掺杂剂，在外延技术的高温条件下均会向反应气氛中引入不可控杂质。

对于异质外延，衬底可能与气态反应物相互作用，把自身组分释放到反应气氛中，以杂质形式再掺入外延膜中；对于同质外延，衬底中的掺杂剂在加工时也会扩散进入外延膜中或蒸发后进入外延膜中产生自掺杂。因此，为最大限度地降低不可控杂质的引入和自掺杂现象，必须根据制备材料的种类选择加热方式、反应器材质和反应气体及载气等。

3. 中子嬗变掺杂

掺杂方法种类很多，但大部分是从外部引入杂质，即在单晶从熔体中生长时掺入，由于发生相变，此时掺入的杂质会在晶体中分凝，造成单晶硅产生杂质条纹，使径向和轴向出现较大的掺杂起伏。其中，N 型硅的不均匀率达到 20%～30%。而随着大规模集成电路和高阻断电压的半导体器件的发展，对硅材料的掺杂均匀性要求越来越高，传统的掺杂技术已经很难满足要求。1951 年，Lack-Horowitz 提出了通过中子和氚核的核嬗变，生产掺磷锗的研究。20 世纪 60 年代初期，Tanenbaun 等通过实验指出中子嬗变掺杂（neutron transmutation doping，NTD）可以得到电阻率均匀的 N 型硅，偏差为±5%，但由于受当时实验条件及硅材料提纯有限的限制，并未引起过多关注，直到 1973 年中子嬗变掺杂重新启用并得到迅速发展。

中子嬗变掺杂又称中子轰击法、中子辐射法、核嬗变法等。这种利用核反应实现半导体材料掺杂的方法，是采用中子辐照的办法来对材料进行掺杂的一种技术，其最大优点就是掺入杂质的浓度分布非常均匀。

1）硅和锗的中子嬗变掺杂

自然界硅存在三种稳定同位素 ^{28}Si、^{29}Si、^{30}Si。当把未掺杂的硅单晶放入反应堆，通过热中子的辐照，可使部分的同位素 ^{30}Si 捕获热中子，嬗变成不稳定的同位素 ^{31}Si 和 γ 射线，同位素 ^{31}Si 的半衰期为 2.6h，再通过 β 射线发生反应转变，成为稳定的同位素磷原子 ^{31}P，从而在 Si 中出现了施主磷而使 Si 成为 N 型，反应式如下：

$$^{30}_{14}\mathrm{Si} + \text{中子} \longrightarrow {}^{31}_{14}\mathrm{Si} + \gamma \xrightarrow{2.6\mathrm{h}} {}^{31}_{15}\mathrm{P} + \beta^- \tag{2-30}$$

硅原子的中子嬗变掺杂是通过其自身嬗变为磷原子，使磷原子均匀地分布在晶体内部，其掺杂分布主要取决于反应堆中的中子通量分布等因素，从而避免了杂质分凝和小平面效应的影响，几乎没有杂质条纹，其纵向不均匀性可小于 7%，径向不均匀性小于 5%。除上述反应，同位素 ^{28}Si 和 ^{29}Si 也捕获了热中子，各自嬗变成 ^{29}Si 和 ^{30}Si。作为掺杂过程，这些反应彼此之间并无联系。同位素 ^{30}Si 嬗变后产生磷原子的数目的计算公式为

$$N_{\mathrm{P}} = {}^{30}N\sigma\phi t \tag{2-31}$$

其中，^{30}N 为同位素 ^{30}Si 的原子数；σ 为热中子俘获截面；ϕ 为热中子通量密度；t 为辐射时间。受辐照的硅单晶取出后，需要在 800～850℃下退火 1h 左右，以消除辐照造成的损伤。此外，还应存放一段时间（约 2 个月）以降低放射性。

锗是除了硅外，非常重要的半导体材料，其生产工艺成熟，且易和 Si 的工艺相互兼容。虽然锗的应用和研究没有硅广泛和深入，但锗有自己的一些特点。锗

的电子和空穴有效质量比硅小，而介电常数和自由激子的玻尔半径却较大，这导致锗的电子结构更易改变。天然锗的五种同位素分别为 ^{70}Ge、^{72}Ge、^{73}Ge、^{74}Ge 和 ^{76}Ge。用中子嬗变对半导体锗进行掺杂，就是利用锗的同位素发生嬗变的原理。

通过对锗进行热中子的辐照，可使含量超过 95%的同位素 ^{70}Ge 原子转变为受主 ^{71}Ga，从而可使锗成为 P 型半导体。

$$^{70}_{32}\text{Ge}+\text{中子} \longrightarrow {}^{71}_{32}\text{Ge}+\text{K}^- \xrightarrow{11.2\text{d}} {}^{71}_{31}\text{Ga}^{71}(\text{浅受主}) \tag{2-32}$$

$$^{74}_{32}\text{Ge}^{74}+\text{中子} \longrightarrow {}^{75}_{32}\text{Ge}+\beta^- \xrightarrow{82.8\text{min}} {}^{75}_{33}\text{As}(\text{浅施主}) \tag{2-33}$$

$$^{76}_{32}\text{Ge}^{76}+\text{中子} \longrightarrow {}^{77}_{32}\text{Ge}+\beta^- \xrightarrow{11.3\text{h}} \text{As}+\beta^- \xrightarrow{38.8\text{h}} {}^{77}_{34}\text{Se}(\text{深施主}) \tag{2-34}$$

2）砷化镓的中子嬗变掺杂

砷化镓单晶的主要制备方法有常规液封直拉法、水平布里其曼法、垂直布里其曼法以及垂直梯度凝固法等，杂质的分凝、温场的起伏及不对称，很难制备出具有理想配比的掺杂砷化镓材料，导致更难控制杂质在晶体内达到均匀分布。而中子嬗变掺杂砷化镓材料对引入均匀分布的掺杂剂很有效。

砷化镓包含有 ^{69}Ga、^{71}Ga 和 ^{75}As 等稳定同位素。在热中子作用下，三种同位素会发生嬗变，按照核反应，部分镓和砷原子被激活为放射性核素，经过 β 衰变后，分别变成锗及硒的稳定同位素，为 N 型掺杂。表 2-1 给出了镓和砷同位素的相关核数据。

表 2-1　镓和砷同位素的有关核数据

稳定同位素	^{69}Ga	^{71}Ga	^{75}As
单位体积的同位素（$10^{22}/cm^3$）	1.322	0.881	2.213
热中子俘获截面 σ_i（靶）	1.68±0.07	4. 86±0.28	4.30
共振积分截面 I_i（靶）	15.6±1.5	31.2±1.9	60.0±4.0
放射性核素	^{70}Ga	^{72}Ga	^{76}As
β衰变半衰期 $T_{1/2}$	21.1（min）	14.1（h）	26.3（h）
衰变后稳定同位素	^{70}Ge	^{72}Ge	^{76}Se

因为同位素原子在晶体中的分布非常均匀，且中子的穿透深度约为 100cm，所以中子嬗变获得 N 型硅和 P 型锗的掺杂非常均匀。这对于大功率半导体器件和辐射探测器件的制备具有重要的价值。

2.3.2　直拉法

直拉法（Czochralski method，CZ 法）是 1918 年由切克劳斯基建立起来的一种晶体生长方法，又称切克劳斯基法。直拉法是生长单晶硅最常用的一种方法。该方法是在直拉单晶炉内，向盛有熔硅坩埚中引入籽晶作为非均匀晶核，然后控制热场，将籽晶旋转并缓慢向上提拉，单晶硅便在籽晶下按照籽晶的方向长大。

拉出的液体固化为单晶，调节加热功率就可以得到所需要的单晶硅锭的直径。直拉法是以定向的籽晶为生长晶核，因而可以得到有一定晶向生长的单晶。

直拉法制成的单晶完整性好，直径和长度都可以很大，生长速率也高。然而，坩埚必须由不污染熔体的材料制成。因此，一些化学性活泼或熔点极高的材料，由于没有合适的坩埚，而不能用此法制备单晶体，而要改用区熔法晶体生长或其他方法。直拉法生长单晶硅主要有润晶、缩颈、放肩、等径生长和拉光等步骤，如图 2-1 所示。具体内容如下所示。

1）装料

开始之前，要全面清洗炉室，检查热场是否有裂纹或损坏。将多晶硅和掺杂剂置入单晶炉内的坩埚中，掺杂剂的种类和剂量应视所需生长的单晶硅电阻率而定。

2）熔化

装料结束关闭单晶炉门后，抽真空使单晶炉内保持在一定的惰性气体压力范围内，驱动石墨加热系统的电源，加热至大于硅的熔化温度（1420℃），使多晶硅和掺杂物熔化。

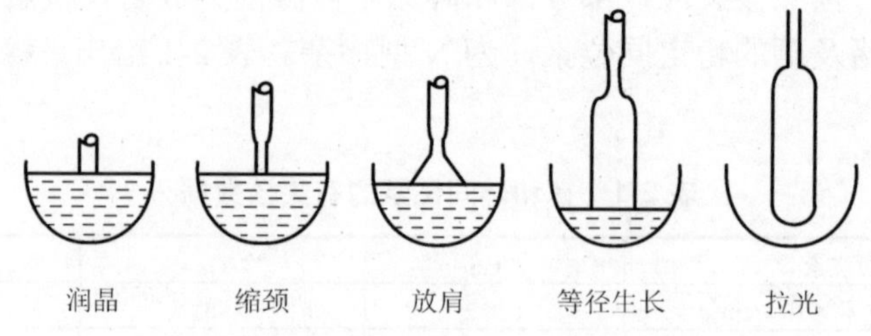

图 2-1 直拉法单晶硅生长过程示意图

3）润晶

润晶也称为引晶。当多晶硅熔融体温度稳定后，将籽晶慢慢下降进入熔融体中（籽晶在硅熔体中也会被熔化），随后将具有一定转速的籽晶按一定速度向上提升，由于轴向及径向温度梯度产生的热应力和熔融体的表面张力作用，籽晶与硅熔体的固液交接面之间的硅熔融体冷却成固态的单晶硅。

4）缩颈

当籽晶与硅熔融体接触时，温度梯度产生的热应力和熔体的表面张力作用，会使籽晶晶格产生大量的位错，这些位错可利用缩颈工艺使之消失。即使用无位错单晶作籽晶浸入熔体后，由于热冲击和表面张力效应也会产生新的位错。因此，制备无位错单晶时，需要在引晶后先生长一段“细颈”单晶（直径 2～4mm），并加快提拉速度。细颈处应力小，不足以产生新位错，也不足以推动籽晶中原有的位错迅速移动。因此，晶体生长速度超过了位错运动速度，与生长轴斜交的位错就被中止在晶体表面上，从而可以生长出无位错单晶。无位错单晶硅的直径生长粗大后，尽管有较大的冷却应力也不易被破坏。

5）放肩

在缩颈工艺中，当细颈生长到足够长度时，通过逐渐降低晶体的提升速度及温度调整，使晶体直径逐渐变大而达到工艺要求的目标值，为了降低晶锭头部的原料损失，目前几乎都采用平放肩工艺，即使肩部夹角呈 180°。

6）等径生长

在放肩后，当晶体直径达到工艺要求直径的目标值时，再通过逐渐提高晶体的提升速度及调整单晶的生长温度，使晶体生长进入等直径生长阶段，并使晶体直径控制在大于或接近工艺要求的目标公差值。

在等径生长阶段，对拉晶的各项工艺参数的控制非常重要。晶体生长过程中，硅熔融体液面逐渐下降及加热功率逐渐增大等各种因素的影响，都使得晶体的散热速率随着晶体长度的增长而递减。因此，固液交接界面处的温度梯度变小，从而使得晶体的最大提升速度随着晶体长度的增长而减小。

7）收尾

晶体的收尾主要是防止位错的反延。通常，晶体位错反延的距离大于或等于晶体生长界面的直径，因此当晶体生长的长度达到预定要求时，应该逐渐缩小晶体的直径，直至最后缩小成为一个点而离开硅熔融体液面，这就是晶体生长的收尾阶段。

直拉法具有晶体被拉出液面时不与器壁接触，不受容器限制；工艺成熟，便于控制晶体的外形和电学参数，又能防止器壁沾污或接触所可能引起的杂乱晶核而形成多晶；以定向的籽晶为生长晶核，可以得到有一定晶向生长的单晶等诸多优点。

2.3.3　区熔法

区熔法（zone melting method）是指利用多晶锭分区熔化和结晶生长单晶的方法。主要的工艺过程分为两步，首先使用金属线圈加热多晶锭，在紧邻线圈的一端产生一个熔区，并熔接籽晶；其次使熔区缓慢地向多晶锭的另一端移动，通过整根多晶锭便可生成一根单晶，晶向与籽晶相同。金属线圈加热的原理是在线圈中通入高功率射频电流，射频功率激发的电磁场将在多晶锭中引起涡流，产生焦耳热。区熔法生长单晶可分为水平区熔法（horizontal zone-melting method，HZM 法）和悬浮区熔法（float zone-melting method，FZ 法）两种。水平区熔法适用于锗、砷化镓和锑化铟等与容器反应不太严重材料的提纯和单晶生长。硅熔体的温度较高，化学性能活泼，容易受到异物的沾污，难以找到适合的舟皿，则用悬浮区熔法。

在区熔过程中，硅熔体是液体，而结晶后是固体。在硅材料由液体变为固体的过程中，进入固体的杂质和留在硅熔体中的杂质，浓度不相同，会产生杂质的分凝效应。因此，区熔具有提纯的作用。主要由于区熔能将物质局部熔化形成狭窄的熔区，沿锭长从一端缓慢地移动到另一端，重复多次使杂质尽量集中在两头。例如，对分凝系数小于 1 的杂质，当熔区第二次在锭首时，由于杂质浓度较高的尾部没被熔化，小熔区中的杂质浓度一定比原来锭的杂质浓度要小，熔区移动后，新凝固的固相杂质浓度要比第一次小。这样当熔区一次次通过硅锭时，材料就能逐渐被提纯。当某些半导体器件或某些特殊器件对材料的纯度要求很高时，则应进行多次区熔提纯，使中间部分纯度达到要求的程度。区熔提纯受到熔区长度、熔区移动速度、区熔次数以及质量运输等诸多因素的影响。

区熔法生长单晶可以在真空系统中或者有保护气氛（如氩气）的封闭腔室中进行。在真空系统中区熔，由于杂质的挥发而更有助于得到高纯度的单晶。

1. 水平区熔法

水平区熔法是将原料放入一个长舟之中，舟应采用不沾污熔体的材料，如石英、氧化镁、氧化铝、氧化铍和石墨等，如图 2-2 所示。舟的头部放籽晶，加热通常使用电阻炉，也可使用高频炉。用此法制备单晶，不仅设备简单，而且与提纯过程同时进行又可得到纯度很高和杂质分布十分均匀的晶体。但与舟接触，难免有舟成分的沾污，且不易制得完整性高的大直径单晶。

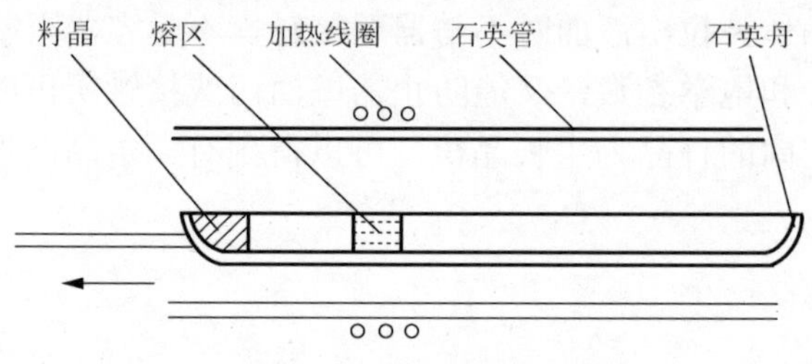

图 2-2　水平区熔示意图

2. 悬浮区熔法

在悬浮区熔法中，将圆柱形硅锭用高频感应线圈在氩气气氛中加热，使棒的底部和在其下部靠近的同轴固定的单晶籽晶间形成熔滴，这两个棒朝相反方向旋转。然后将在多晶锭与籽晶间只靠表面张力形成的熔区沿棒长逐步移动，将其转换成单晶。

悬浮区熔法是 20 世纪 50 年代提出的一种利用多晶锭分区熔化和再结晶生长单晶的方法。用悬浮区熔法拉晶时，先从上、下两轴用夹具精确地垂直固定棒状多晶锭，如图 2-3 所示。用电子轰击、高频感应或光学聚焦等方法将一段区域熔化，液体靠表面张力支持而不坠落，移动样品或加热器使熔区移动。这种方法不用坩埚，能避免坩埚污染，因而可以制备很纯的单晶和熔点极高的材料。

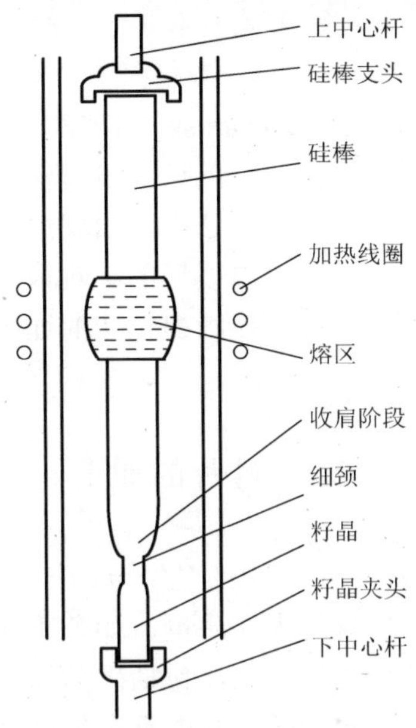

图 2-3　无坩埚悬浮区熔法装置简图

区熔法可用于制备单晶和提纯材料，可生产纯度很高的半导体、金属、合金、无机和有机化合物晶体。例如，在区熔法制备单晶硅中，将区熔提纯与制备单晶结合在一起，能生长出质量较好的中高阻单晶硅，且杂质分布均匀。

2.3.4　其他的制备方法

1. *磁场直拉法*

磁场直拉法（magnetic field Czochralski method，MCZ 法）是在直拉法的基础上，对坩埚内的熔体施加一定的强磁场，使熔体热对流受到抑制，用于生长低氧浓度的直拉单晶硅的方法。

磁场直拉法的基本原理是在熔体施加磁场后，运动的导电熔体体元受到洛伦兹力作用。根据洛伦兹定律可知，穿过磁力线运动的导电熔体内部产生与移动方向和磁场方向相垂直的电流。电流与磁力线相互作用，使导电熔体受到与移动方向相反的作用力，熔体流动受到抑制。也可将洛伦兹力抑制热对流的效应理解为磁场增加了熔体的运动黏度。根据施加磁场的方向，磁场直拉法可分为磁场方向垂直于晶体生长轴的横向磁场法和磁场方向平行于晶体生长轴的纵向磁场法两种。二者的主要区别是横向磁场法可以降低熔体的平均温度，而纵向磁场法可以提高熔体的平均温度。主要由于横向磁场抑制纵向热流，而纵向磁场抑制横向热流。

2. 连续提拉法

连续提拉（continuously-fed Czochralski，CCZ）法是在直拉法的基础上，将新原料不断补充进熔体中，以维持一定的熔液量、保持液面的平稳，制备出具有用户需求电学性能的单晶。在传统直拉法中，坩埚熔液液面下降导致坩埚内壁裸露，内壁温度很高，对晶体、熔体中温度场的影响很大。然而，连续提拉法生长单晶能很好地解决这一问题。另外，连续提拉法的连续加料技术将有效地降低生产单晶硅片的成本。

2.4　硅片的加工

制备半导体器件或电路，一般使用的是经专门技术分割制备的薄片，即硅片。高质量的硅片除要求硅材料自身的内在质量，如杂质含量小、结构完整之外，还需要高质量的加工工艺。硅片的加工工序包括硅晶体从晶体热处理、滚磨开方、切割、研磨、抛光和清洗，直到检验包装的整个生产过程。对于大规模集成电路用单晶硅，一般需要对拉制的单晶硅锭进行热处理、切断、滚磨开方、切片、倒角、磨片、化学腐蚀、抛光，以及几何尺寸和表面质量检测等工序[3]。主要目的是修正尺寸、形状和平整度等物理性能或减少不期望的表面损伤数量以及消除表面沾污和颗粒。

1. 切断

切断是指对晶锭利用外圆切割、带锯切割或内圆切割，进行两头截断。目的是切除晶锭的头（单晶硅锭的籽晶和放肩部分）、尾以及超规格部分；将晶锭分段成切片设备可以处理的长度；对晶锭切取试样，以检查其电阻率、氧/碳含量及晶体缺陷等参数。

晶锭切断加工时，切割断面应平整并与晶锭轴线垂直。由于硅晶体硬而脆，对其进行加工多采用金刚石刀具。

2. 滚磨开方

滚磨是指将晶锭固定在特定的磨床上，晶锭慢速旋转，用高速旋转镀有金刚石颗粒的杯形磨轮，将硅锭磨成规定直径的圆柱体。硅锭的直径一般均比待加工的晶片大 2～4mm，而且部分单晶特别是<111>晶向生长的单晶，其晶棱还可能形成一个小面，需要对晶锭进行外径滚磨，使之达到符合要求的直径。

开方是指利用外圆切割对单晶硅锭切方，通常用两片金刚石外圆切割片同时装在单晶硅切方装置上，将单晶硅圆锭加工成硅方锭。对专用于单晶硅锭切方用金刚石外圆切割片的要求是其刃口越薄越好。金刚石外圆切割锯片在单晶硅锭切方装置上是两片同时使用，将硅锭切成对称矩形。对于太阳能级的单晶硅，则需要进行滚磨切方。若是太阳能级的铸锭多晶块，只需要切方分割。

对于制备集成电路需要用的直径在 6in（1in=2.54cm）以下的硅片，用磨床磨出平面，如图 2-4 所示[4]，在硅锭上做一个较宽的主定位边标明晶体结构的晶向，一个较窄的次定位边标明硅片的晶向和导电类型。8in 及以上的硅片采用定位槽，如图 2-5 所示。用于制备二极管、可控硅以及太阳能电池等硅片，则无须有定位面。

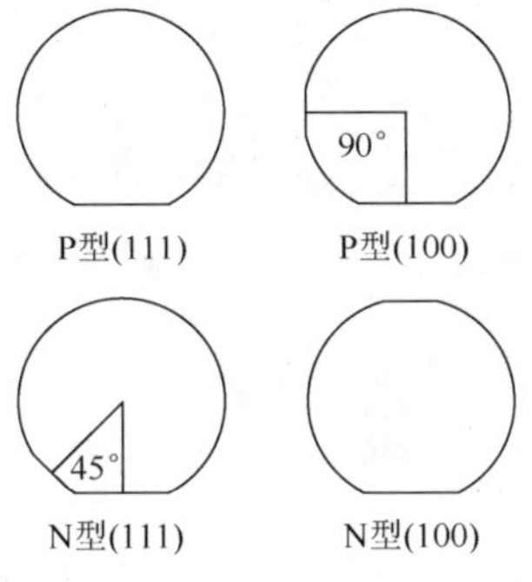

图 2-4　硅片标识定位边

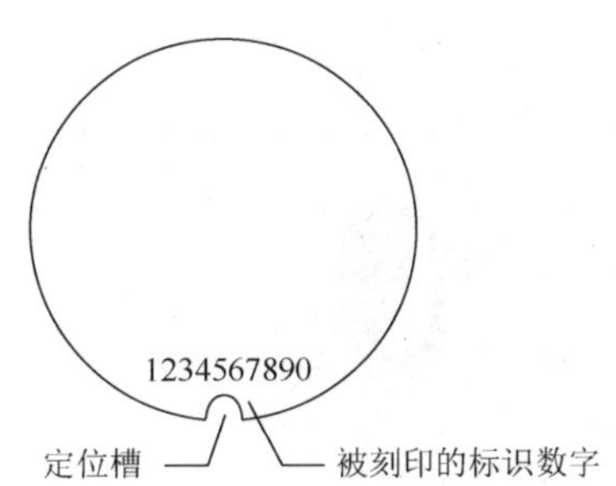

图 2-5　硅定位槽和激光刻印

硅片的晶向是指与硅片表面垂直的方向，如 N（100）硅片，其与硅片表面垂直的晶向就是<100>晶向，定位边只是一种标识，是一种行业的规定，用来表示该硅片是哪种类型（P 型或 N 型）及其晶向，本身的方向与硅片晶向无关。

3. 切片

切片是指以主定位边为基准，将经过头尾切除、滚磨开方的晶锭切成具有精确几何尺寸的薄硅片。切片的主要参数有硅片晶向、硅片厚度、总厚度偏差、弯曲度及翘曲度等。这些参数的精度对后道工序的加工，如硅片研磨、硅片腐蚀和硅片抛光等起着直接决定的作用。切片过程要求能按晶体的一个特定方向进行切割，切割面尽可能平整、引入硅片损伤和材料损失尽量少。切片的具体工序如下所示。

（1）硅锭固定。切片时，必须将已磨好外径与平边的晶锭固定在切片机上。在 8in 的硅片上，尺寸的精度是以 μm 为单位来计算，因此晶锭黏附的稳固性十分重要。一般晶锭在切片时是以蜡或树脂类的黏结剂黏附于与晶锭相同长度的石墨条上。石墨条除了具有支撑晶锭的作用外，还有防止锯片在切片过程中对晶片边缘所造成的崩角现象与修整锯片的效果。

（2）晶向定位。单晶硅锭生长的方向为<100>或<111>晶向，可与其几何轴向平行或偏差一个固定角度。因此，晶锭在切片前需利用X光衍射来调整晶锭在切片机上正确的位置。

（3）切割。切割是单晶硅由晶锭变成晶片的一个重要步骤，该过程决定了晶片在随后工艺过程中曲翘度的大小，此时硅片的厚度对后面工艺的效率（如晶面研磨、刻蚀、抛光）有决定性的影响。硅片切割大多采用内圆切割和线切割，此外还有近期出现的固结磨料线锯切割。内圆切割是利用边缘镶有钻石微粒、厚度在0.2mm以下的金属锯片来切割晶锭，如图2-6（a）所示，由于锯片相当薄，在切割过程中锯片的任何变形都会导致所切割晶片外形尺寸上的缺陷。

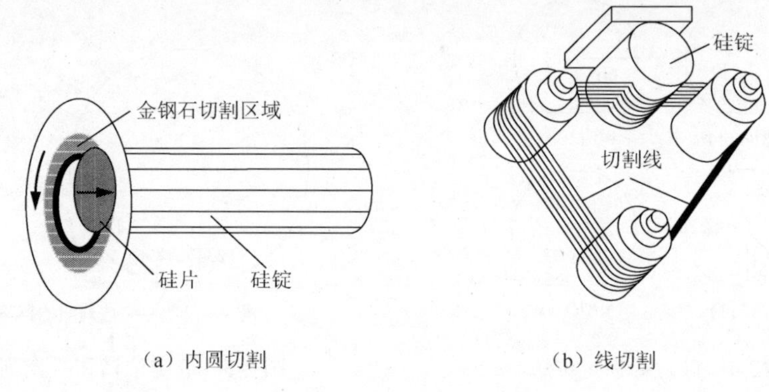

（a）内圆切割　　（b）线切割

图2-6　切割技术示意图

线切割是指在高速往复运动的张力钢线上喷洒陶瓷磨料来切割晶锭，如图2-6（b）所示。线切割是以整支晶锭同时切割，而内圆切割是单片加工，因此线切割所加工出硅片的曲翘度特性较好。

为了使硅片的供、需双方便于交流和对硅片进行有效跟踪，在硅锭被切割成硅片之后需用激光对硅片刻上统一的编码，也就是激光标识，见图2-5。硅片按从晶锭切割下的顺序进行编码，编码在硅片的正面或背面均可。编码能追溯硅片从晶锭的什么位置切割，可有效掌握晶锭一头到另一头变化的整体特性，以便采取正确的措施。编码应刻得足够深，从而到最终硅片抛光完毕后仍能保持。

4. 倒角

无论是内圆切割还是线切割，切片完成后硅片均有比较尖利的边缘，需要进行倒角形成子弹式的光滑边缘。倒角后的硅片边缘有低的中心应力，防止在后续加工过程中硅片边缘出现破裂、崩边及晶格缺陷等现象，可有效地提高硅片的机械强度和可加工性。

倒角可以用化学腐蚀及轮磨等方式实现，因化学腐蚀控制较难，且容易造成环境污染，一般采用轮磨方式。目前，轮磨边缘有圆弧形和梯形两种，如图 2-7 所示。

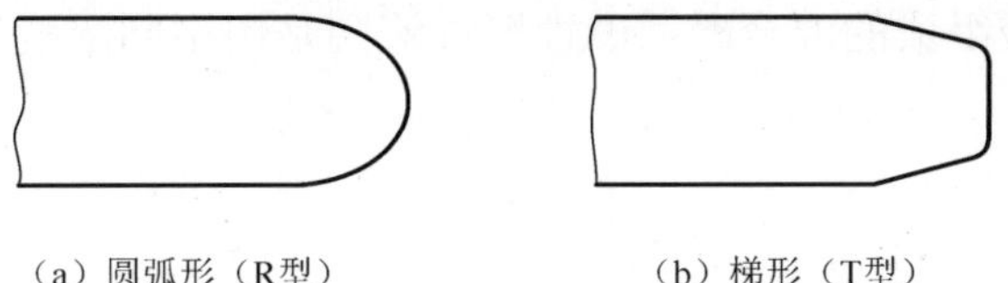

（a）圆弧形（R型）　　　　（b）梯形（T型）

图 2-7　硅片边缘轮廓

如图 2-8 所示，倒角时将硅片固定在一个可以旋转的支架上，其边缘方向有一高速旋转的金刚石磨轮，磨轮旋转的速度通常为 6000～8000r/min 或更高。通过旋转磨轮和转动硅片之间的摩擦，从而获得具有钝圆形边缘的硅片，该方法属于固定磨粒式磨削。

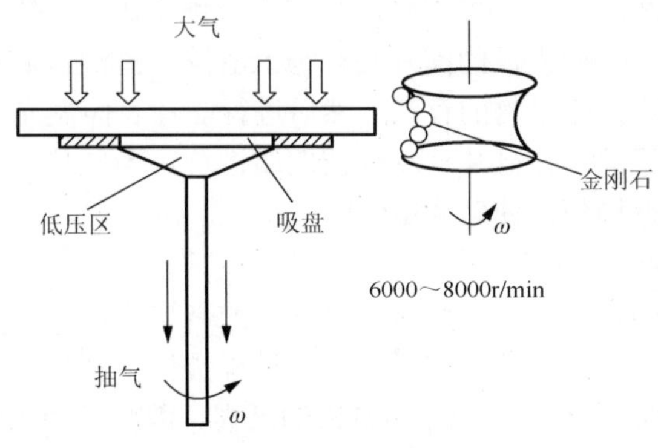

图 2-8　硅片倒角

5. 磨片

磨片工艺是一个机械处理过程，主要目的是清除切片过程及激光标识时产生的不同损伤，使硅片变得平整，只留下一些均衡的浅显的伤痕。因此，晶面研磨是晶片抛光工艺之前的关键工艺。

在磨片时，将待研磨的硅片放置于挖有与晶片相同大小孔洞的承载片中，再将此承栽片放置于两个研磨盘之间。研磨盘以液压方式压紧待研磨硅晶片，硅片的两侧均与研磨盘接触。研磨盘以相反方向旋转，从而能对硅片两侧进行同时研磨。上研磨盘有一系列的洞，可让研磨砂均匀分布在硅片上并随磨片机运动。研磨砂是由将氧化铝溶液延缓煅烧后形成的细小颗粒组成的，可有效研磨去硅的外层。研磨去的外层深度要比切片造成的损伤深度更深，可清除切片造成的严重损伤，只留下一些均衡的浅显的伤痕，同时可使硅片变得非常平整。

6. 化学腐蚀

化学腐蚀的主要目的是除去磨片之后在晶片表面上的应力层，同时提供一个更洁净、平滑的晶片表面。腐蚀液可分为酸系与碱系两大类。酸性腐蚀液是由氢氟酸、硝酸及醋酸组成的混合酸；碱性腐蚀液则是由不同浓度的氢氧化钠或氢氧化钾组成的。

7. 抛光

晶片抛光可分为边缘抛光与晶片表面抛光。

1）边缘抛光

边缘抛光的主要目的是降低微粒附着于晶片的概率，并使晶片具有较好的机械强度，以降低因碰撞而产生碎片的概率。边缘抛光设备以机械运动方式分为两种。第一种边缘抛光方式是将晶片倾斜、旋转并加压于转动中的抛光布，抛光剂通常采用悬浮的硅酸胶。第二种边缘抛光方式是预先在抛光轮上车出晶片外缘的形状再进行抛光。边缘抛光后的晶片必须马上清洗，清洗过后再做目视检查，确定是否有缺口、裂痕或污染物的存在，然后进行晶片表面抛光。

边缘抛光是为了除去在硅片边缘残留的腐蚀坑。当硅片边缘变得光滑，硅片边缘的应力也会变得均匀，使硅片更坚固。

2）晶片表面抛光

晶片表面抛光的目的是改善前道工序留下的微缺陷，并获得光滑、平整的晶片表面，以满足集成电路工艺的需求。抛光过程类似于磨片的过程，只是磨片是一个机械的过程，而抛光是一个化学/机械的过程。因此，相比磨片，抛光能获得更光滑的表面。

如图 2-9 所示，抛光是用特制的抛光衬垫和特殊的抛光砂对硅片进行化学/机械抛光处理。硅片抛光面是旋转的，在一定压力下利用覆盖在衬垫上的抛光砂进行抛光。抛光砂由硅胶和一种特殊的高 pH 的化学试剂组成，高 pH 的化学试剂能将硅片表面氧化，抛光砂以机械方式将氧化层从表面磨去。

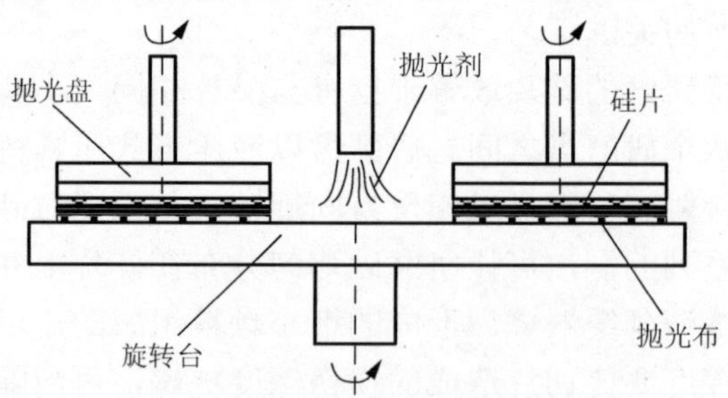

图 2-9　硅片表面抛光示意图

硅片表面抛光分为粗抛和精抛。粗抛是用较硬衬垫，抛光砂更易与之反应，而且抛光砂中有更多粗糙的硅胶颗粒。精抛是清除腐蚀斑和一些机械损伤。在抛光中，用软衬、含较少化学试剂和细的硅胶颗粒的抛光砂，最终清除剩余损伤和薄雾。

晶片表面抛光，接触面间温度和抛光布是重要的影响因素。例如，晶片接触面间的温度将直接影响晶片表面的移除率和平坦度，较高的温度有利于得到较大的移除率，但是不利于平坦度的提高。抛光布需考虑其硬度、孔隙设计与杨氏系数的大小等。

2.5 硅片的清洗

在硅片的加工过程中，会受到来自设备、工装、磨料以及环境等各方面的沾污，直接影响硅片生产的后续工序或器件的成品率、性能和可靠性等。同时，在半导体器件和集成电路的生产过程中，几乎每道工序均涉及硅片的清洗。若处理不当，器件和集成电路的性能低劣、稳定性和可靠性差，甚至出现报废现象。因此，硅片清洗是半导体制造中最重要、最频繁的工序。

硅片清洗的作用在于除去硅片表面的污染物质，主要包括有机物和无机物两大类。这些物质有的是原子状态或离子状态，有的以薄膜形式或颗粒形式存在。有机污染包括光刻胶、有机溶剂残留物、合成蜡和人接触器件、工具、器皿带来的油脂或纤维。无机污染包括重金属金、铜、铁和铬等，严重影响少数载流子寿命和表面电导；碱金属钠和钾等，引起严重漏电；颗粒污染硅渣、尘埃、细菌、微生物和有机胶体纤维等。

硅片清洗的方法很多，如湿法化学清洗、超声清洗、兆声清洗、高压喷射、离心喷射、擦洗、干法清洗、激光束清洗、气相清洗、非浸润液体喷射、RCA 标准清洗、等离子体清洗和原位水冲洗等方法。硅片清洗工艺因加工工序、硅片类别、清洗方法以及清洗条件不同而具有多样性，大致包括清洗前的准备工作、各种浸泡和腐蚀、纯水清洗、甩干、送检和结束工作。其中，最关键的是浸泡和腐蚀工作，要根据具体的工序而定。例如，对硅切割片和硅抛光片的清洗，有效除去胶黏剂、石墨和蜡成为首要的任务。

总体而言，硅片清洗方法分为干法清洗和湿法清洗两大类。

2.5.1 硅片的干法清洗

硅片的干法清洗是采用气相化学法除去晶片表面污染物质。气相化学法主要有热氧化法和等离子清洗法等，清洗过程就是将热化学气体或等离子态反应气体导入反应室，反应气体与晶片表面发生化学反应生成易挥发性反应产物被真空抽去。各种污染物质的除去措施如表 2-2 所示。例如，在氧化炉的氯包容环境中退火是一种典型的热氧化清洗。

表 2-2　通用干法清洗方法

颗粒	有机物	金属	原生氧化物/化学氧化物
低温气雾剂	O_2 退火	Cl 基化学法退火	Ar 喷溅
Ar/N_2	臭氧	$NO/HCl/N_2$ 退火	H_2 退火
激光	紫外线/臭氧	紫外线/Cl_2	细微等离子 H_2
CO_2 雪	紫外线/O_2	紫外线/$SiCl_4$	细微等离子 NF_3/H_2
	细微等离子	紫外线/HCl	AHF/H_2O
	O_2		AHF/酒精溶液
			$UV/F_2/H_2$

等离子清洗采用激光、微波、热电离等措施将无机气体激发到等离子态活性粒子，活性粒子与表面分子反应生成产物分子，进一步解析形成气相残余物脱离表面。例如，在溅射沉积之前的氩离子溅射是一种等离子清洗。

干法清洗的优点是清洗后无废液，可有选择性地进行局部处理。干法清洗蚀刻的各向异性有利于细线条和几何特征的形成。气相化学法按要求的标准可减少的金属化污染物有铁、铜、铝、锌和镍等。钙在低温下采用基于氯离子的化学法也可有效挥发。然而，气相化学法无法选择只与硅片表面金属污染物质反应，而不与硅片表面发生反应。各种挥发性金属混合物蒸发压力不同，在低温下各种金属挥发性也不同。因此，在一定的温度条件和时间内，干法清洗不能完全除去所有金属污染物质，不能完全取代湿法清洗。

2.5.2　硅片的湿法清洗

湿法清洗包括物理清洗和化学清洗两种。物理清洗又可分为刷洗（擦洗）、高压清洗和超声波清洗三种[5]。刷洗（擦洗）是除去硅片表面颗粒的一种直接而有效的方法，该方法一般用在切割或抛光后的硅片清洗上，可高效地除去抛光后产生的大量颗粒。高压清洗是用高达几百个大气压的液体喷射硅片表面除去污染，硅片不易产生划痕和损伤。然而，高压喷射会产生静电作用，可通过调节喷嘴到硅片的距离、角度或加入防静电剂加以避免。超声波清洗是将超声波声能传入溶液，靠气蚀作用洗掉硅片上的污染。但是，从有图形硅片上除去小于 1μm 颗粒比较困难。

化学清洗的目的是除去原子、离子不可见的污染，主要包括 RCA 标准清洗、离心喷淋式化学清洗和一些新型清洗技术。其中，双氧水体系清洗方法效果好，环境污染小。一般方法是将硅片先用成分比为 H_2SO_4∶H_2O_2=5∶1 或 4∶1 的酸性液清洗，清洗液的强氧化性将有机物分解而除去；用超纯水冲洗后，再用成分比为 H_2O∶H_2O_2∶NH_4OH=5∶2∶1 或 5∶1∶1 或 7∶2∶1 的碱性清洗液清洗，由于过氧化氢的氧化作用和氨水的络合作用，许多金属离子形成稳定的可溶性络合物而溶于水；最后使用成分比为 H_2O∶H_2O_2∶HCl=7∶2∶1 或 5∶2∶1 的酸性清洗液，由于 H_2O_2 的氧化作用和盐酸的溶解，以及氯离子的络合性，许多金属生成溶于水的络离子，从而达到清洗的目的。下面主要介绍常用的 RCA 标准清洗法。

RCA 标准清洗法是由 Kern 等于 1965 年首创的一种典型的至今仍为最普遍使用的湿法化学清洗技术，因在 Princeton 的 RCA 实验室而得名。RCA 标准清洗是按照一定的顺序依次浸入几种标准清洗液中完成的。几种常用的化学清洗溶液，如表 2-3 所示。RCA 标准清洗主要用于清除有机表面膜、粒子和金属沾污等。

表 2-3　常用的化学清洗溶液

名称	组成	比例	作用
APM（SC-1）	NH_4OH∶H_2O_2∶H_2O	1∶1∶5 或 0.5∶1∶5	除去粒子、部分有机物及部分金属，会增加硅片表面的粗糙度
HPM（SC-2）	HCl∶(H_2O_2)∶H_2O	1∶1∶6	主要用于除去金属沾污
DHF	HF∶(H_2O_2)∶H_2O	1∶1%～2%	腐蚀表面氧化层，除去金属沾污
SPM	H_2SO_4∶H_2O_2∶H_2O	4∶1	除去重有机物，但当沾污非常严重时，会使有机物碳化而难以除去

1. 有机表面膜的清洗

硅片表面的有机物常用清洗液 SPM 除去。清洗液 SPM 具有很高的氧化能力，可将金属氧化后溶于溶液中，并把有机物氧化生成二氧化碳和水。清洗液 SPM 可除去硅片表面的重有机沾污和部分金属，但是当有机物沾污较重时会使有机物碳化而不易除去。清洗液 SPM 要用到大量的高浓度的硫酸溶液并且要在高温（120～150℃）下完成，对环境极为不利。臭氧的氧化性比过氧化氢强，可用臭氧来取代过氧化氢形成 SOM 溶液，以降低硫酸的用量和反应温度。

2. 粒子的清洗

除去硅片表面的粒子主要用 APM 清洗液进行清洗。在 APM 清洗液中，由于过氧化氢的作用，硅片表面有一层自然氧化膜，呈亲水性，硅片表面和粒子之间可用清洗液浸透，硅片表面的自然氧化膜和硅被氨水腐蚀，硅片表面的粒子便落入清洗液中。粒子的除去率与硅片表面的腐蚀量有关，为除去粒子必须进行一定量的腐蚀。在清洗液中，由于硅片表面的电位为负，与大部分粒子间都存在排斥力，可防止粒子向硅片表面吸附。

除去粒子对硅片表面进行的腐蚀，必然会影响硅片的微粗糙度。研究表明，二氧化硅和硅的腐蚀速度均随氨水浓度的增加而加快，而过氧化氢阻碍腐蚀。然而，氨水浓度达某一浓度后，硅的腐蚀速度下降为定值。通常二氧化硅生成为各向同性，而硅被—OH 腐蚀为各向异性，易引起微粗糙度的恶化。若氧化速率大于碱对硅的腐蚀速率，则表面被均匀腐蚀。因此，强氧化剂过氧化氢的引入以及合理的 APM 配比有利于微粗糙度的降低。

3. 金属沾污的清洗

硅片表面金属沾污的除去常用的清洗液有 HPM 和 DHF 两种。硅片表面的金属以原子、氧化物、金属复合物和硅化物等多种形式存在于自然氧化膜表面及内部、硅与氧化物的界面或硅内部。金属在溶液中的附着特性与 pH、金属诱生氧化物作用、氧化还原电位、负电性、金属致氧化物形成焓以及化学试剂的氧化性等有关。在 3<pH<5.6 的酸性溶液中，pH 越低，同时金属的负电性越低，金属越不易附着在硅片上。

近几年，以 RCA 清洗理论为基础的各种清洗技术不断被开发出来。例如，美国 FSI 公司推出的离心喷淋式化学清洗技术；美国原 CFM 公司推出的 full-flow systems 封闭式溢流型清洗技术；美国 VERTEQ 公司推出的介于浸泡与封闭式之间的化学清洗技术；美国 SSEC 公司的双面擦洗技术；日本提出的无药液电介离子水清洗技术等。

2.5.3　新型清洗技术

虽然 RCA 标准清洗技术被世界各国广泛应用，也经历了诸多的改进，但其基本的体系却一直未发生重大的变化，存在不少问题。例如，RCA 标准清洗工序繁多，消耗超纯水和化学试剂多，成本高；使用强酸强碱和强氧化剂，操作危险；试剂易分解、挥发，有刺激性气味，存在较严重的环保问题；硅片干燥慢，干燥不良可能造成前功尽弃，且与其后的真空系统不能匹配。同时，超大规模集成电路对洁净表面的要求也对现行的清洗工艺提出了严峻的挑战，开发新型清洗技术已成为必然趋势。

目前，已提出的新型清洗技术有化学蒸气清洗和等离子体辅助清洗等气相清洗方法。由于化学蒸气清洗存在去除杂质的面狭窄、去除粒子困难，离子体辅助清洗容易造成硅片表面损伤，要取代溶液清洗存在一定难度。因此，新型清洗技术的研究重点放在开发新型溶液清洗技术上。

1. 氟化氢与臭氧槽式清洗

臭氧是空气中的氧分子受到高能量电荷激发时的产物，为特性不稳定的气体，具有强烈的腐蚀性和氧化性。在常温常压下，臭氧的氧化还原势比氯化氢和过氧化氢都高。因此，用臭氧超净水除去有机物和金属颗粒的效率比 SPM、HPM 清洗高。

德国 ASTEC 公司按照此思路设计了一套基于氟化氢与臭氧清洗以及干燥的方法，称为 ASTEC 清洗法。该方法广泛用于直径为 300mm 的硅片清洗工艺中，主要使用去离子水、氟化氢和臭氧。此外，根据工艺需要可适当加入表面活性剂，也可配合使用兆声波进行清洗，即兆声清洗。使用 ASTEC 清洗法有效减少了去离子水和化学试剂的用量，不仅简化了清洗工序，而且节省了洁净间面积。

在标准 ASTEC 清洗法中，可将硅片表面的有机污染氧化为二氧化碳和水，达到除去表面有机物的目的，同时迅速在硅片表面形成一层致密的氧化膜。氟化氢可以有效地除去硅片表面的金属污染物，将臭氧氧化形成的氧化膜腐蚀掉，同时将附着在氧化膜上的颗粒去除掉。使用兆声清洗法将使颗粒除去效率更高，而使用表面活性剂能防止已清洗掉的颗粒重新吸附在硅片表面。

在 ASTEC 干燥法中使用氟化氢与臭氧，整个工艺过程分为液体中反应与气相处理两部分。首先将硅片放入充满氟化氢与臭氧的干燥槽中，经过一定时间的反应后，硅片将被慢慢地抬出液面；然后由于氢氟酸的作用，硅片表面将呈疏水性，当硅片被抬出液面时，将自动达到干燥的效果。同时，在干燥槽的上方安装一组臭氧喷嘴，使得硅片抬出水面后就与高浓度的臭氧直接接触，进而在硅片表面上形成一层致密的氧化膜。

该干燥法可以配合其他清洗工艺来共同使用，干燥过程本身不会带来颗粒污染，经过 ASTEC 清洗后，硅片表面的金属污染，如铁、铜、镍、锌和铬等可达到理想的要求。另外，臭氧超净水清洗可在室温下进行，不需要进行废液处理，比传统的 RCA 清洗具有明显的优势。

2. 超凝态过冷动力学清洗

超凝态过冷动力学清洗系统运用氮气和氩气的悬浮粒来清洗。将一定混合比的氮气和氩气通入液氮热交换器，混合气冷却在温度 100K、压力约 150kPa 的情况下部分液化。部分液化的混合气便成为气液混合物，经喷嘴直接喷射向清洗腔（约为 7.0kPa）内的硅片表面。混合物一旦离开喷嘴进入清洗腔，部分液体迅速膨胀并分裂为更加细小的颗粒。该过程为吸热过程，腔内温度降低，小颗粒冷凝成为直径从小于 0.5μm 到大于 5.0μm 不等的固态晶体，冲击速度达到 100m/s。硅片表面的污染物粒子被这些高速的微小晶体冲击，从硅片表面脱离之后被层流气体吹出清洗腔。冷凝的固态晶体在排气过程中升华为气态氩气和氮气排走。整个过程只有惰性气体和固态结晶物接触硅片表面。因此，该清洗方法不会留下水痕或改变硅片表面的物理、化学性质，同时具有无毒、无污染、不易燃，且廉价易于操作的优点。

除此之外，新型清洗技术还包括 DHF+界面活性剂的清洗、DHF+阴离子界面活性剂清洗和激光干法清洗等方法。

2.6 硅片的检验与包装

随着大规模集成电路、超大规模集成电路和特超大规模集成电路的发展，对硅片的质量特征参数的要求越来越高。硅片检验是硅片加工过程中不可缺少的环节，在形式上包括自检、互检和专检，可以现场抽样检验，也可集中检查。总之，硅片检查贯穿于整个半导体工艺过程。对检验合格的硅片进行包装，防止再次污染和破碎，以待出货。

2.6.1 硅片的检验

硅片质量的特性参数主要包括几何参数、表面质量、表面取向、电学性能和氧化诱生缺陷等检验。

1. 几何参数检验

硅片的几何参数主要有直径、厚度和总厚度变化、平整度、粗糙度、弯曲度和翘曲度等几个方面。硅片几何参数完全取决于硅片加工过程，与硅片生产直接相关。随着生产工艺技术的发展和产品标准的提高，对硅片的几何参数的要求越来越高，其检测水平也会进入新的阶段。

直径是硅片的重要参数，是指横越硅片表面、通过硅片中心点且不包含任何参考面或圆周基准区的直线距离。硅片直径的测试方法主要有光学投影、外径千分尺和游标卡尺等测量方法。

厚度是指硅片给定点处穿过硅片的垂直距离，总厚度变化是指在厚度扫描或一系列点的厚度测量中，最大厚度与最小厚度的绝对差值。硅片厚度和总厚度变化测量分为接触式或非接触式。接触式测量采用电感测微仪或千分尺进行，简单方便并且直观；非接触式测量一般采用静电电容法实现。

平整度是指硅片表面与基准平面之间最高点和最低点的差值。硅片平整度是半导体工艺中的一个重要的测试项目，尤其是对于投影光刻的生产工艺，硅片平整度的优劣会直接影响图形线条的对焦精度。平整度分为局部平整度和全局平整度，主要的测试方法有光干涉法和电容法两种。

粗糙度泛指晶片表面轮廓高低起伏的度量值。一般在为 102～105nm，包括平均粗糙度、微粗糙度、均方根微粗糙度和均方根区域微粗糙度。

弯曲度是指硅片处于没有受到夹持或置于真空吸盘上的状态下，整个硅片凹或凸的程度，该方法与硅片厚度变化无关。测量时使硅片正面朝上，如图 2-10 所示，测量硅片正面中心点和由三个支承柱所形成的基准面之间的距离，得到测量值 f。使硅片反面朝上，测量硅片反面中心点和由三个支承柱所形成的基准面之间

的距离，得到测量值 b，通过两组数据即可计算出硅片的弯曲度为

$$\mathrm{Bow} = (b - f)/2 \tag{2-35}$$

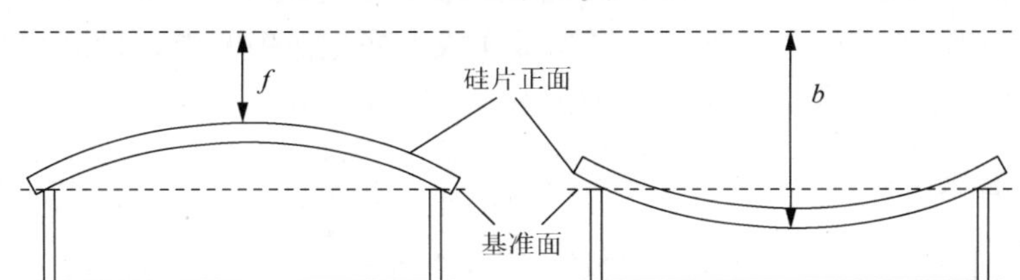

图 2-10　硅片弯曲度测量方法

翘曲度是指硅片处于没有受到夹持状态下的中心面与参考面之间的最大距离与最小距离之差。把硅片放在支承柱上，使探头沿扫描图形路线进行曲线和直线段扫描，如图 2-11 所示，分别成对记录被测点上、下表面的位移量。在每组数据中，假设 a 为硅片上表面与上探头之间的距离，b 为下表面与下探头之间的距离，被测硅片的翘曲度可以表示为

$$\mathrm{Warp} = \left[(b-a)_{\max} - (b-a)_{\min}\right]/2 \tag{2-36}$$

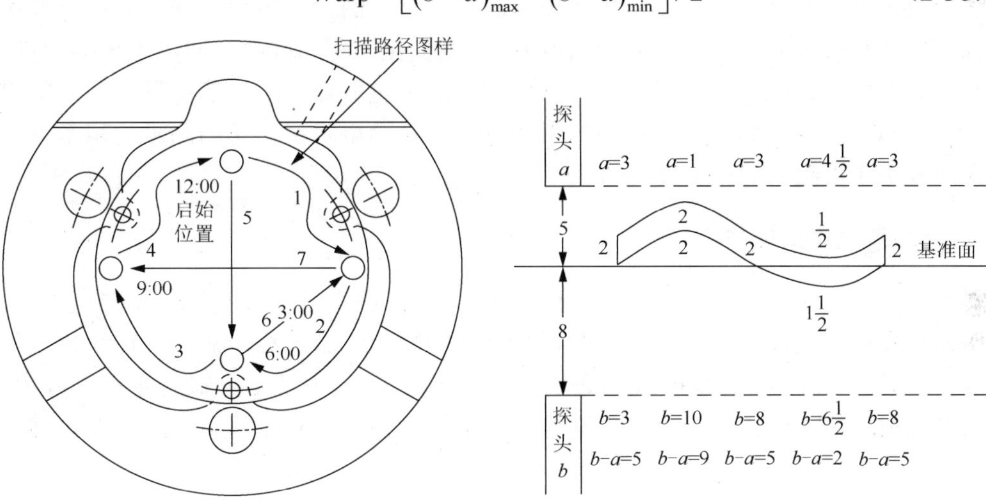

（a）探头扫描路径　　（b）计算曲翘度的实例

图 2-11　曲翘度测试示意图

2. 表面质量检验

硅半导体器件，特别是大规模集成电路的可靠性，在很大程度上取决于硅片表面的加工质量。为了获得表面加工质量较好的硅片，除了改善加工方法外，还必须建立起一种较为灵敏的检测手段，才能比较真实地反映硅片表面的加工状态。

用真空吸笔吸住硅片的一面，使用高强度汇聚光源光束直射硅片的另一面，适当晃动硅片，改变入射光角度，目测观察整个表面的划痕、沾污、颗粒、雾状和边缘碎裂崩缺等缺陷。另外，可将光源换成大面积散射光源，目测裂纹、沟槽、橘皮、鸦抓、波纹、浅坑、小丘、刀痕和条纹等缺陷。

3. 表面取向检验

硅片的参考面结晶学取向（晶向）是一个重要的材料验收参数，在半导体器件工艺中，一般利用参考面来校准半导体器件的几何图形阵列与结晶学晶面及晶向的一致性。

硅片表面取向检验的方法主要有光图定向测量法和X射线衍射测量法。

4. 电学性能检验

硅片电学参数检验主要包括硅片导电类型检验、硅片电阻率和径向电阻率均匀性检验。导电类型检验有很多方法，主要有热探针法、冷探针法、点接触整流法、全类型系统测试法和霍尔效应极性法等。常用的硅片电阻率测量方法有非接触涡流法和接触式四探针法。硅片径向电阻率变化又称为硅片径向电阻率均匀性，通常采用四探针接触方式测量，即按照规定的测量取点方案，测量硅片各点的电阻率，通过计算得到硅片的径向电阻率变化。径向电阻率变化的测量的精密度，直接取决于电阻率的精密度。

5. 氧化诱生缺陷检验

硅集成电路制造过程中，缺少不了氧化工艺，即在硅片表面生长一层氧化层，作为介质材料或掩蔽层。若硅片存在晶格结构缺陷或金属离子沾污，在氧化过程中将会暴露，对半导体器件或集成电路产生致命影响。因此，在硅片生产过程中，需要模拟氧化工艺，对其热氧化缺陷进行必要的检验。氧化诱生缺陷主要包括氧化层错、氧化雾、位错滑移、旋涡和条纹等。

单晶硅片内若存在机械损伤、缺陷中心，杂质沾污等氧化诱生缺陷形核中心，则通过热氧化工艺，利用氧化修饰或扩大硅片中的缺陷，或二者兼有，然后用适当的择优腐蚀液显示缺陷，再用肉眼或显微技术观测，通过计算确定是否符合标准的范围。在氧化诱生缺陷的检验中，氧化膜的厚度为 1500～2500Å（1 Å=0.1nm=20^{-10}m）。

2.6.2 硅片的包装

硅片的包装运输是硅片生产加工的最后环节。包装的目的是为硅片提供一个无尘的环境，避免硅片在运输时受到损伤；包装还可以防止硅片受潮。若硅片被放置在容器内受到污染，污染程度会与在硅片加工过程中的任何阶段一样严重，甚至认为这是更严重的问题，这是由于在硅片生产过程中，随着每一步骤的完成，硅片的价值也在不断上升。理想的包装是既能提供清洁的环境，又能控制保存和运输时的小环境的整洁。运输用的典型容器是用聚丙烯、聚乙烯或一些其他塑料材料制成的。

根据硅片内包装盒的尺寸规格设计专门的相应的外包装纸箱以及减震板，包装箱上应注明易碎品、放置方向以及防潮等标记。经过外包装处理的硅片可以采用陆运、水运和空运来实现运输。

2.7　带状硅的制备

在硅片的制备过程中，需要经过切、磨和抛光等多种工艺，使硅片加工耗损接近 70%，因而大幅度增加了器件的生产成本。因此，生长带状多晶硅可能对降低成本，尤其对薄膜太阳能电池推广和发展具有重要的意义。带状多晶硅制备方法主要有限边喂膜法、枝蔓蹼状晶法、水平横拉法和工艺粉末带硅生长法等。其中枝蔓蹼状晶法和限边喂膜法比较成熟。

1. 限边喂膜法

限边喂膜（edge defined film-fed crystal growth，EFG）带硅的太阳能电池技术是目前唯一规模产业化的带硅电池技术。如图 2-12 所示，使用一个可被熔硅浸润的模具，熔硅通过毛细管作用上升到模具顶形成液膜，再用籽晶引出成片状的晶体。此法已拉出宽 10cm 以上，厚度只有 0.07cm，长 5m 以上的晶片，并且一次可以同时拉几片至十几片。此法生长速度很快，可达 5cm/min 以上，用此法生长的硅晶片做太阳能电池效率最高达 12.3%，是一种很有前景的方法。

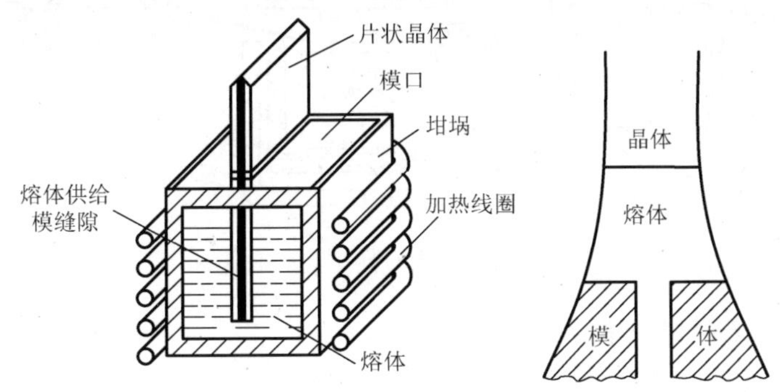

图 2-12　EFG 法生长示意图

用限边喂膜法进行大批量生产时，应满足的主要技术条件为以下两点。

（1）采用自动控制温度梯度、固液交界的新月形的高度及硅带的宽度等，以有效地保证晶体生长的稳定性。

（2）在模具对硅料的污染方面进行控制。

2. 枝蔓蹼状晶法

枝蔓蹼状晶（dendrite crystal webbed，WEB）法是在生长带硅时从坩埚熔硅里长出两条枝蔓晶，以两枝枝蔓为骨架插入过冷熔体的硅中并迅速提拉，利用熔硅较大的张力带出一个液膜，凝固后可得蹼状晶体，所得到的带硅的晶向与枝状籽晶的晶向一致。切去两边的枝晶，用中间的片状晶制备太阳能电池。因为硅片形状如蹼状，所以称为蹼状晶。蹼状晶在各种带硅中质量最好，也是唯一能制备单晶带硅的方法，但生长速度相对较慢。

3. 水平横拉法

水平横拉（ribbon growth on substrate，RGS）法利用坩埚内的熔硅表面张力形成一个凸起的弯月面，用片状籽晶在水平方向与熔硅熔接，利用氩气或氦气等惰性气体强制冷却造成与籽晶相接的熔体表面的过冷层进行生长。生长时放出的相变热则通过片状晶体耗散。此法的生长速度更快，生长单晶片时可达到40cm/min以上，生长多晶片能高达854cm/min以上。目前，此法已生长出宽5cm、厚0.04cm、长约2m的硅带，用此材料制备的太阳能电池效率高达11%。水平横拉法经过改进后，不但晶片厚度由原来2～5cm，减薄到0.4mm，而且提高了晶片质量和生长的重复性，是生长硅太阳能电池材料的好方法，生长装置如图2-13所示。

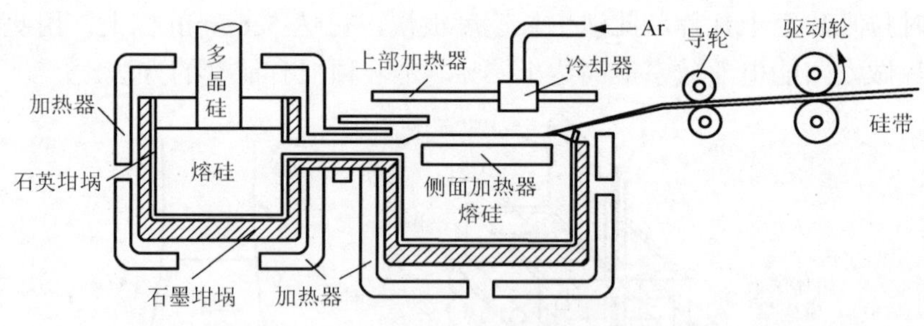

图2-13　水平横拉法生长片状晶体

4. 工艺粉末带硅生长法

工艺粉末带硅生长（silicon sheet of powder，SSP）法是利用漏斗装置，将硅粉注入临时的衬底上，硅粉层的厚度和宽度可以任意调整。经调整后的硅粉通过传输装置被传输到光学加热系统中，在保护气下，硅粉经预加热后，进入第一级聚焦加热系统，硅粉层表面得到熔化。经进一步聚焦加热熔融的硅表面得以平滑，熔化的硅渗入底部，并使底部未熔化的硅粉一起凝结在临时衬底上。

上述四种方法均采用过冷较大的生长条件，具有生长速度快、无分凝效应和杂质分布均匀等优点。同时，利用相应的磨具和籽晶，可实现形状较复杂的管状、棒状晶体的生长。除上述各种方法以外，近年来又研发出一些新的生长太阳能电池材料的方法，如边缘支撑带硅技术和硅浇铸法等均能提供一定转化效率的电池材料。

习　　题

1. 生产硅片的主要目的是什么？
2. 硅源的中间产物有哪些？
3. 单晶硅的制备方法有哪些？
4. 典型的直拉工艺流程包括哪些步骤？
5. 硅片的生产工艺流程有哪些？
6. 磨片的目的是什么？
7. 硅片清洗的方法有哪些？
8. 硅片检验的内容有哪些？
9. 硅片包装的主要目的是什么？

参 考 文 献

[1] 杨树人, 王宗昌, 王兢. 半导体材料[M]. 3 版. 北京: 科学出版社, 2013.
[2] 梁宗存, 沈辉, 史珺, 等. 多晶硅与硅片生产技术[M]. 北京: 化学工业出版社, 2014.
[3] 尹建华, 李志伟. 半导体硅材料基础[M]. 2 版. 北京: 化学工业出版社, 2015.
[4] 王蔚, 田丽, 任明远. 集成电路制造技术: 原理与工艺(修订版)[M]. 北京: 电子工业出版社, 2013.
[5] 康自卫, 王丽. 硅片加工技术[M]. 北京: 化学工业出版社, 2014.

第二篇　半导体工艺原理

第3章 氧化技术

氧化工艺在硅平面工艺中占有非常重要的地位，主要原因是二氧化硅薄膜对某些元素，如硼、磷、砷、锑等，具有掩蔽的作用，即这些杂质在二氧化硅中的扩散系数远小于在硅中的扩散系数，能够实现选择扩散。正是这种二氧化硅制备与光刻和扩散的结合，才出现了平面工艺并推动集成电路的迅速发展[1]，进而推动了半导体器件制造技术的发展，使集成电路技术发展到一个崭新的阶段。

硅平面工艺中的氧化工艺是一种在硅片表面上生长一层二氧化硅薄膜的技术。二氧化硅薄膜除了作为杂质选择扩散的掩蔽层，还因其具有良好的化学稳定性和电绝缘性，用来保护和钝化器件表面，用作MOSFET的栅氧化层介质、电性能的隔离、绝缘材料和电容的介质膜等。二氧化硅薄膜在半导体制造中具有多种功能和作用，并且制备简单，应用十分广泛。

二氧化硅薄膜质量的好坏，对器件的成品率和性能影响很大。因此，要求二氧化硅薄膜表面无斑点、裂纹、白雾、发花和针孔等缺陷，薄膜厚度达到指定指标并保持均匀和结构致密，对薄膜中可动带电离子，特别是钠离子的含量有明确的要求。

在硅片表面上生长二氧化硅薄膜的方法有很多，如热氧化生长法、掺氯氧化法、热分解淀积法、溅射法、真空蒸发法、外延生长法和阳极氧化法等。常用的方法主要有热氧化生长法、掺氯氧化法和热分解淀积法三种。本章主要讲述二氧化硅的性质和应用，并基于迪尔-格罗夫模型，阐述热氧化的原理、制备方法及质量检测。

3.1 二氧化硅的性质和应用

二氧化硅又称硅石，是一种酸性氧化物，对应水化物为硅酸（H_2SiO_3）。二氧化硅薄膜具有与硅良好的亲和性、稳定的物理化学性质、电绝缘性和良好的可加工性，以及对掺杂杂质的掩蔽能力，是集成电路工艺中必不可少的物质。

3.1.1 二氧化硅的基本结构

自然界中存在结晶形二氧化硅和无定形二氧化硅两种。结晶形二氧化硅因晶体结构的不同，又可分为石英、鳞石英和方石英三种。无定形二氧化硅是一种透明的玻璃体，多用于硅器件和集成电路的制造。无论是结晶形还是无定形的二氧化硅，其基本结构都是由 Si—O 四面体组成，如图 3-1（a）所示。硅原子的 4 个价电子与 4 个氧原子形成 4 个共价键，硅原子位于正四面体的中心，4 个氧原子位于正四面体的 4 个顶角上，四面体之间又通过顶角的氧原子相连，每个氧原子为两个四面体共有，即每个氧原子与两个硅原子相结合。从顶角上的氧到中心的硅，再到另一个顶角上的氧，称为 O—Si—O 桥键。连接两个硅氧四面体的氧称为桥键氧，只与一个硅连接的氧称为非桥键氧，即没有形成氧桥。其中 Si—O 距离为 1.60Å，O—O 距离为 2.27Å。

结晶形二氧化硅和无定形二氧化硅的区别在于结晶形二氧化硅的 Si—O 四面体在空间是规则排列的，其氧全为桥键氧，即每个顶角上的氧原子都与相邻的两个 Si—O 四面体中心的硅形成共价键，二维结构如图 3-1（b）所示。无定形二氧化硅的 Si—O 四面体在空间排列没有规律，大部分氧是桥键氧，但有一部分氧只与一个 Si—O 四面体中心的硅形成共价键。无定形二氧化硅是依靠桥键氧连接构成的三维玻璃网络体，二维结构如图 3-1（c）所示。无定形二氧化硅的 Si—O—Si 桥键的角度不固定，一般分布在 110°～180°，峰值为 144°。

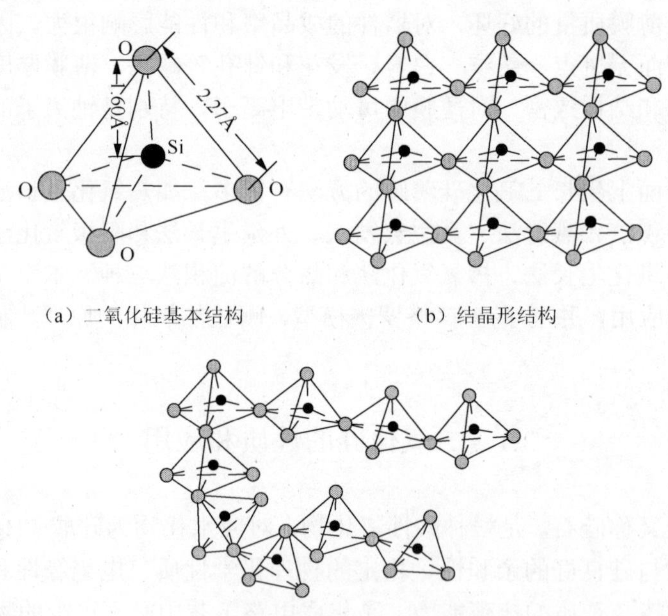

（a）二氧化硅基本结构　　（b）结晶形结构

（c）无定形结构

图 3-1　二氧化硅的结构

3.1.2 二氧化硅的性质

1. 二氧化硅的物理性质

1）热稳定性

二氧化硅中 Si—O 键的键能很高，结晶形二氧化硅结构不同，熔点也不同，如方石英熔点是 1710℃、鳞石英熔点是 1670℃，沸点均为 2230℃。由于要使一个桥联氧脱离健合状态所需要的能量与一个非桥联氧脱离健合状态所需要的能量不同，无定形二氧化硅没有固定的熔点，只在某一温度范围存在软化温度，软化温度为 1500℃。

2）密度

密度是二氧化硅致密程度的标志，密度大则致密程度高。结晶形二氧化硅有很多晶体形态，不同晶体的密度差别较大，但均在 2.2～2.66g/cm^3 范围内。无定形二氧化硅的密度一般为 2.2g/cm^3，不同的制备方法得到的致密度不同，但大部分接近这个数值。

3）折射率

折射率是表征二氧化硅薄膜光学性质的一个重要参数。不同方法制备的折射率有所不同，但差别不大。一般来说，密度大的二氧化硅薄膜具有较大的折射率。波长为 5500Å 左右时，二氧化硅的折射率为 1.46。

4）介电特性

二氧化硅的介电特性有介电强度和介电常数。当二氧化硅薄膜作绝缘介质时，常用介电强度表示薄膜的耐压能力，介电强度的单位是 V/cm，表示单位厚度的二氧化硅薄膜所能承受的最小击穿电压。介电强度越大，薄膜作为绝缘体的质量越好。介电强度的大小与致密程度、均匀性、杂质含量等因素有关，一般为 10^6～10^7V/cm。二氧化硅薄膜的相对介电常数为 3.9，是表征二氧化硅薄膜电容性能的一个重要参数。

5）电阻率

电阻率的高低与制备方法及所含杂质多少等因素有关。例如，采用高温干氧氧化法制备的二氧化硅，电阻率可超过 $10^{16}\Omega\cdot$cm。

此外，二氧化硅具有硬度大、耐高温和耐震等性能，还可以透过可见光以及红外线、紫外线。

2. 二氧化硅的化学性质

二氧化硅的化学性质比较稳定，不溶于水，不与除氟、氟化氢以外的卤素、卤化氢以及硫酸、硝酸、高氯酸作用（热浓磷酸除外），能和熔融碱类起作用。二

氧化硅溶于氢氟酸溶液，生成易溶于水的氟硅酸，反应式为

$$SiO_2 + 6HF \longrightarrow H_2SiF_6 + 2H_2O \quad (3\text{-}1)$$

常见的浓磷酸（焦磷酸）在高温下即可腐蚀二氧化硅，浓热磷酸和二氧化硅反应的机理比较复杂，整个反应过程可以看成二氧化硅把磷酸里面的水“抢”过来，自己变成硅酸，然后磷酸变成偏磷酸或者多聚磷酸，在加热的条件下硅酸和磷酸共同失水形成杂多酸。

高温下熔融硼酸盐或者硼酐也可腐蚀二氧化硅。硼酸盐可以用于陶瓷烧制中的助熔剂，二氧化硅能溶于浓热的强碱溶液，跟热的浓强碱溶液或熔化的碱反应生成硅酸盐和水。因此，盛碱的试剂瓶不能用玻璃塞而要用橡胶塞。其化学反应式如下：

$$SiO_2 + 2NaOH \longrightarrow Na_2SiO_3 + H_2O \quad (3\text{-}2)$$

此外，二氧化硅还能跟多种金属氧化物在高温下反应生成硅酸盐，用于制造石英玻璃、光学仪器、化学器皿、普通玻璃、耐火材料、光导纤维和陶瓷等。

3.1.3　二氧化硅在集成电路中的应用

二氧化硅是集成电路制造工艺中一种广泛应用的材料，主要由于二氧化硅与硅能形成完美的电学界面。电荷量小、稳定且可重复，机械和电学缺陷非常少，这些性质使 MOS 等取决于表面性质的各种器件结构容易用硅制造出来。随着集成电路工艺的迅速发展及对器件可靠性要求的提高，对二氧化硅膜的质量要求也更加严格。在集成电路制造过程中，虽然介质材料及氮化硅、磷硅玻璃等薄膜材料具备与二氧化硅一样的杂质掩蔽和表面钝化等功能，但在性能质量及制备工艺等方面，二氧化硅膜仍具有较大的优越性。其具体应用主要有以下几个方面。

1）器件表面钝化层

为防止芯片 PN 结边缘以及器件表面受到外界环境污染，通常在其表面生长一层二氧化硅钝化层，以提高器件的稳定性和可靠性。表面的钝化作用体现在两个方面，一方面在芯片制造过程中，晶圆表面的钝化层可以防止电学性质活泼的离子类的污染物（如 Na^+，K^+）进入晶圆内部；另一方面，器件表面的钝化层可将器件表面及芯片 PN 结与外界环境隔离开，降低外界环境对器件的影响，从而起到保护芯片的作用。

2）器件的隔离层

二氧化硅具有良好的绝缘性能，被广泛应用于芯片内部各器件和上下金属层之间的隔离。相邻器件的间距随着集成电路集成度的提高变得越来越小，必须用二氧化硅等介质材料将器件进行隔离，以消除器件间的干扰和寄生效应。

3）掺杂时的掩蔽阻挡层

掺杂是通过热扩散或离子注入的方式将杂质引入硅片特定的区域，以改变其电学特性。由于有了二氧化硅作为掩蔽层，才有了如今的硅平面工艺。

4）MOS 场效应晶体管的绝缘栅极

二氧化硅膜电阻率高，介电强度大，几乎不存在漏电流，因此常用于制作 MOS 晶体管的栅极。现代工艺技术水平中栅氧化层的典型厚度是 3～5nm。

5）电容器的介质材料

二氧化硅的相对介电系数在 3～4，击穿电压较高，电容温度系数小。因此，集成电路中的电容器大都用二氧化硅材料制作。

其中，栅绝缘层是绝缘材料在 CMOS 工艺中最重要的应用。可以用数千万个具有这样薄氧化层的器件构成超大规模集成电路芯片[2]。每一个器件均无缺陷，并能够可靠地承受住约两倍二氧化硅材料的极限电场（10～15MV/cm）。随着器件按比例缩小，二氧化硅薄膜已很难满足对栅绝缘层的全部要求，必须发展“组合”介质层，已有相当数量的关于组合氮氧化硅介质的研究工作展开。氮氧化硅介质在界面附近能形成比较强的 Si—N 键，不仅能有效地阻挡热载流应力期间键的断裂，而且能阻挡掺杂剂通过介质的渗透。

3.2 热氧化的基本原理

二氧化硅的制备方法很多，因热生长制备的二氧化硅质量好，得到了广泛的应用。通过热生长法制备的二氧化硅，不仅物理性质和化学性质受湿度和中等热处理温度的影响较小，而且具有很高的重复性和化学稳定性。此外，热生长二氧化硅能够降低硅表面悬挂键、减小表面态密度以及很好地控制界面陷阱和固定电荷。这些特点对半导体器件，特别是 MOS 器件至关重要。

3.2.1 二氧化硅的生长

硅在氧气环境中的氧化按照全反应方程进行，反应如下：

$$Si + O_2 \longrightarrow SiO_2 \tag{3-3}$$

$$Si + 2H_2O \longrightarrow SiO_2 + 2H_2 \tag{3-4}$$

硅在常温下就会发生氧化，在硅表面形成几个原子层厚的二氧化硅薄膜。一旦形成氧化层，氧分子穿过氧化层到达硅表面和硅进行反应或硅原子必须穿过氧化层和硅片表面的氧进行反应，驱使产生这个运动的工艺过程是扩散，如图 3-2 所示。硅在二氧化硅中的扩散率比氧的扩散率小几个数量级，因此化学反应在硅和二氧化硅的界面发生。热氧化产生的界面见不到大气，就不会被杂质沾污。

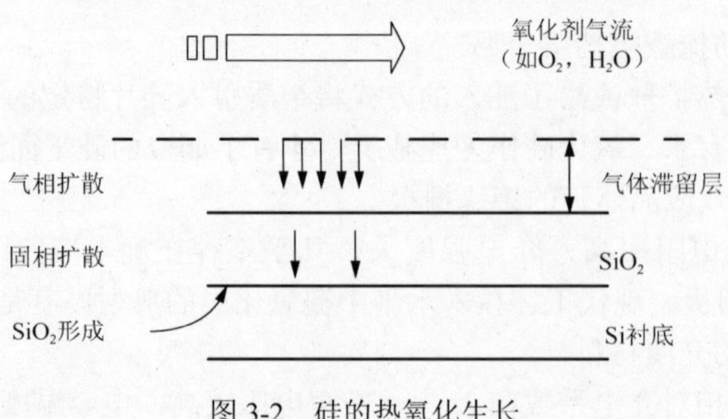

图 3-2　硅的热氧化生长

3.2.2　迪尔-格罗夫模型

热氧化层在厚度为 300～20000Å，温度为 700～1300℃，压力为 2×10^4～1.01×10^5Pa 的情况下，用迪尔-格罗夫模型可以很好地预测氧气氧化和水汽氧化的氧化层厚度。下面根据迪尔-格罗夫的氧化动力学（D-G）模型，讨论热氧化的具体过程。

图 3-3 给出了热氧化时，气体内部（主气流区）、二氧化硅中以及硅表面处氧化剂的浓度分布情况及相应的流密度。在二氧化硅表面附近存在一个气体附面层（也称滞留层），附面层的厚度与气体的流速、气体成分、温度以及二氧化硅表面等情况有关。

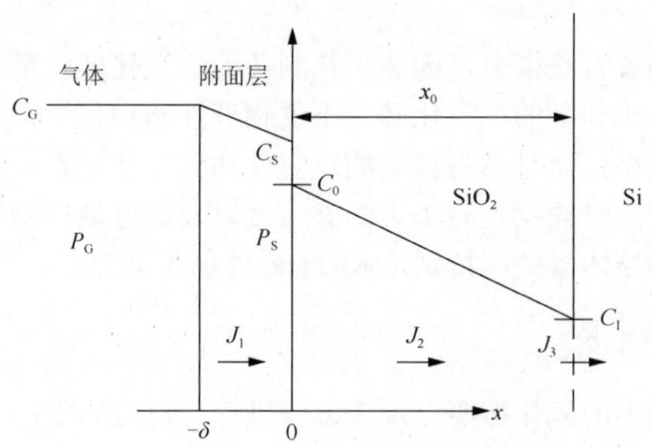

图 3-3　迪尔-格罗夫热氧化模型

热氧化的生长必须经历如下三个过程。

（1）氧化剂从主气流穿过附面层气相扩散到 SiO_2 表面。这里附面层中的流密度取线性近似，其粒子流密度 J_1（即单位时间通过单位面积的原子数或分子数）为

$$J_1 = H_G(C_G - C_S) \tag{3-5}$$

其中，H_G 为气相质量输运系数，单位为 cm/s；C_G 为气相（离硅片表面较远处）

氧化剂浓度；C_S 为 SiO_2 表面外侧氧化剂浓度。在氧化情况下，这一气相扩散过程相比其他发生的过程非常快，因此 J_1 在决定整个生长动力学时并不重要。

（2）氧化剂从 SiO_2 表面扩散到 SiO_2/Si 界面上。其扩散流密度 J_2 为

$$J_2 = -D\frac{dN}{dx_0} \tag{3-6}$$

由线性近似得

$$J_2 = -D\frac{C_0 - C_I}{x_0} \tag{3-7}$$

其中，D 为氧化剂在 SiO_2 中的扩散系数，单位为 cm^2/s；C_0 为 SiO_2 表面内侧氧化剂浓度；C_I 为 SiO_2/Si 界面处氧化剂浓度；x_0 为 SiO_2 厚度。

（3）氧化剂到达 SiO_2/Si 界面，同 Si 反应生成新的 SiO_2，反应流密度 J_3 为

$$J_3 = k_s C_I \tag{3-8}$$

其中，k_s 为氧化剂在 SiO_2/Si 界面处的表面化学反应速率常数，单位为 cm/s。

在氧化过程中，SiO_2 层不断生长，导致 SiO_2/Si 界面不断向硅内移动，由此产生了边界随时间变化的扩散现象。因此，采用准静态近似，即假定所有反应实际上都立即达到稳态条件，就可忽略变动的边界对扩散过程的影响。在准静态近似下，上述三个流密度应该相等，即满足：

$$J_1 = J_2 = J_3 \tag{3-9}$$

假定热氧化过程中，亨利定律成立，即认为在平衡条件下，固体表面吸附元素浓度与固体表面外侧气体中该元素的分气压成正比。于是 SiO_2 表面的氧化剂浓度 C_0 正比于贴近 SiO_2 表面的氧化剂分压 P_S，则有

$$C_0 = HP_S \tag{3-10}$$

其中，H 为亨利定律常数。在平衡情况下，SiO_2 中氧化剂的浓度 C^* 应与气体（主气流区）中的氧化剂分压 P_G 成正比，即有

$$C^* = HP_G \tag{3-11}$$

由理想气体定律，得到理想气体的压强 P、体积 V、物质所含微粒数 N 和热力学温度 T 之间的关系为

$$\frac{N}{V} = \frac{P}{kT} \tag{3-12}$$

其中，k 为玻尔兹曼常数，由此可得

$$C_G = \frac{P_G}{kT}, \qquad C_S = \frac{P_S}{kT} \tag{3-13}$$

把式（3-13）代入式（3-5）中，再与式（3-10）和式（3-11）联立，可得

$$J_1 = h(C^* - C_0) \tag{3-14}$$

其中，$h=H_G/HkT$，是用固体中的浓度表示的气相质量输运系数；J_1 为用固体中的

浓度表示的附面层中的粒子流密度。

联立式（3-7）、式（3-8）和式（3-14），可得界面处氧化剂浓度为

$$C_{\mathrm{I}}=\frac{C^*}{1+\frac{k_{\mathrm{s}}}{h}+\frac{k_{\mathrm{s}}x_0}{D}}\approx\frac{C^*}{1+\frac{k_{\mathrm{s}}x_0}{D}} \tag{3-15}$$

二氧化硅表面内侧氧化剂浓度为

$$C_0=\frac{C^*\left(1+\frac{k_{\mathrm{s}}x_0}{D}\right)}{1+\frac{k_{\mathrm{s}}}{h}+\frac{k_{\mathrm{s}}x_0}{D}}\approx C^* \tag{3-16}$$

物理上可以把整个总过程看成涉及两个界面反应（h 和 k_{s}）和一个扩散过程。在两个界面反应中，与 Si/SiO_2 界面处发生化学反应相比较，在氧化硅表面过程（气体吸附）发生得非常快，因此与 k_{s} 相比，h 可以忽略不计。

由式（3-15）和式（3-16）可看出，硅的热氧化存在两种极限情况。当 $k_{\mathrm{s}}x_0/D$ 远大于 1，即 D 非常小时，$C_{\mathrm{I}}\to 0$，$C_0\to C^*$，这种情况称为扩散控制态。它导致通过氧化层扩散到 Si/SiO_2 界面处的氧化剂数量极少，到达界面后立即与硅反应生成二氧化硅。因此，在界面处没有氧化剂的堆积，界面浓度 C_{I} 趋于零。由于扩散速度太慢，大量氧化剂堆积在二氧化硅的表面，二氧化硅表面内侧浓度 C_0 趋向于气相平衡时体内的浓度 C^*。因此，氧化速率取决于界面处提供的氧。第二种极限情况是 $k_{\mathrm{s}}x_0/D$ 远小于 1，即 D 非常大时，$C_{\mathrm{I}}\to C_0$，此时称为反应控制态。因为在 Si/SiO_2 界面处提供了足够的氧，而在界面处氧化剂与硅反应生成二氧化硅的速率很慢，所以造成氧化剂在界面处堆积，趋向于二氧化硅表面处的浓度。氧化速率是由反应速率常数 k_{s} 和 C_{I} 控制，即二氧化硅生长速率由硅表面的化学反应速率控制。下面对热氧化生长速率进行推导。

联合式（3-8）和式（3-15），则有

$$\frac{k_{\mathrm{s}}C^*}{1+\frac{k_{\mathrm{s}}}{h}+\frac{k_{\mathrm{s}}x_0}{D}}=N_1\frac{\mathrm{d}x_0}{\mathrm{d}t} \tag{3-17}$$

其中，当氧化剂为 O_2 时，N_1 为 $2.2\times10^{22}/\mathrm{cm}^3$；当氧化剂为 H_2O 时，N_1 为 $4.4\times10^{22}/\mathrm{cm}^3$。从初始氧化硅厚度 x_{i} 到最终厚度 x_0 积分，导出描述氧化硅生长动力学的方程为

$$N_1\int_{x_{\mathrm{i}}}^{x_0}\left[1+\frac{k_{\mathrm{s}}}{h}+\frac{k_{\mathrm{s}}x_0}{D}\right]\mathrm{d}x=k_{\mathrm{s}}C^*\int_0^t\mathrm{d}t \tag{3-18}$$

积分后则有

$$\frac{x_0^2-x_{\mathrm{i}}^2}{B}+\frac{x_0-x_{\mathrm{i}}}{B/A}=t \tag{3-19}$$

其中，

$$B = \frac{2DC^*}{N_1} \tag{3-20}$$

$$\frac{B}{A} = \frac{C^*}{N_1\left(\frac{1}{k_s} + \frac{1}{h}\right)} \tag{3-21}$$

其中，B 为抛物线氧化速率常数；B/A 为线性氧化速率常数。

为方便起见，有时将线性抛物线改写为下面形式：

$$\frac{x_0^2}{B} + \frac{x_0}{B/A} = (t + \tau) \tag{3-22}$$

其中

$$\tau = \frac{x_i^2 + Ax_i}{B} \tag{3-23}$$

解抛物线方程得出氧化硅厚度的表达式为

$$x_0 = \frac{A}{2}\left\{\sqrt{1 + \frac{t + \tau}{A^2/4B}} - 1\right\} \tag{3-24}$$

3.2.3 决定二氧化硅生长的因素

从对硅的热氧化极限情况分析结果可以看出，二氧化硅生长的快慢由氧化剂在二氧化硅中的扩散速度和与硅反应速度中较慢的一个因素来决定。迪尔-格罗夫模型从理论上推导了硅的热氧化一般关系，并对实验结果进行了验证，两者符合得很好。下面讨论决定二氧化硅生长的各种因素。

1. 氧化时间

线性抛物线生长定律有两个极限形式，可以从式（3-24）直接看出。当两项中的一项占主导时就出现极限形式。第一个极限情况是氧化层足够薄（氧化时间短）时，可忽略二次项，此时 $x_0 \sim t$ 为线性关系：

$$x_0 \approx \frac{B}{A}(t + \tau) \tag{3-25}$$

第二个极限情况是氧化层足够厚（氧化时间长）时，可忽略一次项，此时 $x_0 \sim t$ 为抛物线关系：

$$x_0^2 \approx B(t + \tau) \tag{3-26}$$

当氧化时间短时，线性项占主导支配地位；当氧化时间长时，抛物线项将占主要地位。因此，在光硅片上生长二氧化硅，氧化层厚度与氧化时间通常以线性特性开始，随着二氧化硅厚度的增加，氧化层厚度与氧化时间的关系变为抛物线形。

2. 氧化剂分压

由式（3-20）即 $B \equiv 2D_{SiO_2}C^* / N_1$ 和 $C^*=HP_G$ 知，P_G 通过 C^* 对 B 产生影响，B 与 P_G 成正比。从图 3-4 可以看出，温度为 1000～1200℃，压力在 0.1～1 个大气压间的干氧氧化和水汽氧化，抛物线氧化速率常数 B 和氧化剂分压成正比，因此可以通过高压氧化和低压氧化来控制氧化速率，对应也就出现了高压氧化技术和低压氧化技术。

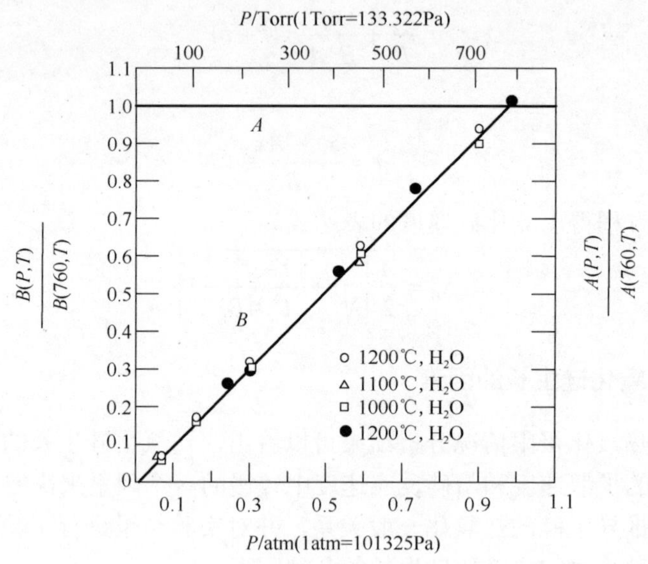

图 3-4　A 和 B 与压力间的关系

3. 氧化温度

图 3-5 和图 3-6 分别显示了温度对 B 和 B/A 的影响的实验结果。温度对抛物线氧化速率常数 B 的影响是通过影响氧化剂在 SiO_2 中的扩散系数 D_{SiO_2} 产生的。由公式 $B \equiv 2D_{SiO_2}C^* / N_1$ 可知 B 与温度是指数关系。而由式（3-21）可以看出，B/A 与 k_s 和 h 均有关系，但在一个大气压下，气相质量输运系数 h 非常大，对氧化速率不起主要作用，B/A 的大小由 k_s 和 h 中较小的 k_s 决定，即温度对线性氧化速率常数 B/A 的影响是通过影响化学反应常数 k_s 产生的。k_s 与温度的关系为

$$k_s = k_{s0}\exp\left(-E_a / kT\right) \tag{3-27}$$

其中，k_{s0} 为实验常数，与硅的可用键密度成正比；E_a 为化学反应激活能。此时，$B/A \cong C^* k_s / N_1$，与温度呈指数关系。只有当氧化剂在气相中的压力低于 13.3Pa 时，氧化速率才由气相质量输运系数 h 控制。

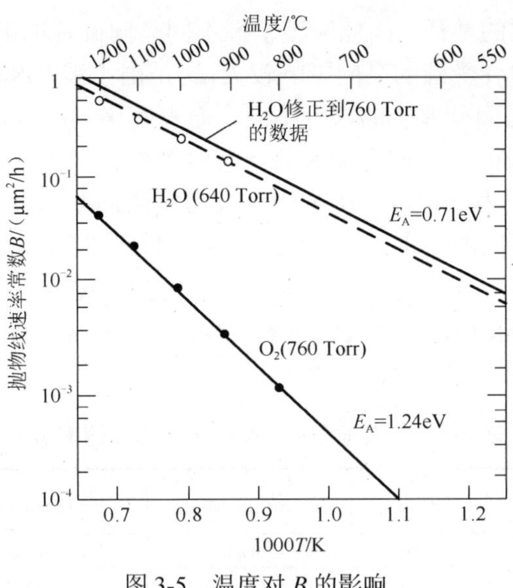

图 3-5　温度对 B 的影响

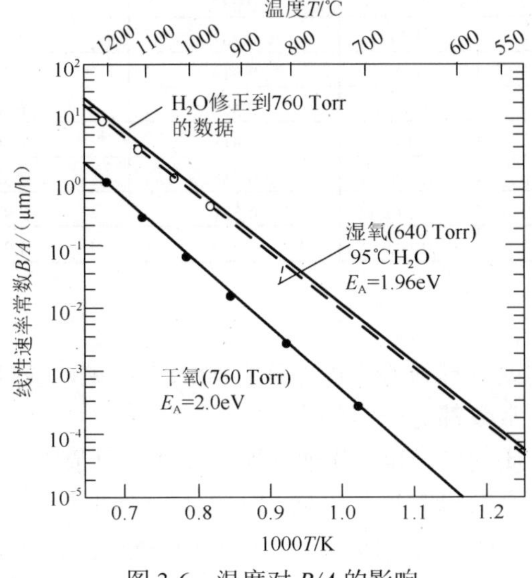

图 3-6　温度对 B/A 的影响

3.2.4　影响二氧化硅生长的因素

除了前面分析的影响二氧化硅生长的决定性因素，还有一些其他因素也会对氧化速率产生影响，如硅表面晶向以及杂质，下面进行具体讨论。

1. 硅表面晶向

在集成电路工艺中，一般选用（100）晶向的硅片作为 MOS 器件制作的基片，

（111）作为双极器件的基片，因此应该掌握不同晶向硅片的氧化特点。实验发现，线性氧化速率常数 B/A 受硅的晶向影响较大，这是由于涉及 Si/SiO_2 界面处的反应。不同晶向所对应的晶面硅原子的密度不同，而表面化学反应速率常数 k_S 是与硅表面的原子密度，即表面的价键密度有关。而抛物线氧化速率常数 B 与硅衬底晶向无关。因为氧化剂压力一定时，B 的大小只与氧化剂在二氧化硅中的扩散能力有关。表 3-1 列出了不同温度下，A、B、B/A 值，以及硅的（111）面的线性氧化速率常数 B/A 与（100）面的线性氧化速率常数 B/A 的比值，其平均值为 1.68。从表中可看出，（111）面上的线性氧化速率常数比（100）面上的大，这是由于（111）面上的硅原子密度比（100）面上的大。

表 3-1　水汽压力为 85kPa 时的氧化速率常数

氧化温度/℃	晶向	A/μm	B/(μm²/h)	B/A/(μm/h)	$\frac{B/A(111)}{B/A(100)}$
900	（100）	0.95	0.143	0.150	1.68
	（111）	0.60	0.151	0.252	
950	（100）	0.74	0.231	0.311	1.69
	（111）	0.44	0.231	0.525	
1000	（100）	0.48	0.314	0.664	1.75
	（111）	0.27	0.314	1.163	
1050	（100）	0.295	0.413	1.400	1.65
	（111）	0.18	0.415	2.307	
1100	（100）	0.175	0.521	2.977	1.65
	（111）	0.105	0.517	4.926	

2. 杂质

存在于氧化剂或者硅衬底中的杂质，如水汽、钠、氯和氯化物等物质对线性和抛物线氧化速率常数都有一定的影响。

掺有高浓度杂质的硅，其氧化速率明显变大。但杂质种类和分凝系数的不同，导致其影响氧化速率的机制也是不同的。掺有杂质的硅在热氧化过程中，会在靠近 Si/SiO_2 界面两边发生再分布。下面以掺硼和掺磷为例进行说明。

在二氧化硅中进行慢扩散的硼，如果分凝系数小于 1，在分凝过程中，会有大量的硼涌入并停留在二氧化硅中，导致二氧化硅非桥键氧数目增加，降低了二氧化硅的结构强度，增强了氧化剂穿过二氧化硅的扩散能力，抛物线氧化速率常数会明显增大。但对线性氧化速率常数影响不大。图 3-7 为三种不同硼浓度的湿氧（95℃）氧化曲线。从图 3-7 中可以看出，在硼的浓度小于 $1\times10^{20}cm^{-3}$ 时，对于任何温度和时间，氧化速率都增大[3]，这和二氧化硅中硼的增加密切相关。

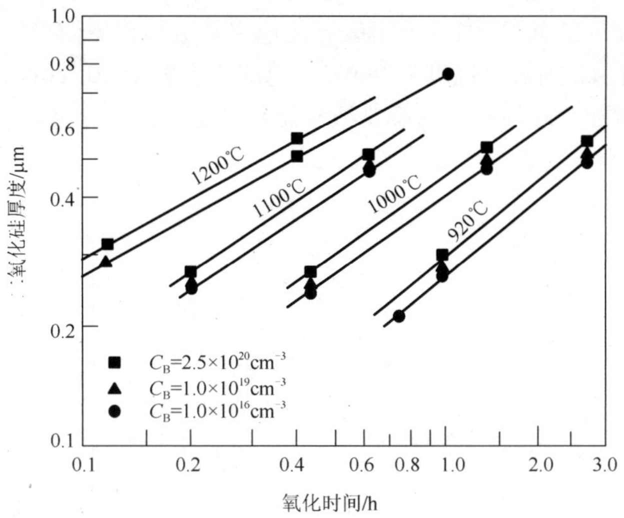

图 3-7　三种不同的硼表面浓度下，二氧化硅厚度与湿氧氧化时间和温度的关系

硅中重掺杂磷，会使线性氧化速率常数明显增大。但其机制与硼不同，在二氧化硅中进行慢扩散的磷，如果分凝系数大于 1，大部分的磷因分凝集中在靠近硅表面的硅中，增加了空位密度，从而提高硅的表面反应速率，线性氧化速率常数明显变大。只有少量的磷被分凝进入二氧化硅中，导致氧化剂在二氧化硅中的扩散能力增加不大，因而使抛物线氧化速率常数只适度增加。图 3-8 为三种不同磷浓度的湿氧（95℃）氧化曲线。从图 3-8 中可以看到，低温时氧化速率增加比较明显，随着温度的升高，氧化速率的增大逐渐消失。这是由于线性氧化速率常数主要在低温和起始氧化时起主导作用。

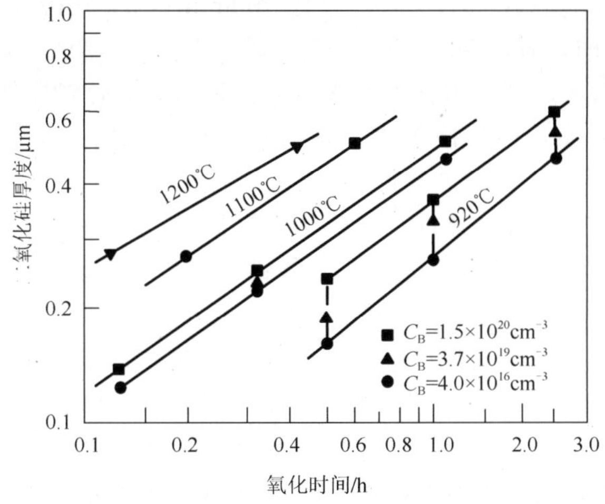

图 3-8　三种不同的磷表面浓度下，二氧化硅厚度与湿氧氧化时间和温度的关系

图 3-9 所示为在 900℃温度下干氧氧化速率常数与掺磷浓度的函数关系曲线。从图 3-9 中可看出，当氧化温度为 900℃，磷的浓度大于 $10^{20}cm^{-3}$ 时，抛物线氧化速率常数适度增加，线性氧化速率常数却迅速增加。

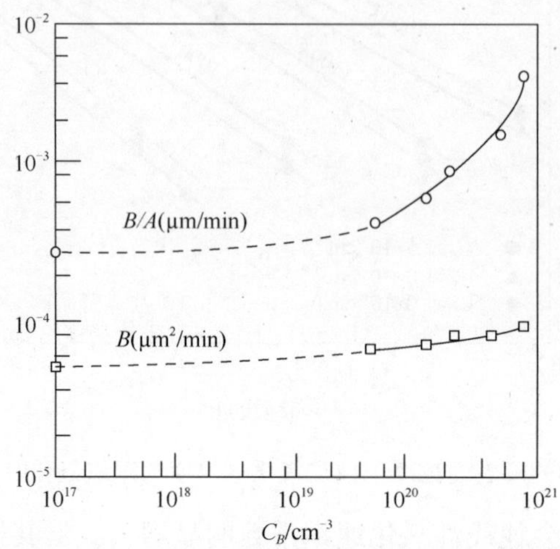

图 3-9　在 900℃下干氧氧化速率常数与掺磷浓度的函数关系曲线

在二氧化硅中进行快扩散的硼、磷等杂质，如果分凝系数小于 1，对氧化速率的影响和轻掺杂的情况类似，即对线性和抛物线氧化速率影响都不大。这是由于快扩散的杂质通过二氧化硅表面跑到气体中，对硅氧键的结合强度影响不大。

水汽和钠对氧化速率的影响是通过实验发现的。在干氧气氛中，极少量的水汽都会极大增大氧化速率。例如，（100）晶面的硅，在 800℃的温度下进行干氧氧化时，当水汽含量小于 1×10^{-6} 时，氧化 700min，二氧化硅厚度约为 300Å；水汽含量为 25×10^{-6} 时，氧化 700min，二氧化硅厚度约为 370Å。氧化过程中的水汽来源有硅片吸附的水，氧气中含有的水，外界扩散到氧化炉中的水，碳氢化合物中的氢元素与氧发生反应生成的水，在含氯氧化中氢与氧发生反应生成的水。表 3-1 给出了水汽压力为 85kPa 时的氧化速率常数。

金属钠的迁移率很大，器件一旦沾污了钠离子，其稳定性会受到影响。实验中发现，氧化层中如果含有高浓度钠时，线性和抛物线氧化速率常数都明显增大。金属钠以氧化物形式进入二氧化硅网络中时，网络中氧的数量增多，部分 Si—O—Si 键遭到破坏，非桥键氧的数目增加，导致氧化剂不但容易进入二氧化硅中，而且其浓度和扩散能力均增大。含有大约 $10^{20}cm^{-3}$ 钠的二氧化硅中，在 900～1200℃的温度范围内氧化，实验发现线性氧化速率常数和抛物线氧化速率常数均增大一倍或更高。为了排除水汽对氧化速率的影响，此实验的水汽含量需控制在 0.1×10^{-6} 以下。

氯在二氧化硅的生长中能钝化可动离子，可有效提高二氧化硅的质量。在氧化的全过程或者部分氧化工艺中，会在氧化剂的气氛中加入一定数量的氯来改善Si和Si/SiO_2界面性质。例如，钠离子，一旦进入器件会对器件的稳定性产生不良的影响；过渡金属杂质铁，不仅会降低栅氧化层的附着力，还会降低少数载流子的寿命。在氧化气氛中加入氯，氯会与硅中的金属杂质反应，生成易挥发的金属氯化物而被排除出去。同时，氯能增加氧化层下面硅中少数载流子的寿命，而且氯进入Si/SiO_2界面后，能抑制层错，使界面态密度和表面固定电荷密度减小，从而改善Si/SiO_2界面特性。在干氧氧化气氛中，加入氯的氧化速率常数明显变大，如图3-10所示。

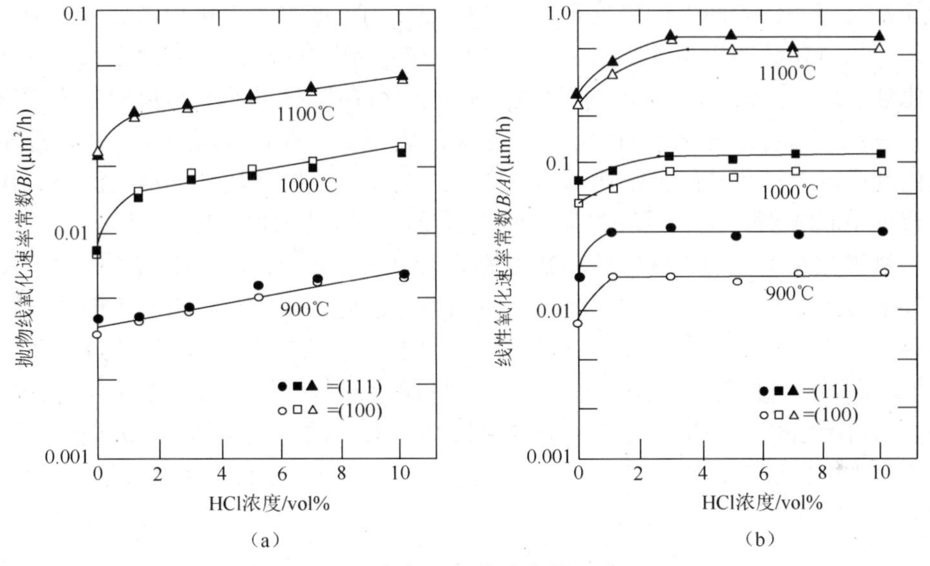

图3-10 氯对氧化速率的影响

目前，掺氯的工艺有很多，由于单质氯容易腐蚀容器和不锈钢管道，实际应用中人们常用的氯源是氯化氢。氯化氢中含有氢，在氧化时与氧反应会生成水和氯气，反应生成的水汽会加快氧化。因此，在此工艺过程中一定要保证提供足够的氧气，避免硅片表面可能被未完全反应的氯化氢腐蚀，导致硅片表面不平整，最终造成栅氧化层质量下降。为了减小腐蚀，三氯乙烯和三氯乙烷也可以作为氯源。但要注意，这两种氯源使用时要做好安全预防措施，三氯乙烯会致癌，三氯乙烷在高温下能形成高毒物质——光气。

3.3 氧化方法

制备二氧化硅的方法很多，有热生长氧化法、掺氯氧化法、热分解积淀法、溅射法、真空蒸发法和阳极氧化法等[4]。每种方法都各有特点，可根据要求选择合适的制备方式。室温下暴露在空气中的硅会在表面形成几个原子厚（1～2.5nm）的二氧化硅薄膜，这种薄膜里面包含各种杂质，不能做集成电路所需材料。二氧化硅薄膜的性质与所含杂质的种类、数量、缺陷的多少等因素有着密切的关系。因此，无论使用哪种氧化方法，在氧化之前，必须对硅片进行清洗。

3.3.1 热生长氧化法

热生长氧化法是指硅与氧或水汽等氧化剂，在高温下经化学反应生成二氧化硅。硅与氧化剂之间经化学反应形成具有四个 Si—O 键的 Si—O 四面体，是氧化的基本过程。硅表面上如果没有二氧化硅层，则氧或水汽直接与硅反应生成二氧化硅。二氧化硅的生长速率由表面化学反应的快慢决定。当硅表面生长一定的二氧化硅层之后，氧化剂必须以扩散的方式运动到 Si/SiO_2 界面，再反应生成二氧化硅。因此，随着二氧化硅的增厚生长速率逐渐降低，在这种情况下，生长速率由氧化剂通过二氧化硅的扩散速率所决定。当干氧氧化厚度超过 40Å，湿氧氧化厚度超过 1000Å 时，生长过程将由表面化学反应控制转为扩散控制。

热氧化法生长的二氧化硅，其中的硅来源于硅表面，即硅表面处的化学反应使硅转移到二氧化硅中。这样随着反应的进行，硅表面的位置将会不断向硅内方向移动。无定形的二氧化硅的分子密度是 $2.2\times10^{22}cm^{-3}$，每个二氧化硅中含有一个硅原子，硅原子的密度也是 $2.2\times10^{22}cm^{-3}$。硅晶体的原子密度为 $N_{Si}=5.0\times10^{22}cm^{-3}$，如果在裸硅片表面生长厚度为 x_0 的二氧化硅层，表面硅转化为二氧化硅中的成分，则硅表面位置将发生变化，变化后的硅表面位置在原位置下 x 处，如图 3-11 所示。

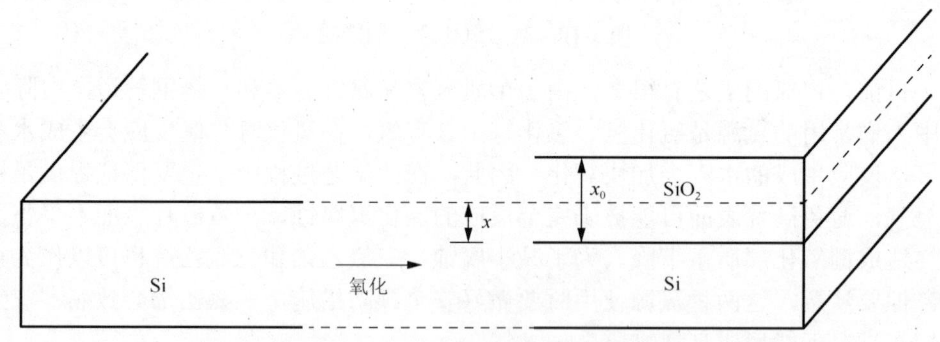

图 3-11　二氧化硅生长过程中界面位置随热氧化而移动

厚度为 x_0，面积为 $1cm^2$ 的体内所含二氧化硅的分子数为 $N_{SiO_2}x_0$，而这个数值应该与转变的硅原子数 $N_{Si}x$ 相等，即有

$$N_{Si}x = N_{SiO_2}x_0 \tag{3-28}$$

氧化前后硅表面位置的变化量 x 就为

$$x = \frac{N_{SiO_2}}{N_{Si}}x_0 \tag{3-29}$$

把 N_{SiO_2} 和 N_{Si} 的数值代入，则有

$$x = 0.44x_0 \tag{3-30}$$

由式（3-30）可知，生长一个厚度为 x 的二氧化硅层，需要消耗掉 $0.44x_0$ 厚度的硅片。

氧化过程可分为两步，第一步是含氧物质通过扩散方式穿过硅表面已生成的二氧化硅膜到达 SiO_2/Si 界面；第二步是在界面处与硅发生反应。

根据氧化剂的不同，热氧化可分为干氧氧化、水汽氧化和湿氧氧化。下面分别讨论。

1. 干氧氧化

干氧氧化是指在高温下，用干燥纯净的氧气直接与硅片反应生成二氧化硅。反应式为

$$Si + O_2 \longrightarrow SiO_2 \tag{3-31}$$

干氧氧化的方法，一种理解是在热氧化的过程中，氧原子或氧分子穿过氧化层向二氧化硅层界面运动，并与硅进行反应，而不是硅原子向外扩散到氧化层外表面进行的反应。因此，其过程是氧原子或氧分子先与硅表面反应生成二氧化硅起始层，然后氧化层阻止了氧化进一步发生，氧分子和氧原子只能通过扩散的方式到达 SiO_2/Si 界面，再与硅反应生成二氧化硅。如此延续下去，则二氧化硅的膜继续增厚。

另一种理解是氧在二氧化硅中的扩散是以离子的方式进行。随着氧化层的增长，氧离子透过氧化层，到达 SiO_2/Si 界面与硅原子反应生成新的氧化层。其生长速率主要由氧离子在二氧化硅层中的扩散及氧与硅在界面的反应速率决定。在1000℃以上时，氧化速率主要由氧离子在二氧化硅层中的反应决定。因此，随着氧化时间的增加，氧离子就要透过更厚的氧化层才能与硅离子作用，因此氧化速率较慢。如果氧化温度下降到700℃以下时，则氧化速率主要由 SiO_2/Si 界面的反应速率来决定。

干氧氧化膜的厚度 d 和氧化时间 t 关系如下

$$d^2 = ct \tag{3-32}$$

其中，c 为氧化速率常数，单位为 μm^2/min。

对于半导体器件生长中的热氧化，由于氧化温度高，氧化时间较长，氧化层

厚度 d 和氧化时间 t 的关系服从以上的抛物线规律。

图 3-12 给出对数坐标下的干氧氧化的实验曲线。由图 3-12 可以看出，同一温度下的氧化层厚度随氧化时间呈现直线分布。

氧化速率 c 可以由实验曲线求出。例如，当氧化温度为 1200℃，氧化时间为 50min 时，由图 3-12 查得氧化层厚度为 1800Å，利用式（3-32）即可求得氧化速率常数约为 $6.5\times10^{-4}\mu m^2/min$。

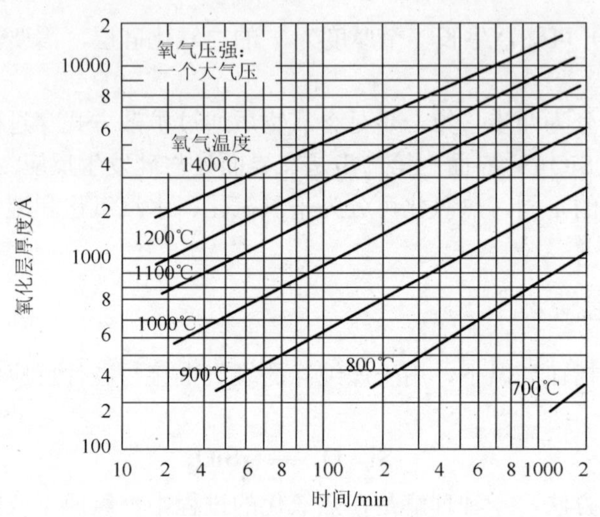

图 3-12　干氧氧化的实验曲线

氧化温度为 900～1200℃，气体流速为 1cm/s 左右时，为防护氧化炉外部气体污染，炉内气体压力应比大气压稍高些，可通过控制气体流速来完成。

干氧氧化生成的二氧化硅，具有结构致密、干燥、均匀性好、重复性好、掩蔽能力强，以及与光刻胶黏附性好的优点，而且是一种很理想的钝化膜。目前制备高质量的二氧化硅薄膜基本上都采用这种方法，如 MOS 晶体管的栅氧化层。但干氧氧化法生长速率慢，因此经常同湿氧氧化方法结合来生长二氧化硅。

2.　水汽氧化

水汽氧化是指在高温下，利用 H_2 和 O_2 反应生成的高纯水蒸气与硅片反应生成二氧化硅。反应式为

$$Si + 2H_2O \xrightarrow{\text{高温}} SiO_2 + 2H_2\uparrow \quad (3\text{-}33)$$

由反应式可以看到，每生成一个 SiO_2 分子，需要两个 H_2O 分子，同时产生两个 H_2 分子。产生的 H_2 分子沿 Si/SiO_2 界面或者以扩散方式通过氧化层逸出。

水汽氧化的过程很复杂，首先是水汽同二氧化硅网络中的桥键氧反应生成非桥键羟基 Si—OH（硅烷醇），反应式为

$$H_2O + Si—O—Si \longrightarrow Si—OH + HO—Si \tag{3-34}$$

由于部分桥联氧化转化为非桥联羟基，使得二氧化硅结构大大弱化，生成的羟基再通过二氧化硅层扩散到 Si/SiO_2 界面处，和硅原子反应生成 Si—O 四面体和氢。反应过程如下：

$$2Si—OH + Si—Si \longrightarrow 2Si—O—Si + H_2 \uparrow \tag{3-35}$$

最后氢气以扩散的方式通过二氧化硅层离散时，其中一部分氢同二氧化硅网络中的桥键氧反应生成羟基，反应式为

$$H_2 + 2O—Si \longrightarrow 2HO—Si \tag{3-36}$$

这一过程进一步使二氧化硅结构强度减弱，致使水分子在二氧化硅中扩散加快。对于水汽氧化，当温度高于 1000℃时，其氧化速率主要受水或硅烷醇在氧化层中的扩散速率所限制。根据实验结果得知，二氧化硅的生长规律基本符合抛物线规律。当氧化温度低于 1000℃时，氧化层的生长规律与抛物线发生较大偏离，更接近于线性关系。有关水汽氧化的生长速率的实验结果如图 3-13 所示。

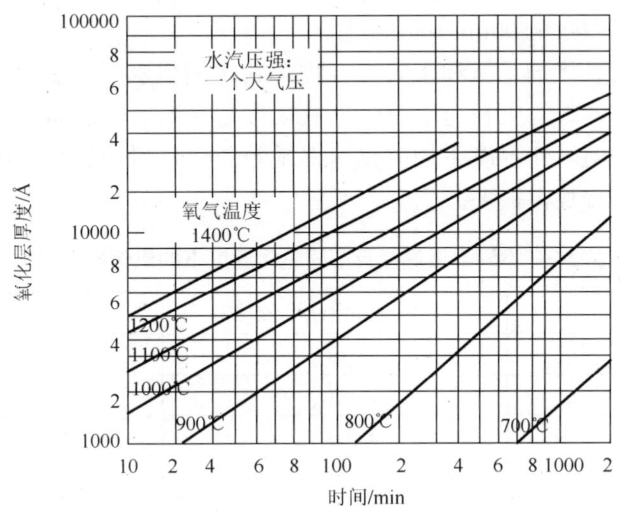

图 3-13 水汽氧化的生长速率的实验结果

在 1200℃下，水分子的扩散速度比干氧氧化时扩散速度快几十倍，同样进行 50min 的水汽氧化，氧化层厚度为 8100Å，氧化速率常数为 $132\times10^{-4}\mu m^2/min$。此结果表明水汽氧化生长速率较快，比干氧氧化的速率大得多。但氧化膜质量不高，稳定性差，特别对于磷扩散的掩蔽能力较差，因此一般不用此方法。

3. 湿氧氧化

湿氧氧化是将干燥纯净的氧气，在通入氧化炉之前，先经过一个水浴瓶，使

氧气通过加热的高纯水，一般被加热到 95℃左右，通过高纯水的氧气携带一定量的水蒸气（水汽的含量由水浴温度和氧气的气流所决定），因此湿氧氧化的氧化剂既含氧，又含水汽。其氧化装置如图 3-14 所示。

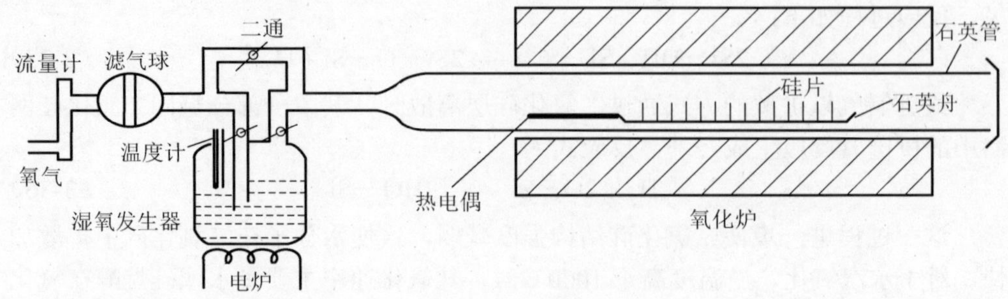

图 3-14　湿氧氧化装置示意图

由于水汽氧化比干氧氧化快，在一定的时间和温度下，氧气中所携带水分的含量是决定氧化膜厚度的重要参数。在硅平面工艺中，水浴温度一般在 85～98℃，氧气流量一般在 200～500mL/min 以上。

湿氧氧化的氧化剂是氧和水的混合物，其比例由水汽与氧混合的情况而定。湿氧氧化二氧化硅膜的生长速率介于干氧氧化与水汽氧化之间。表 3-2 列出了不同水浴温度及不同氧化温度下的氧化速率常数。可以看出，湿氧的氧化速率常数比干氧氧化速率常数大很多。

表 3-2　不同水浴温度及不同氧化温度下的氧化速率常数

氧化温度/℃	水浴温度/℃	$c/(\mu m^2/min)$
1000	95	38.5×10^{-4}
1200	95	117.5×10^{-4}
1200	85	87.5×10^{-4}
1200	25	12.2×10^{-4}

干氧和湿氧氧化设备简单、操作简便、易于掌握，生长的氧化膜质量较好、性能较稳定，因而得到了广泛的应用。

实际生产中，通常结合干氧氧化和湿氧氧化的优点，采用干氧—湿氧—干氧的方法来制备氧化层。生成的氧化层，既避免了干氧氧化慢的缺点，又保证了二氧化硅表面和 SiO_2/Si 界面的质量，避免了单一湿氧氧化表面易在光刻时产生浮胶的缺点。表 3-3 中列出了三种热氧化方法及二氧化硅薄膜特性。

表 3-3 三种热氧化方法及二氧化硅薄膜特性

氧化方式	氧化温度/℃	生长速率常数/(μm^2/min)	生长 0.5μmSiO_2所需时间/min	二氧化硅的密度/(g/cm^3)	备注
干氧	1000	1.48×10^{-4}	1685	2.27	
	1200	6.2×10^{-4}	402	2.15	
湿氧	1000	38.5×10^{-4}	64	2.12	水浴温度95℃
	1200	117.5×10^{-4}	21	2.12	
水汽	1000	43.5×10^{-4}	57	2.08	水汽发生器水温 102℃
	1200	133.0×10^{-4}	19	2.05	

3.3.2 掺氯氧化法

掺氯氧化法不仅能够有效避免钠离子对二氧化硅的沾污和抑制钠离子漂移，而且操作简单，不需要增加额外工序和复杂设备，在硅平面工艺中得到了广泛应用。掺氯氧化是在热氧化的基础上，在干氧或湿氧氧化气氛中添加少量的氯化氢、高纯三氯乙烯或含氯的气态物，进行二氧化硅薄膜生长的工艺。生长的二氧化硅膜称为掺氯氧化薄膜或清洁氧化物，比较常用的氯源是氯化氢。

掺氯氧化工艺能降低钠离子沾污和抑制其漂移机理的理论有两种。其一，高温下氯与钠反应生成氯化钠，而生成的氯化钠在高温下立即升华，被运载气体带走，因而减少了钠离子的沾污；其二，集中分布在 Si/SiO_2 界面的氯离子能使迁移到此处的钠离子正电荷效应减弱并陷住不动，使其丧失电活性和不稳定性，从而有效地抑制了钠离子在二氧化硅薄膜中的漂移。下面以氯化氢为例，阐述掺氯氧化法的作用。

1）清洁氧化炉管

高温下氯可以和包括钠在内的多种金属杂质作用，生成挥发性的化合物，从反应室中排除。因此，氧化前在高温下可以采用氯化氢气体清洗石英管，又称炉内清洗，能减少源于石英反应管壁的杂质沾污，净化氧化系统。采用氯化氢清洗石英管时，其含量控制在 6%～10%。

2）提高器件电性能和可靠性

微量的含氯氧化气氛对硅中的金属杂质和填隙氧有“提取”作用。不仅有助于提高硅体内少数载流子的寿命，减少 PN 结低击穿等不良现象，而且能减少或消除热氧化层错。相比普通氧化工艺，器件 PN 结特性明显改善，失效率下降。

掺入氧化层中的氯离子浓度随着氧化温度、氯化氢浓度的增加而增大。当氧化温度或氯化氢含量过高时，氯化氢会通过氧化层中的针孔腐蚀硅衬底，引起光刻钻蚀等现象。因此，在通常的氧化温度下，氯化氢含量一般控制在 3%～6%。

氯化氢氧化速率略大于普通干氧氧化。这是由于氯进入二氧化硅薄膜中，使二氧化硅结构发生改变，氧化物质的扩散速率增大的缘故。

用于制造半导体器件的氯化氢最好使用钢瓶装的压缩干燥氯化氢气体，这种瓶装气体使用方便且浓度易于控制。如果无瓶装气体也可以用渗透法来制取氯化氢气体，其装置如图 3-15 所示。所谓渗透法就是把一定流量的盐酸直接注入硫酸中，经硫酸脱水产生干燥高纯的氯化氢气体，然后与另一股氧气混合进入氧化石英管。

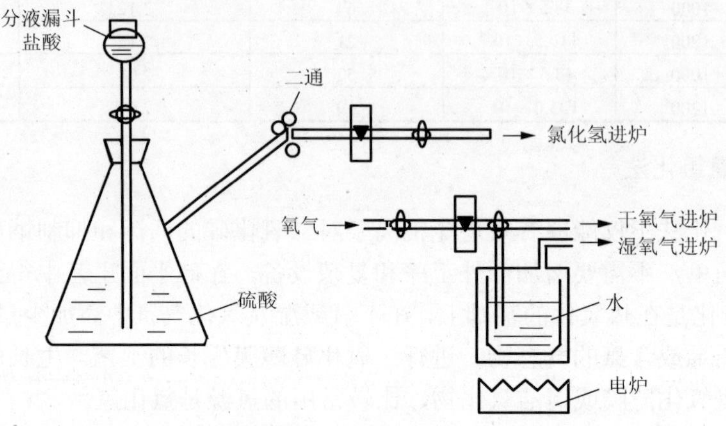

图 3-15　渗透法氯化氢氧化装置示意图

在掺氯热氧化中，氯化氢和氯气都是腐蚀性较强的气体，常用三氯乙烯（C_2HCl_3）来进行掺氯氧化。在高温下，三氯乙烯分解所生成的氯气和氯化氢就用于掺氯氧化，因此三氯乙烯是比氯化氢更具有发展前途的氯源，三氯乙烯氧化装置如图 3-16 所示。使用时，只需用氮气或氧气通过装有电子纯级三氯乙烯的源瓶，鼓泡携带三氯乙烯蒸气与另一股氢气一起进入反应室即可。

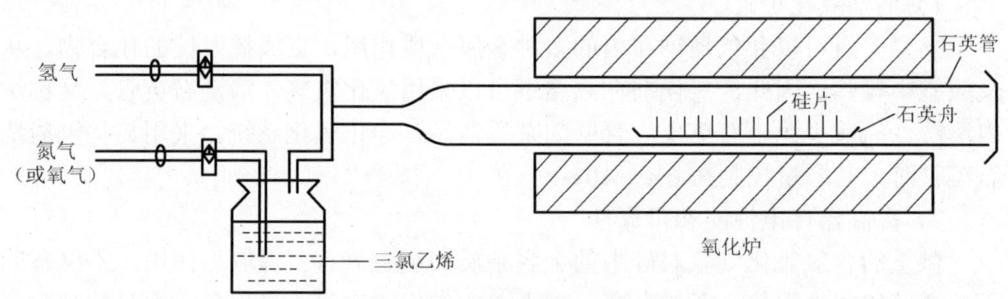

图 3-16　三氯乙烯氧化装置图

3.3.3　热分解淀积法

热分解淀积法也称为热分解淀积氧化薄膜工艺，是利用含硅的化合物经热分解反应，在晶片表面淀积一层二氧化硅薄膜的方法。优点是基片本身不参与形成氧化膜的反应，而仅作为淀积二氧化硅薄膜的衬底。基片可以是硅片、金属片或陶瓷片等多种材料，这是与热氧化生长法最根本的区别。该方法可以在较低温度下应用，也称为“低温淀积”。作为热分解淀积氧化膜常用的硅化物有烷氧基硅烷和硅烷两大类。

1. 烷氧基硅烷热分解淀积法

烷氧基硅烷热分解一般在 600～800℃进行。它的反应式为

$$\text{烷氧基硅烷} \longrightarrow SiO_2 + \text{气态有机原子团} + SiO + C \tag{3-37}$$

氧必须来源于有机物本身，而不能由外界引入。如果淀积系统中有外来的氧或水汽，就会使淀积的二氧化硅表面发暗或发灰，腐蚀时会出现反常现象。反应产物中，一氧化硅（SiO）的含量同反应时有用的氧原子数有关。如果采用含有三个或四个氧原子的烷氧基分子（如正硅酸乙酯），一氧化硅则在生成的二氧化硅薄膜中含量极少。碳的含量取决于炉温，如炉温太高，反应就会产生大量的碳，炉温一般应保持在 720～750℃。实际工作中最常用的硅化合物是正硅酸乙酯，也称四乙氧基硅烷[$Si(OC_2H_5)_4$]，或者乙基三乙氧基硅烷[$(C_2H_5)Si(OC_2H_5)_3$]。

热分解淀积二氧化硅一般用真空淀积方式，也可以用高纯氮气携带法。正硅酸乙酯的热分解反应为

$$Si(OC_2H_5)_4 \longrightarrow SiO_2 + H_2\uparrow + CO_2\uparrow + CH_4 + C_2H_6 + \cdots \tag{3-38}$$

反应温度一般选在 750℃左右，淀积源的源温控制在 20℃左右，真空度要求达到 10^{-2}Torr 以上。生成二氧化硅的厚度与淀积时间符合线性关系，即有

$$d = kt \tag{3-39}$$

其中，k 为淀积速率常数，单位为 μm/min，它与淀积温度及源温有关。对室温下的正硅酸乙酯，在 750℃时，k 为 3.3×10^{-2}μm/min。

用淀积法制备的氧化膜不如热生长法的致密，其密度为 2.09～2.15g/cm^3。但淀积后经过适当的增密处理，可使二氧化硅膜的质量有所改善。增密处理在真空淀积后进行，将硅片在反应炉内加热升温到 850～900℃，经过一定时间（约 30min）后，再在干燥的氮气、氩气或氧气气氛中继续加热处理一段时间。也可从淀积炉内取出进行清洗，然后置于氧化炉中，在上述温度范围内通氧增密。

2. 硅烷热分解淀积法

硅烷热分解淀积法是将硅烷在氧气气氛中加热，反应生成的二氧化硅淀积在硅片或其他基片的表面上。反应方程为

$$SiH_4 + O_2 \xrightarrow{300\sim500℃} SiO_2 + 2H_2\uparrow \tag{3-40}$$

这种反应不生成气态的有机原子团等副产物，反应温度也可以很低。衬底加热至 300℃左右，即可生成质量高且均匀性好的氧化膜，氧化膜致密度高于有机

硅烷热分解法淀积。图 3-17 为硅烷热分解淀积装置图。

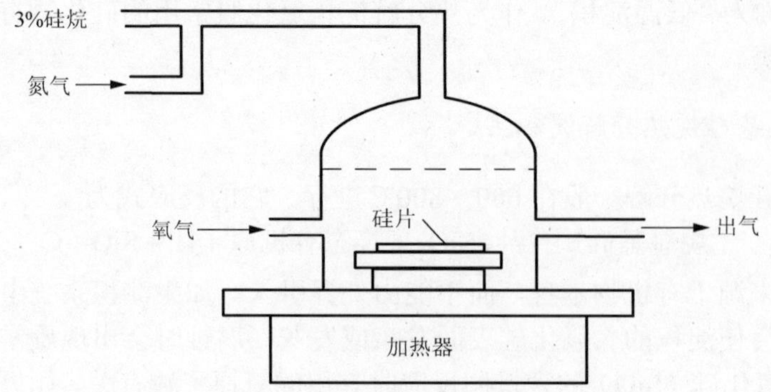

图 3-17　硅烷热分解淀积氧化膜装置图

相比热生长氧化法，热分解淀积法具有以下优点。

（1）热分解淀积法可以在金属、陶瓷或其他半导体材料（如锗、砷化镓等）基片上淀积二氧化硅薄膜，热氧化法无法做到。

（2）热分解淀积法所需温度较低，适用于一些不宜作高温处理而又需要在表面形成二氧化硅薄膜的产品。

（3）热分解淀积法可以淀积较厚的二氧化硅薄膜，大多用于晶体管或集成电路的辅助氧化，作为器件的表面钝化膜，以避免针孔造成不良影响。

除以上方法外，制备二氧化硅薄膜还有溅射、真空蒸发、外延和阳极氧化等方法。其主要特点及用途如表 3-4 所示。

表 3-4　制备二氧化硅薄膜的常用方法

SiO_2 制备方法	特点	主要用途
热生长氧化	设备简单，操作简便，SiO_2 薄膜较致密。采用干氧—湿氧—干氧交替方法，可获得既厚又较致密的 SiO_2 层。 缺点：氧化需在高温（1000～1200℃）下进行，容易引起 PN 结特性退化	广泛用于硅外延平面晶体管、双极型集成电路、MOS 集成电路生产，作为选择扩散的掩蔽膜、器件表面和 PN 结钝化膜以及集成电路的隔离介质、绝缘介质等
热分解淀积	SiO_2 直接淀积在 Si 衬底表面，不与硅片本身反应。淀积温度（300～800℃）较低，对 PN 结特性影响不大，可对任意衬底进行淀积。设备也较简单。容易得到厚的 SiO_2 层。 缺点：形成的 SiO_2 层不如热生长氧化的致密	用于大功率晶体管和半导体集成电路的辅助氧化，避免针孔造成不良影响，作为半导体微波器件等的表面钝化膜
阴极溅射	Si 衬底温度低（一般在 200℃左右），可对任意衬底淀积。 缺点：生长速率慢，周期长，如生长 3000ÅSiO_2 层膜一般要 8～12h。生成 SiO_2 膜不如热生长氧化的致密	用于不宜进行高温处理的器件淀积表面钝化膜，如硅整流器、可控硅和高反压硅台面管等结型器件。用作某些半导体器件的电绝缘介质

续表

SiO_2 制备方法	特点	主要用途
HF-HNO_3 气相钝化	反应温度低（室温），工艺和设备简单，生成 SiO_2 膜比阴极溅射的完整、致密。 缺点：生长周期长	用于不宜进行高温处理的器件生长钝化膜，如硅整流器、可控硅和高反压硅台面等结型器件
真空蒸发	Si 衬底温度较低（400℃恒温 10min 后降至 200℃蒸发）。可对任意衬底蒸发。SiO_2 膜较均匀，生长速度快。 缺点：SiO_2 质地不够完整，设备较复杂	用于制造半导体器件的电绝缘介质
外延淀积	Si 衬底不参加反应。SiO_2 薄膜的质量较好。淀积速率较快。连续生长，可得到厚的 SiO_2 膜。 缺点：生长温度高（1120～1150℃），设备复杂	用于高频线性集成电路和超高速数字集成电路中制作介质隔离槽
阳极氧化	反应温度低（室温），在外加电压和时间不变的情况下，可获得厚度比较一致的 SiO_2 薄膜。 缺点：SiO_2 结构疏松、多孔和不完整	用于扩散杂质分布的测定和浅扩散的硅器件

3.4 氧化工艺的质量检测

质量检测是氧化工艺的一个关键步骤，二氧化硅膜的质量直接影响半导体器件及集成电路的性能。因此，对二氧化硅膜的质量有严格的要求，如表面无斑点、裂纹、白雾及针孔，同时厚度均匀、结构致密等[5]。检测方法主要有物理测量、光学测量和电学测量。

3.4.1 氧化膜的缺陷检验

二氧化硅膜缺陷有宏观缺陷和微观缺陷两种。宏观缺陷又称表面缺陷，能用肉眼直接观察，主要有氧化层厚度不均匀、表面斑点和针孔等。微观缺陷主要有钠离子沾污和热氧化层层错现象，必须借助测试仪器观察。

1. 宏观缺陷

1）氧化层厚度不均匀

氧化炉管内氧气或水汽不均匀是造成氧化层厚度不均匀的主要原因。此外，炉温不稳定、恒温区太短和水温波动等也会造成氧化层厚度不均匀。不均匀现象不仅影响二氧化硅的绝缘性能，而且导致掩蔽功能降低，光刻时会出现钻蚀现象。为保证氧化层厚度均匀，恒温区必须长且稳定，同时严格控制气体流量、炉温和水温等参数。

2）表面斑点

造成氧化层表面斑点的原因是硅片表面处理不干净，残留一些沾污杂质颗粒，在高温下这些颗粒黏附到二氧化硅层表面，形成局部黑点。解决方法是认真处理硅片表面，严格清洗石英管、控制水温和气体流量。

3）针孔

氧化层针孔的产生与氧化方法有关。一般情况下热氧化针孔较少，只有当硅片有严重的位错，含有扩散系数较大的铜、铁等杂质时，在位错线处容易形成针孔。解决该问题的办法就是严格选择衬底材料，氧化前进行严格的清洗。

检验针孔的办法有很多，如电学写真法，利用联苯胺的盐酸溶液在电化学作用后使无色液体变为蓝色产物进行观察；化学腐蚀法，利用对硅和二氧化硅腐蚀不同的腐蚀液进行选择腐蚀；还有利用电解液进行的染色法及通过击穿电容显示的自愈合击穿技术等。

2. 微观缺陷

1）钠离子沾污

钠离子主要来源于操作环境、去离子水、化学试剂、石英管道和气体系统。另外，在热氧化时炉温很高，钠离子扩散系数很大时，会导致钠离子穿过石英管壁进入二氧化硅层。为避免该现象发生，一般炉管采用双层结构，夹层中通入惰性气体。

2）热氧化层错

热氧化层错也称氧化诱生层错，是热氧化产生的缺陷。通常存在于 Si/SiO_2 界面附近硅衬底的一侧。在含氧气氛中，表面和体内某些缺陷会先构成层错的核，高温下，核运动加剧就会形成层错。当硅片表面有机械损伤、离子注入产生损伤，点缺陷发生凝聚，氧化物淀积时都会造成热氧化层错的出现。这种层错会使杂质局部堆积，形成扩散管道，造成电极间短路，严重影响器件的电学性能。

减少氧化层错的措施包括利用磷、硼掺杂引入晶格失配缺陷作为点缺陷的吸收源；掺氯氧化可吸收点缺陷，阻止点缺陷凝聚长大；采用高压氧化，减少氧化温度和时间；采用（111）晶向的硅片等。

3.4.2 氧化膜的物理测量

物理测量法具有破坏性，需要专用芯片测试，最常用的是台阶法。这种方法能够精确判定氧化层厚度，采用掩蔽层，利用氢氟酸腐蚀出一个二氧化硅台阶后，去掉掩蔽膜，使用扫描电子显微镜或透射电子显微镜技术，通过探针扫描台阶，取得硅片表面轮廓，确定出台阶高度，通过这种方法测量得到的精度比较高。例如，利用表面光度仪测量出台阶高度的表面光度法，可测量的薄膜厚度范围为100nm～5μm。

3.4.3 氧化膜的光学测量

光学技术在测量薄膜厚度上得到了广泛的应用。许多仪器都是以测量样品的反射光的原理为基础。常用的方法包括比色法、干涉法和椭圆偏振法。

1. 比色法

比色法是一种简单的光学测量方法。不同厚度的二氧化硅膜会呈现不同颜色，这是由于垂直方向的白光照射表面被氧化的硅片后，一部分光线直接反射，另一部分却穿过氧化层并在膜与衬底间的界面处反射后再透射出来，这两部分光束间存在光程差，即产生光的干涉。相长干涉会增强某一反射光的波长，使相应于这一波长的硅片颜色发生变化，膜的厚度由光程差的数值决定，这样可以根据介质膜在垂直光照下的颜色判定出膜的厚度。氧化层随着厚度的增加，颜色从灰色逐渐变到红色，当厚度继续增加时，氧化层颜色从紫色到红色呈周期性变化。比色法对二氧化硅层厚度的测量不太精确，只是一个估测的数值，其误差为10～20nm，且仅适用于100～700nm的氧化层。特别是膜厚小于50nm左右的二氧化硅不具有任何特征颜色，因此这种方法也不适用于这个厚度范围。要想得到精确的厚度多采用椭圆偏振法。表3-5列出白光下二氧化硅层厚度与干涉色彩的关系。氧化层厚度所在的周期要根据工艺条件来估计。

表3-5 白光下二氧化硅层厚度与干涉色彩的关系

颜色	氧化层厚度/Å			
	第一周期	第二周期	第三周期	第四周期
灰色	100	—	—	—
黄褐色	300			
棕色	500			
蓝色	800			
紫色	1000	2750	4650	6500
深蓝色	1500	3000	4900	6800
绿色	1850	3300	5200	7200
黄色	2100	3700	5600	7500
橙色	2250	4000	6000	
红色	2500	4350	6250	

2. 干涉法

干涉法是生产中用得最多的光学测定法，基本原理与比色法相同，采用单色光源和专门的干涉显微镜。测量前，先用48%的氢氟酸将二氧化硅层腐蚀出一个斜面，用近乎垂直的单色光线入射到薄膜的斜面上，因二氧化硅是透明的，入射光将分别在氧化层台阶和空气的交界面及 SiO_2/Si 界面处产生反射。根据光的干涉原理，当入射光与反射光相位相同时，互相加强，出现亮条纹；当光束相位相反时，互相减弱，出现暗条纹。整个二氧化硅层台阶厚度是连续的，在显微镜下可观察到二氧化硅层斜坡上有明暗相间的干涉条纹，即为等厚干涉条纹。通过测量相邻亮或暗条纹之间的光程差 Δ，即可计算出薄膜的厚度。如果两条相邻入射光束产生亮条纹时对应的光程差分别为 Δ_1 和 Δ_2，入射点对应的二氧化硅层厚度分别为 h_1 和 h_2，则有

$$\Delta_1 = k\lambda, \qquad h_1 = \frac{k\lambda}{2n} \tag{3-41}$$

和

$$\Delta_2 = (k+1)\lambda, \qquad h_2 = \frac{(k+1)\lambda}{2n} \tag{3-42}$$

则氧化层厚度公式：

$$d = (h_2 - h_1)N = \frac{\lambda}{2n}N \tag{3-43}$$

其中，n 为二氧化硅的折射率；N 为干涉条纹数，一般从一个最亮条到相邻的一个最亮条（或最暗条到相邻最暗条）算一个干涉条纹，从最暗条到相邻最亮条算半个干涉条纹。这种方法能测量几百埃的透明薄膜，测量上限则取决于光在膜中的损耗和分辨高次峰的能力。

3. 椭圆偏振法

在硅工艺中，有时需要测量比几十纳米薄的薄膜，或者不精确地知道介质薄膜常数，这种利用椭圆仪来测量薄膜性质的常用方法为椭圆偏振法。它以光的波动性为理论基础，当一束椭圆偏振光投射到薄膜上，并从薄膜上发射时，它的偏振状态发生变化，其变化的程度与薄膜的厚度和折射率有关，通过测定椭圆偏振光在薄膜上反射后偏振状态的变化确定薄膜的厚度和折射率。此方法测量的精度高，可达几个纳米，是一种非破坏性的测量方法，不仅可以同时测量膜厚和折射率，还可以测量非硅衬底上的各种透明膜和半透明膜的厚度与折射率，以及检验膜层厚度的均匀性。一般来说，偏振变化取决于薄膜和衬底两者的性质。但当衬底的光学性质已知，并且薄膜对所用光的波长是透明的时候，反射光偏振的变化仅取决于薄膜厚度和折射率。现在商用的椭圆仪可测量低于 1nm 厚的薄膜并能准确地确定其折射率。

3.4.4 氧化膜的电学测量

电学测量直接测量半导体器件中很重要的参数，诸如电容、电荷等。通过电

学测量可以掌握半导体中的 Si/SiO_2 界面特性及杂质分布。最主要的电学技术方法是电容-电压（C-V）法，应用这种方法能提供介质薄膜及其下面半导体界面的信息，电容-电压测量的基本结构是 MOS 电容器，它是由一种半导体衬底、一个介质层和一个导电电极构成的，不仅可应用在绝缘体和 Si/SiO_2 界面的特性和研究中，并能测量半导体中的杂质分布。

1. 电压击穿

介质材料只能在一定的电场强度以内保持绝缘、介电能力等介电特性，当电场强度超过某一临界值时，介质由介电状态变为导电状态。这种现象称介电强度的破坏，或叫介质的击穿，与此相对应的“临界电场强度”称为介电强度，或称为击穿电场强度。介电强度越大，介质材料作为绝缘体的质量越好。一种材料的介电强度值是一定的，击穿电压值和厚度成正比，材料越厚，击穿电压值越大。热氧化硅的介电强度约为 12MV/cm，SiO_2 厚度每降低 0.5nm，电流密度约上升 2 个数量级。二氧化硅薄膜厚度对击穿和漏电都有影响。电压击穿就是通过氧化膜的介电强度和厚度来判定测试材料需要多大电压可以击穿。利用专门的电压击穿器测出氧化膜的电压击穿值，在刻度盘上直接读出氧化膜的厚度。击穿电压的统计分布反映氧化层质量。如图 3-18 所示为 SiO_2 膜介电强度的典型直方图。

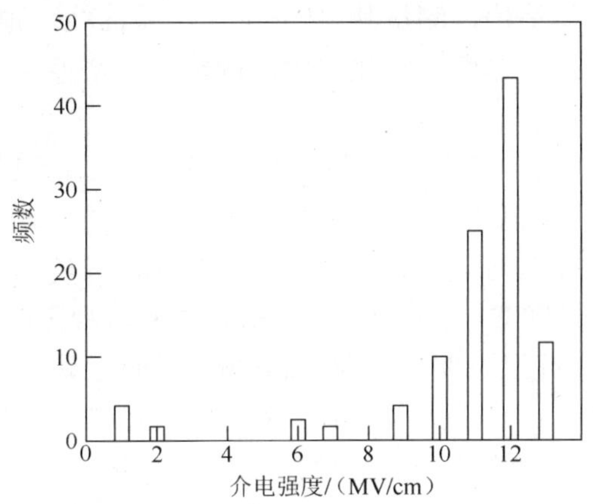

图 3-18 SiO_2 膜击穿电压的典型直方图

2. 电荷击穿特性

电荷击穿特性是指击穿由电荷在氧化层中的积累而造成的。其测试由 TDDB（time dependent dielectric breakdown）完成。TDDB 是一种与时间相关的电介质击穿，又称经时击穿。通过给氧化层施加刚好低于击穿电场的电应力，测量电流随时间的变化关系。如图 3-19 所示，为 200Å 二氧化硅膜的恒定电压应力测量曲线。

从图 3-19 中可以看出，电流曲线末端附近电流急剧上升，表明发生了不可恢复的介质击穿。

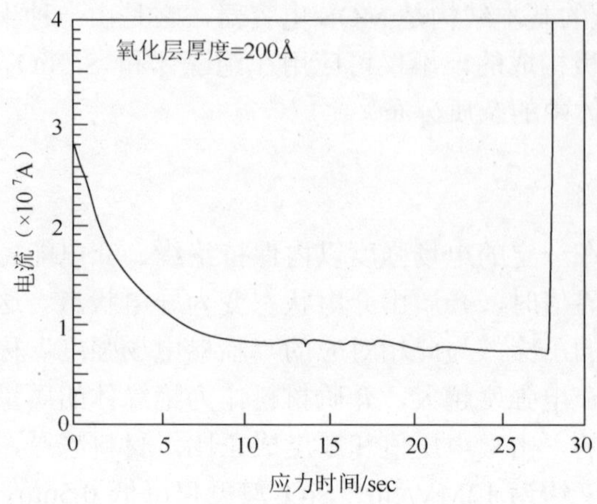

图 3-19　200Å 二氧化硅膜的恒定电压应力测量曲线

3. 电容-电压测量

电容-电压曲线与氧化层的厚度及膜中的杂质、电荷和能级状态有关，可以利用金属-氧化物-半导体结构，测量其电容-电压关系曲线。根据电容-电压曲线及其温偏特性，判断氧化层厚度、氧化层中的固定电荷密度、可动电荷密度和界面态密度等。

偏温测试（B-T）是一个典型的利用 C-V 曲线测量二氧化硅膜的方法。偏温测试是利用正、负偏压温度处理的方法（简称±B-T）将可动电荷和固定电荷区分开来。一般先做负 B-T 处理，给样品加一定的负偏压（$V_G<0$），同时将样品加热到一定的温度（200～300℃），由于可动电荷（主要是带正电的 Na^+）在高温下有较大的迁移率，它们在高温负偏压下向金属/SiO_2 界面运动，经过一定的时间（10～30min），二氧化硅中可动电荷基本上全部运动到金属/二氧化硅界面处，此时保持偏压不变，将样品冷却至室温，再去掉偏压，测量高频 C-V 特性。改变偏压极性，进行正 B-T 处理，加热温度和时间与负 B-T 相同，处理后，测量高频 C-V 特性，此时可动电荷已基本上全部集中到 Si/SiO_2 界面处。利用两次偏温测试得出的平带电压，平带电压公式为

$$V_{FB}=-\frac{AqQ_{OX}}{C_{OX}}-V_{MS} \tag{3-44}$$

等效的界面电荷密度公式为

$$\frac{Q_{OX}}{q}=-\frac{C_{OX}}{q}[V_{FB}-\phi_{MS}] \tag{3-45}$$

其中，V_{FB} 为平带电压；q 为电子电荷 1.6×10^{-19} 库仑；Q_{OX} 为 SiO_2 中电荷等效面密度，包括可动电荷 Q_I 和固定电荷 Q_{fc}，偏压下，$Q_{OX}=Q_{fc}$；C_{OX} 为介质的氧化层电容；V_{MS} 为金属/半导体接触电势差；ϕ_{MS} 为金属/半导体功函数。

根据式（3-44）和式（3-45），可确定氧化层厚度为

$$d=\frac{\varepsilon\varepsilon_0 A}{C_{max}} \tag{3-46}$$

其中，ε_0 为真空的介电常数；ε 为 SiO_2 的介电常数；C_{max} 为最大电容，$C_{max}\approx C_{OX}$。

同时，氧化层中可动电荷密度为

$$Q_{fc}=\frac{C_{OX}}{q}[(V_{FB})_{-BT}-(V_{FB})_{+BT}] \tag{3-47}$$

经 B-T 处理后，要注意 C-V 曲线可能发生畸变。由于实验过程中，新的界面态会产生钠离子和钾离子，造成严重沾污。图 3-20 是对二氧化硅膜进行温偏应力测量的典型 C-V 曲线。

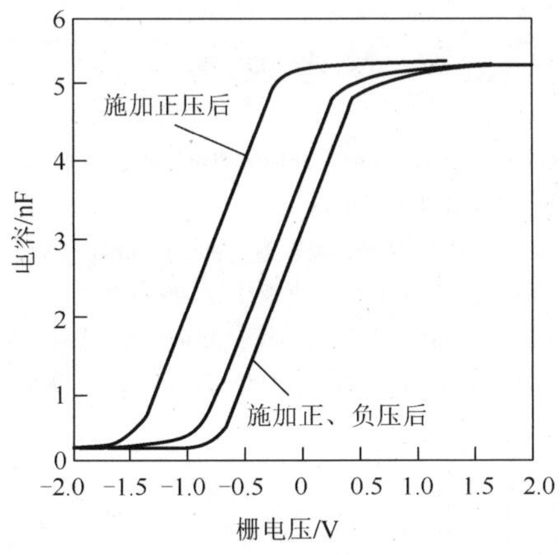

图 3-20　二氧化硅膜进行温偏应力测量的典型 C-V 曲线

3.4.5　氧化层密度的测量

二氧化硅密度可由折射率来反映，典型值为 1.47。折射率越高，膜密度越高。二氧化硅密度还可以通过溶液腐蚀来检验，密度越高，刻蚀速率越低。普通热生长二氧化硅在缓冲氢氟酸溶液中的腐蚀速率大约为 1000Å/min。二氧化硅密度主要取决于氧化温度、气氛等工艺条件；低温、高压氧化的二氧化硅膜具有更高折射率、更高密度和更低腐蚀速率。

习　题

1．简述二氧化硅的特性和作用。

2．什么是桥键氧和非桥键氧？

3．在无定形的二氧化硅中，Si、O 哪个运动能力强，为什么？

4．说明杂质在二氧化硅中的存在形式。

5．选用二氧化硅作为掩蔽材料的原因。是否可以作为任何杂质的掩蔽材料？为什么？

6．制备二氧化硅有哪几种方法？

7．热氧化分为哪几种方法？各自的特点是什么？

8．分析硅的热氧化的两种极限情况。

9．分析氧化剂分压、温度对氧化速度的影响。

参 考 文 献

[1] PLUMMER J D, DEAL M D, GRIFFIN P B. 硅超大规模集成电路工艺技术: 理论、实践与模型[M]. 严利人, 王玉东, 熊小义, 等译. 北京: 电子工业出版社, 2005.

[2] NEAMEN D A. 半导体物理与器件[M]. 赵毅强, 姚素英, 谢晓东, 等译. 4 版. 北京: 电子工业出版社, 2013.

[3] 关旭东. 硅集成电路工艺基础[M]. 北京: 北京大学出版社, 2009.

[4] QUIRK M, SERDA J. 半导体制造技术[M]. 韩郑生, 等译. 北京: 电子工业出版社, 2015.

[5] 王蔚, 田丽, 任明远. 集成电路制造技术: 原理与工艺[M]. 北京: 电子工业出版社, 2013.

第4章　图形技术

集成电路制造技术中的微图形加工工艺，即图形技术，又称图形转移技术。图形技术是集成电路中最重要的制造工艺，可分为光刻技术与刻蚀技术（etching technique），主要流程有涂胶、曝光、显影、刻蚀、去胶等工序。通过光刻与刻蚀，可实现图形从掩膜版到硅片上的转移。

光刻技术是制作半导体器件和集成电路的关键技术，从半导体制造的初期，光刻就被认为是集成电路制造工艺发展的驱动力[1]。几乎所有集成电路都由光刻制造，是光刻技术实现了在硅片衬底上印制出亚微米尺寸的图形，并能将这些图形放置到硅片上特定的位置。正是依靠这样的技术才有现在的集成电路芯片。光刻技术的构想源自照相制版技术，通过使用可见光或紫外光等，利用光学化学反应原理和化学、物理刻蚀方法，把电路图案投影“印刷”到覆有感光材料的硅晶片表面或介质层上，形成有效图形窗口或功能图形的工艺技术。

刻蚀技术普遍使用湿法刻蚀（wet etching）和干法刻蚀（dry etching）两种方式。早期的刻蚀工艺均采用湿法刻蚀。湿法刻蚀重复性好、生产效率高、设备简单、成本低，而且选择性较好。随着集成电路发展对最小线宽和更陡的垂直结构的需求，新技术如等离子体刻蚀技术应运而生。等离子体刻蚀为干法刻蚀，应用广泛。本章主要阐述光刻和刻蚀这两种图形技术。

4.1　图形加工

半导体工艺的不断进步取决于光刻技术。自 1959 年集成电路成功发明，在 50 多年的时间里，集成电路的图形线宽缩小了约四个数量级，集成度提高了六个数量级以上，主要归功于光刻技术的进步。随着集成电路的集成度不断提高，器件的特征尺寸不断减小，常以光刻所能分辨的最小线条宽度来标志集成电路的工艺水平。20 世纪 80 年代，光学光刻技术所能达到的极限分辨率为 0.5μm。最早推出的奔腾 4 芯片采用的是 0.18μm，2003 年为 0.13μm，2004 年已达到 0.09μm。自 2014 年 8 月英特尔发布 14nm 工艺后，多种工艺技术在 14nm 领域展开了激烈的竞争。2015 年，三星公司和英特尔开始量产 14nm 工艺的 FinFET。同年在半导体电路技术国际学会上，三星公司宣称，“通过组合使用极紫外和四次图形曝光技术，可实现 3.25nm 的分辨率”。随着新技术，如光源、成像透镜、光刻胶、分步扫描技术以及光刻分辨率增强技术的发展，光刻技术已推进到目前的 7nm。

光刻技术传递图形的尺寸限度缩小了 2～3 个数量级，从毫米级到纳米级，已从常规光学技术发展到应用电子束、X 射线、微离子束、激光等新技术，使用波长已从 4000Å 扩展到 0.1Å 数量级。光刻技术已经成为一种精密的微细加工技术。

4.1.1　图形加工的流程

一般的图形加工工艺要经历硅片表面清洗烘干成膜、旋转涂胶、软烘、对准和曝光、后烘、显影、硬烘、刻蚀和去胶等工序。图 4-1 为图形加工工艺的基本流程。

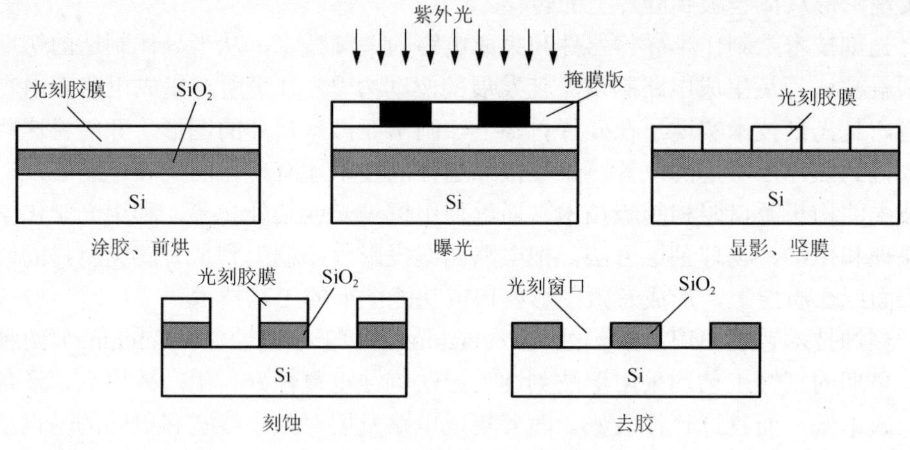

图 4-1　图形加工工艺的基本流程

1. 清洗烘干成膜

清洗烘干的目的是增强硅片和光刻胶之间的黏附性。硅片清洗包括湿法清洗和去离子水冲洗以去除沾污物，大多数的硅片清洗工作在进入光刻工作间之前进行。脱水、烘干是在一个封闭腔内完成，以除去吸附在硅片表面的大部分水汽。脱水烘干后硅片立即要用六甲基二硅胺烷（HMDS）进行成膜处理，以起到黏附促进剂的作用。

2. 旋转涂胶

成膜处理后，硅片要立即采用旋转涂胶的方法涂上液相光刻胶材料。硅片被固定在一个由金属或聚四氯乙烯制成的真空载片台上，载片台表面有很多真空孔以便固定硅片。一定数量的液体光刻胶滴在硅片上，经旋转得到一层均匀的光刻胶涂层。

不同的光刻胶要求不同的涂胶条件，光刻胶应用的重要指标包括涂胶的时间和速度、光刻胶的厚度、均匀性、颗粒沾污以及缺陷。

不同级别的曝光波长对应不同的光刻胶种类和分辨率。一般光刻胶厚度的选取与曝光光源的波长有关。i-line 最厚，为 0.7～3μm；KrF 的厚度为 0.4～0.9μm；ArF 的厚度为 0.2～0.5μm。光刻胶的厚度要适当、膜层均匀、黏附良好。胶膜太薄，针孔多，抗蚀能力差；胶膜太厚，分辨率低。在一般情况下，分辨率为膜厚的 5～8 倍。决定光刻胶厚度的关键参数包括光刻胶的黏度和旋转速度。黏度越低，速度越快，厚度越薄；而旋转加速度则影响光刻胶均匀性，加速度越快越均匀。

3. 软烘

光刻胶被涂到硅片表面后必须要经过软烘，软烘的目的是去除光刻胶中的溶剂。通过使胶膜里面的溶剂充分、缓慢的逸出，让胶膜干燥，增加光刻胶的黏附性、耐磨性和均匀性，保证刻蚀时得到更好的线宽控制。典型的软烘条件是先在 90～100℃的热板上烘 30s，再在冷板上降温，以得到光刻胶一致特性的硅片温度控制。

软烘的温度和时间随胶的种类及膜厚的不同而有所区别，光刻胶的软烘温度和时间由实验确定。软烘的温度和时间必须合适，烘焙不足（温度太低或时间太短），显影时易浮胶，图形易变形；烘焙时间过长，增感剂挥发，导致曝光时间增长，甚至显不出图形；烘焙温度过高，感光剂反应（胶膜硬化），不易溶于显影液，导致显影不干净。

常用的软烘加热方式主要有对流烘箱、手工热板、移动带式热板、内置式单片晶圆加热板、移动带式红外烘箱、微波烘焙和真空烘焙等。

4. 对准和曝光

掩膜版与涂了胶的硅片进行对准。一旦对准，将掩膜版和硅片曝光，掩膜版的图形就转移到涂胶的硅片上。对准和曝光的重要质量指标是线宽分辨率、套刻精度、颗粒和缺陷。

对准系统的主要功能是将工件台上硅片的标记与掩膜版上的标记对准，其标记的对准精度能达到±0.4μm。因为一片硅片在一个工艺流程中的曝光次数可能达几十次，而对准精度直接影响硅片的套刻精度，所以硅片的对准精度非常的关键。

对准系统包含两个主要子系统，一个是把图形在晶圆表面上定位，要求掩膜的图形和硅片上的图形精确套合的子系统；另一个是曝光子系统，包括一个曝光光源和一个将辐射光线导向晶圆表面上的机械装置。对准方法一般分两步，第一步是预对准。预对准是将晶圆运送到曝光台前的一次定位处理，使晶圆的圆心以及缺口（或切边）在一个确定的位置上。通常采用切边定位（125mm 以下）和缺口定位（150mm 以上）两种方式。预对准的定位精度决定硅晶圆的标记是否落入曝光台的视野之内，从而影响硅片曝光精度和整个系统的工作效率。因设备精度不同，采用的预对准方式不同，一般分为机械式预对准和光学式预对准。机械式预对准系统主要利用硅晶圆边缘特征（缺口或切边），使硅片定位于特定位置；光学式预对准系统采用光学元件定位硅片。第二步是套刻精度。通过摄像机中已记录的掩膜版对准标记寻找硅片上的对准标记进行对准曝光。

曝光中最重要的两个参数是曝光能量和焦距。如果能量和焦距调整不好，就不能得到满足要求的分辨率和图形，表现为图形的关键尺寸超出要求的范围。

曝光光源有高压汞灯、准分子激光器、X 射线和电子束等。曝光时，曝光量的选择取决于光刻胶的吸收光谱和配比、胶膜的厚度和光源的光谱成分等。最佳曝光量的确定，还要考虑衬底的光反射特性及强度。实际生产中，用曝光时间控制曝光量，并通过反复实验确定出最佳曝光时间。

在曝光过程中，需要用检测控制芯片/控片对不同的参数和可能缺陷进行跟踪和控制。根据不同的检测控制对象，可分为颗粒控片、卡盘颗粒控片、焦距控片、关键尺寸控片、光刻胶厚度控片和光刻缺陷控片。

5. 后烘

曝光后的烘焙，称为后烘。在曝光过程中，曝光区和非曝光区边界将会出现驻波效应，造成这两个区域的边界周围形成曝光强弱相间的过渡区，影响显影后形成的图形尺寸和分辨率。经过后烘，非曝光区的感光剂会向曝光区扩散，在曝光区与非曝光区的边界形成平均的曝光效果。后烘一般在 100～110℃的热板上进行，在深紫外光刻胶和非深紫外光刻胶中得到了广泛的应用。

后烘不仅可以减少驻波效应，而且还能激发化学增强光刻胶的光酸剂产生的酸与光刻胶上的保护基团发生反应，并移除基团使之能溶解于显影液。

6. 显影

显影是在硅片表面光刻胶中产生图形的关键步骤。光刻胶上的可溶解区域被化学显影剂溶解，将可见的岛或者窗口图形留在硅片表面。常用的显影方法有浸没式、连续喷雾/自动旋转和水坑式三种。

浸没式显影是将整盒硅片浸没入显影液中，这种方法的缺点是显影液消耗量大且显影的均匀性差。连续喷雾/自动旋转显影采用一个或多个喷嘴将显影液喷洒在硅片表面上，同时硅片低速旋转（100～500r/min），喷嘴喷雾模式和硅片旋转速度是实现硅片间溶解率和均匀性的关键调节参数。水坑（旋覆浸没）式显影是在硅片的表面旋覆足够的显影液（最小化背面湿度），形成水坑形状，显影液的流速保持较低，以减少边缘显影速率的变化。这种方法的优点表现为显影液用量少、显影均匀，温度梯度能达到最小化。显影结束后用去离子水冲洗，去除硅片两面的所有化学试剂并旋转甩干。

影响显影效果的主要因素有显影液浓度和显影时间。显影液不足，会造成显影不完全，表面残留光刻胶。显影时间太短，图形边缘产生过渡区，会降低分辨率，使显影的侧壁不垂直，也可能留下光刻胶薄层造成刻蚀不彻底，产生花斑状的氧化层“小岛”。显影时间太长，靠近表面的光刻胶被显影液过度溶解，形成台阶，同时导致光刻胶发生软化、膨胀、钻溶和浮胶现象。此外，曝光时间、烘焙温度与时间、胶膜厚度等因素都会影响显影效果。

7. 硬烘

显影后的热烘是指硬烘，又称坚膜。硬烘可以完全蒸发掉光刻胶里面的溶剂，以免再污染后续的离子注入环境。例如，重氮萘醌酚醛树脂光刻胶中的氮会引起光刻胶局部爆裂，挥发掉存留的光刻胶溶剂后，可以提高光刻胶对硅片表面的黏附性。这一步能够稳固光刻胶，对后续的刻蚀和离子注入过程非常关键。通过硬烘，还能减少驻波效应，提高光刻胶在离子注入或刻蚀中保护下表面的能力。

硬烘温度与时间要合适。温度太低、时间过短，易浮胶和侧蚀；温度太高、时间过长，胶膜会热膨胀、翘曲、剥落，易浮胶或钻蚀。若温度超过 300℃，光刻胶会完全分解，失去抗蚀能力。

如果硬烘不足，会减弱光刻胶的强度，即抗刻蚀和离子注入阻挡的能力，降低针孔填充及与基底黏附的能力。如果硬烘过度，会引起光刻胶的流动，使图形精度降低，分辨率变差。

另外，可以用深紫外线硬烘。使正性光刻胶树脂发生交联形成一层薄的表面硬壳，增加光刻胶的热稳定性。在后面的等离子刻蚀和离子注入工艺中减少因光刻胶高温流动而引起分辨率的降低。

8. 刻蚀

刻蚀的主要目的是将光刻掩膜版上的图案精确地转移到晶圆的表面，它是影响光刻精度的重要环节。刻蚀方法有湿法刻蚀和干法刻蚀两种。影响刻蚀质量的因素如下。

1）黏附性

光刻胶与二氧化硅表面黏附良好是保证刻蚀质量的重要条件。

2）二氧化硅的性质

不同方法生长的二氧化硅，具有不同的刻蚀特性。例如，湿氧氧化的二氧化硅刻蚀速度大于干氧氧化。

3）二氧化硅中的杂质

二氧化硅中杂质的种类和含量，会造成刻蚀速度的差异。例如，硼硅玻璃在氢氟酸缓冲液中很难溶解；磷硅玻璃与光刻胶黏附性差，不耐刻蚀，易出现钻蚀和脱胶现象。

4）刻蚀温度

二氧化硅的刻蚀温度一般为30～40℃，温度越高，刻蚀速度越大。温度过高，刻蚀速度过快，不易控制，产生钻蚀；温度过低，刻蚀速度太慢，胶膜长期浸泡，易产生浮胶。

5）刻蚀时间

刻蚀时间取决于刻蚀速度和氧化层的厚度。刻蚀时间太短，氧化层未刻蚀干净，影响扩散效果或导致电极接触不良；刻蚀时间过长，会造成边缘侧向刻蚀严重，使分辨率降低，图形变坏，尤其是光刻胶膜的边缘存在过渡区时，更易促成侧蚀的进行。

9. 去胶

光刻胶去除剂被分为综合去除剂和专用去除剂，根据晶圆表层类型也可分为有金属和非金属去除剂。有金属的表面，可以用酚有机去除剂、胺去除剂或特殊湿法去除剂进行去除。非金属的表面可以用湿法去除，通常以硝酸或硫酸加氧化剂（过氧化氢或过硫酸盐胺）溶液进行去除。

另外，也可以采用干法去胶，利用等离子场把氧气激发到高能状态，将光刻胶氧化为气体，并由真空泵从反应室吸走。

4.1.2 图形加工的缺陷

集成电路在制造中要进行多次的光刻和刻蚀工艺，图形的质量不仅影响器件特性，而且对器件的成品率和可靠性也有很大影响。图形加工要求刻蚀图形完整、尺寸准确、边缘整齐，图形内没有残留的物质，图形外氧化层上没有针孔、无沾污等。实际图形加工过程中常会出现浮胶、毛刺、钻蚀、针孔和小岛等缺陷。本小节主要讨论这些缺陷产生的原因。

1. 浮胶

浮胶就是在显影或刻蚀过程中，由于化学试剂不断侵入光刻胶膜与二氧化硅或其他薄膜间的界面，引起抗蚀剂胶膜皱起或剥落的现象。

显影和刻蚀时都会产生浮胶。显影时，胶膜表面有沾污、光刻胶配制有误或胶液陈旧变质、前烘时间不足或过度以及显影时间过长，都会引起浮胶。刻蚀时，坚膜不足、腐蚀液配比不当、腐蚀液活泼性太强、腐蚀温度过高或过低都可能产生浮胶。此外，显影时产生浮胶的因素也可能造成刻蚀时的浮胶。刻蚀时浮胶会严重影响氧化层的刻蚀质量，甚至造成整批硅片报废。

2. 毛刺和钻蚀

刻蚀时，如果腐蚀液渗入光刻胶膜的边缘，使图形边缘受到腐蚀，从而破坏掩蔽扩散氧化层的完整性。若渗透腐蚀较轻，图形边缘出现针状的局部破坏，习惯上称为毛刺。若图形边缘腐蚀严重，出现锯齿状或花斑状的破坏，称为钻蚀。当二氧化硅掩蔽膜窗口存在毛刺和钻蚀时，会引起侧面扩散结特性变坏，影响器件的成品率和可靠性。产生毛刺或钻蚀的原因如下。

（1）基片表面不清洁，存在油污、灰尘或水汽，使光刻胶和氧化层黏附不良，引起毛刺或局部钻蚀。

（2）氧化层表面存在磷硅玻璃，特别是磷的浓度较大时，表面与光刻胶黏附性不好，耐腐蚀性能差，容易造成钻蚀。

（3）光刻胶中存在颗粒状物质，造成局部黏附不良。

（4）对于光聚合型光刻胶，曝光不足，显影时产生钻溶，刻蚀时造成毛刺或钻蚀。

（5）显影时间过长，图形边缘发生刺状缺陷钻溶，刻蚀时造成钻蚀。

（6）硅片表面有突起或固体颗粒，在对准定位时，掩膜与硅片表面间的摩擦使图形边缘产生划痕，刻蚀时产生毛刺。

3. 针孔

在氧化层上，经光刻后会出现直径为微米数量级的小孔洞，称为针孔。针孔的存在，将使氧化层不能有效地起到杂质扩散的掩蔽作用和绝缘作用。

在平面器件生产中，尤其对集成电路和大功率器件，氧化层针孔是影响成品率的主要因素。例如，光刻集成电路隔离槽时，在隔离区上的针孔经隔离扩散后会形成 P 型管道，使晶体管的集电结结面不平整，甚至造成基区与衬底短路。对于大功率平面晶体管，光刻引线孔时，在延伸电极处的二氧化硅膜上产生针孔，则会造成金属化电极与集电区之间的短路。因此，在光刻引线孔之后，通常会低温沉积二氧化硅套刻引线孔，以减少氧化层针孔。光刻时产生针孔的原因如下。

1）颗粒沾污

二氧化硅薄膜表面有尘土、石英屑和硅渣等外来颗粒，使得涂胶时基片表面未充分沾润，留有未覆盖的小区域；光刻胶中含有固体颗粒，影响曝光效果，显影时剥落。这些颗粒会造成后续腐蚀时产生针孔。

2）光刻胶

光刻胶膜本身抗蚀能力差或胶膜太薄，腐蚀液局部穿透胶膜造成针孔。

3）光刻工序操作不当

前烘不足，残存溶剂阻碍抗腐蚀剂挥发而鼓泡，腐蚀时产生针孔；曝光不足（交联不充分）或曝光时间过长（胶层发生皱皮），腐蚀液穿透胶膜产生腐蚀斑点。

4）掩膜版

掩膜版的透光区存在灰尘或黑斑，曝光时局部胶膜（负性胶）未曝光，显影时被溶解，腐蚀后会产生针孔。

5）腐蚀液

腐蚀液若配比不当，腐蚀能力太强也会产生针孔。

4. 小岛

小岛是指在应将氧化层刻蚀干净的光刻窗口内，还留有未被刻蚀干净的氧化局部区域，其形状不规则，习惯上称为小岛。

光刻时，掩膜版图形上的针孔或损伤，在曝光时形成漏光点，使该处的光刻胶膜感光交联，保护了氧化层不被腐蚀，形成小岛。对这种情况，可在光刻腐蚀后，易版或移位再进行一次套刻，以减少或消除小岛。同时，曝光过度、光刻胶变质失效、显影不足、局部区域光刻胶在显影时溶解不净、氧化层表面有局部耐腐蚀物质以及腐蚀液不干净，存在阻碍腐蚀作用的物质都会形成小岛。

小岛的存在，使扩散区域的局部有氧化层，阻碍了杂质在该处的扩散而形成异常区，造成器件击穿特性变坏、反向漏电流增加，甚至极间穿通。

4.2 光 刻 技 术

制造一片集成电路，要经过 200～300 道工序，其中要经过多次光刻，占用总加工时间的 40%～50%，光刻工艺的水准直接决定了国家电子技术的水平。每一代集成电路的出现，总是以光刻所获得的最小线宽为主要技术标志。

光刻技术是利用掩膜版上的几何图形，通过光化学反应，将图案转移到覆盖在半导体晶片上的感光薄膜层上（光致抗蚀剂、光刻胶、光阻）的一种工艺步骤。这些图案可用来定义集成电路中各种不同区域，如离子注入、接触窗与压焊垫区等。由图形曝光所形成的抗蚀剂图案，并不是电路器件的最终部分，只是电路图形的印模。为了产生电路图形，这些抗蚀剂图案会利用刻蚀技术，再次转移至下层的器件层上。

光刻技术是一个复杂系统的工序，涉及洁净室、光刻胶、掩膜版、曝光系统与分辨率增强等多种技术。

4.2.1　洁净室

在集成电路制造中，防止污染的第一道防线就是必须要求厂房的洁净，特别是图形曝光的工作区域，这是由于尘埃可能会黏附于晶片或掩膜版上造成器件的缺陷从而导致电路失效[2]。

英制系统等级数值是每立方英尺（ft^3，$1ft^3=2.831685\times10^{-2}m^3$）中，直径大于或等于 0.5μm 的尘埃粒子总数不准超过设计等级数值。公制系统等级数值是每立方米中，直径大于或等于 0.5μm 的尘埃粒子总数不准超过设计等级数值（以指数计算，底数为 10）。通常在集成电路制造实验室中采用“十级”或“百级”这样的术语来表征其中空气的净化程度。表 4-1 给出了洁净室及洁净区空气中悬浮粒子的洁净度等级。尘埃粒子数目会随着粒子尺寸的减小而增加，当集成电路最小特征尺寸缩小至深亚微米范围时，对超净间环境会采取更加严格的控制措施。一般来说，1 级洁净室主要用于制造大规模集成电路的微电子工业；十级的洁净室主要用于线宽小于 2μm 的半导体行业；而在大多数集成电路制造区域内，百级的超净间是必备的，即尘埃数目必须比普通房间中空气低 4 个数量级，光刻区域内要求的尘埃数目要达到 10 级或 1 级环境。

表 4-1　洁净室及洁净区空气中悬浮粒子的洁净度等级

空气洁净度等级(N)	大于或等于表中粒径的最大浓度限值/(pc/m)					
	0.1μm	0.2μm	0.3μm	0.5μm	1μm	5μm
1	10	2				
2	100	24	10	4		
3	1000	237	102	35	8	
4（十级）	10000	2370	1020	352	83	
5（百级）	100000	23700	10200	3520	832	29
6（千级）	1000000	237000	102000	35200	8320	293
7（万级）				352000	83200	2930
8（十万级）				3520000	832000	29300
9（一百万级）				35200000	8320000	293000

4.2.2　光刻胶

光刻胶又称光致抗蚀剂，是由感光树脂、增感剂和溶剂三种主要成分组成的对光敏感的混合液体。感光树脂经光照后，在曝光区很快发生光固化反应，使这种材料的物理性能，特别是溶解性、亲和性等发生明显变化，经适当的溶剂处理，溶去可溶性部分，得到所需图像。

光刻胶是通过紫外光、电子束、准分子激光束、X 射线、离子束等曝光源的照射或辐射，使溶解度发生变化的耐刻蚀薄膜材料，因此利用光刻胶所具有的光化学敏感性，使其进行光化学反应，经曝光、显影等过程后，可将所需的微细图形从掩膜版转移至待加工的衬底上，再结合刻蚀、扩散、离子注入等工艺，就可用于集成电路、微机电系统和半导体分立器件的微细图形加工。近年来，光刻胶也逐步被应用于平板显示器和太阳能光伏等领域。微细图形加工技术是人类迄今所能达到的精度最高的加工技术，光刻胶是微细加工技术的关键性基础加工材料。

1．光刻胶的类型

光刻胶的种类较多，根据其化学反应机理和显影原理，可分为正性胶和负性胶。正性胶经过曝光后，曝光区的感光化合物因吸光改变了本身的化学结构而溶解于显影液，只留下未受光照的部分形成图形，所产生的图案与掩膜版上的图案相同。其材料种类包括感光化合物、树脂基材和有机溶剂。负性胶在曝光后，感光化合物吸收光后变成化学能，引起聚合物链反应，使聚合物分子发生交联，被曝光区域的抗蚀剂变得难溶解于显影液，所产生的图案与掩膜版相反。其材料由聚合物和感光化合物合成。

负性胶在光刻工艺上应用最早，其工艺成本低、产量高，但吸收显影液后会膨胀，导致分辨率低。因此，对于亚微米甚至更小尺寸的加工技术，主要使用正性光刻胶。

基于感光树脂的化学结构，光刻胶可以分为光聚合型、光分解型和光交联型。光聚合型采用烯类单体，在光作用下生成自由基，自由基再进一步引发单体聚合生成聚合物，形成正性光刻胶。光分解型采用含有叠氮醌类化合物的材料，经光照后发生光分解反应，由油溶性变为水溶性，可以制成正性胶。光交联型采用聚乙烯醇月桂酸酯等作为光敏材料，在光的作用下，其分子中的双键被打开，并使链与链之间发生交联，形成一种不溶性的网状结构而起到抗蚀作用，这是一种典型的负性光刻胶。

2. 光刻胶的主要技术参数

光刻胶在硅片制造中的主要作用是将掩膜版图案转移到硅片表面的光刻胶中，在后续工艺中起到保护下面材料的作用，如刻蚀或离子注入阻挡层。在各种工艺，如涂胶、显影、烘焙、离子注入和刻蚀中，光刻胶都必须具备良好的性能。光刻胶是将掩膜版上的图形转移到硅片表面材料上的媒介，因此在某种意义上，光刻胶是下一代光刻技术继续前进的关键。衡量光刻胶性能的主要技术参数如下。

1）分辨率

分辨率 R 表示每毫米内能刻蚀出可分辨的最多线条数，是区别硅片表面相邻图形特征的能力，一般用关键尺寸来衡量分辨率。形成的关键尺寸越小，光刻胶的分辨率越好。在光刻中，对图像质量起关键作用的两个因素分别是分辨率和焦深。虽然分辨率极大地依赖于曝光设备，但是高性能的曝光工具需要与之相配套的高性能的光刻胶才能真正获得高分辨率的加工能力。光刻工艺中影响分辨率的因素，除有光源、曝光方式外，主要取决于光刻胶本身的灵敏度、对比度等因素。

2）灵敏度

灵敏度也称为曝光阈值，曝光区域抗蚀剂完全溶解时所需的能量即为灵敏度，记为 S，单位是 mJ/cm^2。它是光刻胶上产生良好图形所需波长光的最小能量值（或最小曝光量），S 越小，灵敏度越高。光刻胶的敏感性对于波长更短的深紫外光、极深紫外光等都尤为重要。曝光、显影后残存抗蚀剂的百分率与曝光能量有关。曝光能量增加，抗蚀剂的溶解度也会增加，直到为阈值能量 E_T 时，抗蚀剂完全溶解。对于理想光刻胶来说，如果受到该阈值以上的曝光剂量，则光刻胶完全感光；反之，完全不感光。而实际光刻胶的曝光阈值存在一个分布，该分布范围越窄，光刻胶的性能越好。表 4-2 给出了曝光方法与抗蚀剂的对照。值得注意的是，即使未被曝光，少量抗蚀剂也会溶解。

表 4-2　曝光方法与抗蚀剂对照表

图形曝光方法	抗蚀剂名称	类型	灵敏度	γ
光学	Kodak 747	负	$9mJ/cm^2$	1.90
	AZ-1350J	正	$90mJ/cm^2$	1.40
	PR102	正	$140mJ/cm^2$	1.90
电子束	COP	负	$0.3\mu C/cm^2$	0.45
	GeSe	负	$80\mu C/cm^2$	3.50
	PBS	正	$1\mu C/cm^2$	0.35
	PMMA	正	$50\mu C/cm^2$	1.00
X 射线	COP	负	$175mJ/cm^2$	0.45
	DCOPA	负	$10mJ/cm^2$	0.65
	PBS	正	$95mJ/cm^2$	0.50
	PMMA	正	$1000mJ/cm^2$	1.00

当入射电子数为 N 时，由于随机涨落，实际入射的电子数在 $N+\sqrt{N}$ 范围内。为保证出现最低剂量时不少于规定剂量的 90%，即 $\sqrt{N}/N \leqslant 10\%$，则可得 $N_{min}=100$。对于小尺寸曝光区，必须满足：

$$L_{min}=\sqrt{\frac{N_{min}q}{S}}=10\sqrt{\frac{q}{S}} \tag{4-1}$$

其中，L_{min} 为最小尺寸，即分辨率；S 为灵敏度；q 为电荷量。由式（4-1）可以看出，灵敏度越高，L_{min}越大，分辨率越差。

3）对比度

对比度指光刻胶从曝光区到非曝光区过渡的陡度，是衡量光刻胶区分图像亮区和暗区的能力，即对剂量变化的敏感程度，记为γ。对比度定义为

$$\gamma = \frac{1}{\lg \frac{Q_f}{Q_o}} \tag{4-2}$$

其中，Q_f为曝光完全起作用的剂量；Q_o为曝光开始起作用时的剂量。

对每种光刻胶，对比度参数由实验确定，其数值由光刻胶膜厚-曝光剂量曲线提取。对比度的测量是将一定厚度的光刻胶膜在不同的辐照剂量下曝光，测量出显影后残留光刻胶的膜厚，利用光刻胶膜厚-曝光剂量曲线（图 4-2）进行计算即可得出。对比度与光刻胶厚度T_R的关系为

$$\gamma = \frac{1}{\beta - \alpha T_R} \tag{4-3}$$

其中，α为光刻胶的光学吸收系数；β为无量纲常数。从式中可看出减薄胶膜厚度有利于提高对比度。

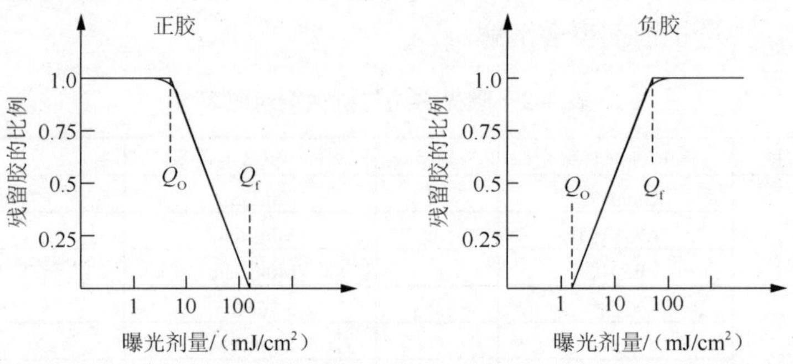

图 4-2　正性胶和负性胶的理想化的光刻胶膜厚-曝光剂量曲线

从实验中提取的对比度，其值依赖于工艺参数，如显影液化学成分、烘焙时间、曝光前和曝光后的温度、曝光波长以及涂覆有光刻胶的硅片的表层结构。光刻胶的对比度越高，形成图形的侧壁越陡峭，分辨率越好。典型的光刻胶对比度为 2～4。

4）临界调制传输函数

临界调制传输函数 CMTF 用来描述曝光图形的质量，是光刻胶中分辨某一图形所需的最小光学传输函数。临界调制传输函数的意义体现在如果要让光刻胶能够分辨出空间图像，其值必须小于空间图像的调制传输函数。临界调制传输函数和对比度是描述光刻胶性质常用的两个基本参数。二者关系为

$$\mathrm{CMTF}=\frac{Q_\mathrm{f}-Q_\mathrm{o}}{Q_\mathrm{f}+Q_\mathrm{o}}=\frac{10^{1/\gamma}-1}{10^{1/\gamma}+1} \tag{4-4}$$

由式（4-4）可以看出，对于曝光系统，只要已知各种线条的空间图像调制传输函数，根据对比度就可以计算出最小图形尺寸。g 线和 i 线光刻胶的临界调制传输函数的典型值在 0.4 左右，深紫外光刻胶的值为 0.1～0.2。

5）黏滞性/黏度

黏滞性是衡量光刻胶流动特性的参数，随着光刻胶中溶剂的减少而增加。高的黏滞性会产生厚的光刻胶，黏滞性越小，光刻胶厚度越均匀。黏度的单位为泊（P，$1\mathrm{P}=1\mathrm{dyn}\cdot\mathrm{s/cm^2}=10^{-1}\mathrm{Pa}\cdot\mathrm{s}$），光刻胶一般用厘泊（cps，厘泊为 1%泊）来度量。

6）黏附性

黏附性是表征光刻胶黏着于衬底的强度。光刻胶的黏附性不足会导致硅片表面的图形变形。光刻胶的黏附性必须经受住刻蚀、离子注入等后续工艺。

7）抗蚀性

抗蚀性是指光刻胶必须保持它的黏附性以确保其抗刻蚀和抗离子轰击的能力，在后续的刻蚀工序中保护衬底表面。

8）表面张力

液体中将表面分子拉向液体主体内的分子间吸引力就是表面张力。光刻胶应该具有比较小的表面张力，使光刻胶具有良好的流动性和覆盖能力。

普通的光刻胶在成像过程中，由于存在一定的衍射、反射和散射，降低了光刻胶图形的对比度，从而降低了图形的分辨率。随着曝光加工特征尺寸的缩小，入射光的反射和散射对提高图形分辨率的影响越来越大。利用光刻胶表面覆盖抗反射涂层技术，可明显减小光刻胶表面对入射光的反射和散射，从而改善光刻胶的分辨率性能，但由此将引起工艺复杂性和光刻成本的增加。伴随着新一代曝光技术的研究与发展，为了更好地满足光刻分辨率，光刻胶也要相应发展。

光和热等能量可以激活光刻胶，为防止负性胶交联、正性胶感光延迟等现象发生，必须将光刻胶存储在密闭、低温、不透光的环境，同时规定光刻胶的存储期限和温度。

4.2.3　掩膜版

制作一个完整的 ULSI 芯片需要 20～25 块不同图形的掩膜版。其制作方法是在石英板上淀积一层铬，用电子束或激光束将图形直接刻在铬层上，就形成了某种放大倍数的掩膜版，如 1X、4X 或 5X 等。用于集成电路制造的掩膜版通常为缩小倍数的投影掩膜版。掩膜版的设计首先是用计算机辅助设计（CAD）系统描绘出完整版图，然后将数据信息传送到电子束曝光（electron beam lithography,

EBL）的图形产生器，再将图案直接转移至掩膜版上，电路图案先转移至电子敏感层进而转移至底下的铬膜层，掩膜版便制作完成。投影掩膜版只包含硅片上的一部分图形，通常采用缩小比例，需要步进重复完成整个硅片的图形复制。常用掩膜版大小为 152.4mm×152.4mm，厚度为 2.28～6.35mm。投影掩膜版具有特征尺寸较大（4X 或 5X）、图形复制危害较小以及曝光均匀度较高等优点。

掩膜版的基材一般为熔融石英，这种材料对深紫外线（KrF-248nm，ArF-193nm）具有高的光学透射、低的温度膨胀和内部缺陷。石英玻璃的热扩散系数小，使石英玻璃板在掩膜版刻写过程中受温度变化的影响较小。

掩膜版的掩蔽层一般为铬，掩膜图形最终在铬膜上形成。在基材上面溅射一层铬，铬层的厚度一般为 800～1000Å。选择铬膜是由于铬膜的淀积和刻蚀都比较容易，而且对光线完全不透明。掩膜版制作过程如下。

（1）在石英表面溅射一层铬层，在铬层上旋涂一层电子束光刻胶。

（2）利用电子束（或激光）直写技术将图形转移到电子束光刻胶层上，电子源产生许多电子，这些电子被加速并聚焦（通过磁方式或者电方式被聚焦）成形，投影到电子束光刻胶上，扫描形成所需要的图形。

（3）曝光、显影。

（4）湿法或干法刻蚀（先进的掩膜版生产一般采用干法刻蚀）去掉铬薄层。

（5）去除电子束光刻胶。

（6）黏保护膜。

黏保护膜的目的是要保护掩膜版，杜绝灰尘和微小颗粒污染。保护膜的厚度要足够薄，以保证透光性，同时又要耐清洗，还要求保护膜长时间暴露在 UV 射线的辐照下，仍能保持它的形状。在掩膜版上方 5～10mm，保护膜被紧绷在一个密封框架上。目前所使用的材料包括硝化纤维素醋酸盐和碳氟化合物，厚度为 0.7～12μm（乙酸硝基氯苯为 0.7μm；聚酯碳氟化物为 12μm）。有保护膜的掩膜版可以用去离子水清洗，这样可以去掉保护膜上大多数的微粒，再通过弱表面活性剂和手工擦洗，就可以完成对掩膜版的清洁。

在铬膜的下方还要有一层由铬的氮化物或氧化物形成的薄膜，增加铬膜与石英玻璃之间黏附力。在铬膜的上方需要有一层 20nm 厚的三氧化二铬抗反射层。这些薄膜都是通过溅射法制备的。

标准尺寸的掩膜版衬底由 15cm×10cm、0.6cm 厚的融凝硅土制成。掩膜版尺寸是为了满足 4∶1 与 5∶1 的曝光机中透镜透光区域的尺寸。厚度的要求是避免衬底扭曲而造成图案位移的错误。融凝硅土衬底要求具有热膨胀系数低、机械强度高和对短波长光的透射率高的特性。

缺陷密度是衡量掩膜版好坏的主要因素之一。掩膜版缺陷可能在制造掩膜版或后续的图形曝光工艺步骤中产生。即使是一个很小的掩膜版缺陷密度都会对集成电路的成品率产生很大的影响。成品率定义为每一晶片中正常的芯片数与总芯片数之比。若取一级近似，某一层掩膜版与成品率 Y 之间的关系式为

$$Y = \mathrm{e}^{-DA} \tag{4-5}$$

其中，D 为单位面积致命缺陷的平均数；A 为集成电路芯片的面积。若 D 对所有的掩膜版层都是相同值（如 N＝10 层），则最后成品率为

$$Y = \mathrm{e}^{-NDA} \tag{4-6}$$

掩膜版是光刻复制图形的基准和蓝本，掩膜版上的任何缺陷都会对最终图形精度产生严重的影响。掩膜版存在许多损伤来源，如掉铬、灰尘颗粒、表面擦伤以及静电放电。静电的危害性很大，需要在掩膜版夹子上连一根导线到金属桌面，将产生的静电导出。另外，不能用手触摸掩膜版，在掩膜版盒打开的情况下，不准进出掩膜版室。因为掩膜版在整个制造工艺中的地位非常重要，所以在生产线上，都会由掩膜版管理系统来跟踪掩膜版的历史、现状、位置等相关信息，以便于掩膜版的管理。

4.2.4　光刻技术分类

光刻技术是半导体及其相关产业发展和进步的关键技术之一。一方面，“轻、薄、短、小”是电子产业发展的主流和不可阻挡的趋势，只有不断提高光刻技术的分辨率，才能满足产业发展的需求；另一方面，光刻技术的稳定性、可靠性和工艺成品率对产品的质量和成本有着重要的影响。因此，正确掌握光刻技术发展的主流，不仅节省时间和金钱，而且可以缩短生产周期和开发投入

1. Photons 光源的光刻技术

在光刻技术的研究和开发中，以光子为基础的光刻技术种类很多，但产业化前景较好的主要是紫外光刻技术、深紫外光刻技术、极紫外线光刻（extreme ultraviolet lithography，EUV）技术和 X 射线光刻技术。这类光刻技术不但取得了很大成就，而且是目前产业中使用最多的技术。特别是前两种技术，在半导体工业的进步中起着重要的作用。

1）紫外光刻技术

此技术是以高压、超高压汞或者汞-氙弧灯在波长范围为 350～450nm 的近紫外的 3 条光强很强的光谱线（g、h、i 线），特别是波长为 365nm 的 i 线光源，配合使用相移掩膜（phase shift mask，PSM）技术、离轴照明技术、光学邻近校正（optical proximity correction，OPC）技术等，可为 0.35～0.25μm 的大生产工艺提供成熟的技术支持和设备保障。此类设备和技术会占整个光刻领域至少 50%的份额，同时，还覆盖了低端和特殊领域对光刻技术的要求。

2）深紫外光刻技术

它是以 KrF 气体在高压受激而产生的等离子体发出的深紫外波长（248nm 和 193nm）的激光作为光源，配合 i 线系统使用的成熟技术、分辨率增强技术和高折射率图形传递介质等，可完全满足 0.25～0.18μm 和 0.18μm～90nm 的生产线要求；同时，90～65nm 的大生产技术已经在开发中，如光刻的成品率、光刻胶、光刻工艺中缺陷和颗粒的控制等，仍然在突破中；至于深紫外光刻技术能否满足 65～45nm 的大生产工艺要求，目前尚无明确的技术支持。相比之下，深紫外激光的波长更短，对光学系统材料的开发和选择、激光器功率的提高等要求更高。

3）极紫外光刻技术

早期有波长 10～100nm 和 1～25nm 的软 X 射线两种，两者的主要区别是成像方式，而非波长范围。前者以缩小投影方式为主，后者以接触/接近式为主，目前主要集中在 13nm 波长的系统上。极紫外系统的分辨率主要瞄准 13～16nm 的生产上。考虑到技术的延续性和产业发展的成本等因素，极紫外光刻技术是能够满足未来 16nm 生产的主要技术。但极紫外光刻掩膜版的成本越来越高，会导致产业化生产成本的增加，进而会大大降低产品的竞争力，这是极紫外光刻技术不能快速应用的主要障碍。为了降低成本，国外有的研发机构利用极紫外光源，结合电子束无掩膜版的思想，成功开发了极紫外无掩膜版光刻系统，但还没有商品化。极紫外光刻技术承担了目前大生产技术中关键层的光刻工艺，占整个光刻技术的 40%左右。

4）X 射线光刻技术

X 射线光刻技术也是 20 世纪 80 年代发展非常迅速的，为满足分辨率 100nm 以下要求生产的技术之一，主要分支是传统靶极 X 射线、激光诱发等离子 X 射线和同步辐射 X 射线光刻技术。特别是同步辐射 X 射线（主要是 0.8nm）作为光源的 X 射线光刻技术，光源功率高、亮度高、光斑小、准直性良好，通过光学系统的光束偏振性小、聚焦深度大、穿透能力强，同时可有效消除半阴影效应。虽然同步辐射 X 射线光刻有能力刻划非常精密细微的图形和很厚的抗蚀剂，但是由于同步辐射加速器造价高和占地面积大等原因，阻碍了其在工业生产中的发展。不过最新的研究成果显示，X 射线光源的体积不仅可以大大减小，进而使系统的体积减小，而且可开出多达 20 束 X 射线，成本大幅降低，可与深紫外光刻技术竞争。科学界和工业界普遍认为同步辐射 X 射线光刻有希望代替光学光刻用于 0.25μm 以下图形的超精密加工。

2. Particles 光源的光刻技术

以 Particles 为光源的光刻技术主要包括电子束光刻、离子束光刻，特别是电子束光刻技术，在掩膜版制造业中发挥了重要作用，目前仍然占据霸主地位。但电子束光刻由于它的产能问题，一直没有在半导体生产线上发挥作用，当前需要的就是把缩小投影式电子束光刻技术推进到半导体生产线上。

1）电子束光刻

进展和研发较快的是传统电子束光刻、低能电子束光刻、扫描探针电子束光刻和角度限制散射投影电子束光刻（SCALPEL）。传统的电子束光刻已经在掩膜版制造业中被广泛接受，但由于传统电子束光刻存在前散射效应、背散射效应和邻近效应等，有时会造成光致抗蚀剂图形失真和电子损伤基底材料等问题，由此产生了低能电子束光刻和扫描探针电子束光刻。

低能电子束光刻光源和电子透镜与扫描电子显微镜基本一样，将低能电子打入基底材料或者抗蚀剂，以单层或者多层单分子膜为抗蚀剂，分辨率可达到10nm以下，目前在实验室和科研单位使用较多。

扫描探针电子束光刻技术是利用扫描隧道电子显微镜和原子力显微镜原理，将探针产生的电子束，在基底或者抗蚀剂材料上直接激发或者诱发选择性化学作用，如刻蚀或者淀积进行微细图形加工和制造。扫描探针电子束光刻技术目前比较成熟，主要应用领域是微机电系统和微光机电系统等纳米器件的制造，随着纳米制造产业的快速发展，扫描探针电子束光刻技术的前景有望与光学光刻媲美。

另外一种比较有潜力的电子束光刻技术是限角度散射投影电子束光刻，由于限角度散射投影电子束光刻的原理非常类似于光学光刻技术，使用散射式掩膜版（又称鼓膜）和缩小分步扫描投影工作方式，具有分辨率高（纳米级）、聚焦深度长、掩膜版制作容易和产能高等优势，很多专家认为限角度散射投影电子束光刻技术是光学光刻技术退出历史舞台后，半导体大生产进入纳米阶段的主流光刻技术，因此有人称之为后光学光刻技术。

扫描隧道显微镜光刻技术和纳米压印光刻技术是近几年发展起来的纳米级光刻技术。扫描隧道显微镜光刻技术是目前能提供具有纳米级尺寸的低能（0～20eV）电子束的唯一手段，这种低能电子束可用来对诸如迁移、化学反应、化学键断裂、微小粒子移动等过程进行探测和控制。通过扫描隧道显微镜进行的光刻、微区淀积和刻蚀等操作，有可能将目前大规模集成电路的线条宽度从微米数量级降到纳米数量级。而且，当器件尺寸达到纳米级甚至原子级时，量子效应将起主要作用，这时会出现新效应，因此可设计出新器件，使它成为掩膜制作的有力工具。纳米压印光刻技术已被证实是纳米尺寸大面积结构复制最有前途的下一代光刻技术之一。目前该技术能实现线宽在5nm以下的图案。纳米压印光刻技术主要包括热压印、紫外压印以及微接触印刷。纳米压印光刻技术是加工聚合物结构最常用的方法，采用高分辨率电子束等方法将结构复杂的纳米结构图案印制在印章上，然后用预先图案化的印章使聚合物材料变形而在聚合物上形成结构图案。

相比其他光刻技术，电子束光刻的优点非常明显。电子束光刻分辨率高，可达 0.1μm，如直接进行刻蚀可达到几个纳米。用电子束加工制作出 1～2nm 的单电子器件已见诸报道。另外，电子束光刻不需要掩膜版，非常灵活，很适合小批量、特殊器件的生产。电子束光刻主要用于制作光学光刻的掩膜，其发展方向是尽可能提高曝光速度，以适应大批量生产，如采用变形电子束、高灵敏度的电子抗蚀剂和高发射度的阴极等。研究者利用电子束光刻技术，在纳米结构加工及纳米器件制备方面取得了很多成果。有基于碳纳的二维纳米结构、间距为 10nm 的纳米电极对、大量的量子电导原子开关和单电子晶体管平面纳米器件等。

2）离子束光刻

离子束光刻分为聚焦离子束光刻、掩膜离子束光刻和离子束溅射光刻。离子束光刻利用离子源进行曝光。发展较快的有聚焦离子束光刻和投影离子束光刻，光学光刻的不断进步和满足工业生产的需要，使离子束光刻的应用已经有所扩展。例如，聚焦离子束光刻技术目前主要的应用是将聚焦离子束光刻与多功能场发射扫描式电子显微镜连用，扩展扫描式电子显微镜的功能，使其观察方便；另外，通过聚焦离子分解吸附在晶圆表面的含金属、介电质的气体，可完成金属淀积、强化金属刻蚀、介电质淀积和强化介电质刻蚀等。

聚焦离子束曝光与电子束曝光相比其优点具体表现在两个方面。一方面，因离子比电子重得多，在抗蚀剂中的散射范围变小，邻近电路的曝光质量有所提高；另一方面，感光胶对离子束的灵敏度比电子束高数百倍。但聚焦离子束曝光也有一些弱点，离子束中的离子能量分散，使聚焦受到限制，其分辨率比电子束低；而且离子质量大，在光刻胶中的曝光深度较小，如 20 万伏的硅离子束的曝光深度仅 0.5μm，而 2 万伏能量的电子束可曝光 1μm 以上的深度。

近几年，由于电子束光刻应用的迅速扩展，离子束光刻除了在聚焦离子束光刻领域的应用被人们接受外，在微机电系统的纳米器件制作领域也得到了发展。例如，采用聚焦离子束刻蚀多层膜的方法加工出了二维光子晶体；在金属薄膜上刻蚀出线宽几十纳米的沟槽；成功制备出纳米孔点阵、三维螺旋结构等纳米结构。纳米结构制作是纳米器件研制的前提，是研究微观量子世界的重要基础之一，纳米光刻技术已成为当前世界科学研究急需解决的问题。

4.2.5　传统曝光技术

曝光系统是现代光刻技术中最关键的要素之一，是在光刻胶表面产生空间图像的系统。曝光系统的功能由两部分组成，即将掩膜上的图形曝光以及将光从掩膜图形投至晶圆[3]。光学曝光系统可分为接触式曝光、接近式曝光和投影式曝光三种基本类型。其中，大批量制造中广泛使用的是投影式曝光系统。图 4-3 为曝光的三种基本类型原理示意图。

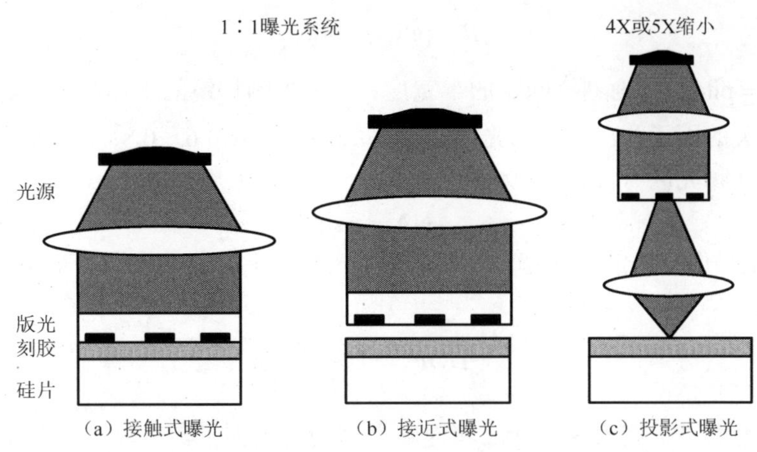

图 4-3 曝光的三种基本类型

掩膜版与晶片直接接触的接触式曝光和二者紧密相邻的接近式曝光统称为遮蔽式曝光。

接触式曝光是最早的曝光工艺，将光刻版铬面向下放置，直接与硅片上的胶层接触，透过光刻版闪光造成胶的曝光。曝光出来的图形与掩膜版上的图形分辨率相当，设备简单，但这种曝光方法会使光刻胶污染掩膜版，且易磨损掩膜版，造成很高的缺陷密度，并导致其寿命很低（只能使用 5～25 次），这也使其无法用于复杂芯片的大批量生产。当然，小批量和小的芯片尺寸，因这类系统的经济性让其更具吸引力。

接近式曝光中的接近是指在掩膜版与晶片间有 10～50μm 的间隙距离。虽然避免了与光刻胶直接接触引起的掩膜版损伤，但这一间隙会在掩膜版图案边缘造成光学衍射，导致分辨率降低，最大分辨率仅为 2～4μm，因此这类系统不适合当前大多数芯片的制造。对遮蔽式曝光，最小线宽（临界尺寸）表达式为

$$l_{CD} = \sqrt{\lambda g} \tag{4-7}$$

其中，λ 是曝光光源的波长；g 是掩膜版与晶片间的间隙距离。当 λ 与 g 减小时，可以得到 l_{CD} 缩小的优势。然而，当给定一个 g，任何大于 g 的微尘粒子都会对掩膜版造成损坏。

为了避免接触式曝光技术带来的掩膜损伤，人们开发出投影式曝光，即在掩膜版与光刻胶之间使用透镜聚集光实现曝光。该技术能把掩膜版上的图形投影在几厘米以外的涂覆着抗蚀剂的晶片上。要想获得高分辨率，每次只对掩膜的一小部分成像曝光，再用扫描或分布重复的方法将小面积图形布满整个晶片表面。一般掩膜版的尺寸会以需要转移图形的 4X 或 5X 倍制作。一个投影系统的分辨率可以表示为

$$R = \text{pitch}/2 = k_1 \frac{\lambda}{\text{NA}} \tag{4-8}$$

其中，$R = \text{pitch}/2$ 为刻线间距的半宽度；λ 是光刻物镜的工作波长；k_1 为仅与光刻系统相关的因子，在实际的光学光刻系统中，k_1 为 0.6～0.8；NA 是光刻物镜的数值孔径（曝光区），其定义为

$$\text{NA} = n\sin\theta \tag{4-9}$$

其中，n 是影像介质的折射率；θ 是圆锥体光线聚于晶片上一点的半角度值。其聚焦深度为

$$\text{DOF} = \pm k_2 \frac{\lambda}{(\text{NA})^2} \tag{4-10}$$

其中，k_2 为取决于接收像面标准和掩膜类型的相关因子。

从分辨率公式可以看出，只有通过缩短波长、增加数值孔径和减小 k_1 因子三种办法才能提高光刻分辨率。汞灯、准分子激光以及极紫外光刻，都是围绕缩短波长的方法进行；增加数值孔径主要从折射率和孔径角两个方面入手，折射率通过浸液改变，孔径角通过综合光学设计。具有高数值孔径的透镜能够捕捉更多的衍射光，从而构建更好的像，但数值孔径增大有极限。除制作大透镜（高 NA）非常困难外，镜头的焦深不大也是其存在不足的地方。减小 k_1 因子是通过突破传统衍射极限限制提高分辨率，目前的波前工程技术主要是针对降低 k_1 因子展开的。

4.2.6 分辨率增强技术

在集成电路工艺中，提供较佳的分辨率、较深的聚焦深度与较广的曝光宽容度一直是光学图形曝光系统发展的挑战。已经可以用缩短光刻机的波长与发展新的抗蚀剂来解决。另外，当图形尺寸缩小到深亚微米，通常需要使用光学邻近效应纠正和相移掩膜。

1. 光学邻近校正

光学邻近校正主要在半导体器件的生产过程中使用，目的是为了保证生产过程中设计的图形的边缘得到完整的刻蚀，其作用是弥补衍射造成的图像错误。投影系统的孔径有限，造成来自掩膜特征的一部分衍射光损失掉，此外，投影系统的孔径和镜头都是圆形的，光刻版却大多为方形或长方形，这样又会损失掉衍射图案中的高频信息，最终使产生的空间图像呈现圆角、不相等的线宽度以及被缩短的窄线条。这些效应如果不纠正，可能大大改变电路的电气性能。原则上可以通过改变掩膜版上的特征尺寸和形状进行部分补偿成像，但因受光学工具分辨率的制约，补偿极为困难。

光学邻近校正是通过移动掩膜版上图形的边缘或添加额外的多边形来纠正上

述错误。根据宽度和间距约束（基于规则的 OPC），或者采用模型动态仿真（基于模型的 OPC）的结果预先计算出一个查找表，根据这个查找表决定怎样移动图案的边缘，找到最好的解决方案。光学邻近校正的目标是尽可能地使硅片上生产出的电路与原始的电路一致。

2. 相移掩膜

相移掩膜与准分子激光源相结合，可以使光学曝光技术的分辨能力大为提高[4]。传统掩膜版的透光区的电场相同，由于衍射与分辨率使晶片上的电场分散开，相邻缝隙的衍射造成光被干涉继而增强了缝隙间的电场强度。因此，两个投影的像若太接近，就不易被分辨出来。图 4-4 给出使用相移技术提高空间分辨率的例子。

相移掩膜版是将相移层覆盖于相邻的缝隙上，使电场反相。相移掩膜的基本原理是在光掩膜版的某些图形上增加或减少一个透明的介质层，称为移相器，使光波通过这个介质层后产生 180° 的相位差，与邻近透明区域透过的光波产生干涉，从而抵消图形边缘的光衍射效应，提高曝光的分辨率。使用透明层反相，其厚度应满足：

$$d=\frac{\lambda}{2(n-1)} \tag{4-11}$$

其中，d 为移相器的厚度；n 为移相器介质的折射率；λ 为光波波长。由此公式可算出制作相移掩膜时需要增加或减小的透明层厚度。

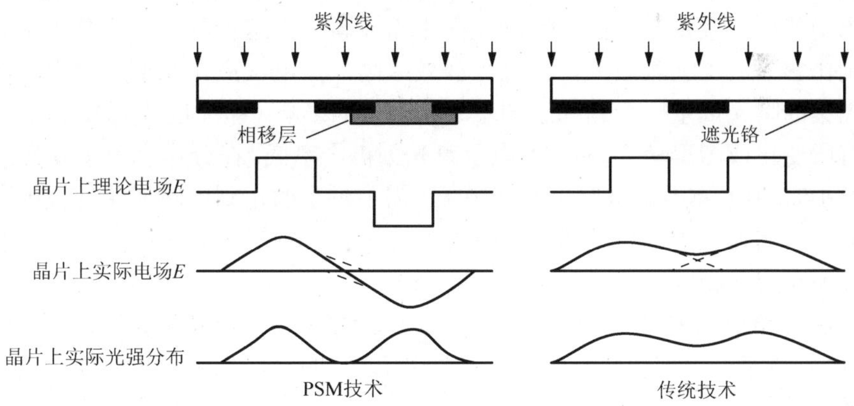

图 4-4　使用相移技术提高空间分辨率的例子

相移层材料有两类，一类是有机膜，以光刻胶为主，如聚甲基丙烯酸甲酯（PMMA 胶）；另一类是无机膜，如二氧化硅。

相移掩膜技术作为分辨率增强技术的一个分支，对延长光学曝光技术的寿命，提高光学光刻的分辨率具有十分重要的意义，对半导体器件的工艺进步起到巨大的推动作用。

4.2.7 新型曝光技术

高产率、高分辨率、低成本且易操作是曝光技术的基本要求。光学图形曝光技术仍未解决深亚微米工艺要求。虽然可以利用相移掩膜和光学邻近校正延长光学图形曝光的使用期限，但是其掩膜版制作复杂和成本过高。因此，新一代的图形曝光技术应运而生。

1. 电子束曝光

电子束曝光是指使用电子束在表面上制造图形的工艺，是光刻技术的延伸应用。光刻技术的精度受到光子在波长尺度上的散射影响，使用的光波波长越短，光刻能够达到的精度越高。根据德布罗意的物质波理论，电子是一种波长极短的波，电子束曝光的精度可达到纳米量级，为制作纳米线提供了很有用的工具。电子束直写式曝光技术可以完成 0.1～0.25μm 的超微细加工，甚至可以实现数十纳米线条的曝光。目前，电子束图形曝光技术已广泛地应用于制造高精度掩膜版、相移掩膜版和 X 射线掩膜版中。

电子束曝光是用低功率密度的电子束照射电致抗蚀剂，经显影后在抗蚀剂中产生图形的一种微细加工技术。其原理是利用具有一定能量的电子与光刻胶的碰撞作用，发生化学反应完成曝光。电子束曝光主要用于掩膜版的制作，只有少数装置用于将电子束直接对抗蚀剂曝光而不需掩膜版。这种曝光方式分辨率高、掩膜版制作容易、工艺容限大，而且生产效率高，但电子束在光刻胶膜内的散射，使得图案的曝光剂量会受到邻近图案曝光剂量的影响（即邻近效应），造成显影后线宽有所变化或图形畸变。此外，电子束光刻机产率低，在分辨率小于 0.25μm 时，约为每小时 10 片晶片。这对生产掩膜版、需求量小的定制电路或验证性电路足够了，而对不用掩膜版的直写形成图案方式，设备必须尽可能提高产率，故要采用与器件最小尺寸相容的最大束径。

目前，角度限制散射投影电子束光刻技术是最具前景的非光学光刻技术。SCALPEL 技术是贝尔实验室 1989 年发明的，它的出现克服了先前电子束投影光刻中掩膜版上能量的积聚，导致掩膜版过热而变形且无法光刻闭环图案的缺点，其工作原理如图 4-5 所示。掩膜版由低原子序数的薄膜和高原子序数的图形层组成，对于电子束是透明的，积聚在掩膜版上的能量很少，高原子序数图形层将通过的电子束进行散射，而光阑则阻止被散射的电子束通过，通过低原子序数的那些未被散射的电子束顺利通过光阑，最终到达芯片。在光学图形曝光中，分辨率的好坏由衍射决定。在电子束图形曝光中，分辨率好坏则由电子散射决定。当电子穿过抗蚀剂与下层的基材时，将经历碰撞造成能量损失与路径的改变。因此，入射电子在行进中会散开，直到能量完全损失或是因背散射而离开为止。角度限制散射投影电子束光刻技术就是采用散射掩膜方式，将电子束的高分辨率与光学多步重复投影的高效率结合起来，使电子束曝光系统展现出光明的应用前景。

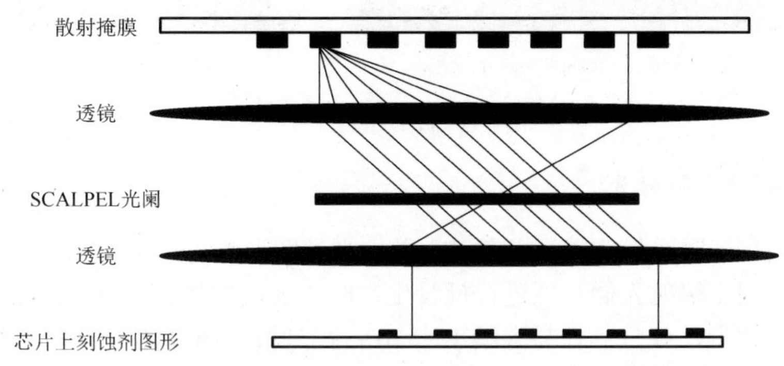

图 4-5 角度限制散射投影电子束光刻工作原理图

2. 极远紫外光图形曝光

极紫外光刻是以波长为 10～14nm 的极紫外光作为光源的光刻技术。具体为采用波长 13.4nm 的软 X 射线。极紫外光刻技术是下一代图形曝光系统技术中最具代表性的一种。极紫外光刻系统包括极紫外光源、气体喷射靶激光等离子体光源或同步辐射光源、光刻模板和光刻涂层。它是利用激光能或电能轰击靶材料产生等离子体，等离子体发出的极紫外光辐射，经过由周期性多层薄膜反射镜组成的聚焦系统入射到反射掩膜上，射出的极紫外光波再通过反射镜组成的投影系统，将反射掩膜上的几何图形成像到硅片上的光刻胶中，从而形成集成电路所需要的光刻图形。极紫外光的光束很窄，必须利用光束扫描方式将描述电路图案的掩膜版层完全扫描。极紫外光刻已经证实可利用波长为 13nm 的光源，在聚甲基丙烯酸甲酯抗蚀剂上制作出 50nm 的图案。图 4-6 为在 800nm 波长下高分辨率抗蚀层光刻后的图案。图 4-6（a）为 50nm、60nm、70nm 关键尺寸图案。图 4-6（b）为 90nm 关键尺寸图案，具有出色的疏密度和隔离性，但由于高吸收率，只能光刻很薄的图案。

光刻技术是现代集成电路设计上一个最大的瓶颈。现在 CPU 使用的 45nm、32nm 工艺都是由 193nm 液浸式光刻系统实现的，但是因受到波长的影响，要在这个技术上有所突破十分困难。虽然采用极紫外光刻技术能很好地解决此问题，但生产成本问题限制了它的发展，加上 193nm 光刻是目前能力最强且最成熟的技术，能够满足精确度和成本要求，其工艺的延伸性非常强，因此很难被取代。

（a）50nm、60nm、70nm关键尺寸图案

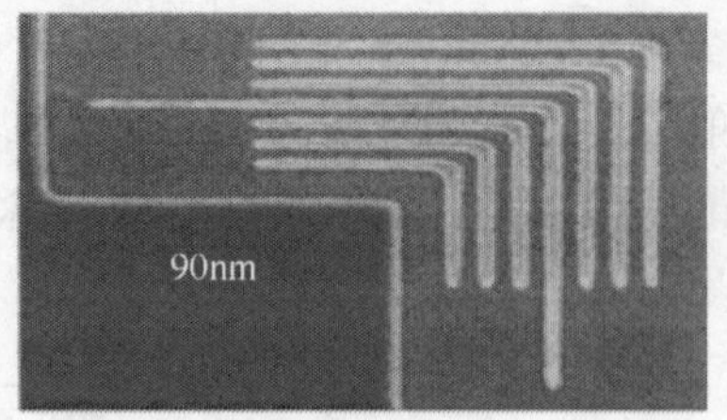

（b）90nm关键尺寸图案

图 4-6 极紫外光刻图案

3. X 射线图形曝光

X 射线图形曝光（XRL）极有潜力继承光学图形曝光来制作 100nm 的集成电路。当利用同步辐射光储存环进行批量生产时，一般选择 X 射线源。它提供了一个大的聚光通量，并且可轻易容纳 10～20 台光刻机。用高能电子束轰击金属靶，当高能电子撞击靶时将损失能量，激发原子核内层电子的跃迁，当这些激发电子落回到基态时，将发射 X 射线。这些 X 射线形成分立的线谱，其能量取决于靶材料。

X 射线图形曝光是利用类似光学遮蔽接近式曝光的一种遮蔽式曝光。掩膜版为 X 射线图形曝光系统中最困难且关键的部分，而且 X 射线掩膜版的制作比光学掩膜版复杂。为了避免 X 射线在光源与掩膜版间被吸收，通常曝光都在氦气环境下完成。

X 射线源必须在真空下工作，透过对 X 射线吸收少的窗口（通常选用铍材料）进入常压气氛中进行曝光。一般选波长在 2～40Å 的 X 射线进行曝光。通常低原子序数的轻元素材料，如氮化硅、氮化硼、铍等对 X 射线吸收较弱，而高原子序数的重元素材料，如金对 X 射线的吸收很强。

X 射线光刻要在掩膜版上形成可透 X 射线区和不透 X 射线区，从而形成曝光图形。在 X 射线掩膜版的基本结构中，用于薄膜衬底的材料主要有硅、氮化硅、碳化硅、金刚石等，而吸收体材料除广泛使用的金之外，还有钨、钽、钨-钛等。通常采用低压化学气相淀积方法沉积低原子序数的轻元素材料膜（如氮化硅）来形成透光的薄膜衬底。吸收体层则采用常规的蒸发、射频溅射或电镀等方法形成。

可利用电子束抗蚀剂来作为 X 射线抗蚀剂，因为当 X 射线被原子吸收时，原子会进入激发态而射出电子。激发态原子回到基态时，会释放出 X 射线，此 X 射线被原子吸收，所以此过程一直持续进行。所有这些过程都会造成电子射出，因此抗蚀剂在 X 射线照射下，就相当于被大量的二次电子照射。

4. 离子束图形曝光

离子束图形曝光是唯一一种可以不用掩膜版和抗蚀剂的曝光方式，最主要的应用为修补光学图形曝光用的掩膜版。因为离子有较高的质量且比电子有较小的散射，所以它比光学、X 射线以及电子束图形曝光技术有更高的分辨率。离子束图形曝光是一种类似于电子束曝光的技术，它是在聚焦离子束技术的基础上，将原子被离化后形成的离子束的能量控制在 10K～200KeV，再对抗蚀剂进行曝光获得极细微的图案。其聚焦技术的关键是实现源的高亮度和束径的微细化。

对于集成电路的制造，多层掩膜版是必需的。所有的掩膜版层可根据需要选用不同的图形曝光方法。先前讨论的图形曝光方法，都有 100nm 或更好的分辨率。每种都有其限制，光学法的衍射现象、电子束的邻近效应、X 射线的掩膜版制作复杂、极紫外光的掩膜版空片的制作困难、离子束的随机空间电荷效应等。因此，可采用混合与配合的方法，利用每一种图形曝光工艺的优点来改善分辨率与提供产率。对于每一代新技术，由于要求更小的特征尺寸和更严格的套准容差，图形曝光技术成为推动半导体工业的关键性技术。表 4-3 列出了各种图形曝光技术。

表 4-3 各种图形曝光技术

光刻要素	项目	光学 248/193nm	SCALPEL	EUV	X 射线	离子束
光刻机	光源	激光	电子束	极远紫外线	同步辐射	离子束
	衍射限制	有	没有	有	有	没有
	曝光法	折射式	折射式	折射式	直接光照	全区折射式
	步进与扫描	是	是	是	是	步进机
	200mm 硅晶片产率（片/h）	40	30～35	20～30	30	30
掩膜版	缩小倍率	4X	4X	4X	1X	4X
	光学邻近校正	需要	不需要	需要	需要	不需要
	辐射路径	穿透	穿透	反射	穿透	印刷式
抗蚀剂	单层或多层	单层	单层	表面成像	单层	单层
	化学放大抗蚀剂	是	是	不是	是	不是

4.3 刻 蚀 技 术

刻蚀技术，是在半导体工艺中，按照掩膜图形或设计要求对半导体衬底表面或表面覆盖薄膜进行选择性腐蚀或剥离的技术。刻蚀的基本目的是在涂胶（或有掩膜）的硅片上正确地复制出掩膜图形。刻蚀是最终的和最主要的图形转移工艺步骤。

刻蚀技术不仅是半导体器件和集成电路的基本制造工艺，而且还应用于薄膜电路、印刷电路和其他微细图形的加工。刻蚀分为湿法刻蚀和干法刻蚀[5]。

4.3.1 湿法刻蚀

湿法刻蚀也称湿法化学腐蚀，是最普遍、设备成本最低的刻蚀方法。它是最早用于微机械结构制造的加工方法，已在半导体工艺中被广泛使用。例如，在切割半导体晶片时的研磨与抛光，以获得平整与无损伤的表面；在热氧化与外延前，以去除污染。湿法刻蚀尤其适合应用在多晶硅、氧化物、氮化物、金属与III-V族化合物等整片的腐蚀。

所谓湿法刻蚀，就是将晶片置于液态的化学腐蚀液中进行腐蚀，在腐蚀过程中，腐蚀液将把它所接触的材料通过化学反应逐步浸蚀溶掉。用于化学腐蚀的试剂很多，有酸性腐蚀剂、碱性腐蚀剂以及有机腐蚀剂等。根据所选择的腐蚀剂，又可分为各向同性和各向异性腐蚀剂。各向同性腐蚀的试剂很多，包括各种盐类（如 CN 基、NH 基等）和酸类。由于受到能否获得高纯试剂及尽量避免金属离子沾污这两个因素的限制，广泛采用 HF—HNO_3 腐蚀系统。各向异性腐蚀是指对硅的不同晶面具有不同的腐蚀速率，基于这种腐蚀特性，可在硅衬底上加工出各种各样的微结构。各向异性腐蚀剂一般分为两类，一类是有机腐蚀剂，包括联胺和乙二胺加邻苯二酚的水溶液（EPW）等；另一类是无机腐蚀剂，包括碱性腐蚀液，如氢氧化钾、氢氧化钠、氢氧化氨等。

湿法刻蚀过程包括反应物通过扩散方式到达反应表面，化学反应在表面发生以及反应生成物通过扩散离开表面三个主要过程。

腐蚀液的温度、搅动都会影响腐蚀速率。集成电路工艺中，大多数湿法腐蚀是将晶片浸入化学溶液中，或是将腐蚀液喷射在晶片表面。对半导体而言，湿法腐蚀通常是先将表面氧化，然后再将氧化层以化学反应加以溶解。对硅而言，常见的腐蚀剂为硝酸和氢氟酸。其化学反应式如下：

$$Si + 4HNO_3 \longrightarrow SiO_2 + 2H_2O + 4NO_2 \tag{4-12}$$

$$SiO_2 + 6HF \longrightarrow H_2SiF_6 + 2H_2O \tag{4-13}$$

水可以作为上述腐蚀剂的稀释剂，然而醋酸比水要好，它可减缓硝酸的溶解。对于 HF—HNO_3 混合的腐蚀液，当 HF 的浓度高而 HNO_3 的浓度低时，硅膜腐蚀的速率取决于 HNO_3 氧化硅片的速度，此时硅的腐蚀速度基本上与 HF 浓度无关。当 HF 的浓度低而 HNO_3 的浓度高时，硅膜腐蚀的速率取决于 HF 溶解反应生成 SiO_2 的能力，即由 HF 浓度决定。

若腐蚀剂溶解单晶硅某一晶面的速率比其他晶面快，则造成各向异性的腐蚀。原因在于晶面的化学键密度不同。在硅的各向异性腐蚀时，可以使用氢氧化钾的水溶液与异丙醇相混合来进行。表 4-4 给出了硅材料腐蚀的参照表。

表 4-4　硅材料腐蚀参照表

半导体	腐蚀剂	用途	组分	腐蚀速率 /(μm/min)
Si	CP−4A	抛光或磨片	3mL HF 5mL HNO_3 3mL CH_3COOH	34.8
	CP−8	抛光	1mL HF 5mL HNO_3 2mL CH_3COOH 0.3g I_2 /250mL 溶液	7.4
	结染色腐蚀液	结深测量	HF+0.1% HNO_3	
	与晶向有关的各向异性腐蚀液	刻槽	23.4 wt %KOH 33.3wt %丙醇 63.3 wt %H_2O	<100>为 0.6 <111>为 0.006

利用二氧化硅当掩蔽层，对<100>晶向的硅做各向异性腐蚀，会产生清晰的 V 字形沟槽，沟槽的边缘为（111）晶面，其与（100）的表面有 54.7° 夹角。如果打开的图案窗足够大或腐蚀时间足够短，则会形成一个 U 形的沟槽，如图 4-7 所示，其底部面积的宽度为

$$W_b = W_0 - 2l\cos 54.7^\circ \tag{4-14}$$

或有

$$W_b = W_0 - \sqrt{2}l \tag{4-15}$$

如果使用的是 $<\bar{1}10>$ 晶向的硅，实际上会在沟槽的边缘得到两个垂直的面，这两个面为（111）晶面，如图 4-8 所示。

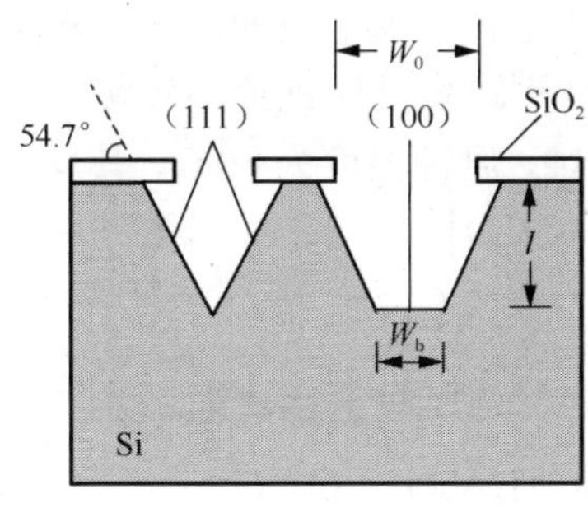

图 4-7　<100>晶向硅的各向异性腐蚀

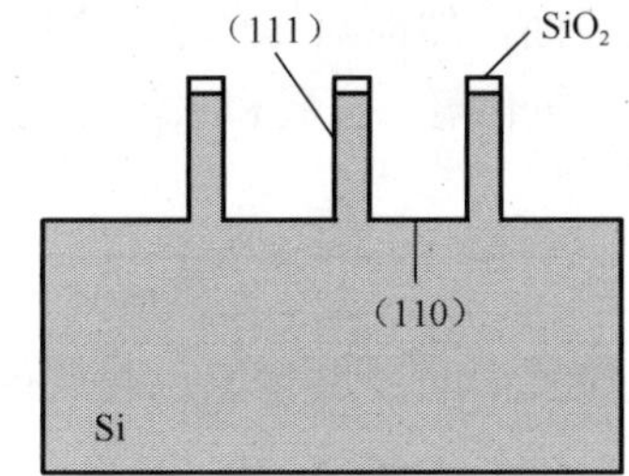

图 4-8　$<\bar{1}10>$ 晶向硅的各向异性腐蚀

1. 二氧化硅的腐蚀

二氧化硅通常用加入氟化铵（NH_4F）的氢氟酸溶液进行腐蚀。氟化铵能够提供缓冲作用，又称缓冲氧化层腐蚀液（BOE）。加入氟化铵可以控制酸碱度，补充

氟离子的缺乏，并能维持稳定的腐蚀效果。

二氧化硅也可以利用气相的氟化氢来腐蚀，因为工艺容易控制所以在腐蚀亚微米的图案方面深具潜力。其化学反应见式（4-13）。

2. 氮化硅与多晶硅的腐蚀

氮化硅可以在室温下用高浓度的氢氟酸、缓冲氢氟酸或沸腾的磷酸溶液腐蚀。以磷酸为例，磷酸刻蚀氮化硅的反应式如下：

$$Si_3N_4 + 6H_2O \xrightarrow{H_3PO_4} 3SiO_2 + 4NH_3 \uparrow \tag{4-16}$$

$$SiO_2 + 2H_2O \xrightarrow{H_3PO_4} Si(OH)_4 \tag{4-17}$$

从反应方程可以看出，氮化硅腐蚀中，水是参与反应的主要物质，热磷酸作为催化剂参与反应。因为浓度为 85%的磷酸溶液在 180℃时对二氧化硅的腐蚀非常慢，所以可用作氮化硅相对二氧化硅的选择性腐蚀。磷酸对氮化硅的刻蚀率和对二氧化硅的选择比决定着氮化硅能否完全被去除以及二氧化硅层剩余的厚度，对后续二氧化硅去除步骤至关重要。若残留氮化硅，可能导致二氧化硅去除不完全；若刻蚀过度，可能影响二氧化硅去除后器件的轮廓。腐蚀多晶硅与腐蚀单晶硅类似，然而多晶硅有较多的晶粒边界，因此腐蚀速率比较快。为确保栅极氧化层不被腐蚀，腐蚀溶液通常要加以调整。掺杂物的浓度和温度可影响多晶硅的腐蚀速率。

3. 砷化镓的腐蚀

多种砷化镓的腐蚀已经被广泛研究，然而只有少数几种方法是各向同性腐蚀。这是由于<111>镓晶面与<111>砷晶面的表面活性迥异。大多数的腐蚀剂对砷形成抛光的表面，然而对镓的表面通常会倾向产生晶格缺陷且腐蚀速率较慢。砷化镓一般用过氧化氢、硫酸和水混合的腐蚀液进行腐蚀，腐蚀温度为 50℃，其反应式为

$$2H_2O_2 \xrightarrow{\triangle} 2H_2O + 2[O] \tag{4-18}$$

$$2GaAs + 6[O] \longrightarrow Ga_2O_3 + As_2O_3 \tag{4-19}$$

反应式中的过氧化氢也起着催化剂的作用，其总反应方程式为

$$2GaAs + 6H_2O_2 + 3H_2SO_4 \longrightarrow Ga_2(SO_4)_3 + 2H_3AsO_3 + 6H_2O \tag{4-20}$$

在砷化镓腐蚀液中，硝酸也可作为氧化剂，除了硫酸能溶解其氧化物外，盐酸、氢氟酸也可作为溶解氧化物的溶剂。另外，王水也可腐蚀砷化镓，只是反应速度太快，不容易控制。

4. 铝腐蚀

铝和铝合金的薄膜通常利用加热的磷酸、硝酸、醋酸和去离子水来腐蚀。典型的腐蚀剂是含 73%的磷酸、4%的硝酸、3.5%的醋酸以及 19.5%的去离子水的溶液，温度控制在 30～80℃。铝的湿法腐蚀反应式如下：

$$2Al + 6HNO_3 \longrightarrow Al_2O_3 + 3H_2O + 6NO_2 \tag{4-21}$$

$$Al_2O_3 + 2H_3PO_4 \longrightarrow 2AlPO_4 + 3H_2O \tag{4-22}$$

铝的腐蚀速率与腐蚀剂浓度、温度、晶片的搅动、铝薄膜内的杂质或合金类型有关。

介质与金属膜的湿法腐蚀通常是化学液把整块材料溶解，然后转变成可溶的盐类或复合物。通常薄膜比块状材料的腐蚀速率更快。此外，微结构差、内建应力、变更化学组成比或光照等，都将使薄膜的腐蚀速率变快。就湿法和干法比较而言，湿法的腐蚀速率快、各向异性差、成本低，腐蚀厚度可以达到整个硅片的厚度，具有较高的机械灵敏度。但控制腐蚀厚度困难，且难以与集成电路进行集成。表 4-5 给出了各种材料腐蚀对比表。

表 4-5　各种材料腐蚀对比表

材料	腐蚀剂成分	腐蚀速率/(Å/min)
SiO_2	28mLHF+170mlH$_2$O+113gNH$_4$F（缓冲 HF 溶液）	1000
	15mLHF+10mLHNO$_3$+300mLH$_2$O（P 腐蚀液）	120
Si_3N_4	缓冲 HF 溶液	5
	H_3PO_4 溶液	100
GaAs	H_2SO_4-H_2O_2-H_2O 溶液（8∶1∶1）	<111>Ga 面为 0.8，其他为 1.5
	H_3PO_4-H_2O_2-H_2O 溶液（3∶1∶50）	<111>Ga 面为 0.4，其他为 0.8
Al	HNO_3--CHCOOH-H_3PO_4-H_2O（1∶1∶4∶1）	350

湿法刻蚀一般被用于工艺流程前面的晶圆片准备、清洗等不涉及图形的环节，而在图形转移中，干法刻蚀占据主导地位。

4.3.2　干法刻蚀

干法刻蚀出现在 20 世纪 70 年代末，是利用气态产生的等离子体，通过经光刻而开出的掩蔽层窗口，与暴露于等离子体中的硅片进行物理和化学反应，刻蚀掉硅片上暴露的表面材料的一种工艺技术。该工艺技术的突出优点是具有较高的各向异性特性，可在微米级和亚微米量级线宽的超大规模集成电路中，严格地控制加工尺寸，以获得极其精确的特征图形，实现图形的转移。任何偏离工艺要求的图形或尺寸，都可能影响产品性能或品质，给生产带来无法弥补的损害。干法刻蚀技术在图形转移上表现突出，在特征图形的制作上，已基本取代了湿法刻蚀技术，成为亚微米尺寸以下器件刻蚀的最主要工艺。

1. 干法刻蚀的原理

干法刻蚀工艺是利用气体中的等离子体进行刻蚀。所谓的等离子体，是由电子、阳离子和中性粒子组成的整体上呈电中性的物质集合，是不同于固态、液态和气态物质的第四态。当物质电离后就变成了由带正电的原子核和带负电的电子组成的一团均匀的“浆糊”，因此称它为离子浆。这些离子浆中，正负电荷总量相等，近似电中性，因此又称等离子体。宇宙中99%的物质，均处于等离子状态。

在干法刻蚀中，等离子体气体中的分子和原子通过外部能量激发形成震荡，电子脱离原子轨道与相邻分子或原子碰撞，释放出其他电子，在这样的反复过程中，最终形成气体离子与自由活性基团。这些自由活性基团与离子对被刻蚀的表面进行轰击形成损伤层，加速了等离子中的自由活性基团在其表面的反应，产生的反应生成物，一部分被分子泵从腔体排气口排出，一部分在刻蚀的侧壁上形成淀积层。干法刻蚀就是在自由活性基团与表面反应和反应生成物不断淀积的过程中完成的，最终形成特征图形。

干法刻蚀与湿法腐蚀工艺利用药液处理的原理不同。干法刻蚀在刻蚀表面材料时，既存在化学反应又存在物理反应，因此在刻蚀特性上既表现出化学的各向同性，又表现出物理的各向异性。各向同性是指纵横两个方向上均存在刻蚀；各向异性则指单一纵向上的刻蚀。离子轰击体现了干法刻蚀的各向异性，侧壁的淀积又很好地抑制了自由活性基团的反应，各向同性作用于侧壁的刻蚀。因此，干法刻蚀可以精确控制图形的尺寸和形状，体现出湿法刻蚀无法比拟的优越性，成为亚微米图形刻蚀的主要工艺技术之一。

随着微细化加工的深入发展，干法刻蚀工艺技术已贯穿了整个制品流程，参与到了各个关键的工艺工序中。从器件隔离区、器件栅极、轻掺杂漏器件侧壁保护、接触孔与通孔、孔塞、上下部配线的形成，到金属钝化以及光刻胶的剥离与底部损伤层的修复，均涉及了干法刻蚀技术。

2. 干法刻蚀的方法

根据刻蚀方式的不同，干法刻蚀分为离子铣刻蚀、等离子刻蚀和反应离子刻蚀三种方法。

1）离子铣刻蚀

离子铣刻蚀原理是在低气压下，惰性气体辉光放电所产生的离子加速后入射到薄膜表面，裸露的薄膜被溅射而除去。离子铣刻蚀是纯物理作用，各向异性程度很高，可以得到分辨率优于1μm的线条。这种方法已在磁泡存储器、表面波器件和集成光学器件等制造中得到应用。但是，这种方法的刻蚀选择性极差、刻蚀速率较低，需采用专门的刻蚀终点监测技术。

2）等离子刻蚀

等离子刻蚀原理是利用气压为 10～1000Pa 的特定气体（或混合气体）的辉光放电，产生能与薄膜发生离子化学反应的分子或分子基团，生成挥发性的反应产物。通过选择和控制放电气体的成分，可以得到较好的刻蚀选择性和较高的刻蚀速率，但刻蚀精度不高，一般仅用于大于 4～5μm 线条的工艺中。

3）反应离子刻蚀

反应离子刻蚀过程同时兼有物理和化学两种作用。辉光放电在零点几帕到几十帕的低真空下进行。硅片处于阴极电位，放电时的电位大部分降落在阴极附近。大量带电粒子受垂直于硅片表面的电场加速，垂直入射到硅片表面上，以较大的动量进行物理刻蚀，同时它们还与薄膜表面发生强烈的化学反应，产生化学刻蚀作用。选择合适的气体组分，不仅可以获得理想的刻蚀选择性和速度，还可以使活性基团的寿命变短，有效地抑制了因这些基团在薄膜表面附近的扩散所造成的侧向反应，大大提高了刻蚀的各向异性。反应离子刻蚀是超大规模集成电路工艺中很有发展前景的一种刻蚀方法。

3. 干法刻蚀的分类

干法刻蚀主要应用在图形形成工艺中，可分为有图形刻蚀和无图形刻蚀两大类。大部分干法刻蚀工艺，涉及有图形刻蚀。而无图形刻蚀虽然是湿法刻蚀的项目之一，但根据生产工艺的需要，部分关键的无图形刻蚀均采用了干法刻蚀技术，如轻掺杂漏 MOS 器件的侧壁刻蚀。轻掺杂漏 MOS 器件侧壁的形状和尺寸会直接影响器件的特性，用干法刻蚀进行控制是最好的选择。湿法刻蚀对氧化膜的腐蚀作用和各向同性特征，无法满足轻掺杂漏 MOS 器件侧壁特殊形貌的要求。此外，钨塞的形成工艺、浅槽隔离氮化硅的剥离和钛在制备晶体管侧墙注入时与硅化物结合后的剥离等，也都采用了干法刻蚀工艺。

干法刻蚀工艺根据待刻蚀材料的不同，可分为硅刻蚀、介质刻蚀和金属刻蚀三种。

1）硅刻蚀

硅刻蚀（包括多晶硅）应用于需要去除硅的场合，如多晶硅晶体管栅、硅槽电容和硅基板的刻蚀等。由于微细化的要求，栅极尺寸越来越小，配线间的尺寸要求也非常严格，为防止配线间的短路和确保光刻时的尺寸精度，要求在形成器件隔离区时必须具备较高的平坦度。因此，对于隔离区的刻蚀已从原先的氮化膜刻蚀逐步发展为硅基板加氮化膜刻蚀。除隔离区的形成外，在一些大功率管的制造过程中也采用了硅基板刻蚀。硅刻蚀主要反应方程式为

$$\mathrm{Si} + 4\mathrm{F}^{*} \longrightarrow \mathrm{SiF_4}\uparrow \quad \mathrm{Si} + 4\mathrm{Cl}^{*} \longrightarrow \mathrm{SiCl_4}\uparrow \tag{4-23}$$

2）介质刻蚀

介质刻蚀是用于介质材料的刻蚀，如二氧化硅、氮化硅等。其多用于器件隔离区、轻掺杂漏器件侧墙、接触孔与通孔的刻蚀。在一些晶圆产品中，也用于电容形成时的刻蚀。微细化的发展，为形成极小尺寸的栅极，在栅极刻蚀中已大量采用氧化膜代替树脂光刻胶作为掩膜，因此会涉及氧化膜刻蚀。为防止栅极部分的金属污染，必须注意此类设备应与其他氧化膜刻蚀的设备分离使用。以二氧化硅刻蚀为例，三氟甲烷（CHF_3）作为刻蚀气体在辉光放电中发生化学反应，方程式为

$$CHF_3 + e^- \longrightarrow CHF_2^+ + F(\text{游离基}) + 2e^- \tag{4-24}$$

生成的氟原子到达二氧化硅表面后，发生如下反应：

$$SiO_2 + 4F \longrightarrow SiF_4\uparrow + O_2\uparrow \tag{4-25}$$

二氧化硅分解出来的氧离子在高压下与 CHF_2^+基团反应，生成一氧化碳、二氧化碳及水蒸气等多种挥发性气体，并被抽气系统抽离出反应腔体，完成对二氧化硅的刻蚀。

3）金属刻蚀

金属刻蚀主要在金属层上去掉金属及合金复合层，制作出互连线，可分为金属铝刻蚀、金属钨刻蚀和氮化钛刻蚀等。涉及各种金属配线、金属回刻工序和接触金属刻蚀，包括钨、铝、锌、氮化锌、孔塞和金属硅化物的刻蚀。

金属铝作为连线材料，一直广泛用于闪存、读写存储器以及 0.13μm 以上的逻辑产品中。金属铝刻蚀通常用到氯气（Cl_2）、三氯化硼（BCl_3）、氩气、氮气、三氟甲烷和乙烯（C_2H_4）等气体。氯气作为主要的刻蚀气体，与铝发生化学反应，生成可挥发的副产物三氯化铝（$AlCl_3$）被气流带出反应腔，其反应式为

$$2Al + 3Cl_2 \longrightarrow 2AlCl_3 \tag{4-26}$$

当铝刻蚀完成之后，硅片表面、图形侧壁和光刻胶表面残留的氯气会和铝反应生成三氯化铝，继而与空气中的水分发生自循环反应，造成对铝的严重侵蚀。因此，在刻蚀工艺完成后，一般会用水和氧气的等离子体把氯和光刻胶去除，并且在铝表面形成氧化铝来保护铝，其反应过程如下：

$$AlCl_3 + 3H_2O \longrightarrow Al(OH)_3 + 3HCl \tag{4-27}$$

$$2Al + 6HCl \longrightarrow 2AlCl_3 + 3H_2 \tag{4-28}$$

铝表面极易被氧化成氧化铝，在刻蚀的初期阻隔了氯气和铝的接触，阻碍了刻蚀的进一步进行。添加三氯化硼可还原氧化铝，并能提供 BCl_3^+垂直轰击硅片表面，达到各向异性的刻蚀，其方程式如下：

$$Al_2O_3 + 3BCl_3 \longrightarrow 2AlCl_3 + 3BOCl \tag{4-29}$$

氩气电离生成 Ar^+，主要对硅片表面提供物理性的垂直轰击。氮气、三氟甲

烷和乙烯是主要的钝化气体，氮气与金属侧壁氮化产生的 Al_xN_y，三氟甲烷和乙烯与光刻胶反应生成的聚合物均会沉积在金属侧壁，形成阻止进一步反应的钝化层。

此外，在金属铝中通常会加入少量的硅和铜来提高电子器件的可靠性。硅和氯气反应生成挥发性的四氯化硅，很容易被带出反应腔。铜与氯气反应生成的氯化铜挥发性却不高，因此需要加大物理性的离子轰击把铜原子去掉，一般可以通过加大氩气和增加偏置功率来实现。

钨的刻蚀，从目前的亚微米芯片制造来看，钨配线在制造过程中已很少被采用，与钨刻蚀相关的刻蚀工艺，大多为钨塞的回刻工艺，主要反应方程式为

$$W + 6F^* \longrightarrow WF_6 \uparrow \tag{4-30}$$

至于接触金属刻蚀，是指金属硅化物的刻蚀。金属硅化物是难熔金属与硅的合金。接触金属等离子刻蚀与通常的金属配线刻蚀略有不同，主要采用氟基气体（氟化氮和六氟化硫），在增大刻蚀速率的情况下，具有良好的尺寸控制特性。在接触金属刻蚀中，形成接触的部分是一个自对准工艺。因此，在刻蚀时不需要光刻胶或其他种类的掩蔽膜。另外，当芯片制造的设计规格降到 0.15μm 线宽时，另一种金属互连线工艺——铜配线工艺，已被生产和使用。由于该工艺并不采用金属刻蚀，而是利用介质刻蚀形成互连线槽，在电化学淀积铜后，采用化学机械抛光（chemical mechanical polishing，CMP）工艺最终形成配线。因此，在本章节中将不作为金属刻蚀的范畴进行阐述。

在实际的刻蚀中，根据加工工序的要求以及被刻蚀图形的膜层结构，还包括上述以外的其他刻蚀材料，如金属刻蚀中的钛和氮化钛、金属配线层之间的有机硅或无机硅、钝化刻蚀中的氮化硅以及其他介质膜刻蚀中的氮化钛等。

4. 干法刻蚀的设备

常见的刻蚀设备有使用平行板电极反应器的反应离子刻蚀机、能够提高等离子体浓度的磁场强化活性离子刻蚀机，以及能在低压下操作的高密度等离子体刻蚀机等。其中高密度等离子体刻蚀机具有较高的等离子体密度且离子轰击造成的损伤低，已成为设备开发研究的热点。下面介绍较为常用的刻蚀设备。

1）反应离子刻蚀机

反应离子刻蚀机系统中包含了一个高真空的反应腔，腔内有两个呈平行板状的电极，一个电极与腔壁接地，另一个电极则接在射频产生器上，反应离子刻蚀机如图 4-9 所示。这种刻蚀系统对离子有加速作用，使离子以一定的速度撞击待刻薄膜，因此刻蚀过程是物理与化学反应共同进行。

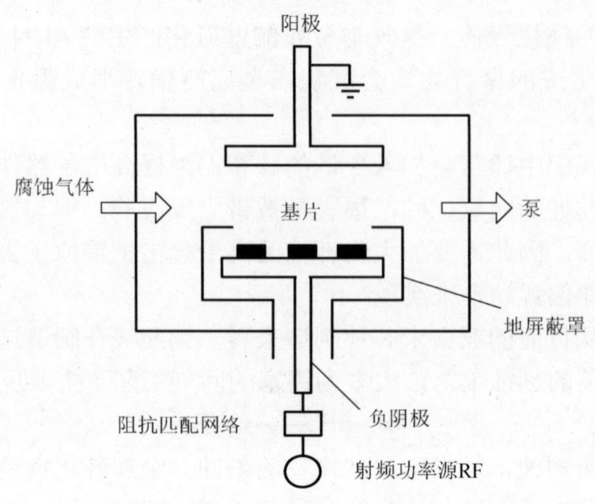

图 4-9　反应离子刻蚀机

当晶片置于与射频电源连接的电极上时，等离子体电势远远低于电极表面的电势，离子获得很高的能量（100～1000eV），高速撞击待刻薄膜表面，此模式称为反应离子刻蚀模式。而当晶片置于与地连接的电极上时，虽然等离子体的电势比接地电极高，但差异很小，离子获得很低的能量（1～100eV），这种刻蚀模式称为等离子体刻蚀模式。一般反应系统采用的是反应离子刻蚀模式，这样可实现各向异性刻蚀。在二极板式反应离子刻蚀系统中，离子的加速靠射频电源提供的偏压来实现，射频功率越大，偏压越强，离子能量越高。当进行小尺寸刻蚀时，为了保证刻蚀的垂直，需降低偏压，但这样会降低刻蚀速率；若提高偏压，则会增加等离子体的密度使离子损伤严重。因此，为了降低等离子体的密度，在二极板式系统侧面增加一个电极板，即成为三极板式反应离子刻蚀系统，三极板式反应离子刻蚀系统将等离子体的产生与加速分开控制。

2）磁场强化活性离子刻蚀机

如图 4-10 所示，磁场强化活性离子刻蚀系统（MERIE）是在传统的反应离子刻蚀机中加上永久磁铁或线圈，产生与晶片平行的磁场（此磁场与电场垂直），电子在该磁场作用下将以螺旋方式运动。如此，可避免电子与腔壁发生碰撞，增加电子与分子碰撞的机会并产生较高密度的等离子体。然而，磁场的存在，将使离子与电子的偏转方向不同而分离，造成不均匀性及天线效应的产生，因此通常设计为旋转磁场。磁场强化活性离子刻蚀系统的操作压力与反应离子刻蚀系统相似，为 1～100Pa，因此也不适合用于 0.5μm 以下线宽的刻蚀。

3）等离子体刻蚀机

等离子体刻蚀机典型的设备有电子回旋共振（ECR）式等离子体刻蚀机、感应耦合式等离子体刻蚀机、螺旋波等离子体刻蚀机和变压耦合式等离子体刻蚀机。等离子体刻蚀系统应包括反应腔、射频电源、气体流量控制器、真空系统、电极等基本部件。

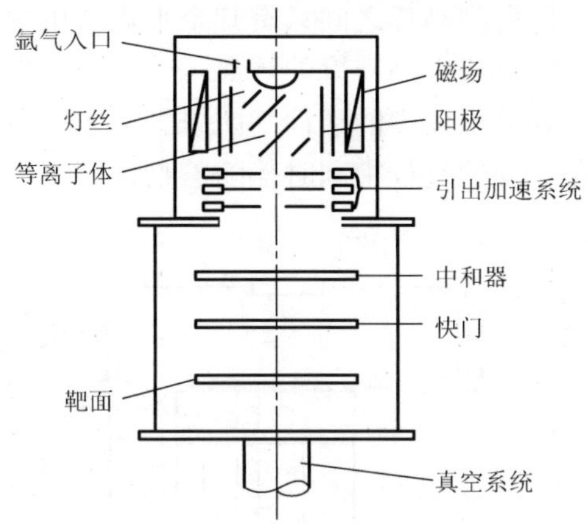

图 4-10　磁场强化活性离子刻蚀系统

电子回旋共振式等离子体刻蚀机是利用微波以及外加磁场产生高密度的等离子体。当电子回旋率与外加微波频率相同时，外加电场与电子的移动发生共振，产生高离子化的等离子体，其结构如图 4-11 所示。该系统有两个腔，等离子体产生腔和扩散腔。微波由波导管穿过石英窗进入等离子体产生腔，电子与微波共振产生高密度的等离子体，这些离子体在附加磁铁的作用下移动至晶片表面，进行反应刻蚀。

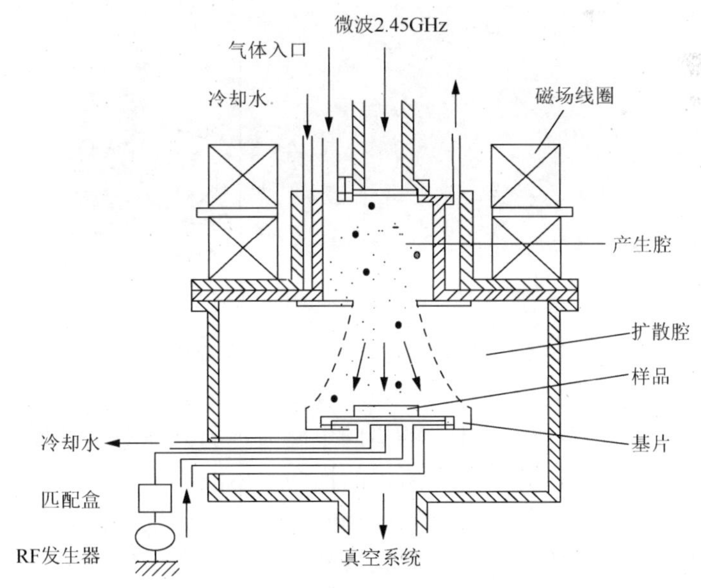

图 4-11　RF 偏压电子回旋共振式等离子体刻蚀机

感应耦合式（ICP）等离子体刻蚀机的结构如图 4-12 所示。在反应器上方有一介电层窗，其上方有螺旋缠绕的线圈，通过此感应线圈在介电层窗下产生等离子体。等离子体产生的位置与晶片之间只有几个平均自由程的距离，且只有少量的等离子体密度损失，故可获得高密度的等离子体。其工作原理是利用感应耦合产生高密度等离子体，等离子体中的活性基团或者离子与所需刻蚀的材料发生化学反应并去除。一般在刻蚀的过程中同时伴随着物理轰击，把相应键能打开，加速了反应进程。

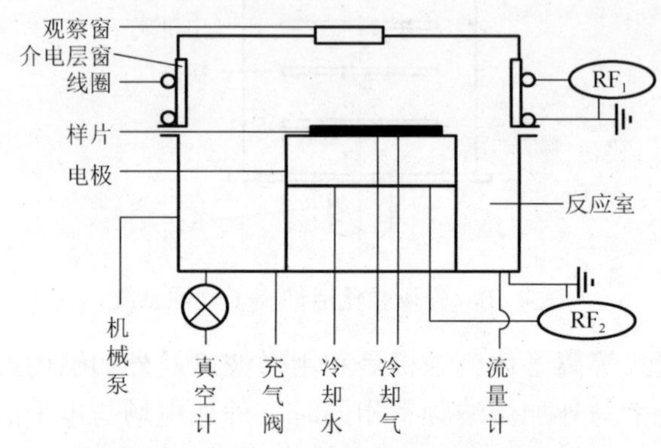

图 4-12　感应耦合式等离子体刻蚀机

图 4-13 给出了射频功率分别为 50W、100W 和 150W 时对磷化铟（InP）衬底刻蚀端面的扫描电子显微镜（SEM）图。

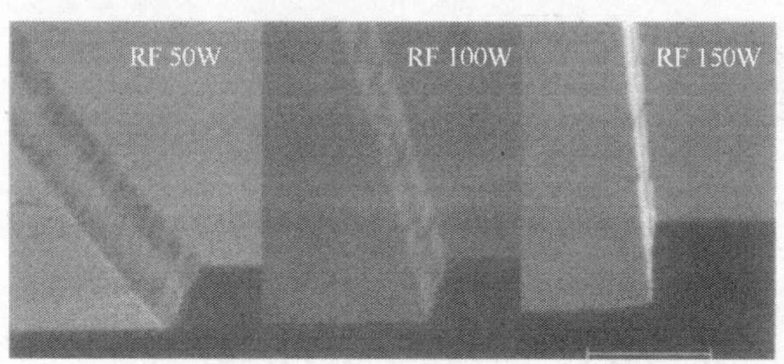

图 4-13　InP 刻蚀端面的 SEM 图

螺旋波等离子体刻蚀系统如图 4-14 所示，有两个腔，上方是由石英制成的等离子体来源腔，下方是处理（刻蚀）腔。等离子体来源腔外面包围了一个单圈或双圈的天线，用以激发 13.56MHz 的横向电磁波，另外在石英腔外圈绕有两组线圈，用以产生纵向磁场，并与上面所提的横向电磁波耦合产生共振，形成所谓的螺旋波，当螺旋波的波长与天线的长度相同时，便可产生共振。采用这种方式，电磁波可将能量完全传给电子，从而获得高密度的等离子体。然后等离子体扩散到刻蚀腔中，离子可被刻蚀腔中外加的射频偏压加速，而获得较高的离子轰击能量。等离子体扩散腔外围绕着大小相等、方向相反的永久磁铁，目的在于避免离子与电子撞击在腔壁上。螺旋波是一种在磁化等离子体中传播的电磁波。它沿磁场方向传播，是圆偏振的，其回旋方向与载流子在磁场中的回旋方向相同。这种波使得磁力线发生扰动，变为螺旋形的线，故称为螺旋波。螺旋波是色散的，其相速度及群速度均与频率的平方根成正比。螺旋波等离子体的最大密度在 10Pa 的压强下可超过 10cm，电离效率最高可达 100%。这种等离子体具有超常的电离效率，并且是通过外电极放电，因此特别适用于各种低气压等离子体工艺。研究表明，在所有可能在等离子体中传播的波中，螺旋波具有最佳的相速度，使电子通过朗道吸收而被迅速地加热到最佳电离能，从而产生最大的电离密度。

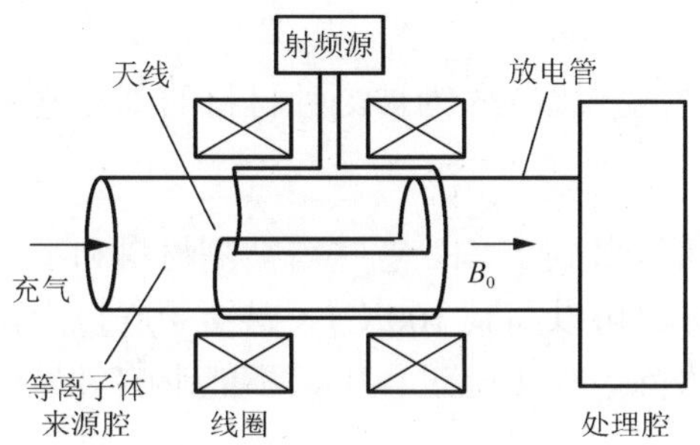

图 4-14 螺旋波等离子体刻蚀系统

5. 干法刻蚀的工艺参数

刻蚀速率、刻蚀速率均一性和选择比是干法刻蚀最主要的参数。刻蚀速率是指刻蚀过程中去除表面材料的速度，常用单位 Å/min 表示。为提高产能，通常希望有较高的刻蚀速率。在采用单片工艺的干法刻蚀中，刻蚀速率 E_R 非常重要，其计算公式如下：

$$E_R = \Delta T/t \tag{4-31}$$

其中，ΔT 为刻蚀量，单位为 Å 或 μm；t 为刻蚀时间，单位为 min。刻蚀速率由工艺和设备变量决定，如被刻蚀材料类型、刻蚀机的结构等。

刻蚀速率通常正比于刻蚀剂的浓度，刻蚀剂浓度下降，刻蚀速率就随之减慢。硅片的表面几何形状也是影响硅片刻蚀速率的重要因素。例如，刻蚀的面积较大，则会消耗较多的刻蚀剂，大部分气相刻蚀剂在等离子反应过程中被消耗，导致刻蚀速率下降；反之，刻蚀面积较小，刻蚀速率就相对快些。这种由于刻蚀面积不同导致刻蚀速率也不同的现象，称为负载效应。对于负载效应带来的刻蚀速率的变化，在终点检测中起着重要的作用。

刻蚀速率均一性，直接影响刻蚀整体的均匀性，是保证硅片刻蚀图形一致性的基础参数，其计算公式如下：

$$U_X = \pm \frac{E_{ave}}{2\left(E_{max} - E_{min}\right)} \times 100\% \tag{4-32}$$

其中，E_{ave} 为面内各点刻蚀速率的平均值；E_{max} 为面内刻蚀速率最大值；E_{min} 为面内刻蚀速率最小值；U_X 为被刻蚀材料的速率均一性，单位为(±%)。

等离子密度的分布、刻蚀腔体的构造均会影响刻蚀速率的均一性。一般而言，刻蚀速率的均一性受刻蚀腔体的限制，不同的刻蚀设备之间，在某一刻蚀速率的均一性上会有差别，体现出不同设备的性质。

刻蚀速率选择比指在同一种刻蚀条件下，被刻蚀材料与另一种材料二者刻蚀速率的比值。例如，对光刻胶的选择比为

$$S_r = E_f / E_r \tag{4-33}$$

其中，S_r 为对光刻胶的选择比；E_f 为被刻蚀材料的刻蚀速率；E_r 为光刻胶的刻蚀速率。

刻蚀速率选择比可以低到 1∶1，意味着被刻材料和于一种材料具有相同的去除速度。刻蚀速率选择比可以高到 100∶1，甚至 100 以上，意味着被刻蚀材料相对于另一种材料较易去除。在去除过程中，不能影响对另一种材料的刻蚀，将过刻蚀影响降至最低。

根据被刻蚀膜的膜质、图形结构及形状尺寸，使用相应的刻蚀速率选择比。刻蚀速率选择比高，有利于刻蚀高宽比较大的图形。对于多层膜结构的图形，在进行层间刻蚀时，不适合使用选择比高的刻蚀条件。干法刻蚀通常不能提供对下一层材料足够高的选择比。等离子体刻蚀机配置一个终点检测系统，可以避免最小的过刻蚀影响。在刻蚀过程中，当下一层材料正好露出时，终点检测系统会触发刻蚀机控制器，停止刻蚀。

除上述刻蚀参数外，刻蚀的整体均匀性、腔体之间的工艺性、刻蚀中的颗粒污染、残留物及等离子损伤等，均属于刻蚀参数范畴。在调整实际刻蚀工艺参数时，根据工艺需要对刻蚀参数进行选择和组合，以获得满足需要的刻蚀图形。

习　题

1．什么是光刻？为什么说光刻是半导体工艺中最为重要的一个环节？

2．超大规模集成电路中对光刻的要求。

3．简述图形加工的工艺流程。

4．一般采用哪种方式涂胶？转速对涂胶有什么影响？

5．前烘时间和温度对光刻的影响。

6．坚膜的主要作用有哪些?

7．列出光刻胶的基本属性。

8．硅片的曝光方式都有哪些？

9．简述干法和湿法腐蚀的各自优缺点。

10．简述干法刻蚀的主要方法。

参考文献

[1] QUIRK M, SERDA J. 半导体制造技术[M]. 韩郑生, 等译. 北京: 电子工业出版社, 2014.

[2] KUNDU S, (印) SREEDHAR A. 纳米级CMOS超大规模集成电路可制造性设计[M]. 王昱阳, 谢文遨, 译. 北京: 科学出版社, 2015.

[3] PLUMMER J D, DEAL M D, GRIFFIN P B. 硅超大规模集成电路工艺技术: 理论、实践与模型[M]. 严利人, 王玉东, 熊小义, 等译. 北京: 电子工业出版社, 2005.

[4] 关旭东. 硅集成电路工艺基础[M]. 北京: 北京大学出版社, 2009.

[5] 张亚非. 半导体集成电路制造技术[M]. 北京: 高等教育出版社, 2006.

第5章 掺杂技术

掺杂技术作为一项重要的半导体工艺技术，被广泛应用于集成电路生产中。所谓杂质掺杂是将可控数量的杂质掺入半导体内，改变半导体的电学特性，并使掺入的杂质数量、分布形式和深度等都满足要求。除了早期的合金法，现阶段半导体掺杂技术主要有扩散和离子注入两种方式。

扩散技术主要采用两步扩散法——预淀积和再分布。预淀积是控制进入硅晶格的杂质原子的剂量，可分为固相扩散和高温气相淀积两种，均存在局限性。预淀积在制备 PN 结时，因受杂质固溶度的限制，很难实现较低剂量的掺杂。再分布是将预淀积引入的杂质向深层推进，可以控制表面浓度和扩散深度。

20 世纪 60 年代，出现离子注入法。因离子注入法能有效地控制预淀积的剂量，已成为主要的掺杂方法。离子注入法具有高度的灵活性，但离子注入会造成硅晶格的损伤，必须在高温下退火。高温退火将导致杂质原子发生扩散和再分布，对小尺寸结构和浅结均有很大的影响。因此，现今对固相或气相预淀积的研究又有所复苏。本章主要阐述合金法、扩散法和离子注入法三种常用的掺杂技术。

5.1 合金法

合金法是利用合金工艺（金属与半导体熔合）制造 PN 结的技术。合金工艺是把杂质金属与半导体衬底放在一起加热，让其局部熔化成为液相合金，然后冷却、再结晶得到高掺杂的半导体区域，从而制造出 PN 结（或形成集成电路欧姆接触）的工艺。

图 5-1 为合金工艺制造锗 PN 结的典型示意图。锗 PN 结合金工艺是在表面经过严格清洁处理的 N 型锗衬底上，放置 P 型掺杂金属铟粒。在氢气或真空中加热到一定温度后，熔化的金属和半导体晶片相接触的那一部分材料溶入熔化了的金属中，形成合金。温度下降后，半导体材料再结晶，分凝出多余的金属杂质原子，从而改变了半导体的导电类型（P 型），并与原来的 N 型晶片形成 PN 结。

合金法形成的 PN 结为突变结，属于单边突变结，其杂质分布如图 5-2 所示。在合金工艺中精确地控制合金深度和得到平坦的 PN 结比较困难。因此，用合金法制成的晶体三极管适用于低频范围。

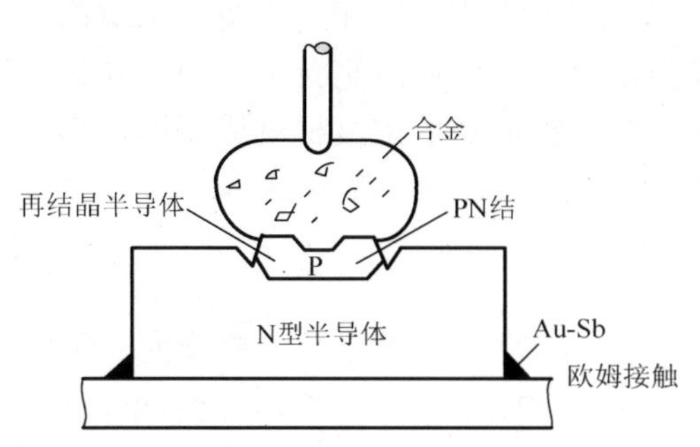

图 5-1　合金法制造 PN 结

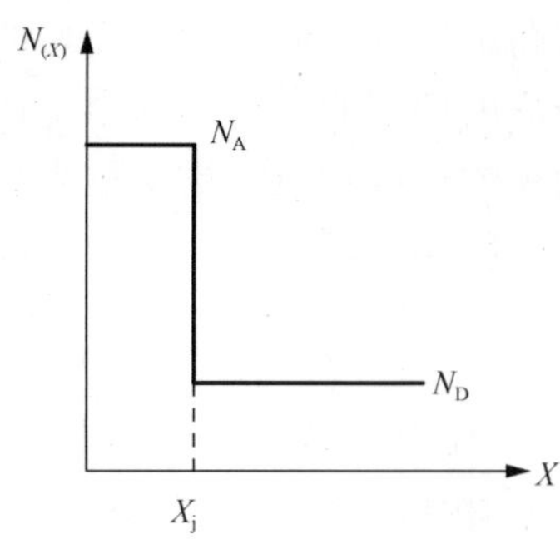

图 5-2　突变结的杂质分布

此外，合金工艺还可以形成欧姆接触。例如，在分立器件晶片的固定处（图 5-1 中的 Au-Sb）和集成电路的金属互连工艺（图 5-3）中均需要具有欧姆接触性质。选择的金属膜是优良的导体，要能与半导体形成欧姆接触和具有适于焊接引线的性质，一般多采用金属铝。铝与 P 型半导体材料接触是欧姆接触，而与 N 型半导体材料接触，只有当 N 型杂质浓度高于 $5\times10^{18}cm^{-3}$ 时才形成欧姆接触[1]。

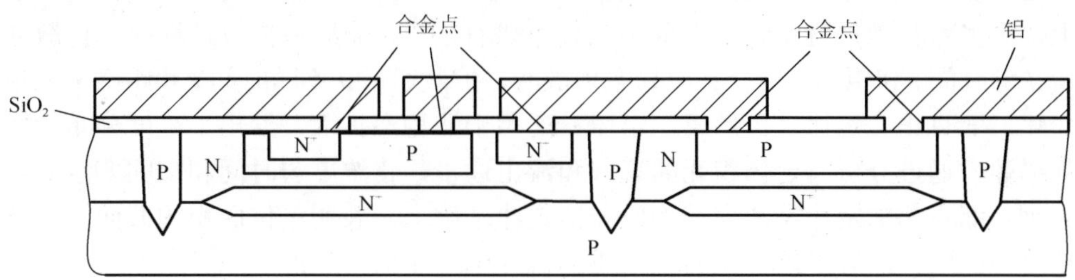

图 5-3　合金结工艺——集成电路剖面

5.2　扩 散 技 术

20 世纪 70 年代，杂质掺杂主要是由高温扩散方式完成的，杂质原子通过气相源或掺杂过的氧化物扩散或淀积到晶片的表面，杂质浓度从表面到体内单调下降。扩散是由物质中原子（或微观离子）的微观热运动所引起的宏观迁移现象。扩散运动完全是由粒子浓度不均匀引起的，它是粒子的有规则运动，但与粒子的无规则运动密切相关[2]。固体中原子（或离子）扩散有两种不同的运动方式。一种为大量原子集体的协同运动，称机械运动；另一种为无规则的热运动，包括热振动和跳跃迁移。杂质分布主要由温度与扩散时间等因素决定。

5.2.1　扩散方程

1855 年，菲克（Fick）参照了傅里叶于 1822 年建立的导热方程，获得了描述物质从高浓度区向低浓度区迁移的定量公式，即菲克第一定律。描述了杂质原子扩散与浓度梯度的关系。这个定律指出，在单位时间内通过垂直于扩散方向的单位截面积的扩散物质流量（称为扩散通量）与该截面处的浓度梯度成正比，也就是说，浓度梯度越大，扩散通量越大。菲克第一定律的数学表达式为

$$J = -D\frac{\partial C}{\partial x} \tag{5-1}$$

其中，J 为扩散通量，单位为原子数或 kg/(m^2 · s)；D 为扩散系数，单位为 m^2/s；C 为扩散物质（组元）的体积浓度，单位为原子数或 kg/m^3；$\partial C/\partial x$ 为浓度梯度；"–"号表示扩散方向为浓度梯度的反方向，即扩散组元由高浓度区向低浓度区扩散。若$\partial C/\partial x$=0、J=0，表明在均匀体系中，原子微观运动仍在进行，不产生宏观扩散，扩散与时间无关，适用于固液气中的原子扩散。其物理意义是只要材料中有浓度梯度，扩散就会由高浓度向低浓度进行，扩散通量与浓度梯度成正比[3]。

菲克第一定律只适应于 J 和 C 不随时间变化，即稳态扩散的场合。在扩散过程中，各处扩散组元的浓度 C 只随距离 x 变化，而不随时间 t 变化，每一时刻从前边扩散来多少原子，就向后边扩散走多少原子，因此浓度不随时间变化。实际上，大多数扩散过程都是在非稳态条件下进行的[4]。非稳态扩散过程中，扩散通量 J 随时间 t 和距离 x 变化；而稳态扩散时，扩散通量 J 不随时间 t 和距离 x 发生变化。菲克第二定律（扩散第二定律）适用于非稳态扩散，给出了浓度分布的实际描述，通过分析一定体积元的流入和流出通量，将浓度与时间和空间变量联系起来。菲克第二定律是建立在物质守恒定律基础上，表明单位面积的截面间浓度随时间的上升，等于体积元的流入通量 J_{in} 和流出通量 J_{out} 的差，可表示为

$$\frac{\Delta C}{\Delta t} = \frac{\Delta J}{\Delta x} = \frac{J_{in} - J_{out}}{\Delta x} \tag{5-2}$$

将式（5-2）代入式（5-1）且取极限得

$$\frac{\partial C}{\partial t} = -\frac{\partial J}{\partial x} = \frac{\partial}{\partial x}\left(D\frac{\partial C}{\partial x}\right) \tag{5-3}$$

如果 D 为常数（在一定温度下），则建立第二个微分方程为

$$\frac{\partial C}{\partial t} = D\frac{\partial^2 C}{\partial x^2} \tag{5-4}$$

三维情况下，等式一般表示为

$$\frac{\partial C}{\partial t} = \nabla \cdot J = \nabla \cdot (D\nabla C) \tag{5-5}$$

这就是常说的菲克第二定律。通量 J 的散度给出了单位体积内浓度耗尽的速率，物质的通量正比于浓度梯度，比例常数 D 就是扩散系数。

5.2.2 扩散类型

扩散类型主要包括恒定表面源扩散和有限表面源扩散两种。杂质原子的扩散分布与初始条件和边界条件有关。下面分别讨论这两种扩散类型及其特点。

1. 恒定表面源扩散

扩散过程中，硅片表面杂质浓度始终不变，这种类型的扩散称为恒定表面源扩散。其扩散后杂质浓度分布为余误差函数分布。边界条件和初始条件为

$$C(0,t)=C_S \quad C(x,0)=0 \quad x>0 \tag{5-6}$$

假定杂质在硅片内的扩散深度远小于硅片的厚度，则另一个边界条件为

$$C(\infty,0)=0 \tag{5-7}$$

根据上述的边界条件和初始条件，可求出恒定表面源扩散的杂质分布情况为

$$C(x,t)=C_S\left(1-\mathrm{erf}\frac{x}{2\sqrt{Dt}}\right)=C_S\mathrm{erfc}\left(\frac{x}{2\sqrt{Dt}}\right) \tag{5-8}$$

其中，C_S 为表面杂质恒定浓度（原子/cm^3）；D 为扩散系数（cm^2/s）；x 为由表面算起的垂直距离（cm）；t 为扩散时间（s）；erfc 为余误差函数，其表达式为

$$\mathrm{erfc}x=1-\mathrm{erf}x=1-\frac{2}{\sqrt{\pi}}\int_0^x \mathrm{e}^{-y^2}\mathrm{d}y \tag{5-9}$$

恒定表面源扩散的杂质分布形式如图 5-4 所示。在表面浓度 C_S 一定的情况下，扩散时间越长，杂质扩散的越深，硅片内的杂质数量也越多。如果扩散时间为 t，那么通过单位表面积扩散到硅片内部的杂质数量 $Q(t)$为

$$Q(t)=\int_0^\infty C(x,t)\mathrm{d}x=\int_0^\infty C_S\mathrm{erfc}\left(\frac{x}{2\sqrt{Dt}}\right)\mathrm{d}x=\frac{2}{\sqrt{\pi}}C_S\sqrt{Dt} \tag{5-10}$$

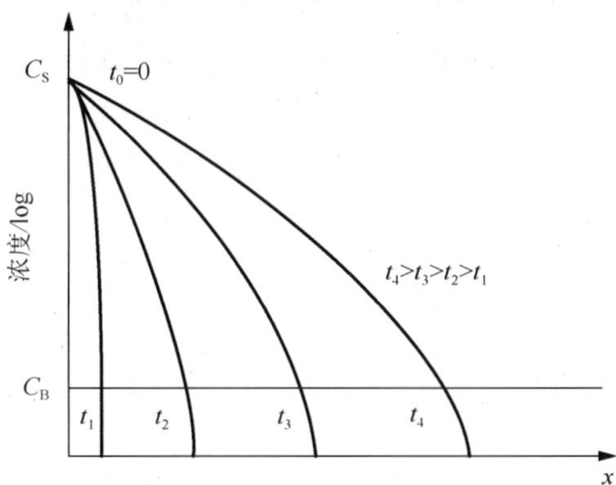

图 5-4 恒定表面源扩散的杂质分布形式

恒定表面源扩散，表面杂质浓度 C_S 基本上由该杂质在扩散温度下的固溶度所决定，温度为 900～1200℃时，固溶度随温度变化不大。因此，通过改变温度来控制表面浓度 C_S 很难实现，是该扩散方法的不足之处。

如果扩散杂质与硅衬底原有杂质的导电类型不同，则在两种杂质浓度相等界面处形成 PN 结。若 C_B 为硅衬底原有的背景杂质浓度，根据 $C(x_j, t)=C_B$，得到结的位置 x_j，如图 5-5 所示。

$$x_j = 2\sqrt{Dt}\,\mathrm{erfc}^{-1}\frac{C_B}{C_S} = A\sqrt{Dt} \tag{5-11}$$

其中，A 是仅与比值 C_S/C_B 有关的常数；x_j 与扩散系数 D 和扩散时间 t 的平方根成正比；D 与温度 T 是指数关系，因此在扩散过程中，温度对扩散深度和杂质分布的影响较大。如果杂质按余误差函数分布，可求得杂质浓度梯度为

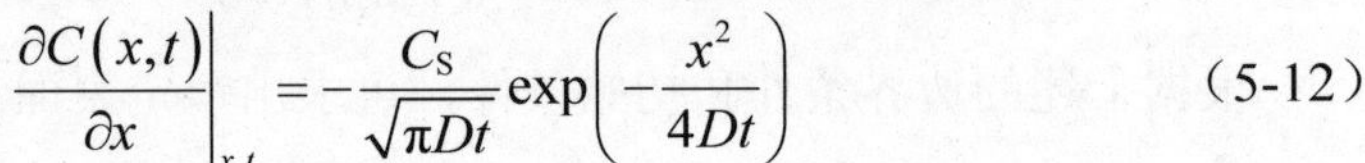

$$\left.\frac{\partial C(x,t)}{\partial x}\right|_{x,t} = -\frac{C_S}{\sqrt{\pi Dt}}\exp\left(-\frac{x^2}{4Dt}\right) \tag{5-12}$$

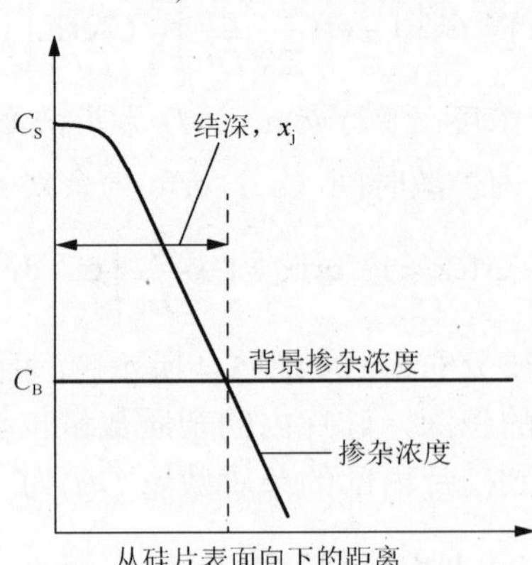

图 5-5　杂质浓度及结深分布

由式（5-12）可知，杂质浓度梯度大小与 C_S、t 和 D（即温度 T）有关，可以改变其中某个量来控制杂质浓度分布的梯度。相比时间 t，温度通过 D 对扩散深度和杂质分布的影响更大。在 PN 结处，杂质浓度梯度为

$$\left.\frac{\partial C(x,t)}{\partial x}\right|_{x_j} = -\frac{2C_S}{\sqrt{\pi}}\frac{1}{x_j}\exp\left(-\mathrm{erfc}^{-2}\frac{C_B}{C_S}\right)\times \mathrm{erfc}^{-1}\frac{C_B}{C_S} \tag{5-13}$$

由式（5-13）看出，在 C_S 和 C_B 一定的情况下，PN 结越深，杂质浓度梯度就越小。

2. 有限表面源扩散

扩散前在硅片表面先淀积一层杂质作为扩散源，在整个扩散过程中，不再有

新源补充，杂质总量不再变化，这种类型的扩散称为有限表面源扩散，其扩散后的杂质浓度分布为高斯函数分布。

假设扩散前在硅片表面沉积的杂质均匀地分布在厚度 h 的薄层内，单位面积上的杂质数量为 Q，杂质浓度为 Q/h。如果杂质在硅片内要扩散的深度远大于 h，则预先淀积的杂质分布可按 δ 函数考虑，其初始条件和边界条件为

$$C(x,0)=C_S(0)=Q/h,\quad 0\leqslant x\leqslant h \tag{5-14}$$

$$C(x,0)=0,\quad x>h \tag{5-15}$$

假设杂质不蒸发，硅片厚度远大于杂质要扩散的深度。则边界条件为

$$C(\infty,\ t)=0 \tag{5-16}$$

在上面的初始条件和边界条件下，求解扩散方程，得到有限表面源扩散的杂质分布为

$$C(x,t)=\frac{Q}{\sqrt{\pi Dt}}\exp\left(-\frac{x^2}{4Dt}\right) \tag{5-17}$$

其中，$\exp(-x^2/4Dt)$为高斯函数。

温度相同时，杂质分布情况随扩散时间的变化如图 5-6 所示，有限表面源扩散在整个扩散过程中杂质数量保持不变，各条分布曲线下面所包围的面积相等。有限表面源扩散的表面杂质浓度是可以控制的，任意时刻 t 的表面浓度为

$$C_S(t)=C(0,t)=\frac{Q}{\sqrt{\pi Dt}} \tag{5-18}$$

杂质分布为

$$C(x,t)=C_S(t)\exp\left(-\frac{x^2}{4Dt}\right) \tag{5-19}$$

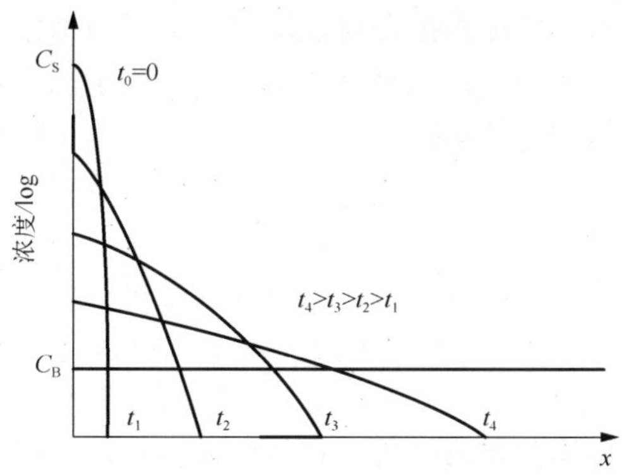

图 5-6 有限表面源扩散的杂质分布

当温度相同时，扩散时间越长，杂质扩散越深，表面浓度越低；当扩散时间相同时，扩散温度越高，杂质扩散越深，表面浓度下降越多。

如果衬底中原有杂质与扩散的杂质具有不同的导电类型，则在两种杂质浓度相等处形成 PN 结，浓度满足如下方程：

$$C_{\mathrm{B}} = C\left(x_{\mathrm{j}},t\right) = C_{\mathrm{S}}\left(t\right)\exp\left(-\frac{x_{\mathrm{j}}^{2}}{4Dt}\right) \tag{5-20}$$

由式（5-20）可得结深为

$$x_{\mathrm{j}} = 2\sqrt{Dt}\sqrt{\ln\left(\frac{C_{\mathrm{S}}}{C_{\mathrm{B}}}\right)} = A\sqrt{Dt} \tag{5-21}$$

其中，A 不仅与比值 $C_{\mathrm{S}}/C_{\mathrm{B}}$ 有关，也与扩散时间有关。对于有限表面源扩散，扩散时间较短时，结深 x_{j} 将随（Dt）$^{1/2}$ 的增加而增大。在杂质分布相同的情况下，C_{B} 越大，结深越浅。任意位置 x 处的杂质浓度梯度为

$$\left.\frac{\partial C\left(x,t\right)}{\partial x}\right|_{x,t} = -\frac{x}{2Dt}C\left(x,t\right) \tag{5-22}$$

在 PN 结处的杂质浓度梯度为

$$\left.\frac{\partial C\left(x,t\right)}{\partial x}\right|_{x_{\mathrm{j}}} = -\frac{2C_{\mathrm{S}}}{x_{\mathrm{j}}}\frac{\ln\left(C_{\mathrm{S}}/C_{\mathrm{B}}\right)}{C_{\mathrm{S}}/C_{\mathrm{B}}} \tag{5-23}$$

因此，杂质浓度梯度将随扩散结深的增加而减小。

实际生产中扩散温度一般为 900～1200℃，常用杂质，如硼、磷、砷等在硅中的固溶度随温度变化不大，因而采用恒定表面源扩散很难得到低浓度的分布形式。为了同时满足对表面浓度、杂质数量、结深以及梯度等方面的要求，通常采用预淀积和再分布两步扩散法。

1）预淀积扩散法

预淀积又称预扩散，预淀积是在较低温度下，采用恒定表面源扩散在硅片表面扩散一层数量一定、按余误差函数分布的杂质。由于温度低、时间短，杂质扩散很浅，可认为杂质是均匀分布在一薄层内，目的是为了控制扩散杂质的数量。这种扩散分布中，硅表面杂质浓度的大小是由杂质固溶度决定的。

2）再分步扩散法

再分布又称主扩散，是将预扩散时形成的杂质进一步向深层推进的热处理工序。再分布是将由预淀积引入的杂质作为扩散源，在较高温度下，采用有限表面源扩散，形成按高斯函数分布的杂质。再分布的目的是为了控制表面浓度和扩散深度。

两种扩散的杂质最终分布形式将由具体情况决定。若用角码“1”和“2”分别表示与预淀积、再分布有关的参数，当 D_2t_2 远小于 D_1t_1 时，预淀积起决定作用，杂质基本按余误差函数分布；当 D_1t_1 远小于 D_2t_2 时，再分布起决定作用，杂质基本按高斯函数分布。如果实际扩散不属于上述两种极限情况，最终杂质分布形式

可查阅有关资料[5]。

5.2.3　扩散机理

扩散是分子或原子热运动引起的一种自然现象，浓度差是产生扩散运动的必要条件，环境温度是决定扩散运动的重要因素。菲克定律是扩散过程的宏观描述，是理解预测扩散分布的基础。点缺陷（空位和间隙）的行为反映了杂质扩散的原子级机理。原子在晶体中的扩散是通过晶格空位和间隙原子在晶格之间跳跃前进实现的，因此晶体中，空位和间隙原子的数量决定了扩散的快慢。

1. 扩散系数

扩散系数是表征扩散快慢的一个物理量，而扩散机理决定了扩散系数的大小。杂质原子在硅、砷化镓等半导体中进行扩散时，利用高温产生的大量热缺陷实现杂质扩散。晶体加热后，晶体原子的热运动加剧，使某些原子获得足够高的能量离开晶格位置，产生出空位和等量的间隙原子。因此，扩散系数受温度影响很大，二者关系如下

$$D = D_0 \exp\left(-\frac{E_{\mathrm{a}}}{kT}\right) \tag{5-24}$$

其中，$D_0=a^2v_0$，为表观扩散系数；k 为玻尔兹曼常数；T 为热力学温度；E_{a} 为激活能，单位为 eV，其在硅中杂质扩散的典型值为 3.5～4.5eV。从式（5-24）中可看出，D_0、T 和 E_{a} 是决定扩散系数的基本量，扩散系数随温度指数增加。

2. 扩散方式

施主型或受主型杂质原子通过热扩散方式进入硅中后，必须处于替代晶格的位置才能提供载流子——具有电活性。其扩散机理主要有替位式、间隙式和自间隙式三种方式。

杂质原子替位式扩散又包括两种方式，一种是杂质原子与晶格硅原子直接交换，如图 5-7（a）所示；另一种是杂质原子通过与空位交换，实现空位的移动，如图 5-7（b）所示。杂质原子与空位交换需要的激活能较低，因此这种扩散方式更易发生，替位式扩散等效于空位扩散。

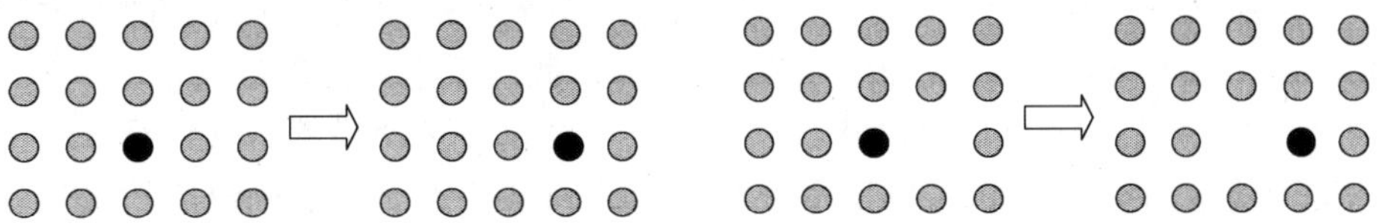

（a）直接交换　　（b）空位交换

图 5-7　替位式扩散

杂质原子间隙式扩散也有两种方式，如图 5-8 所示。一种是杂质原子与晶体硅原子发生碰撞，取代硅原子占据晶格位置，硅原子进入间隙位置成为间隙原子，即挤出方式 1；另一种是间隙杂质原子遇到空位被俘获，成为替位杂质，即替位-间隙方式 2。间隙式扩散中的杂质原子溶解度低于替位原子，扩散不需要自间隙硅原子的帮助。

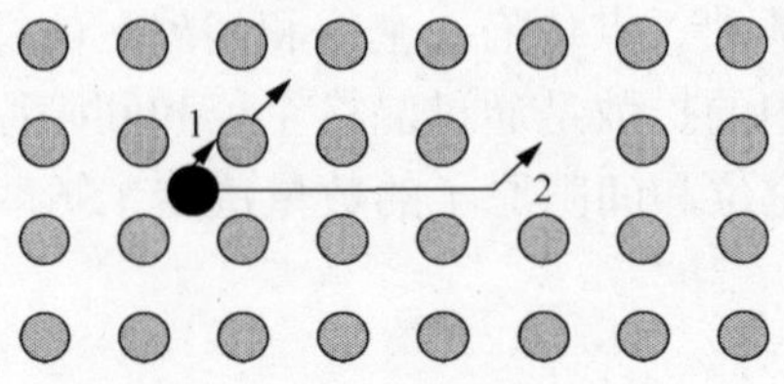

图 5-8　间隙式扩散

杂质原子自间隙式扩散是指杂质通过晶体的自间隙硅原子进行扩散。如图 5-9 所示，自间隙硅原子碰撞处在晶格位置的替位杂质原子，使之移动到晶格间隙位置，而自间隙硅原子占据这个晶格位置，被碰撞出的杂质原子以间隙方式进行扩散。这种间隙式扩散只有存在空位扩散时才会发生。自间隙硅原子扩散要求存在空位或者一个间隙，必须要打断晶格键。空位和间隙的形成、晶键的断裂相对来说均是高能过程，因此自间隙硅原子的扩散速率要低于间隙原子的扩散。实际上，硅中的杂质硼和磷的扩散均是利用自间隙原子和晶格空位两种扩散方式进行。

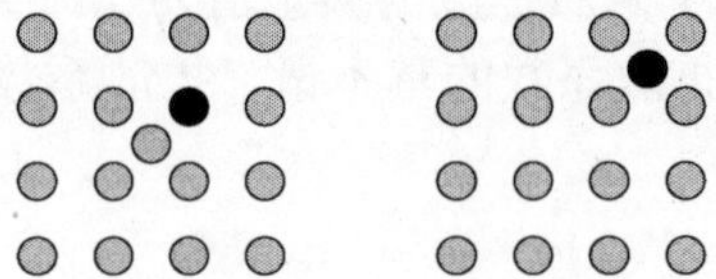

图 5-9　自间隙式扩散

过去认为施主或受主杂质原子在硅中的热扩散只有通过空位扩散才能实现，但研究表明，实际扩散运动是靠空位式和间隙式两种扩散方式（双扩散机理）实现，由具体工艺决定哪种方式占主导。硼、磷等杂质原子的扩散速度较慢，扩散温度较高（800～1200℃），可精确控制结深和掺杂浓度，为余误差或高斯浓度分布，表面浓度高、体内浓度低。重金属杂质原子，如金、铜和铂等，原子半径较小，可直接在硅晶格间隙中穿行，多为间隙式扩散，扩散速度快，扩散温度较低（800～1050℃），浓度均匀分布，浓度大小由扩散温度下固溶度决定。

对于温度低于 1000℃的中低浓度掺杂，主要以空位交换的方式进行，常用且符合实际情况的扩散模型是 Fair 空位模型。该模型认为空位俘获电荷的数量与载流子浓度 n（等同于掺杂浓度 $N(x)$）成正比，即带电空位的数量正比于$[N(x)/n_i]^j$，这里 n_i 为本征载流子浓度，j 为空位电荷阶数。当出现一个空位时，四个相邻原子的价电子层不饱和，空位能够带有四种正电荷（1、2、3 和 4 个空穴电荷）和四种负电荷（1、2、3 和 4 个电子电荷），加上中性的空位，晶体中的空位共有 9 种不同的带电状态。每种空位的扩散可看作一个独立事件，则晶体中杂质原子的总有效扩散系数 D 可表示如下：

$$D = D^0 + \left(\frac{n}{n_i}\right)D^- + \left(\frac{n}{n_i}\right)^2 D^{2-} + \left(\frac{n}{n_i}\right)^3 D^{3-} + \left(\frac{n}{n_i}\right)^4 D^{4-} + \left(\frac{p}{n_i}\right)D^+ + \left(\frac{p}{n_i}\right)^2 D^{2+} + \left(\frac{p}{n_i}\right)^3 D^{3+} + \left(\frac{p}{n_i}\right)^4 D^{4+} \tag{5-25}$$

其中，中性空位的扩散率为

$$D^0 = D_0^0 \exp\left(-\frac{E_a^0}{kT}\right) \tag{5-26}$$

其中，D_0^0 是一个与温度无关的系数，取决于晶格结构和振动频率，单位为 cm^2/s。

对于低浓度的扩散，电子或空穴的浓度近似等于本征载流子浓度（$n=p\approx n_i$）。如果硅材料中存在过多的自由电子，Fair 空位模型式（5-25）中的正电荷可以忽略。此外，在 Fair 空位模型中的高次幂项（3 和 4 次幂项）一般都很小，通常可以忽略。若考虑带电空位的扩散，载流子浓度及扩散系数均与坐标有关。

而对于高浓度的扩散，电子或空穴的浓度等于掺杂浓度（n 或 $p\approx N(x)$）。以硅中高浓度磷的扩散为例，其扩散机理可通过空位主导扩散解释。磷扩散分为高浓度区域、拐弯区域和低浓度区域，如图 5-10 中所示。

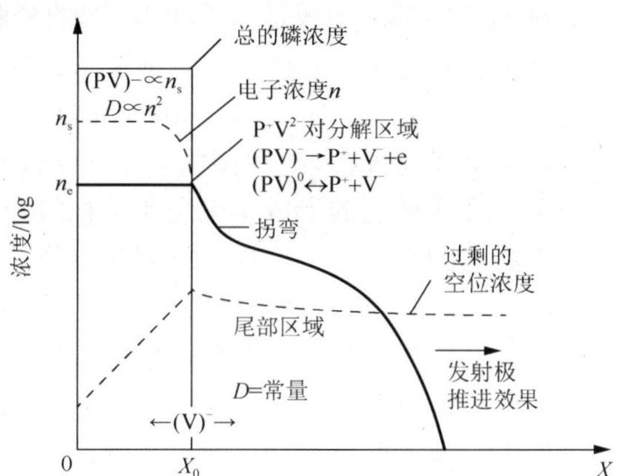

图 5-10 理想的磷扩散剖面以及空位模型

在高浓度（表面附近）区域，表面浓度 n_s 基本恒定，分布近似于余误差函数，扩散系数正比于电子浓度 n_e 的二次方。其表达式为

$$D_{\mathrm{l}} = D_{\mathrm{i}} + \left(\frac{n}{n_i}\right)^2 D_{\mathrm{i}}^{2-} \tag{5-27}$$

其中，扩散系数表示为两部分，一部分是中性磷原子与中性空位交换的扩散系数 D_{i}，记为$(PV)^0$；另一部分是 P^+离子与 V^{2-}空位在表面区域形成离子-空位对——P^+V^{2-}对的扩散系数 D_{i}^{2-}，P^+V^{2-}对记为$(PV)^-$，$(PV)^-$对的浓度经验值正比于表面浓度的三次方（n_s^3）。

在拐弯区域，许多离子-空位对发生分解，P^+V^{2-}对分解为 P^+、V^-及放出一个电子，$(PV)^0$ 分解为 P^+、V^-。造成电子浓度急剧减小，杂质分布浓度也相应快速下降，掺杂原子的扩散速率从高浓度区域的正比于 n^2 下降到正比于 n^{-2}。这个区域的厚度根据扩散温度的不同而不同，约为几十纳米到几百纳米。例如，扩散温度为 875℃时，拐弯区域厚度为 150nm；1000℃时为 50nm。而空位的扩散长度比这个厚度值高上百倍，因此空位在这个区域的作用可忽略。

在低浓度区域，存在一个掺杂原子快速扩散的尾区，掺杂原子的扩散速率为常数。这是由于前面电子浓度 n_e 拐点处离子-空位对分解产生大量负一价的受主空位 V^-，造成空位浓度过剩，使过饱和的 V^-自由扩散，加快了尾部区域未配对磷离子的扩散，并与磷离子结合形成 P^+V^-对。图 5-10 中的“发射极推进效果”是指发射极的硼原子扩散速率因为 P^+V^{2-}对的分解而增加。

磷的原子半径是 0.110nm，硅的原子半径是 0.118nm，不匹配比例为 0.93。高浓度的磷导致的晶格张力形成了缺陷。Fair 和 Tsai 提出，当扩散表面浓度下降到低于 $10^{20}\mathrm{cm}^{-3}$ 时，在磷剖面中尾部的形成是由于 P^+V^{2-}对的分解，V^{2-}空位改变价态，并且成键能的降低增加了分解的概率和空位的流量。在 900～1300℃温度下，磷在硅中有近似相等的杂质固溶度（7×10^{20}～$1.3\times10^{21}\mathrm{cm}^{-3}$），在高浓度区，磷原子只有一部分具有电活性，其临界值大约为 $5\times10^{20}\mathrm{cm}^{-3}$。在这种情况下，电活性磷杂质浓度小于磷杂质浓度，造成死层的形成。采用预淀积时，在硅片表面淀积一层磷源，磷源可以是非电活性的杂质，也可以是五氧化二磷，然后进行较高温度的推进扩散，此时掺杂磷源会进行有效分解，这样有利于增加电活性的磷杂质。作为硅中的磷施主杂质，扩散系数较大（比砷和锑大），因此在超大规模集成电路制造中常用作阱区和隔离区的扩散杂质。

为了防止由于温度梯度导致的晶格损伤以及硅片翘曲，一般情况下都是在相对低的温度下将硅片放进扩散炉里，然后再以一定的升温速率将温度升到工艺温度。在完成扩散后，炉温再次降到一个较低的温度以备取出硅片。例如，太阳电池制造中通常都是在 750℃放进硅片和取出硅片。

硼在硅中的扩散，当浓度小于 $10^{20}\mathrm{cm}^{-3}$ 时，基本上是依靠中性空位的本征扩散；当浓度等于 $10^{20}\mathrm{cm}^{-3}$ 时，只考虑带有单一正电荷空位的影响；当浓度大于

$10^{20}cm^{-3}$ 时，有些硼原子处于间隙位置，或结成一团，此时扩散系数急剧下降。图 5-11 为硅中高浓度硼扩散的典型浓度分布。

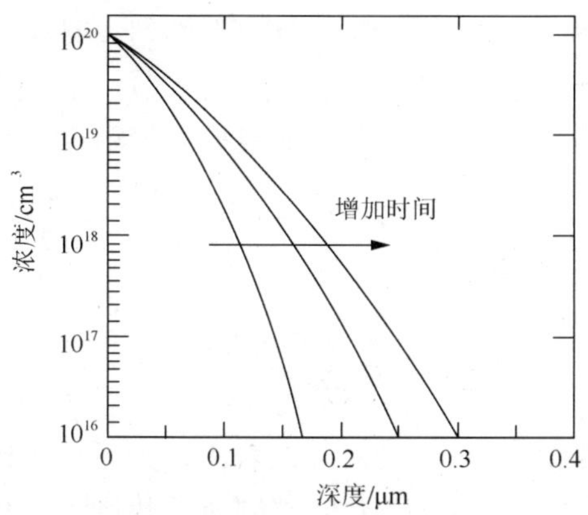

图 5-11 硅中高浓度硼扩散的典型浓度分布

硼扩散几乎完全通过自间隙机理进行。硼在硅中的扩散比磷和砷快。硼的原子半径是 0.082nm，与硅原子半径的不匹配比例为 0.75。硼和硅之间存在较大的不匹配比例，因此在扩散过程中会产生晶格张力，这会导致位错的形成并且降低了扩散速率。

硼原子的扩散速率还受扩散温度和硼原子浓度的影响。图 5-12 给出了硼在硅中的扩散系数与温度和浓度的关系，可以看出在相同的扩散温度下，随着硼掺杂浓度的增加，硼的扩散系数增加；在相同硼原子浓度下，扩散系数会随着扩散温度的增加而升高。

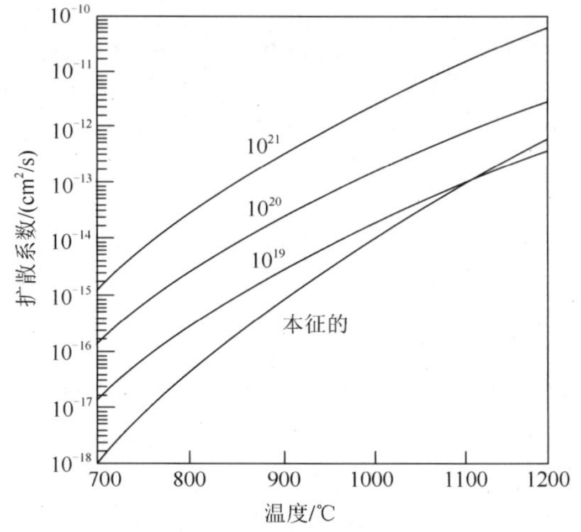

图 5-12 硼在硅中的扩散系数与温度和浓度的关系

3. 影响硅中杂质扩散的因素

杂质原子的扩散还受内建电场和扩散气氛等因素的影响。热扩散时产生的内建电场，主要来自扩散杂质原子浓度分布的不均匀，且这些杂质原子在高扩散温度下基本电离。电子和空穴同时向低浓度方向扩散，形成空间电荷层，建立一个自建电场。如果延 x 方向的电场为 E_x，则根据电流密度 J 的关系：

$$J = -D\frac{\mathrm{d}N}{\mathrm{d}x} + \mu N E_x = D\left(-\frac{\mathrm{d}N}{\mathrm{d}x} + N\frac{q}{kT}E_x\right) \tag{5-28}$$

得到扩散时的内建电场为

$$E_x = -\eta\frac{q}{kT}\frac{1}{N}\frac{\mathrm{d}N}{\mathrm{d}x} \tag{5-29}$$

其中，η 为电场屏蔽系数（η=0～1）。可以看出，杂质原子浓度分布不均匀引起的内建电场具有增强扩散的作用，最大可使扩散系数增大一倍。例如，在硅中高浓度砷的扩散，其电场增强的作用就很明显（扩散系数增大一倍），导致砷扩散的浓度分布非常陡峭。当砷浓度超过 $10^{20}\mathrm{cm}^{-3}$ 时，砷将形成间隙式的结团，不能提供电子（即不能电激活），导致高浓度砷扩散分布的顶部变得比较平坦。图 5-13 所示为硅中高浓度砷扩散的典型浓度分布。硅中的砷施主杂质，扩散系数较小，扩散浓度的再分布也很小，因此常用作双极型晶体管的发射区和亚微米 NMOSFET 源漏区的扩散杂质。

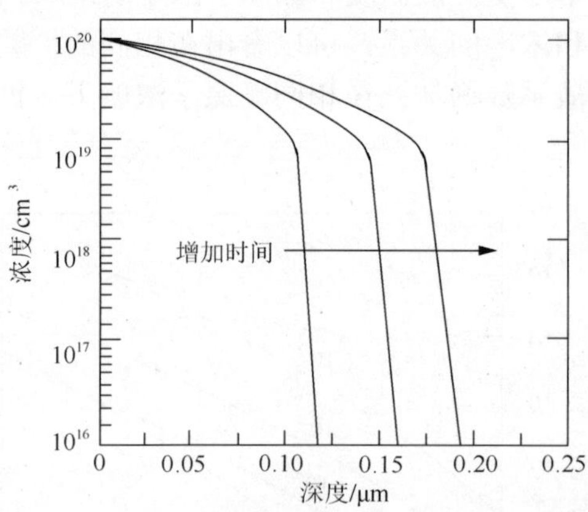

图 5-13　硅中高浓度砷扩散的典型浓度分布

扩散气氛，如氧化气氛会影响到杂质原子的扩散。实验表明，与中性气氛相比，硼、磷在氧化气氛中的扩散显著增强，这种现象就是氧化增强扩散。杂质砷也有一定程度的增强，而锑在氧化气氛中的扩散却被阻滞。在氧化过程中，硼、磷的扩散运动是通过空位和间隙两种机制实现的，但以间隙式扩散为主。硅片氧化时，Si/SiO_2 界面附近处会产生大量高浓度的间隙原子，这些间隙原子和替位杂质原子硼、磷相互作用，使替位硼、磷原子变为间隙原子，硼、磷原子在近邻晶格有空位时以替位式扩散，无空位时以间隙式扩散，这样硼、磷原子以替位-间隙交替的方式运动，扩散速度比单纯的替位方式快，即提高了硼、磷的扩散系数；砷原子在硅中的扩散也是受空位和间隙两种机制控制，并且两种机制同等重要。在氧化过程中，砷的扩散速度变化没有硼和磷的明显，其扩散增强的程度比硼和磷低。而锑原子主要靠空位机制进行扩散，氧化过程中产生的过剩间隙硅原子在向硅内扩散时，不断地与空位复合，使空位浓度减小，降低了锑的扩散速度，导致锑的扩散被阻滞。

4. 杂质在砷化镓中的扩散机理

杂质在砷化镓中的扩散机理要比在硅中的复杂很多，由于这里的扩散不仅与空位和间隙原子的带电状态有关，而且与空位的种类（是镓空位还是砷空位）有关，这里仅简单说明一下。砷化镓中常用的杂质有锌和硅。锌是砷化镓工艺中最常用的受主杂质，图 5-14 所示为锌在砷化镓中经过不同预淀积扩散时间后的浓度分布。可以看出，由于锌的最高浓度受到固溶度的限制，有一个较宽的平台区和一个以指数函数下降的较陡峭的尾区。锌的扩散主要以替位-间隙的方式进行。锌离子可以带两种电荷，一种是浓度较低的带正电荷的间隙离子 Zn^+，以间隙方式快速扩散；另一种是带负电荷的替位离子 Zn^-，通过中性空位的交换进行慢速扩散。Zn^+高速扩散形成宽广的平台区，遇到镓空位时会被俘获，失去两个空位成为 Zn^-，扩散减慢，使浓度分布陡峭下降。

实际上，锌在砷化镓中的扩散浓度分布在较深处还存在一个转折现象，如图 5-15 所示。可以看出，由于镓空位存在多重带电状态，Zn^+和 Zn^-之间又能形成离子对，使杂质原子的扩散速度大大降低，出现扩散分布的转折现象。

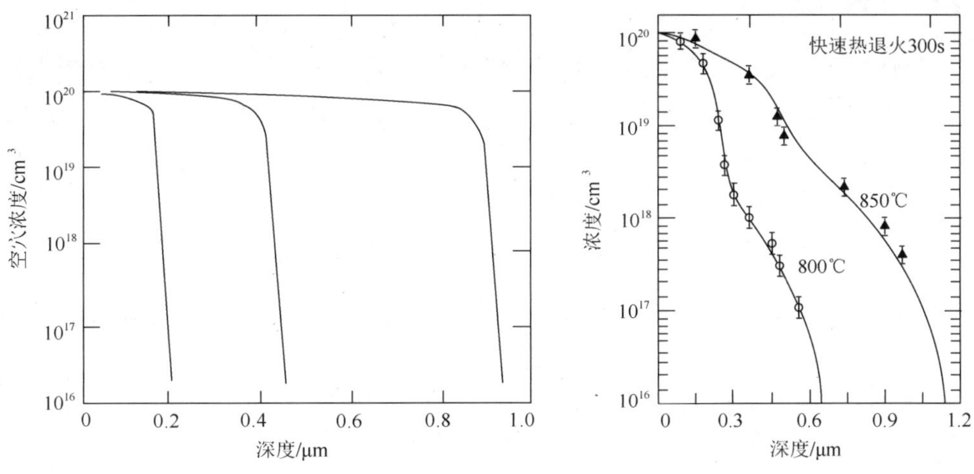

图 5-14 锌在砷化镓中预淀积的浓度分布　　图 5-15 砷化镓中锌扩散的典型浓度分布

硅是砷化镓工艺中最常用的施主杂质。当掺硅浓度小于 $10^{18}cm^{-3}$ 时，硅通常取代镓起施主作用。硅在砷化镓中的扩散机理，有两种解释。一种是 Si_{Ga}–Si_{As} 原子耦合对扩散模型，认为晶格位置上相邻的、型号相反的一对杂质原子与一对相邻的空位交换位置，扩散系数随掺杂浓度线性增大。另一种是稳态扩散模型，认为取代镓离子的硅原子（Si_{Ga+}）通过与中性镓空位或带三个负电荷的镓空位交换位置进行扩散，取代砷离子的硅原子（Si_{As-}）可能与镓无关，且 Si_{Ga}–Si_{As} 原子对保持不动。原子耦合对扩散模型不能解释快速退火情况下的扩散浓度分布，而稳态扩散模型考虑到缺陷或杂质中的电荷对扩散的影响（电荷效应）和退火效应，更接近实际情况。图 5-16 所示为硅在砷化镓中扩散的典型浓度分布。

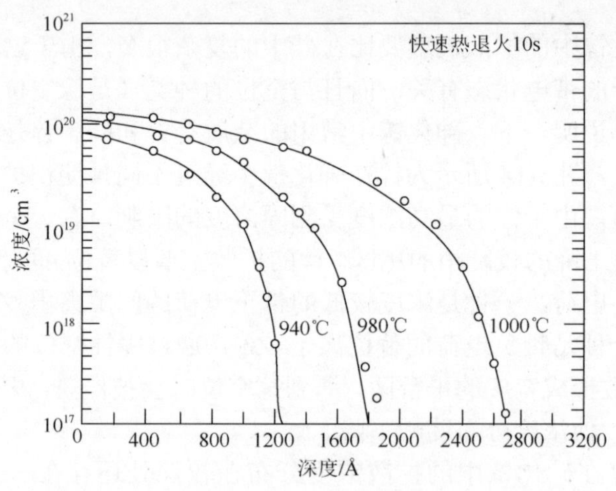

图 5-16　硅在砷化镓中扩散的典型浓度分布

5.2.4　扩散方法

杂质扩散是现代集成电路中制作 PN 结的最基础的工艺步骤。随着集成电路工艺的快速发展，出现了不同种类的杂质源，常用的杂质源有硼和磷等。杂质源性质和相态的差异决定了采用的扩散方法有很大的区别。根据杂质源在室温下的相态分类分为液态源扩散、固态源扩散和气态源扩散三种。

1. 液态源扩散

利用载气（如 N_2）把含有扩散杂质的液态源，携带进入处于高温下的扩散炉中。杂质蒸气在高温下分解，形成饱和蒸气压，并与表面硅原子发生反应，释放出的杂质原子向内部扩散。主要特点是设备简单、操作方便、均匀性好，适于批量生产。

1）液态源磷扩散

液态源磷扩散主要包含气体携带法和涂源法，可以得到较高的表面浓度，常用的磷源是液态的三氯氧磷（$POCl_3$）。其中，气体携带法扩散制造的 PN 结均匀性好，不受硅片尺寸的影响，特别适合制造单晶硅浅结太阳能电池，便于大量生产，但工艺控制比涂源法更严格。

三氯氧磷是无色透明液体，具有强烈刺激性气味、有毒，相对密度为 1.67，熔点为 2℃，沸点为 107℃，在潮湿空气中发烟，容易水解。三氯氧磷极易挥发，蒸气压高，在使用三氯氧磷时，需注意盛源瓶的密封。为保证工艺的稳定，通常把盛源瓶放在 0℃的冰水混合物中储存。

三氯氧磷在 600℃以上分解，生成五氯化磷（PCl_5）和五氧化二磷（P_2O_5），如果有足够的氧存在，五氯化磷能进一步分解成五氧化二磷，并放出氯气。因此，为了降低五氯化磷的产生，必须通入适量的氧气。主要反应方程式如下：

$$5POCl_3 \longrightarrow P_2O_5 + 3PCl_5 \tag{5-30}$$

$$4POCl_3 + 3O_2 \longrightarrow 2P_2O_5 + 6Cl_2 \tag{5-31}$$

生成的氯气通过载气被带走，生成的五氧化二磷在硅晶片上形成一层磷硅玻璃，并由硅还原出磷向硅中扩散，反应式为

$$2P_2O_5 + 5Si \longrightarrow 4P + 5SiO_2 \tag{5-32}$$

同时，难分解的 PCl_5 还会与 O_2 发生反应，其反应式为

$$4PCl_5 + 5O_2 \longrightarrow 2P_2O_5 + 10Cl_2\uparrow \tag{5-33}$$

2）液态源硼扩散

液态源三溴化硼（BBr_3）掺杂是一种能够形成高质量 PN 结的硼扩散方法，形成的 PN 结具有较低的发射极饱和电流密度和较高的有效寿命，其扩散过程与液态磷扩散的过程类似。

如图 5-17 所示，载气（氮气）通过装有液态的三溴化硼容器，鼓泡将扩散源三溴化硼携带到炉体内，在反应腔室与氮气、氧气发生充分的混合，混合气体被输送到硅片的表面，反应生成氧化硼，其反应式如下：

$$4BBr_3 + 3O_2\uparrow \longrightarrow 2B_2O_3 + 6Br_2 \tag{5-34}$$

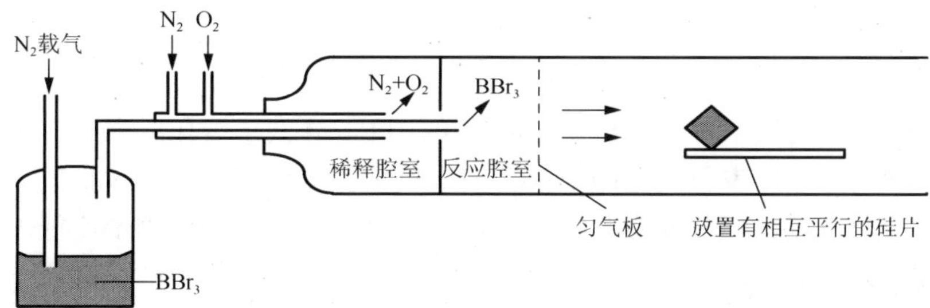

图 5-17　硼扩散的液态源装置示意图

工艺气体三溴化硼、携带气体 N_2 和反应气体 O_2 的流量主要通过质量流量计来控制，为减少气体流量中的层次分布特征，放置硅片的架子必须平行于气流方向。要尽量减少或避免形成富硼层，避免硼进入硅衬底时产生位错，同时优化反应区域的尺寸和形状以获得均匀地扩散。

氧化硼、氧气和溴气（Br_2）沿着扩散炉管传输，在扩散炉中会有一个氧化硼的恒浓度区域（反应区域）。为保证扩散的均匀性，要求硅片的放置位置与恒浓度区域一致。如果沉积温度、氧气流量或三溴化硼浓度增加，会使反应区域向炉口移动；氮气流量增加会使反应区域向炉尾移动。如果氧浓度很高，则三溴化硼的反应速率会提高，将导致沉积在硅片表面的氧化硼量减少。氧气、氧化硼通过边界向硅表面扩散，氧气与硅反应生成二氧化硅，防止副产物溴气对硅表面腐蚀；氧化硼熔入二氧化硅中形成硼硅玻璃，硼硅玻璃中的氧化硼在硅表面实现掺杂。溴气和反应剩余的氧化硼、氧气从硅片表面挥发出去，被氮气携带出去。

氧化硼在硅片表面的扩散速度依赖于紧邻的硼硅玻璃薄膜的相成分。其中，液相体系 B_2O_3 的扩散速率约为 $10^{-14}cm^2/s$，固相体系扩散速率约为 $10^{-17}cm^2/s$。因此，硼源扩散主要取决于硅片表面 B_2O_3/SiO_2 膜层的相组成。如图 5-18 所示，在 910～1060℃时，B_2O_3/SiO_2 体系为固态或液态，取决于氧化硼的浓度。

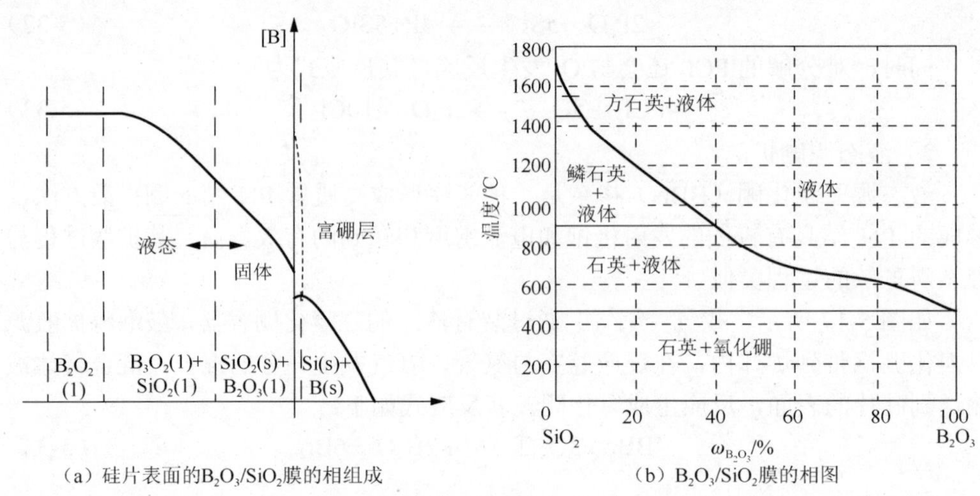

（a）硅片表面的B_2O_3/SiO_2膜的相组成　　（b）B_2O_3/SiO_2膜的相图

图 5-18　硅片表面的 B_2O_3/SiO_2 膜层结构

在高温氧气气氛下推结，氧化硼的浓度下降，降低了氧化硼向硅片表面的输送速率，最终在硅片表面氧化硅薄膜有效地阻止了氧化硼的进一步扩散。SiO_2/Si 界面的推进会消耗一部分硼掺杂的硅。在界面处，硼在硅中的固溶度低于二氧化硅，分凝系数小于 1，硼原子更趋向于从硅中向二氧化硅中扩散，硼原子发生再分布。这将导致在 SiO_2/Si 界面处硼原子浓度不连续，表面处的硼原子浓度低于硅体内较深处的硼原子浓度，在离硅片表面一定深度范围内存在硼原子浓度的一个极大值。相反，磷在硅中的固溶度高于二氧化硅，分凝系数大于 1，硅片表面的浓度最高。沉积在硅表面下的硼根据菲克定律扩散到硅中，获得掺杂剖面和结深。

2. 固态源扩散

固态源扩散是将与硅片形状相同的固体材料和单晶硅片间隔放置在石英舟上，在一定的温度下，固态源材料表面的分子挥发，借助于浓度梯度附着于单晶硅表面，反应生成杂质原子及其他化合物，杂质原子将向硅片体内扩散。常用的固态源主要有偏磷酸铝（$Al(PO_3)_3$）与焦磷酸硅（SiP_2O_7）的混合片和氮化硼（BN）片。

偏磷酸铝为玻璃状态粉末，不溶于水，使用时将偏磷酸铝与焦磷酸硅混合、干压烧制，高温下分解后释放出五氧化二磷。五氧化二磷与硅反应生成磷原子向硅内扩散，其反应式为

$$Al\left(PO_3\right)_3 \longrightarrow AlPO_4+P_2O_5 \tag{5-35}$$

$$SiP_2O_7 \longrightarrow SiO_2+P_2O_5 \tag{5-36}$$

$$5Si+2P_2O_5 \longrightarrow 5SiO_2+4P \tag{5-37}$$

扩散时，杂质源与晶片交叉相距 3～5mm 放置在 V 形槽内，同时通入保护性气体氮气。

氮化硼晶体为白色粉末，使用前需要冲压成片状，或使用高纯氮化硼棒切割成和硅片大小相同的薄片。每次扩散前必须对氮化硼进行一次活化处理，即在扩散温度（950℃）下通氧 30min，使表层氮化硼与氧反应生成氧化硼，主要目的是使氮化硼片表面含有足够数量的氧化硼，以保证扩散过程中有足够高的氧化硼蒸气压，从而使扩散硅片具有符合要求的表面浓度。扩散时，每两片硅片背靠背叠放在一起，等距插在两片氮化硼片中间，放置炉口预热 5min 后，在扩散温度下进行扩散，其反应如下：

$$4BN+3O_2 \longrightarrow 2B_2O_3+2N_2\uparrow \tag{5-38}$$

$$2B_2O_3+3Si \longrightarrow 3SiO_2+4B \tag{5-39}$$

杂质源片与硅片间距减小时，可减少扩散时间；氮气流量较低可使扩散更为均匀，控制这些工艺条件有利于大量生产，且均匀性、重复性比液态源好。

此外，固态源扩散还包括喷涂和旋涂等扩散方法。旋涂或喷涂扩散均是用溶解在水或乙醇的稀释液中的磷或硼杂质源，旋涂或喷涂在硅片表面，然后在氮气中进行扩散。

旋涂扩散中的扩散源有两类，一类是用杂质源与硅反应生成的磷硅或硼硅玻璃作为扩散源，杂质在扩散温度下通过源层向硅内部扩散，形成重掺杂扩散层 PN 结。另外一类为氧化硅乳胶源，即包含掺杂原子的旋涂胶。硅片涂上乳胶源后，

均匀地形成含有杂质（硼或磷）的二氧化硅层，旋涂扩散可以保证扩散硅片的表面状态较好、晶格缺陷较少，而且扩散后的 PN 结均匀性、重复性较好，表面浓度的可调范围较宽。

喷涂杂质源一般包括超声喷涂及喷雾。在杂质源中添加有机溶剂提高液体的浸润能力，或直接在硅片上生长一层氧化硅提高硅片的浸润能力，可获得均匀的杂质源。喷涂方式结合链式扩散容易实现在线的大规模生产。

扩散后的磷硅和硼硅玻璃很难用氢氟酸去除干净，这是由于在扩散后表面还残留硼磷原子，在氢氟酸处理之前先对硅片表面进行氧化处理使硼磷原子被氧化，最后再用氢氟酸腐蚀。涂源扩散工艺的主要控制因素是扩散温度、扩散时间和杂质源浓度。最佳扩散条件随硅片的性质（基体导电类型、电阻率、晶向等）不同而改变。

3. 气态源扩散

气态源扩散比液态源扩散还要简便。进入炉管内的气体，除了气态杂质源外，有时还需稀释气体，或者是气态杂质源进行化学反应所需要的气体。气态杂质源一般先在硅表面进行化学反应生成掺杂氧化层，杂质再由氧化层向硅中扩散，其扩散系统如图 5-19 所示。

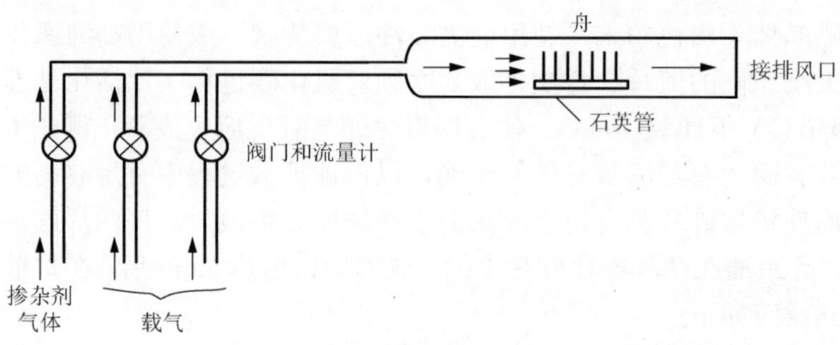

图 5-19　气态源扩散系统

对气态源扩散系统来说，虽然可以通过调节各气体流量来控制表面的杂质浓度，但实际上因为杂质总是过量的，所以通过各路流量对表面浓度进行控制并不灵敏。气态杂质源多为杂质的氢化物或者卤化物，这些气体的毒性很大，且易燃易爆，操作要十分小心。

以上三种扩散方法都可以通过控制扩散温度、扩散时间以及气体流量实现对掺入杂质量的控制。可以根据器件对杂质浓度及分布情况的要求和杂质源的特性对上述扩散方法进行选择。扩散技术在结深为 1μm 以上的半导体器件的生产中得到了广泛的应用。

5.2.5 扩散设备

扩散设备主要分为两类，管式系统和传输带链式系统。其中管式系统按照其尾气排放方式又分为开管和闭管两种；传输带链式系统包括网带、陶瓷滚轮和陶瓷线等。在制造工艺上，采用氮气携带三氯氧磷和三溴化硼的管式高温扩散是目前主流的生产技术，其特点是产量大、工艺成熟、操作简单，石英扩散炉示意图如图5-20所示。盛放硅片的石英舟放置在炉子的石英管中，采用电阻加热方式加热到工作温度。片子从一端推进和拉出，另一端是气体的入口处。磷或者硼可以通过氮气在三氯氧磷、三溴化硼等液体中鼓泡而被携带出来进入扩散炉中。固体掺杂源也适用于管式炉的扩散工艺。管式扩散炉由控制系统、进出舟系统、炉体加热系统和气体控制系统等组成。

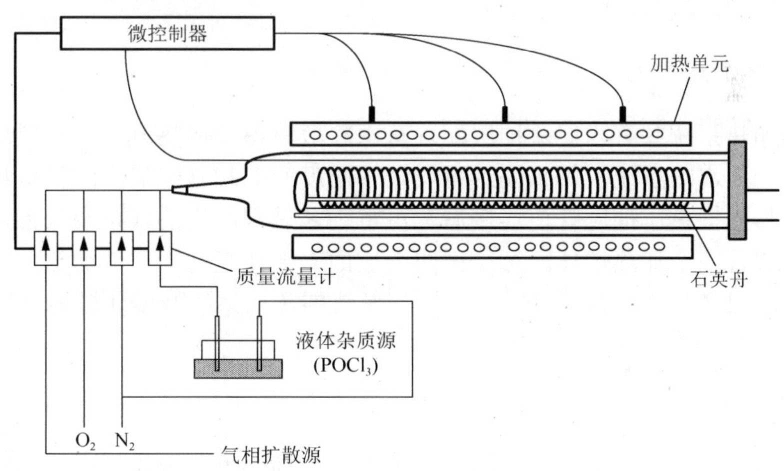

图5-20 石英扩散炉示意图

1. 控制系统

控制系统包括温控器、功率部件、超温保护部件和系统控制四个部分。系统控制部分有四个独立的计算机控制单元，分别控制每层炉管的推舟、炉温及气路部分，是扩散/氧化系统的控制中心。辅助控制系统，包括推舟控制装置、保护电路、电路转接控制、三相电源指示灯、照明、净化及抽风开关等。

较先进的扩散炉控制系统均已更新或升级到微机控制，管机与主机间通过串口RS232或网线进行通信。控制系统软件大多基于Windows系统，实用性和可操作性大大提高，能够实现日志记录、曲线记录、程序编辑和远程控制等多种功能。

2. 进出舟系统

水平扩散炉进出舟系统有悬臂桨系统和软着陆系统两种方式。

国内扩散炉早期以悬臂桨系统为主，国外以软着陆系统为主，近几年国产设备也基本上都改为软着陆系统。悬臂桨系统结构比较简单，碳化硅桨携带舟和硅片进入并停留在石英炉管内，直到工艺程序结束，碳化硅桨携带舟和硅片慢慢回到原位。悬臂桨系统的缺点是桨对炉管温度的均匀性有一定的影响；另外，工艺气体也会对桨沉积，产生较多的颗粒。相对于配置悬臂装载机构的扩散炉，软着陆系统较悬臂桨系统更加先进，碳化硅桨进入石英工艺炉管后，桨自动下沉放下石英舟和硅片，然后慢慢运行回原点，最后石英炉管的门自动关闭。软着陆系统的优点是没有碳化硅桨对腔体的影响，温度均匀性更好，减少了工艺气体在碳化硅桨上的沉积，从而颗粒更少。

3. 炉体加热系统

炉体加热系统共有六层。顶层配置有水冷散热器及排热风扇，每层加热炉体间都配置一层水冷系统，用来隔绝每层炉管温度间的相互影响，废气室顶部设有抽风口，与外接负压抽风管道连接后，可将工艺过程产生的残余废气带走，中间部分四层放置四个加热炉体，每层由四个坡面支架托起并固定住加热炉体，其位置在安装时已经与推拉舟系统——丝杠、导轨副传动系统及碳化硅悬臂桨系统或软着陆系统等中心对准。

4. 气体控制系统

气体控制系统通常采用气源柜，分为五层。顶部设置有排毒口，用以排除在换源过程中泄漏的有害气体。柜顶设置有三路工艺气体及一路压缩空气的进气接口，接口以下安装有减压阀、截止阀，用以对进气压力进行控制及调节。对应于气路，各层分别装有相应的电磁阀、气动阀、过滤器、单向阀、质量流量控制器及 DCE 源瓶和冷阱等。柜子的底部装有质量流量（MFC）控制器电源、控制开关、保险等电路转接板以及设备总电源进线转接板。

早期的工艺设备主要是开管与闭管扩散系统，由于对扩散均匀性要求的不断提高和对高转换效率电池大规模生产的需求，现在基本采用闭管工艺设备。开管扩散系统设备装置如图 5-21 所示。开管扩散的主要优点是设备价格低；缺点是气体的消耗量比较高，均匀性不好，扩散质量容易受外界环境变化的影响，副产物偏磷酸生成量大，排放方向无法有效控制，损伤设备，而且工艺尾气（如 Cl_2、HCl 等）如果处理不当，会危害操作者身体健康、污染环境。

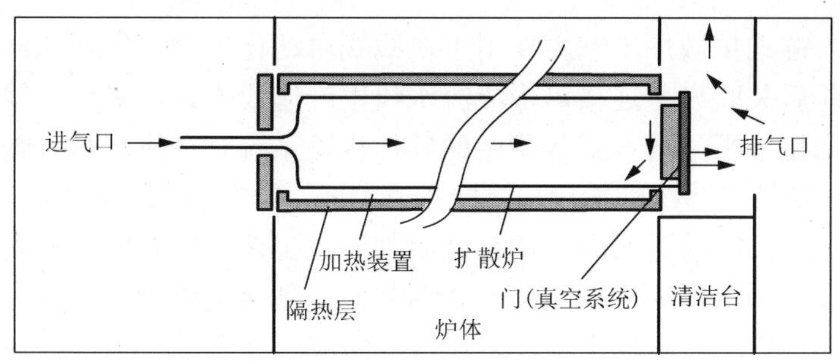

图 5-21　开管扩散炉示意图

闭管式扩散的结构与开管式的差别主要体现在气路方面，开管扩散炉两端均为气口，一端是进气口，另一端是排气口，闭管扩散炉只有一端是进气口，另一端在扩散时完全封闭，尾气通过一根专门的管路排出，因此可以严密地封闭石英门，设备装置如图 5-22 所示。闭管扩散的主要优点是能减少气体的用量，不会冷凝、腐蚀换气管，消除了由于尾气处理不当而存在的对操作者身体健康和环境潜在威胁的缺点，而且在管式石英炉中没有受热的金属元素，也没有在管中通入空气，因此管式石英炉内比较干净。与开管式扩散系统相比，闭管扩散系统将工艺过程与外界环境完全隔离，实现了反应管内各个区域的扩散均匀性，杜绝了外界的干扰，有利于工艺质量的分析和控制。缺点就是设备的投资较高，但是可以在一管中同时放入很多硅片，也能够达到非常大的产能。

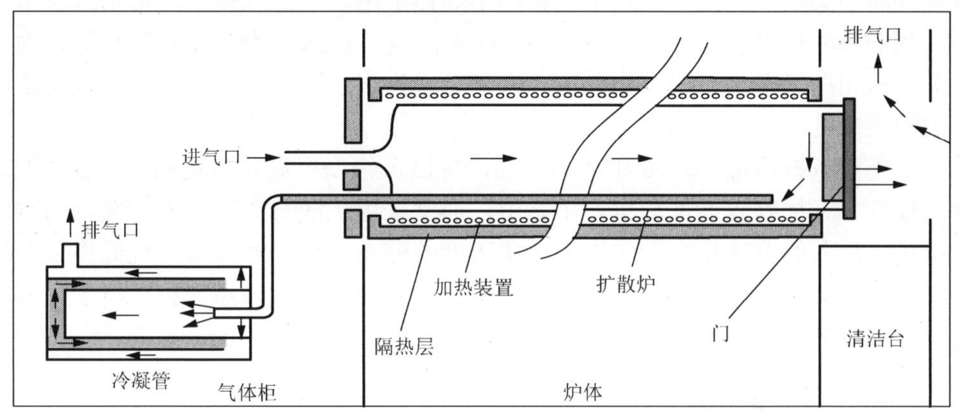

图 5-22　闭管扩散炉示意图

链式扩散设备工艺有喷涂磷酸水溶液和丝网印刷磷浆料后链式扩散两种。喷涂磷酸水溶液后链式扩散是将经处理的磷酸通过涂源或超声喷雾的方法均匀地附着在硅片表面，再通过有不同温区的链式扩散炉制得 PN 结。这种扩散时间短、温区的温度可调整。丝网印刷磷浆料后链式扩散是将包含磷化合物的物质通过丝网印刷、喷涂或化学气相淀积方法沉积在硅片的表面，干燥后放置在传送带上通过整个炉子。链式扩散炉工艺主要用于在线式自动化生产，能够适应大尺寸、薄硅片工艺，前后关联设备连接可形成流水线生产作业方式，减少在线操作员工，提高整线自动化水平。链式扩散炉中的硅片传输系统有金属网带、陶瓷滚轮和陶瓷线。金属网带扩散系统结构简单、投资成本低，但是由于金属直接与硅片接触，会带来金属污染，同时由于温度的范围限制导致工艺窗口有限。而陶瓷滚轮的链式扩散炉不会有金属污染，但是对于翘曲的硅片则会造成片子输运方面的问题，陶瓷线的传输系统不会有这个问题，后两者的成本较高，工艺窗口有限。

5.3　离子注入法

离子注入技术是把掺杂剂的原子引入固体中的一种材料改性方法。离子注入是在真空系统中，将经过加速的离子照射注入固体材料，从而在所选择的区域形成一个具有特殊性质的表面层（注入层）。

离子注入是作为半导体材料的掺杂技术发展起来的，对于大规模、超大规模集成电路来说，离子注入是一种理想的掺杂工艺。离子注入引入的杂质浓度和注入深度可精确控制，特别是在掺杂浓度要求较低的情况下，离子注入技术应用非常广泛。离子注入层极薄，同时离子束的直进性保证注入的离子几乎是垂直向内掺杂，横向扩散极其微小，使电路的线条更加纤细，线条间距进一步缩短，从而有效提高了集成度。此外，对于化合物半导体采用离子注入技术，可不改变组分而达到掺杂的目的。离子注入是一个非平衡过程，注入元素不受扩散系数、固溶度和平衡相图的限制，原则上各种元素均可成为掺杂元素，并可达到扩散无法达到的掺杂浓度。

离子注入技术的高精度和高均匀性，可以大幅度提高集成电路的成品率[6]。在二极管、三极管等器件的生产工艺中，通常采用扩散与离子注入相结合的方法或全离子注入的方法得到一定掺杂杂质浓度的分布，离子注入可实现低掺杂而被应用在 MOS 电路以及集成电路中。随着工艺和理论上的日益完善，离子注入已经成为半导体器件和集成电路生产的关键工艺之一。

5.3.1　离子注入的机理

离子是分子或原子经过离子化而形成的，即等离子体，带有一定量的电荷。通过电场对离子进行加速、磁场改变离子运动方向，使其以一定的能量进入硅片内部达到掺杂的目的。具体地说，离子注入是将离子源产生的离子经加速后高速射向材料表面，当离子进入硅片表面，将与固体中的原子碰撞而损失能量，并将其挤进内部，在其射程前后和侧面激发出一个尾迹。能量耗尽，离子就会停在硅片中的某个位置。离子通过与硅原子的碰撞将能量传递给硅原子，使得硅原子成为新的入射粒子，新入射粒子又会与其他硅原子碰撞，形成连锁反应。在 10～11s 内，建立一个有数百个间隙原子和空位的区域，如图 5-23 所示。杂质在硅片中移动会产生一条晶格受损路径，损伤情况取决于杂质离子的轻重，将使硅原子离开格点位置，形成点缺陷，甚至导致衬底由晶体结构变为非晶体结构。

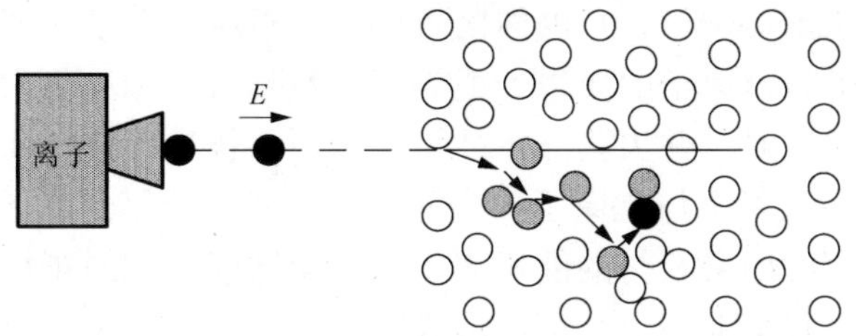

图 5-23 离子注入过程

离子注入产生的级联碰撞虽然不能完全理解为一个热过程，但可看成一个热能很集中的峰。一个带有 100keV 能量的离子通常在其能量耗尽停留之前，可进入数百至数千个原子层。当材料回复到平衡，大多数原子回到正常的点阵位置时，会留下一些“冻结”的空位和间隙原子。这一过程在表面下建立了富集注入元素，并具有损伤的表层。

尽管离子注入剂量可以被精确控制，但其注入是一个随机过程，受到晶格原子的散射直至能量耗尽。如图 5-24 所示，每一个离子都有一个随机的运动轨迹，把离子从入射点到静止点所通过的总路程称为射程，射程的平均值记为 R，简称平均射程。注入离子的能量越高，射程就会越大。射程在入射方向上的投影长度（投影射程）的平均值，记为 R_P，简称平均投影射程，表示注入杂质分布的峰值，取决于离子质量、离子能量、硅片质量以及离子入射方向与晶向之间的关系。相同质量且相同初始能量的离子，有的射程远，有的射程近，而有的还会发生横向移动，形成一定的空间分布，投影射程的统计涨落称为投影偏差（标准偏差），记为 ΔR_P，即投影射程的平均偏差。

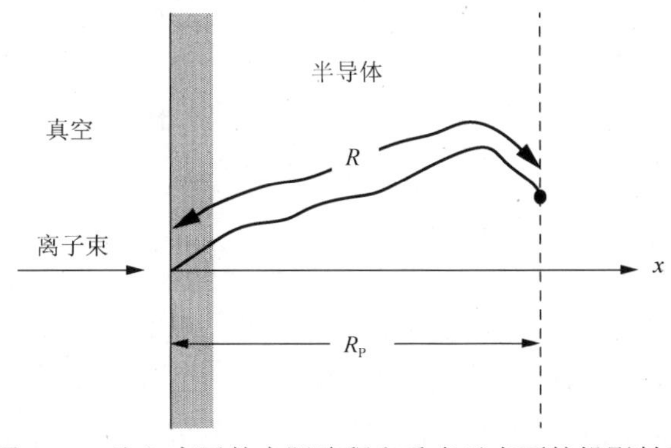

图 5-24 注入离子的实际路程和垂直于表面的投影射程

1963年，Lindhard、Scharff和Schiött首先确立了注入离子在靶内分布理论，简称LSS理论，它研究在非晶靶中注入离子的射程分布。该理论认为，注入离子在靶内的能量损失分为两个彼此独立的过程。

1）核碰撞

核碰撞（nuclear stopping）也称核阻止，是指注入离子与靶内原子核间的相互碰撞。注入离子与靶原子的质量一般为同一数量级，因此每次碰撞后，注入离子会发生大角度的散射，并失去一定能量，靶原子核也因碰撞而获得能量。假设能量为E的一个注入离子与靶原子核碰撞，离子能量转移到原子核上，结果将使离子改变运动方向，如果获得的能量大于原子束缚能，靶原子核可能离开原位，成为间隙原子核，并留下一个空位，形成缺陷。

2）电子碰撞

电子碰撞（electronic stopping）也称电子阻止，是指注入离子与靶内自由电子以及束缚电子之间的碰撞。注入离子和靶原子周围电子通过库仑作用，使离子和电子碰撞失去能量，而束缚电子被激发或电离，成为自由电子发生移动，瞬时地形成电子-空穴对。由于两者质量相差非常大（10^4数量级），每次碰撞中，注入离子的能量损失很小，散射角度也非常小，即每次碰撞都不会显著改变注入离子的动量，又因散射方向随机，虽然经过多次散射，但注入离子运动方向基本不变。

引入核阻止本领$S_n(E)$和电子阻止本领$S_e(E)$说明注入离子在靶内能量损失的具体情况。若定义在位移x处的能量为E，则核阻止本领就定义为

$$S_n(E) \equiv \left(\frac{dE}{dx}\right)_n \tag{5-40}$$

电子阻止本领定义为

$$S_e(E) \equiv \left(\frac{dE}{dx}\right)_e \tag{5-41}$$

则单位路程上注入离子由于核阻止和电子阻止所损失的总能量为两者的和，即

$$\frac{dE}{dx} = -\left[S_n(E) + S_e(E)\right] \tag{5-42}$$

离子的平均投影射程为

$$R_P = \int_0^{R_P} dx = \int_{E_0}^{0} \frac{dE}{dE/dx} = \int_{E_0}^{0} \frac{dE}{S_n + S_e} \tag{5-43}$$

其中，E_0为注入离子的起始能量。

图5-25是数值计算得到的S_n和S_e曲线形式的结果。S_n无法得到解析形式的结果，S_e中离子受电子的阻力正比于离子的速度。当$E=E_2$时，$S_n=S_e$。当入射离子的初始能量E_0小于E_2所对应的能量值时，$S_n>S_e$，以核阻挡为主，此时散射角较大，离子运动方向发生较大偏折，射程分布较为分散，如图5-26（a）所示。当

E_0 远大于 E_2 所对应的能量值时，$S_n < S_e$，以电子阻挡为主，散射角较小，离子近似做直线运动，射程分布较集中。随着离子能量的降低，逐渐过渡到以核阻挡为主，离子射程的末端部分又变成折线，如图 5-26（b）所示。

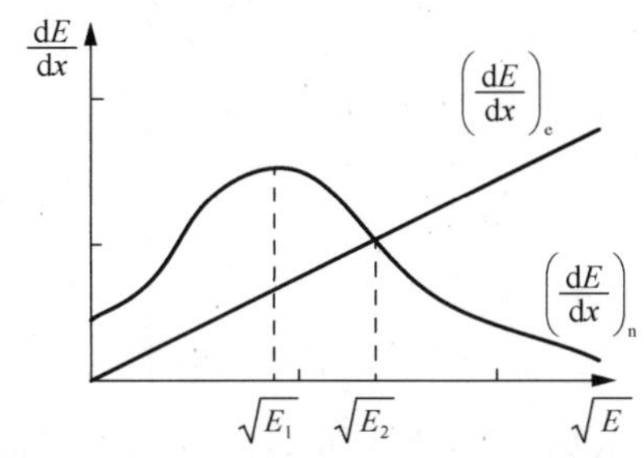

图 5-25　离子总能量损失率数值计算曲线

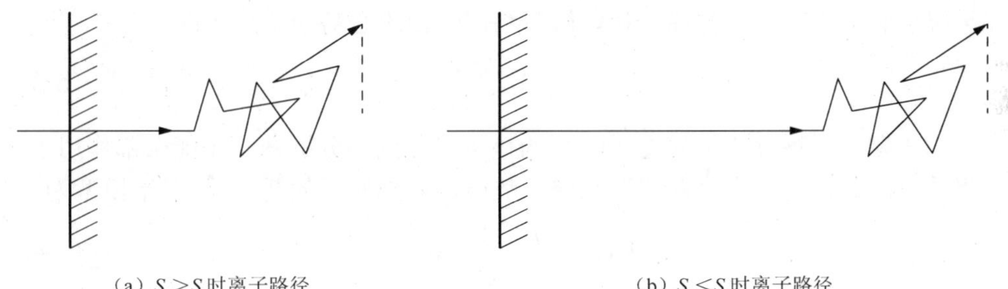

（a）$S_n > S_e$ 时离子路径　　（b）$S_n < S_e$ 时离子路径

图 5-26　核阻挡和电子阻挡时的离子路径

核阻止本领可以理解为能量为 E 的一个注入离子在单位密度靶内运动单位长度时，损失给靶原子核的能量。如果把注入离子和靶原子看成两个不带电的硬球，其半径分别为 R_1 和 R_2，则两个硬球发生弹性碰撞的情况如图 5-27 所示。当质量为 M_1、原子序数为 Z_1、速度为 V_1、动能为 E_0 的离子，与一个质量为 M_2、原子序数为 Z_2 的静止靶原子碰撞时，由于与靶原子核的电场相互作用，入射离子会损失能量。碰撞后静止球的运动速度和动能分别为 U_2 和 E_2，散射角为 θ_2；碰撞后运动球的速度和动能分别为 U_1 和 E_1，散射角为 θ_1。并非所有的碰撞都是对心碰撞，两球间的碰撞距离用碰撞参数 P 表示，是指运动球经过静止球附近而不被散射情况下，两球间的最近距离。原子的核能量损失取决于入射离子与靶原子核间的碰撞参数。离子与原子核的电场相互作用，将动能变换为势能，在最近距离处达到最大转换。此模型只在 $P \leqslant (R_1+R_2)$ 时才发生碰撞和能量的转移。该势能被离子和靶原子按各自质量大小所瓜分，离子改变了方向继续前进，而晶格原子则产生反冲。根据经典的两体碰撞法则，由动量和能量守恒可算出速度和轨迹。因此，核能量损失是弹性的，即离子损失的能量转移给了晶格原子，造成了晶格损伤。

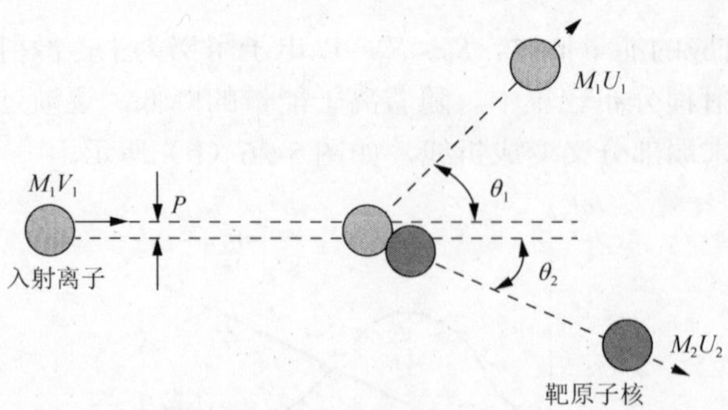

图 5-27　二体弹性碰撞

核的相互作用产生了散射，并使轨迹偏转方向，其偏转的角度取决于碰撞参数。入射离子转移的能量和后来的散射角取决于入射离子与靶原子的最近距离。如果离子和靶原子都是裸原子核，散射势能仅由库仑势能给出，即

$$V(r)=\frac{q^2 Z_1 Z_2}{4\pi\varepsilon r} \tag{5-44}$$

由于靶原子核外围绕着电子，正的核势能受到部分屏蔽，不能全部作用于注入离子。因此，用一个屏蔽函数来修正势能，得到原子的托马斯-费米模型为

$$V(r)=\frac{q^2 Z_1 Z_2}{4\pi\varepsilon r}\exp\left(-\frac{r}{a}\right) \tag{5-45}$$

当 P=0 时，两球发生对心碰撞，此时产生最大能量转移，用 T_{M} 表示为

$$T_{\mathrm{M}}=\frac{1}{2}M_2 U_2^2=\frac{4M_1 M_2}{\left(M_1+M_2\right)^2}E_0 \tag{5-46}$$

其中，E_0 是碰撞能量，由此可估算出给予衬底原子的最大反冲能量。

核阻止能力 $S_{\mathrm{n}}(E)$取决于离子的能量。在能量很高时，因为粒子速度很快，与散射离子的相互作用时间相对较短，所以核能量损失很小。在朝着射程的终点运动过程中，原子核能量损失逐渐占优势，在射程的终点附近，离子已失去其大部分能量，是核碰撞产生损伤最多的地方。当能量低于以电子阻止为主时，有时可由式（5-47）近似估算 $S_{\mathrm{n}}(E)$：

$$S_{\mathrm{n}}(E)=2.8\times10^{-15}\frac{Z_1 Z_2}{\sqrt{Z_1^{2/3}+Z_2^{2/3}}}\frac{M_1}{M_1+M_2}\,\mathrm{eV\,cm^2} \tag{5-47}$$

这个简单的表达式使 $S_{\mathrm{n}}(E)$中并不包括任何能量关系。

在 LSS 理论中，把固体中的电子看作自由电子气。那么电子阻止就类似于黏滞气体的阻力，这样在注入离子的常用能量范围内，电子阻止本领 $S_{\mathrm{e}}(E)$与注入离子的速度成正比，与注入离子能量的平方根成正比：

$$S_e(E)=CV=k_e E^{1/2} \tag{5-48}$$

其中，V 为注入离子的速度；系数 k_e 与注入离子的原子序数 Z_1、质量 M_1、靶材料的原子序数 Z_2 及质量 M_2 有微弱的关系，在假定衬底是非晶体的最简单情况下，k_e 基本上与注入的离子无关，是一个常数。

5.3.2 离子注入的分布

注入离子在靶内受到的碰撞是随机的，因此杂质分布也是按概率分布的。注入离子的数目一般大于 $10^{12}cm^{-2}$，因此可用统计学方法来描述其分布，通常一级近似为一个对称的高斯分布模型。例如，无定形靶二氧化硅、氮化硅、三氧化二铝，离子进入非晶层（穿入距离）后的分布就接近高斯分布：

$$N(x)=\frac{Q}{\sqrt{2\pi}\Delta R_P}\exp\left[-\frac{1}{2}\left(\frac{x-R_P}{\Delta R_P}\right)^2\right] \tag{5-49}$$

其中，$N(x)$表示距离靶表面为 x 的注入离子浓度；Q 为注入剂量；ΔR_P 是标准差，可查表得到；N_{max} 为峰值处浓度，它与注入剂量 N_S 关系为

$$N_{max}=\frac{N_S}{\sqrt{2\pi}\Delta R_P}\approx\frac{0.4N_S}{\Delta R_P} \tag{5-50}$$

从式（5-50）中可看出，高斯分布只在峰值附近与实际分布符合较好，在 $(x-R_P)=\pm\Delta R_P$ 处，离子浓度比其峰值降低 40%。

平均射程 R 与投影射程 R_P 之间的关系为

$$R_P\cong\frac{R}{1+\dfrac{bM_2}{M_1}} \tag{5-51}$$

其中，b 是 E 和 R 的缓慢变化函数，在核阻止占优势的能量范围内，当 $M_1>M_2$ 时，经验规律为 $R/R_P=1+M_2/3M_1$ 是相当好的近似。在较高的能量下，电子阻止增加使 b 值更小。对于 $M_1<M_2$ 的情况，大角度散射使得 R_P 和 R 之间的修正要比上面经验规律所得到的值微大些。

图 5-28 为注入离子的二维分布。$\Delta R_\perp$ 为横向标准偏差，垂直于入射方向平面上的标准偏差。投影标准偏差 ΔR_P 是表征注入离子分布分散情况的一个量，即为投影射程对平均值 R_P 偏离的均方根。ΔR_P 与 R_P 的近似关系为

$$\Delta R_P\cong\frac{2}{3}\left(\frac{\sqrt{M_1M_2}}{M_1+M_2}\right)R_P \tag{5-52}$$

对于高斯分布来说，在 R_P 两边，离子浓度是对称下降的。

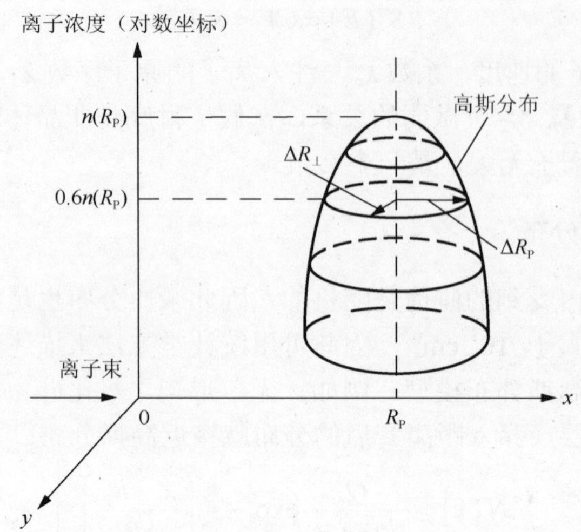

图 5-28　注入离子的二维分布

5.3.3　离子注入的设备

离子注入设备是半导体制造中重要的工艺设备。离子注入机体积庞大、结构复杂。根据它所能提供的离子束流和能量大小，可分为高电流和中电流离子注入机，以及高能量、中能量和低能量离子注入机。离子注入机的主要部件包括离子源、质量分析器、加速系统、扫描系统以及终端系统等，如图 5-29 所示。

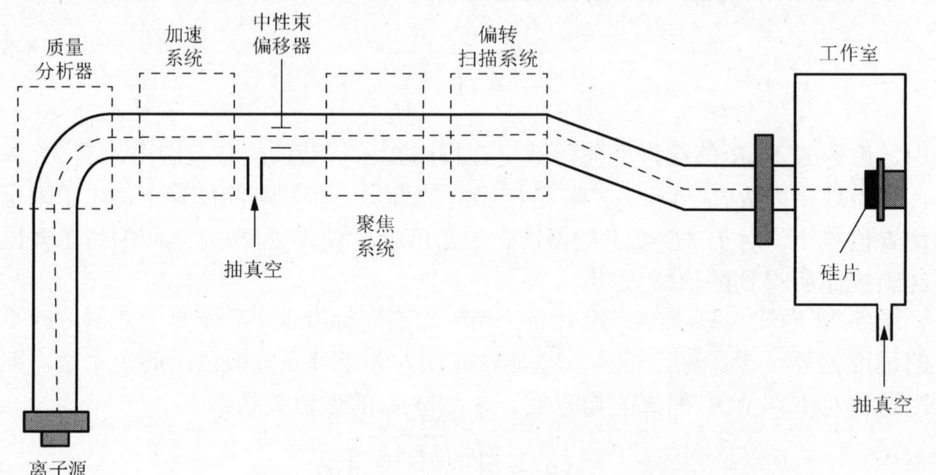

图 5-29　离子注入机结构示意图

1．离子源

离子源的作用是产生所需种类的离子，并将其引出形成离子束。在合适的气压下，使含有杂质的气体受到电子碰撞而电离，常用的杂质源有乙硼烷（B_2H_6）和磷化氢（PH_3）等。

离子源可分为等离子体离子源和液态金属离子源。掩膜方式需大面积平行离子束源，故通常采用等离子体离子源。等离子体的电离成分不到万分之一，其密度、压力和温度等物理量仍与普通气体相同，正、负电荷数相等，宏观上仍为电中性，但电学特性却发生了很大变化，成为一种电导率很高的流体。典型的有效源尺寸为 100μm，亮度为 10～100A/cm^2·sr。产生等离子体的方法有热电离、光电离和电场加速电离。大规模集成技术中使用的等离子体离子源，主要是由电场加速方式产生的，分为直流放电式和射频放电式。

聚焦方式需要高亮度小束斑离子源，而液态金属离子源是近几年发展起来的一种高亮度小束斑的离子源，其离子束经离子光学系统聚焦后，可形成纳米量级的小束斑离子束，从而使得聚焦离子束技术得以实现。液态金属离子源的典型有效源尺寸为 5～500nm，亮度为 106～107A/cm^2·sr。此技术可应用于离子注入、离子束曝光和刻蚀等。

应用液态金属时，要求液态金属既能与容器及钨针不发生任何反应，又能与钨针充分均匀地浸润，并且具有低熔点、低蒸气压，以便在真空及不太高的温度下既保持液态又不蒸发。能同时满足以上条件的金属只有镓、铟、金、锡等少数几种，其中镓是最常用的一种。

2. 质量分析器

反应气体可能会夹杂少量其他气体。从离子源吸取的离子，除了有需要的杂质离子外，还会有其他离子，需用质量分析器对从离子源出来的离子进行筛选。

质量分析器的核心部件是磁分析器，在相同的磁场作用下，不同荷质比的离子会以不同的曲率半径做圆弧运动，选择合适曲率半径，就可以筛选出需要的离子。荷质比较大的离子偏转角度太小、荷质比较小的离子偏转角度太大，都无法从磁分析器的出口通过，只有具有合适荷质比的离子才能顺利通过磁分析器，最终注入硅片中。

3. 加速系统

加速系统由加速器和聚焦器组成，为了保证注入的离子能够进入硅片，并且具有一定的射程，离子的能量必须满足一定的要求，因此离子需要进行电场加速。完成加速任务的是由一系列被介质隔离的加速电极组成的管状加速器。离子束进入加速器后，经过这些电极的连续加速，能量增大很多。

连接加速器的还有聚焦器，聚焦器就是电磁透镜，其作用是将离子束聚集起来，使得在传输离子时能有较高的效益，聚焦好的离子束才能确保注入剂量的均匀性。

4. 扫描系统

离子束是一条线状高速离子流，束斑约 1～3cm^2，必须通过扫描覆盖整个注入区。扫描方式有固定硅片、移动离子束或固定离子束、移动硅片。离子注入机的扫描系统有电子扫描、机械扫描、混合扫描以及平行扫描等几种系统，最常用的是电子扫描系统。

静电扫描系统由两组平行的静电偏转板组成，一组完成横向偏转，另一组完成纵向偏转。在平行电极板上施加电场，正离子就会向电压较低的电极板一侧偏转，改变电压大小就可以改变离子束的偏转角度。静电扫描系统使离子流每秒钟横向移动 15000 多次，纵向移动 1200 次。静电扫描过程中，硅片固定不动，大大降低了污染概率，而且带负电的电子和中性离子不会发生同样的偏转，这样就可以避免被掺入硅片当中。

5. 终端系统

终端系统就是硅片接受离子注入的地方，系统需要完成硅片承载与冷却、正离子中和以及离子束流量检测等功能。离子轰击导致硅片温度升高，冷却系统要对其进行降温，防止出现高温而引起的问题，分为气体冷却和橡胶冷却两种技术。冷却系统集成在硅片载具上，硅片载具有多片型和单片型两种。离子注入的是带正电荷的离子，注入时部分正电荷会聚集在硅片表面，对注入离子产生排斥作用，使离子束的入射方向偏转、离子束流半径增大，导致掺杂不均匀、难以控制；电荷积累还会损害表面氧化层，使栅的绝缘能力降低甚至击穿。解决的办法是用电子簇射器向硅片表面发射电子，或用等离子体来中和掉积累的正电荷。

5.3.4　离子注入的效应

相比扩散法掺杂，离子注入法掺杂具有加工温度低、浅结易制作、大面积注入均匀和易于自动化等优点。但离子注入会引发各种效应，当注入离子与靶晶体的某个晶向平行时，会出现沟道效应；由于离子穿透的各向异性会产生横向效应；注入过程中，注入样片的高能离子不断地与原子核及核外电碰撞，造成能量损失和大角度散射使靶原子核离开晶格位置，又会造成晶格损伤。当剂量很高时，甚至会使单晶硅严重损伤成为无定形硅。因此，离子注入时会采取一些措施避免上述情况的发生。例如，离子注入时偏离晶体的主轴方向，减少进入沟道的离子；同种离子尽可能以低能量注入，减少横向扩散的概率；离子注入结束以后进行退火处理，消除晶体中引入的结构缺陷，使靶材料恢复晶体状态，同时激活注入离子。

1. 沟道效应

入射离子与硅片之间有不同的相互作用方式，若离子能量够高，则多数被注入硅片内部；反之，大部分离子被反射而远离硅片。注入内部的原子会与晶格原子发生不同程度的碰撞，晶体排列的特性使得某些角度上有长距离的开口。离子进入的角度及通道如图5-30所示。假如注入离子运动方向与这些隧道般的开口相平行，即离子沿晶轴方向注入时，大部分离子将沿沟道运动，几乎不会受到原子核的散射，方向基本不变，这些注入的离子因不会与靶原子发生碰撞而深深地注入衬底之中，这就是沟道效应。

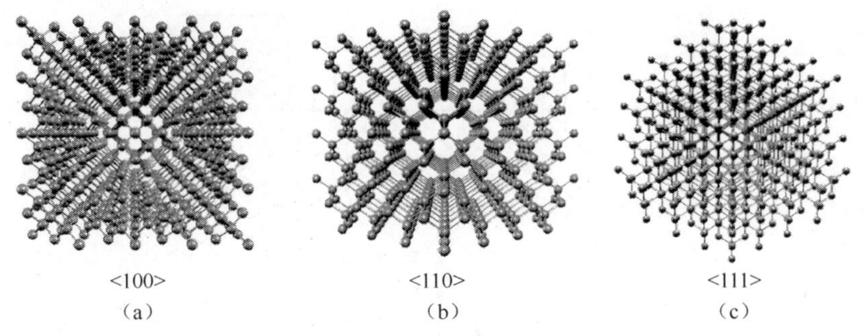

图5-30 离子进入的角度及通道

沟道效应将使离子注入的可控性降低，导致对注入离子在深度控制上有困难，使离子的注入距离超出预期的深度，使器件功能受损，甚至失效。因此，在离子注入时需要抑制沟道效应。减少沟道效应采取的主要措施如下。

（1）离子注入的运动方向倾斜一个角度，如沿沟道的轴向（110）偏离 7°～10°，减小开口。

（2）表面铺上一层非结晶的材质，使入射的离子在进入衬底前在非晶系层里与无固定排列方式的非晶系原子产生碰撞而散射，降低沟道效应的程度。

（3）进行一次轻微的离子注入，将晶片表面的晶体结构破坏成非晶态，再进行真正的离子注入。

（4）硅、锗、氟和氩等离子注入使表面预非晶化，形成非晶层。

（5）增加注入剂量（晶格损失增加，非晶层形成，沟道离子减少）。

（6）表面用二氧化硅层掩膜。

2. 横向效应

杂质与硅原子碰撞所产生的散射会造成杂质往横向注入。横向效应指的是注入离子在垂直入射方向平面内的分布情况。一束离子束沿垂直于靶面的 X 方向入射到非晶靶内，其在空间的分布函数 $f(x)$ 如下：

$$f(x,y,z)=\frac{1}{(2\pi)^{2/3}\Delta R_{\mathrm{P}}\Delta Y\Delta Z}\exp\left\{-\frac{1}{2}\left[\left(\frac{y}{\Delta Y}\right)^2+\left(\frac{z}{\Delta Z}\right)^2+\left(\frac{x-R_{\mathrm{P}}}{\Delta R_{\mathrm{P}}}\right)^2\right]\right\} \tag{5-53}$$

其中，ΔY 和 ΔZ 分别是 Y 方向和 Z 方向上的标准偏差。因为非晶靶各向同性，垂直入射离子在平面内分布对称，所以在 Y 方向和 Z 方向上的标准偏差等于横向标准偏差 $\Delta R_{\perp}$。

通过掩膜窗口注入的离子分布情况如图 5-31 所示。假设窗口中心为原点，窗口宽度为 $2a$，其浓度是掩膜边缘（即 $-a$ 和 $+a$）处浓度的一半。距离大于 $+a$ 和小于 $-a$ 处的浓度则按余误差函数下降。

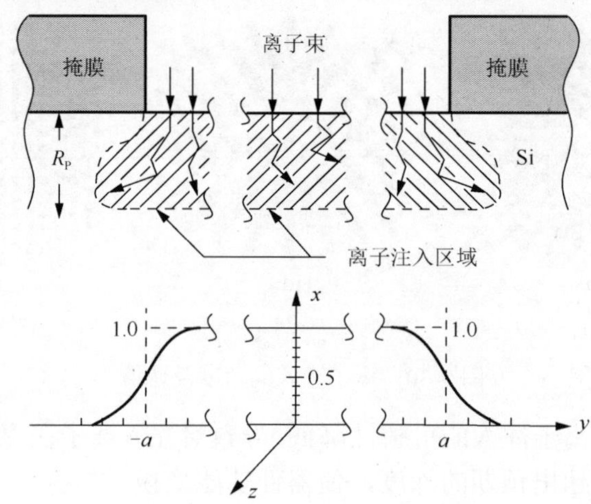

图 5-31 离子注入的横向分布

横向效应会直接影响 MOS 晶体管的有效沟道长度。横向效应与注入离子的种类及入射离子的能量有关。同种杂质，注入能量越高，横向效应显著；注入能量相同，较轻的杂质离子横向效应越严重[7]。

3. 注入损伤及退火

高能离子注入半导体靶时，与靶原子核发生碰撞，并把能量传输给靶原子，最后注入离子丧失能量而终止于靶中。在上述过程中，当传给靶原子的能量足够大时，可使靶原子发生位移，形成一个碰撞与位移的级联，从而在靶中形成无数空位与间隙原子。这些缺陷的存在使半导体中载流子的迁移率下降、少子寿命缩短，从而影响器件的性能。离子注入损伤示意图如图 5-32 所示。

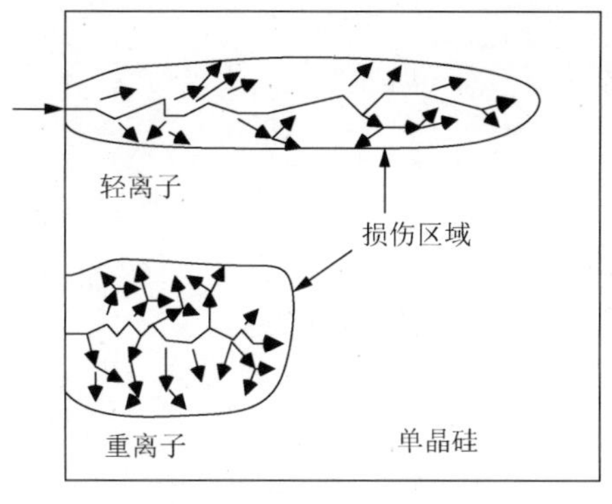

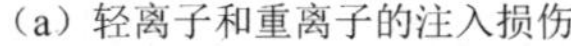
(a) 轻离子和重离子的注入损伤

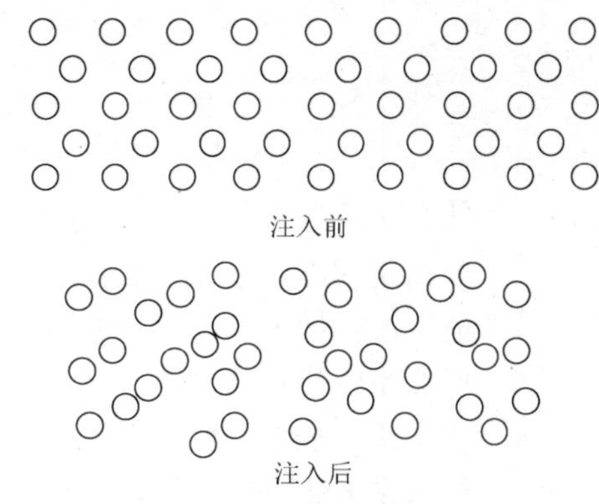

(b) 离子注入前后对比

图 5-32　离子注入损伤示意图

此外，注入的大部分离子不一定处在晶格格点上，它们没有活性。为了消除缺陷并激活注入的离子，注入后的样品必须进行退火。退火修复晶格缺陷需要500℃的温度，杂质的激活需要 950℃的高温，有高温炉退火和快速热退火（RTA）两种方法。高温炉退火是在 800～1000℃的高温下加热 30min，会导致杂质再分布，因此快速热退火是常用工艺。快速热退火采用快速升温并在 1000℃的高温下保持很短的时间，退火过程小于 1min，能够保证高温下，退火超越扩散，因此具有最小化杂质扩散的优点，可达到最佳效果。退火前后离子分布如图 5-33 所示。

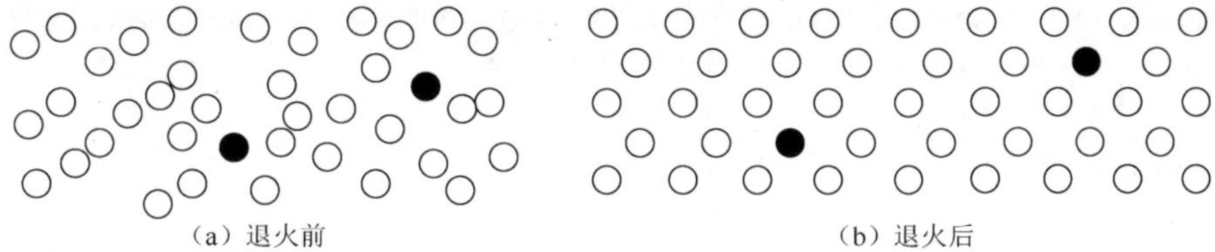
(a) 退火前　　(b) 退火后

图 5-33　退火前后离子分布示意图

5.3.5　离子注入的应用及展望

虽然等离子注入技术克服了传统离子注入技术的直射性问题，但仍然存在固有的浅注入层问题，限制了其广泛的应用。因此，欲获得较厚的改性层，等离子体注入技术必须与其他镀膜技术相结合，即复合镀膜技术。这种技术可在同一个真空腔或不同真空系统中进行，而且注入与沉积可同时或顺序进行，是目前国内外的重要发展趋势。

另外，为了实现等离子注入工艺进一步实用化，注入设备需不断改进，以适应不同用途的等离子注入工艺的需求，并朝着多元化、大电流、高电压、高温、大体积和多功能的方向发展。

习　　题

1．什么是扩散？扩散有哪几种形式？
2．什么是间隙式杂质？什么是替位式杂质？
3．恒定源扩散的杂质浓度服从什么分布，其缺点是什么？
4．什么是两步扩散法？
5．离子注入的主要特点。
6．什么是 LSS 理论？
7．注入离子的能量可分为几个区域？分别做出解释。
8．什么是沟道效应？怎么避免？
9．离子注入退火的目的和特点？

参考文献

[1] 王蔚, 田丽, 任明远. 集成电路制造技术: 原理与工艺[M]. 北京: 电子工业出版社, 2013.
[2] 刘恩科, 朱秉升, 罗晋生. 半导体物理学[M]. 7 版. 北京: 电子工业出版社, 2013.
[3] PLUMMER J D, DEAL M D, GRIFFIN P B. 硅超大规模集成电路工艺技术: 理论、实践与模型[M]. 严利人, 王玉东, 熊小义, 等译. 北京: 电子工业出版社, 2005.
[4] NEAMEN D A. 半导体物理与器件[M]. 赵毅强, 姚素英, 谢晓东, 等译. 4 版. 北京: 电子工业出版社, 2013.
[5] 关旭东. 硅集成电路工艺基础[M]. 北京: 北京大学出版社, 2009.
[6] 李惠军. 现代集成电路制造技术原理与实践[M]. 北京: 电子工业出版社, 2009.
[7] 史小波. 集成电路制造工艺[M]. 北京: 电子工业出版社, 2007.

第三篇　薄 膜 技 术

第6章　薄膜的物理制备

薄膜的物理制备通常为物理气相沉积（physical vapor deposition，PVD）技术，是指在真空条件下，采用物理方法将材料源——固体或液体表面气化成气态原子、分子或部分电离成离子，并通过低压气体或等离子体过程，在基片（或衬底）表面沉积具有某种特殊功能薄膜的技术。物理气相沉积早在20世纪初已有应用，但经过最近几十年的迅速发展，成为一种具有广阔应用前景的新技术，向着环保型、清洁型的趋势发展。目前，物理气相沉积技术制备薄膜的方法种类很多，按照沉积物理机制的差别，可分为真空蒸镀（vacuum evaporation）、溅射镀膜（sputter coating）、离子镀（ion plating）、分子束外延（molecular beam epitaxy，MBE）和脉冲激光沉积（pulsed laser deposition，PLD）等。

物理气相沉积不仅可沉积金属膜、合金膜，还可以沉积化合物、陶瓷、半导体和聚合物等膜。物理气相沉积具有过程简单，对环境友善、无污染、耗材少和成膜均匀致密，且与基片的结合力强等优点，在超大规模集成电路为主的电子学、太阳能电池、各种薄膜敏感元件和材料表面处理等领域有广泛的应用。

近年来，薄膜技术和薄膜材料的发展突飞猛进，成果显著。在原有基础上，物理气相沉积相继出现了不少新的先进亮点，如多弧离子镀与磁控溅射兼容技术、大型矩形长弧靶和溅射靶、非平衡磁控溅射靶、孪生靶技术和带状泡沫多弧沉积卷绕镀层技术以及条状纤维织物卷绕镀层技术等，镀膜设备向计算机全自动、大型化工业规模方向发展。

6.1　真空技术

由于薄膜尺寸、结构上的特殊性，加上对薄膜材料的高要求，薄膜材料的制备多数是在真空或较低的气压条件下进行的，如真空蒸镀、溅射镀、离子镀、分子束外延、激光脉冲沉积、低压化学沉积以及电子束、离子束表面改性等[1]。主要由于真空可以排除空气分子的不良影响，防止氧化脱碳，可减少气体、杂质的污染，提供清洁的工艺条件。另外，真空具有很好的绝热性能，还可降低气体分子之间的碰撞次数、物质的沸点和汽化点等。本节重点介绍真空的物理基础知识以及真空的获取和检漏测量等方法。

6.1.1　真空的概念

在真空科学中，真空的含义是指在给定的空间内低于一个大气压力

(101.3kPa）的气体状态，即每立方厘米空间中，气体分子数大约少于两千五百亿个的气体状态。真空并非空间没有物质存在，用现代抽气方法获得的最低压力，每立方厘米的空间里仍然会有数百个分子存在。真空状态下气体的稀薄程度是对真空的一种客观量度，最直接的物理量度是单位体积中的气体分子数。因为要精确地测定单位体积中的分子数很难实现，而单位面积上的压力却能直接或间接测量，所以真空度的高低通常都用气体的压强来表示。

压强的国际单位为帕斯卡（Pascal），简称帕（Pa），代表每平方米的压力为1N（1 Pa=1N/m^2），而早期人们使用的压强单位有毫米汞柱（mmHg）、托（Torr）、巴（Bar）、标准大气压（atm）和磅力每平方英寸（psi）等。为了便于计算，表 6-1 给出了几种压强单位之间的换算关系。

表 6-1　几种压强单位的换算关系

单位名称	帕（Pa）	毫米汞柱（mmHg）	托（Torr）	巴（Bar）	标准大气压（atm）	磅力每平方英寸（psi）
1Pa	1	7.501×10^{-3}	7.501×10^{-3}	1×10^{-5}	9.869×10^{-6}	1.450×10^{-4}
1mmHg	133.322	1	1	1.333×10^{-3}	1.316×10^{-3}	1.934×10^{-2}
1Torr	133.322	1	1	1.333×10^{-3}	1.316×10^{-3}	1.934×10^{-2}
1Bar	1×10^5	750	750	1	0.986923	14.5038
1atm	1.013×10^5	760	760	1.013	1	14.6959
1psi	6.895×10^3	51.715	51.715	6.895×10^{-2}	6.805×10^{-2}	1

随着气态空间中气体分子密度的减小，气体的物理性质发生了明显的变化。为满足各种不同的真空工艺，达到生产及科学研究的需要，通常基于压强的高低、气体性质的变化，将真空划分为以下几个区域，如表 6-2 所示。

表 6-2　真空区域的划分

真空区域	压力/Pa	气体性质
粗真空	$1\times10^5\sim1\times10^3$	相比常压状态，分子数目由多变少，分子仍以热运动为主，分子之间碰撞频繁
低真空	$1\times10^3\sim1\times10^{-1}$	气体分子的流动逐渐从黏滞流状态向分子状态过渡，气体分子之间和分子与器壁之间的碰撞次数差不多
高真空	$1\times10^{-1}\sim1\times10^{-6}$	分子间相互碰撞极少，分子与器壁间碰撞频繁
超高真空	$1\times10^{-6}\sim1\times10^{-10}$	气体分子数目更少、几乎不存在分子间的碰撞，分子与器壁的碰撞机会也更少
极高真空	$<10^{-10}$Pa	气态空间中只有固体本身的原子，几乎没有其他原子或分子的存在

6.1.2　真空的获取

通常把能够利用各种方法在某一封闭空间中产生、改善和维持真空的装置，或机械、物理、化学或物理化学的方法对被抽容器进行抽气而获得真空的器件或设备称为真空获得设备或真空泵。随着真空技术的发展，真空泵种类很多，抽速可从每秒零点几升到每秒几十万升甚至几百万升；获得压力可从大气压力 10^5Pa

到 10^{-14}Pa 以上的超高真空，宽达 19 个数量级的压力范围。因此，任何一种类型的真空泵都不可能完全适用于所有的工作压力范围，只能根据不同的工作压力范围和工作要求，使用不同类型的真空泵。为满足各种真空工艺过程的需要，有时将各种真空泵按其性能要求组合起来，以机组形式应用。

真空设备装置主要包括机械真空泵、蒸气流真空泵和气体捕集式真空泵三类。其中，前两种是通过某些机构的运动把气体直接从密闭容器中排出，属于气体传输泵；后一种是通过物理、化学等方法将气体分子吸附或冷凝在低温冷板表面上，以达到所需的真空度，属于气体捕获泵，不采用油为介质，故也称无油泵。按所能获得真空度的高低，从一个大气压下开始抽气，只能获得较低真空度的真空泵称为前级泵；而那些不能从大气压下开始抽气，只能从低真空度抽到高真空度的真空泵称为次级泵。

1. 机械真空泵

凡是利用机械运动（转动或滑动）以获得真空的泵，称为机械真空泵。机械真空泵按其工作原理及结构特点，可分为变容真空泵和分子真空泵。

1）变容真空泵

变容真空泵是利用机械方法不断地改变泵内吸气空腔的容积，使气体在排出泵腔前被压缩，被抽容器内气体的体积不断膨胀，从而获得真空的泵，有往复式及旋转式两种。

往复式真空泵利用泵腔内活塞往复运动，将气体吸入、压缩并排出，也称为活塞式真空泵[2]。往复式真空泵属于低真空获得设备，用以从内部压力等于或低于一个大气压的容器中抽除气体，被抽气体的温度一般不超过 35℃。往复式真空泵的极限压力，单级为 4×10^2～10^3Pa，双级可达 1Pa。往复式真空泵多用于真空浸渍、钢水真空处理、真空蒸馏、真空结晶和真空过滤等方面抽除气体。

往复式真空泵的工作原理，如图 6-1 所示。泵的主要部件是气缸及在其中做往复直线运动的活塞，除此还包括曲柄连杆机构、排气阀和吸气阀等装置。真空泵运转时，在电动机的驱动下，通过曲柄连杆机构的作用，使气缸内的活塞做往复运动。当活塞在气缸内从左端向右端运动时，由于气缸的左腔体积不断增大，气缸内气体的密度减少，形成抽气过程，此时工作室中的气体经过吸气阀进入泵体左腔。当活塞达到最右端时，气缸内就完全充满了气体。接着活塞从右端向左端运动，此时吸气阀关闭。气缸内的气体随着活塞从右向左运动而逐渐被压缩，当气缸内气体的压强达到或稍大于一个大气压时，排气阀被打开，将气体排入大气，完成一个工作循环。当活塞再自左向右运动时，又吸进一部分气体，重复前一循环，如此反复下去，直到被抽容器内的气体压力达到要求为止。

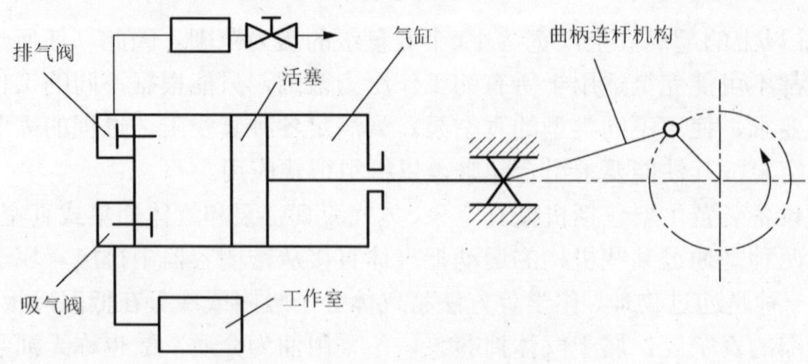

图 6-1　往复式真空泵的工作原理图

旋转式真空泵利用泵腔内转子部件的旋转运动将气体吸入、压缩并排出。旋转式真空泵大致有油封式真空泵、液环真空泵、干式真空泵和罗茨真空泵几种。下面以单级旋片式真空泵为例，简单介绍油封式真空泵的基本结构和工作原理。单级旋片式真空泵主要由定子、转子、旋片和弹簧组成，如图 6-2 所示[3]。定子为一圆柱形空腔，空腔上装着进气管和排气阀，转子顶端保持与空腔壁相接触，转子上开有槽，槽内安放由弹簧连接的两个刮板。当转子旋转时，两刮板的顶端始终沿着空腔的内壁滑动。为保证机械泵的良好密封和润滑，排气阀浸在密封油里以防止大气流入泵中。油通过泵体上的缝隙、油孔及排气阀进入泵腔，使泵腔内所有的运动表面被油覆盖，形成了吸气腔与排气腔之间的密封。此外，油还充满了泵腔内的一切有害空间，以消除对极限真空的影响。工作时，转子沿着箭头所示方向进行旋转，进气口方面容积逐渐扩大而吸入气体，同时逐渐缩小排气口方面容积，将已吸入气体压缩从排气口排出。

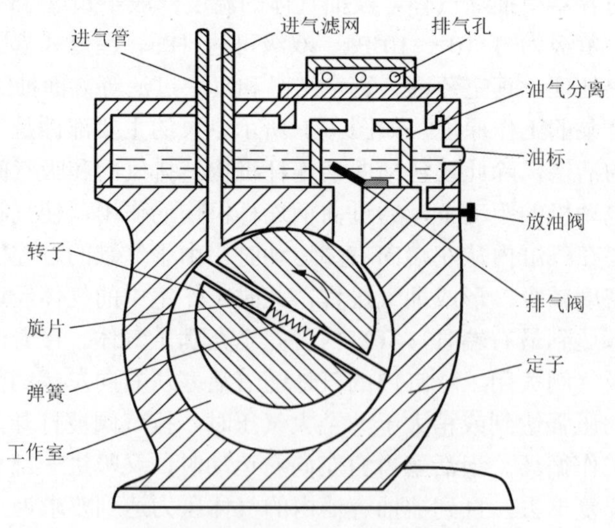

图 6-2　单级旋片式真空泵的结构

2）分子真空泵

分子真空泵是在 1911 年由德国人盖德（Gaede）最早发明，使机械真空泵在抽气机理上有了新的突破。分子真空泵的抽气机理与容积式机械泵靠泵腔容积变化进行抽气的机理不同，分子真空泵是在分子流区域内靠高速运动的刚体表面传递给气体分子以动量，使气体分子在刚体表面的运动方向上产生定向流动，从而达到抽气的目的。分子真空泵可分为牵引泵、涡轮分子泵和复合分子泵三大类。牵引泵的结构最简单、转速较小，压缩比大；涡轮分子泵则可分为敞开叶片型和重叠叶片型，前者转速高、抽速也较大，后者则相反；复合型分子泵融合牵引泵较高的压缩比与涡轮分子泵较大的抽速，有效地提高了分子泵的出口压力。下面以涡轮分子泵为例介绍分子真空泵的基本结构和工作原理。

涡轮分子泵主要由泵体、带叶片的转子（即动叶轮）、静叶轮和驱动系统等组成。图 6-3 为立式涡轮分子泵的结构示意图[4]。涡轮分子泵的转子叶片具有特定的形状，叶片的转速为 10000～50000r/min，将动量传给气体分子使其产生定向运动，从而实现抽气目的。涡轮分子泵有很多级叶片，上一级叶片输送过来的气体分子又会受到下一级叶片的作用继续被压缩至更下一级。涡轮分子泵是靠高速转子叶片对气体分子施加作用力，使气体分子向特定的方向运动。涡轮分子泵就是利用这一现象工作的，靠高速运转的转子碰撞气体分子并把它驱向排气口，由前级泵抽走，使被抽容器获得超高真空。

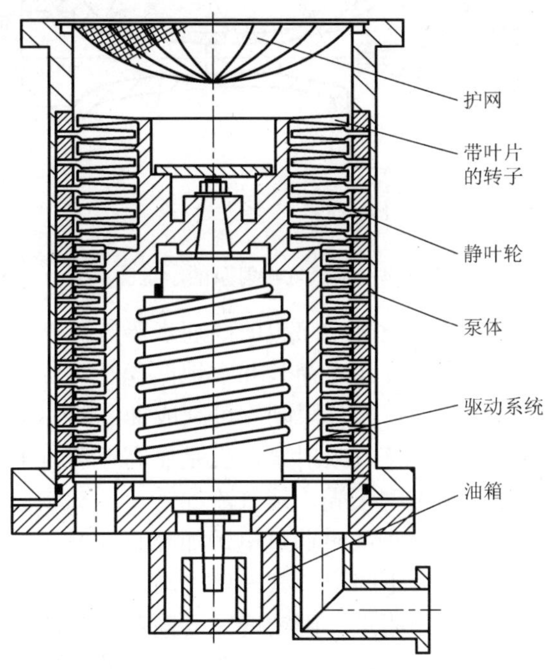

图 6-3　立式涡轮分子泵的结构示意图

涡轮分子泵的极限真空可以达到 10^{-8}Pa 量级，抽速可达到 1000L/s，工作压强为 $10^{-8}\sim10^{-1}$Pa。涡轮分子泵还具有激活快、能抗各种射线的照射、耐大气冲击、无气体存储和解吸效应、无油蒸气污染或污染很少等优点，能获得清洁的超高真空。涡轮分子浆适用于要求清洁的高真空和超高真空的仪器及设备上，也可作为离子泵、升华泵等气体捕集超高真空泵的前级预抽真空泵。

2. 蒸气流真空泵

蒸气流真空泵是一种用蒸气流作为抽气介质来获得真空的设备，主要包括水蒸气喷射泵、油扩散泵和油增压泵（油扩散喷射泵）等[5]。抽气机理都是高速运动的蒸气流与被抽气体混合进行能量交换而实现抽气作用。

水蒸气喷射泵主要由喷嘴、混合室、喉管和扩散管等组成，构成了一条断面变化的特殊气流管道，如图 6-4 所示。在这个特殊的管道中，蒸气经过喷嘴的出口到扩散管入口之间的混合室。由于蒸气流处于高速而出现一个负压区，此处的负压要比工作蒸气压强和排出口压强低得多。被抽气体吸进混合室，工作蒸气和被抽气体相互混合并进行能量交换，把工作蒸气由压力能转变来的动能传给被抽气体，形成的混合气体以亚音速排出泵体。

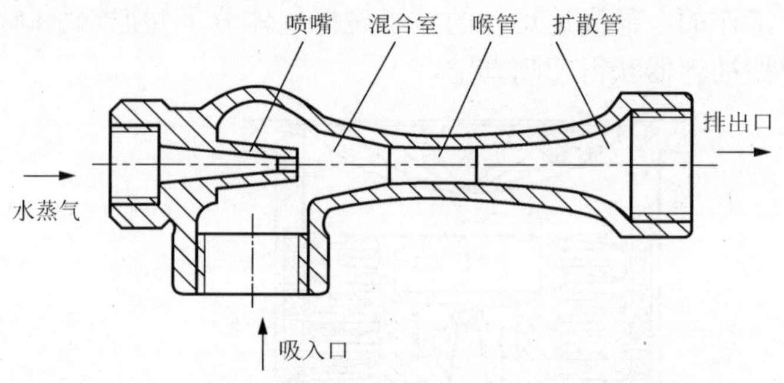

图 6-4　水蒸气喷射泵的示意图

水蒸气喷射泵主要依靠从喷嘴中喷出的高速水蒸气流携带气体，不仅具有结构简单、重量轻、工作可靠、使用寿命长和占地面积小等优点，而且无机械运动部分，不受摩擦、润滑和振动等条件限制，可制成抽气能力很大的泵。

油扩散泵工作原理类似水蒸气喷射泵，也是靠高速蒸气射流来携带气体以达到抽气的目的。油扩散泵由鼓型泵壳、蒸气流导管、冷却水套、气相加热器和泵液等组成，如图 6-5 所示。油扩散泵通过电炉加热泵体下部的专用油，沸腾的油蒸气沿着伞形喷口以超音速向上喷射，其速度逐渐增大，压力及密度逐渐降低，射流上面的被抽气体（进气口附近）因密度差要向蒸气射流中扩散，并被射流携带到水冷的泵壁处，因此被抽气体分子就沿蒸气流束的方向高速运动，即不断向泵体下部运动，经三级喷嘴逐级连续的作用，将被抽气体压缩到低真空端，并由机械泵抽走。工作蒸气大部分被冷凝成油滴沿泵壁流回到油锅中循环使用。

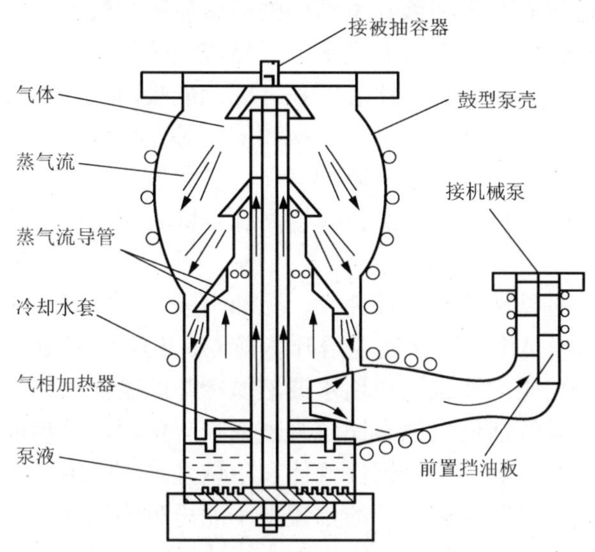

图 6-5　油扩散泵的工作原理图

油扩散泵的工作压强为 10^{-2}～10^{-6} Pa，通常作为次级泵使用，以满足出口压强（最大 40Pa）。如果出口压强高于规定值，抽气作用就会停止。这是由于在这一压强下，可以保证绝大部分气体分子以定向扩散形式进入高速蒸气流。此外，油扩散泵在较高空气压强下加热，会导致具有大分子结构的扩散泵油分子氧化或裂解。

油增压泵工作原理类似油扩散泵，也是依靠工作射流来携带气体，不同之处是油增压泵的射流是依靠被抽气体与蒸气射流之间的黏滞摩擦来携带气体进行抽气。

3. 气体捕集式真空泵

气体捕集式真空泵是一种使气体分子被吸附或凝结在泵内表面上的真空泵，可分为吸附泵、吸气剂泵、吸气剂离子泵和低温泵四类[6]。吸附泵是依靠具有大表面积的吸附剂的物理吸附作用来抽气的一种气体捕集式真空泵，如分子筛吸附泵；吸气剂泵是一种利用吸气剂以化学方式捕获气体的真空泵，吸气剂通常是以块状或沉积新鲜薄膜形式存在的金属或合金，如钛升华泵和锆铝吸气泵等；吸气剂离子泵是使被电离的气体通过电场或电磁场的作用吸附在吸气材料的表面上，以达到抽气的目的，主要包括蒸发离子泵和溅射离子泵两种；低温泵是利用低温表面捕集气体的真空泵。下面主要介绍几种典型的气体捕集式真空泵。

1）分子筛吸附泵

分子筛吸附泵是一种在低温条件下靠分子筛的物理吸附作用实现抽气的真空泵。分子筛（人造沸石）为多微孔型结构的碱金属铝硅酸盐，体内有许多空腔状晶胞，其间有微孔相通。在液氮温度下，气体或液体分子通过微孔吸附于晶胞空腔的内表面上。分子筛有很大的比表面积，因此能吸附大量的气体和液体。分子筛除有吸附作用外，还有筛分、离子交换和催化等作用。分子筛对气体是物理吸附，其过程是可逆的。在低温下吸附的气体，在温度回升时则逐渐解吸。分子筛吸附泵常用作无油真空机组的前级泵或超高真空机组的维持泵。

2）钛升华泵

钛升华泵是一种结构简单、抽速大、无油污染、抗辐射和无振动噪声的高真空泵。钛升华泵原理是由控制器通电给升华器（或热丝），使钛加热到足够高的温度直接升华，升华出来的钛沉积在用水或液氮冷却的表面上，形成新鲜的钛膜，对氮、氧和一氧化碳等活性气体有比较强烈的吸附作用，并形成氮化钛、碳化钛和氧化钛等稳定的化合物，但对惰性气体和甲烷几乎不吸附。钛膜吸附气体只能是单分子层的，在已吸附气体分子的位置上不能再吸附气体。钛升华器必须不断地升华，不断地沉积新的钛膜，才能达到连续抽气的目的。

3）溅射离子泵

溅射离子泵又称潘宁泵，主要由阳极、阴极、永磁铁和泵体四大部分组成。溅射离子泵的工作原理是靠高压阴极发射出的高速电子与残余气体分子相碰撞后引起气体电离放电，而电离后的气体分子在高速撞击阴极时又会溅射出大量的钛原子。钛原子的活性很高，因此它将以吸附或化学反应的形式捕获大量的气体分子并使其在泵体内沉积下来，从而在真空室内实现无油的高真空环境。

4）低温泵

低温泵是利用低温（低于100K）表面冷凝和吸附气体来获得和保持真空的泵，又称冷凝泵。在低温泵内设有由液氦或制冷机冷却到极低温度的冷板，使气体凝结，并保持凝结物的蒸气压力低于泵的极限压力，从而达到抽气作用。如果按低温介质的供给方式分类，可分为贮槽式、连续流动式和闭循环小型制冷机三种。低温泵可以获得抽气速率最大、极限压力最低的清洁真空，广泛应用于半导体和集成电路的研究和生产，以及分子束研究、真空镀膜设备、真空表面分析仪器、离子注入机和空间模拟装置等方面。

6.1.3　真空的检漏

真空检漏就是检测真空系统的漏气部位及其大小的过程[7]。

漏气也称实漏，是气体通过系统上的漏孔或间隙从高压侧流到低压侧的现象。相对实漏而言，材料放气、解吸、凝结气体的再蒸发、气体通过器壁的渗透及系统内死空间中气体的流出等原因引起真空系统中气体压力升高的现象称为虚漏。

检漏方法根据被检件所处的状态可分为充压检漏法、真空检漏法及其他检漏法。

充压检漏法是指在被检件内部充入一定压力的示漏物质，如果被检件上有漏孔，示漏物质便从漏孔漏出，用一定的方法或仪器，如声音、气泡或氨敏纸，在被检件外部检测出从漏孔漏出的示漏物质，从而判定漏孔的存在、位置及漏率的大小。

真空检漏法是指被检件或检漏器的敏感元件处于真空状态，如热导真空计、电离真空计和高频火花枪等，在被检件的外部施加示漏物质，如果有漏孔，示漏物质就会通过漏孔进入被检件和敏感元件的空间，由敏感元件检测出示漏物质，从而可以判定漏孔的存在、位置和漏率的大小。对于玻璃真空系统，高频火花枪是一种较为常用的检漏方式。由于空气比玻璃导电性好，火花就向导电性能好的地方去，从而形成一细长的白色火花束，指向漏气所在处。通过气体放电的颜色，可粗略估计系统中的真空度，如表 6-3 所示。

表 6-3　用火花枪估计真空度

真空度	10Pa	1Pa	0.1Pa	10^{-2}Pa
放电颜色	紫红	淡红	淡灰	玻璃壁上出现淡绿色荧光

其他检漏法是指被检件既不充压也不抽真空，或其外部受压等方法。

6.1.4　真空的测量

真空测量就是真空度的测量，而真空度是指低于大气压强的气体稀薄程度[8]。真空度的高低是以压强来计量的，压强所采用的法定计量单位是 Pa。压强高意味着真空度低；反之，压强低与真空度高相对应。

本书所述压强的测量是指比大气压强小得多的气体压强测量。用以探测低压空间稀薄气体压强所用的仪器称为真空计。其中，直接读取气体压强，其压强响应（刻度）可通过自身几何尺寸计算出来或由测力确定的仪器称为绝对真空计，包括 U 形管压力计、压缩式真空计和热辐射真空计等；通过测量与气体压强变化引起的物理现象，间接地反映气体压强的大小的仪器称为相对真空计，包括热传导真空计和电离真空计等。实际上，在真空系统的真空度测量中，除极少数低真空采用直接测量方法外，绝大多数采用间接测量方法。下面仅介绍一些常用的真空计。

1. 常用的真空计

1）热传导真空计

热传导真空计是利用气体分子热传导与压强有关的物理现象制成间接测量气

体压强的真空计。热传导真空计是在玻璃管中安装一根热丝，给热丝通电发热，使其温度高于周围气体和管壳的温度，于是在热丝和管壳之间产生热传导。当达到热平衡时，热丝的温度取决于气体热传导。气体压力越高，传导的热量就越多，平衡温度也就越低。由此可知，热丝温度与气体压强存在着一定的对应关系，通过测量热丝的温度，便可计算出气体的压强。

根据热丝温度测量方法的不同，热传导真空计可以分为三种。利用热丝随温度变化的线膨胀性质制成的膨胀式真空计。利用热丝电阻随温度变化的性质制成的电阻真空计，如图 6-6 所示，又称皮拉尼真空计。在电阻真空计中也有用热敏电阻代替金属热丝的，此种真空计称为热敏电阻真空计，其灵敏度较高，但稳定性较差。利用热电偶直接测量热丝的温度变化制成的热偶真空计，如图 6-7 所示。其中，电阻真空计和热偶真空计是目前粗真空和低真空测量中用得最多的两种真空计。

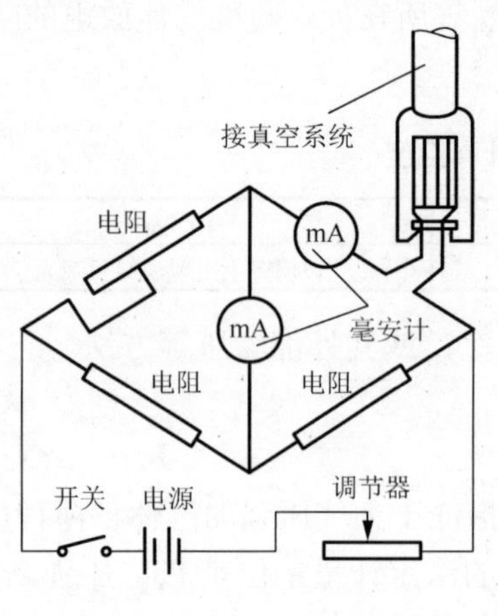

图 6-6　皮拉尼真空计

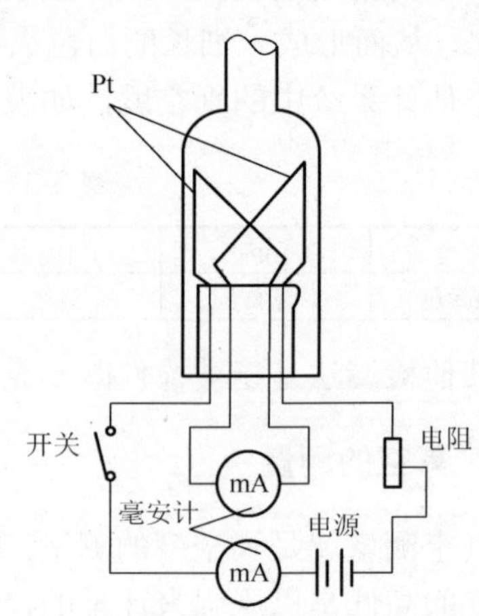

图 6-7　热偶真空计

2）热阴极电离真空计

电离真空计是基于一定条件下，待测气体的压力与气体电离产生的离子流呈正比关系的原理制作的真空计。按照电离方式的不同，电离真空计可分为依靠高温阴极热电子发射原理的热阴极电离真空计和利用高压放电原理的冷阴极电离真空计。热阴极电离真空计的规管是一个三极管，如图 6-8 所示，管内有阴极、栅极和收集极。收集极电位相对于阴极为负电位，栅极相对于阴极为正电位。当电离规管通电加热后，阴极发射电子，在电子到达栅极的过程中，碰撞气体分子产生正离子和电子的电离现象。当发射电流一定时，正离子数目与被测气体压强成正比。正离子被收集极收集后，根据收集到离子数的多少，就可以确定被测量空间的压强大小。

在压强大于 10^{-1}Pa 时，虽然气体分子密度增加，电子与分子的碰撞数增加，但能量下降，电离概率降低。当压强增加到一定程度时，电离作用达到饱和，使曲线偏离线性，故测量的上限为 10^{-1}Pa。在压强小于 10^{-6}Pa 时，具有一定能量的高速电子打到栅极，产生软 X 射线，当其辐射到离子收集极时，将自己的能量也交给金属中的自由电子，会使自由电子逸出金属而形成光电流，导致离子流增加，此时测得的离子流是离子电流与光电流之和。当二者在数值上可比拟时，曲线将偏离线性，因此 10^{-6}Pa 就成为测量的下限压强值。因此，热阴极电流真空计的测量范围一般为 10^{-6}～10^{-1}Pa。部分型号的热阴极电离真空计将收集极改为线针状，把灯丝放在加速极外边，使收集极受软 X 射线辐射的面积减少，可用于测量更高的真空度，约为 10^{-10}Pa。

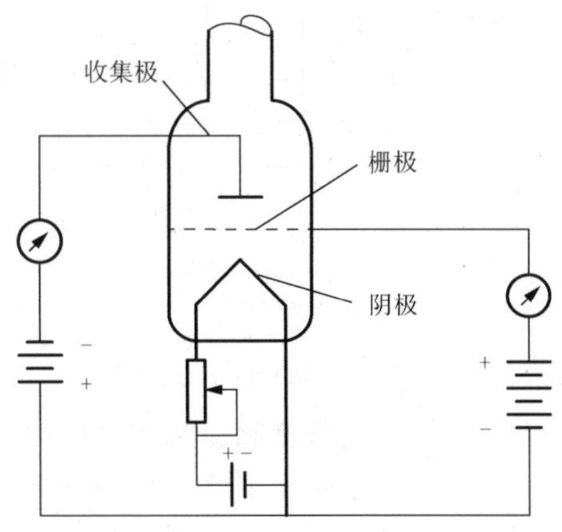

图 6-8　热阴极电离真空计原理图

3）冷阴极电离真空计

冷阴极电离真空计是以冷阴极取代热阴极作为电离真空计的离子源，利用低压力下气体分子的电离与压力有关的特性，用放电电流进行真空度的测量，俗称冷规。冷规由规管和测量线路两部分组成，这种真空计规管中的电子是在平行电磁场或正交电磁场作用下维持放电而进行工作的，因此也称为磁放电真空计。冷规主要有两大类型，即电场与磁场方向相互平行的普通型冷阴极电离真空计和电场与磁场方向相互垂直的磁控管式冷阴极电离真空计。而后者又分为倒置磁控管式和正置磁控管式两种类型。

图 6-9 为普通型冷阴极电离真空计的原理图，在一个玻璃管内封装两块平行的金属平板作阴极，在阴极之间装设一个环状阳极。冷阴极电离真空计是靠冷发射，如场致发射、光电发射、气体被宇宙射线电离，产生的少量初始自由电子，在电场的作用下向阳极运动，但由于正交磁场的存在，也将施力于运动的电子，从而改变电子的运动轨迹。在电、磁场的共同作用下，电子沿螺旋形轨道

迂回地飞向阳极，这种运动轨迹实际上是一个在阳极面上具有摆线投影的曲线，大大延长了电子到达阳极的路程，使碰撞气体分子的机会增多。电子碰撞气体分子时，有一部分为电离碰撞，电离后形成的正离子在阴极上打出的二次电子，也受电场和磁场的共同作用而参与这种运动，使电离过程连锁进行，在很短时间内雪崩式地产生大量的电子和离子，这样就形成了自持气体放电，一般称为潘宁放电。

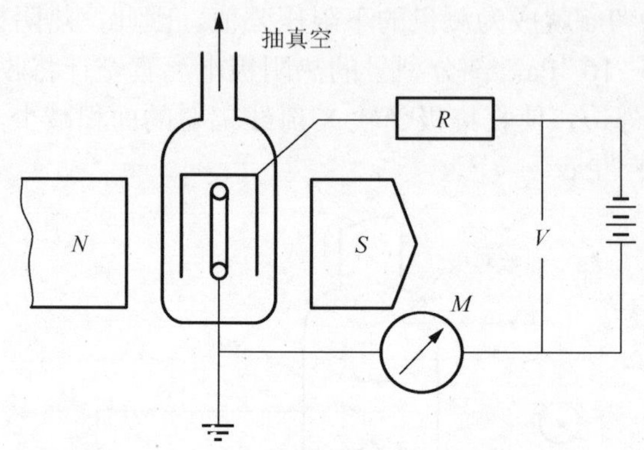

图 6-9　普通型冷阴极电离真空计的原理图

冷阴极电离真空计压强测量范围一般为 $1\sim10^{-5}$Pa。相比热阴极电离真空计，冷阴极电离真空计具有结构简单、灵敏度高、响应速度快和工作稳定等优点。冷阴极电离真空计没有与压强无关的本底光电流。限制其下限延伸的是场致发射；测量上限主要受限流电阻及在高压力时，电子与离子复合概率增加等限制。

真空系统暴露于大气后，电离规玻璃泡和电极表面会吸附很多气体，将影响测量精度。为消除这种影响，在测量前必须对规管进行除气。电离规管除气采用烘烤方法，即给灯丝和栅极分别通电加热，板极则采用高频感应加热或电子轰击，使气体在测量前被释放出来。一般电离真空计都具有除气功能，当真空度大于 1×10^{-2}Pa 时，按要求对电离规管进行除气。

2. 真空计测量范围

压力测量中，除极少数直接测量外，绝大多数是间接测量。就是先在被测气体中引起一定的物理现象，然后再测量这一过程中与压力有关的物理量，进而设法确定压力值。

任何具体物理现象与压力的关系，都是在某一压力范围内才最显著，超出这个范围，关系就变弱了。因此，任何方法都有其一定的测量范围，这个范围就是真空计的“量程”。近代真空技术所涉及的压力范围宽达 19 个数量级（$10^5\sim10^{-14}$Pa），没有任何一种真空计能测量如此宽的压力范围，因此总是使用几种真空计（表 6-4）分别管辖一定的区域。但由于各种真空计在原理上的差异，在相互衔接的区域，会造成较大的误差。

另外，在被测空间引起一定物理现象，即从测量的角度出发，本需要一种单纯的物理现象，有时却不可避免地带来一系列寄生现象，不但给测量带来误差，有时还会掩盖住主要现象。为改善真空计性能及提高真空测量准确度，必须突出主要现象，抑制寄生现象。

表 6-4　一些真空计的压力测量范围

真空计名称	测量范围/Pa	真空计名称	测量范围/Pa
水银 U 形管	10^5～10	高真空电离真空计	10^{-1}～10^{-5}
油 U 形管	10^4～1	高压力电离真空计	10^2～10^{-4}
光干涉油微压计	1～10^{-2}	B-A 计	10^{-1}～10^{-8}
压缩式真空计（一般型）	10^{-1}～10^{-3}	宽量程电离真空计	10～10^{-8}
压缩式真空计（特殊型）	10^{-1}～10^{-5}	放射性电离真空计	10^5～10^{-1}
弹性变形真空计	10^5～10^2	冷阴极磁放电真空计	1～10^{-5}
薄膜真空计	10^5～10^{-2}	磁控管型电离真空计	10^{-2}～10^{-11}
振膜真空计	10^5～10^{-2}	热辐射真空计	10^{-1}～10^{-5}
热传导真空计（一般型）	10^2～10^{-1}	分压力真空计	10^{-1}～10^{-14}
热传导真空计（对流型）	10^5～10^{-1}		

6.2　真空蒸镀

真空蒸发（vacuum evaporation）镀膜，简称真空蒸镀。真空蒸镀的主要物理过程是通过加热使材料源变成气态，故该方法又称热蒸发。真空蒸镀基本原理是在真空条件下，采用电阻加热，高频感应加热，电子束、激光束、离子束高能轰击镀料的方法，使材料源，如金属、金属合金或化合物蒸发成气相，形成蒸气流，入射到固体衬底或基片的表面，凝结形成固态薄膜的方法。真空蒸镀是物理气相沉积法中使用最早的技术，是 1857 年首先由 Farady 采用的最简单的制膜方法。

在真空蒸镀的过程中，为抑制或避免材料源与蒸发加热皿发生化学反应，改用耐热陶瓷坩埚，如氮化硼坩埚；为蒸发低蒸气压物质，采用电子束加热源或激光加热源；为制备成分复杂或多层复合薄膜，发展出多源共蒸发或顺序蒸发法；为制备化合物薄膜或抑制薄膜成分对材料源的偏离，开发出反应蒸发法。

6.2.1　真空蒸镀的原理

如图 6-10 所示，真空蒸发装置主要由真空室、排气系统、加热装置和基片加热器等构成。真空室为蒸发过程提供必要的真空环境，在真空状态下将材料源加热后，达到一定的温度即可蒸发；基片用于接收蒸发物质并在其表面形成固态蒸发薄膜。真空蒸发镀膜包括以下三个基本过程。

1）相变过程

加热过程为凝聚相转变为气相（固体或液相—气相）的相变过程，即每种蒸发物质在不同温度时有不相同的饱和蒸气压；蒸发化合物时，其组分之间发生反应，其中有些组分以气态或蒸气形式进入蒸发空间。

2）输运过程

气化原子或分子在蒸发源与基片之间的输运过程，即粒子在环境气氛中的飞行过程。飞行过程中与真空室内残余气体分子发生碰撞的次数，取决于蒸发原子的平均自由程，以及蒸发源到基片之间的距离，常称为源-基距。

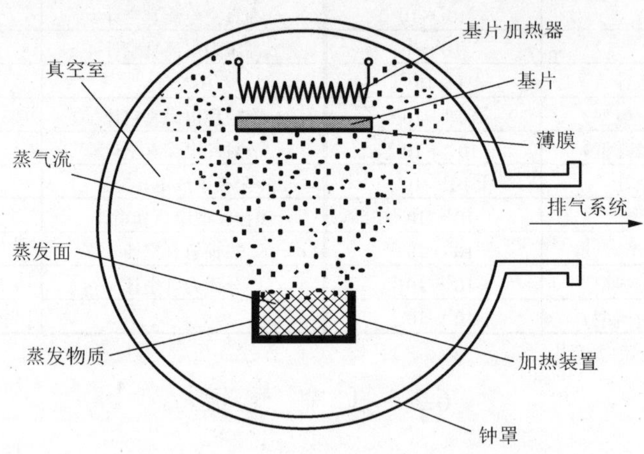

图 6-10　真空蒸发镀膜的原理图

3）沉积过程

蒸发原子或分子在基片表面上的沉积过程，即蒸发凝聚、成核、核生长，形成连续薄膜的过程。基片温度远远低于蒸发源温度，因此淀积物分子在基片表面将直接发生从气相到固相的转变过程。

在沉积过程中，黏附在基片表面的原子或分子由于热运动可沿表面移动，若碰上其他原子便积聚成团。这种团最易于发生在基片表面应力高的地方或在基片的解理阶梯上，由于这使吸附原子的自由能最小。进一步的淀积使上述岛状的团即晶核不断扩大，直至展延成连续的薄膜。真空蒸发多晶薄膜的结构和性质，与蒸发速度、衬底温度有密切关系。一般说来，衬底温度越低，蒸发速率越高，膜的晶粒越细越致密。

6.2.2　真空蒸镀的分类及特点

真空蒸镀是在真空室中，加热蒸发源使材料源表面的原子或分子气化逸出，形成蒸气流入射到固体表面，凝结形成固态薄膜。蒸发源是蒸发装置的重要部件，主要作用是用来加热形成薄膜的材料源。大多数金属材料需要在 1000～2000℃高温下蒸发。按加热方式，可将真空蒸发镀膜分为电阻、电子束、高频感应和激光束等几种蒸发源蒸气度方式[9]。

1. 电阻蒸发源蒸镀

采用钽、钼和钨等高熔点的金属，做成适当形状的电阻蒸发源，装入材料源，让气流通过，对材料源进行直接加热蒸发，或者把材料源放入氧化铝、氧化铍等坩埚中进行间接加热蒸发，这就是电阻蒸发源蒸镀。

电阻加热的方式必须考虑材料源与蒸发源之间的“浸润性”问题，浸润性与材料源的表面能大小有关。高温熔化材料源在蒸发源上有扩展倾向，表明材料源和蒸发源之间的亲和力比较强、容易发生浸润、蒸发状态稳定，称为面蒸发源的蒸发；反之，若高温熔化材料源在蒸发源上有凝聚而接近于形成球形的倾向，难于浸润，称为点蒸发源的蒸发。此时采用丝状蒸发源时，材料源就容易从蒸发源上掉下来。

电阻蒸发源蒸镀的镀膜机结构简单、造价便宜、使用可靠，可用于熔点不太高的材料源的蒸发镀膜，尤其适用于对镀膜质量要求不太高的大批量的生产。迄今为止，在镀铝制膜的生产中仍然大量使用着电阻加热蒸发的工艺。然而，电阻加热所能达到的最高温度有限，加热器的寿命也较短。近年来，为了提高加热器的寿命，国内外已采用寿命较长的氮化硼合成的导电陶瓷材料作为加热器。

2. 电子束蒸发源蒸镀

电子束蒸发源蒸镀是真空蒸发镀膜的一种，是在真空条件下利用电子束进行直接加热蒸发材料源，使材料源气化并向基片输运而凝结形成薄膜。在电子束加热装置中，被加热的物质放置于水冷的坩埚中，可避免材料源与坩埚壁发生反应影响薄膜的质量。因此，电子束蒸发沉积可以制备高纯薄膜。在蒸发沉积装置中可安置多个坩埚，实现同时或分别蒸发，沉积多种不同的物质。通过电子束蒸发，任何材料都可以被蒸发，不同材料需要采用不同类型的坩埚以获得所要达到的蒸发率。根据电子束蒸发源的形式不同，又可将电子束蒸发源蒸镀法分为环形枪、直枪、e 型枪和空心阴极电子枪等几种。

电子束蒸发可以蒸发高熔点的材料源，比一般电阻加热蒸发热效率高、束流密度大、蒸发速度快，制成的薄膜纯度高、质量好，厚度可以较准确地控制，可以广泛应用于制备高纯薄膜和导电玻璃等各种光学材料薄膜。

3. 高频感应蒸发源蒸镀

高频感应蒸发源是将装有材料源的石墨或陶瓷坩埚放在水冷的高频螺旋线圈中央，使材料源在高频带内磁场的感应下产生强大的涡流损失和磁滞损失，致使材料源升温，直至气化蒸发。膜材的体积越小，需要的感应频率就越高。蒸发源一般由水冷高频线圈和石墨或陶瓷坩埚组成，如图 6-11 所示。在钢带上连续真空镀铝的大型设备中，高频感应加热蒸镀工艺已经取得令人满意的结果。

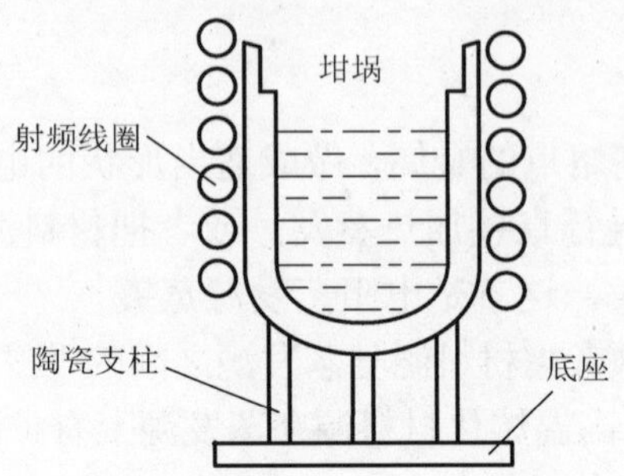

图 6-11　高频感应加热源的工作原理

高频感应蒸发源具有蒸发速率大、蒸发源的温度均匀稳定，不易产生飞溅现象及温度控制比较容易，操作比较简单等优点。然而，必须采用抗热震性好，高温化学性能稳定的氮化硼坩埚。蒸发装置必须屏蔽，且需要较复杂和昂贵的高频发生器。同时，线圈附近的压强过高时，容易产生残余气体电离，使功耗增大。

4. 激光束蒸发源蒸镀

激光束蒸发源蒸镀技术是一种理想的薄膜制备技术。激光器可安装在真空室之外，不仅能简化真空室内部的空间布置、减少加热源的放气，而且能避免蒸发器对材料源的污染，达到膜层纯洁的效果。此外，激光加热可以达到极高的温度，能够实现某些合金或化合物的“闪光蒸发”，对于保证膜的成分、防止膜的分馏或分解有重要的作用。然而，制作大功率连续式激光器的成本较高，激光束蒸发源蒸镀的应用范围受到一定的限制。

相比其他气相沉积，真空蒸镀有许多特点。例如，设备简单、容易操作；制备薄膜纯度高、成膜速率快；薄膜生长机理比较简单，容易控制。真空蒸镀技术的不足，主要有不容易获得结晶结构的薄膜；沉积的薄膜与基板的附着力较小；工艺重复性不够好。真空蒸镀技术虽然存在一些不足，但它是一项基本的镀膜技术，有广泛的应用价值。

6.3　溅 射 镀 膜

溅射是指用高能粒子，通常为电场加速的正离子轰击固体表面，固体表面的原子、分子与入射的高能粒子交换动能后从固体表面飞溅出来的现象。1852 年，Grove 首次描述溅射这种物理现象。1877 年，美国贝尔实验室及西屋电气公司开始应用溅射原理制备薄膜。从固体表面飞溅出来具有一定能量的原子或原子团，可以重新沉积凝聚在固体基片表面上形成薄膜的现象，称为溅射镀膜。20 世纪 40 年代，溅射技术作为一种沉积镀膜方法开始得到应用和发展。20 世纪 70 年代，磁控溅射以低温、高速及低损伤等特点使薄膜工艺发生了深刻变化，尤其是平面磁控溅射靶对工业生产领域起了推动作用。溅射镀膜属于物理气相沉积技术的一种，具有设备较为简单、易于控制，可用于金属、绝缘体等多种薄膜材料的制备，且镀膜面积大、附着力强等优点，成为制备薄膜的重要方法；另外，溅射还可以广泛应用于样品表面的刻蚀。

6.3.1 溅射的基本原理

溅射是利用带电荷的阳离子在电场中加速后具有一定动能的特点，将阳离子引向欲被溅射材料制成的靶电极。具有一定动能的离子入射到靶材表面时，入射离子与靶材中的原子和电子相互作用，可能发生一系列物理现象。首先是引起靶材表面的粒子发射，包括溅射原子或分子、二次电子发射、正负离子发射、吸附杂质解吸和分解、光子辐射等；其次是在靶材表面产生一系列的物化效应，有表面加热、表面清洗、表面刻蚀、表面物质的化学反应或分解；最后是一部分入射离子进入靶材的表面层里，成为注入离子，在表面层中产生包括级联碰撞、晶格损伤及晶态与无定形态的相互转化、亚稳态的形成和退火、由表面物质传输而引起的表面形貌变化、组分及组织结构变化等现象[10]。

在等离子体中，当物体表面具有一定的负电位时，就会发生溅射现象。因为靶材处于负电位，所以也称溅射为阴极溅射。若调整靶材相对等离子体的电位，就可以获得不同程度的溅射效应，从而实现溅射镀膜、溅射清洗或溅射刻蚀以及辅助沉积过程。溅射镀膜、离子镀和离子注入过程中均是利用了离子与材料的这些现象，但侧重点不同。在阴极溅射中，入射离子与靶材的相互作用，主要有以下两种理论。

1）蒸发理论

蒸发理论认为，溅射是由于被加速的正离子轰击靶表面，使靶表面被轰击的部位产生局部高温，达到了蒸发温度而产生蒸发。这种理论曾经占有一定的地位，但在解释有些现象时遇到困难。

2）碰撞理论

碰撞理论认为溅射现象是弹性碰撞的直接结果，溅射完全是动能的交换过程。当正离子轰击阴极靶时，入射离子最初撞击靶表面上的原子时，产生弹性碰撞，直接将其动量传递给靶表面上某个原子或分子，该表面原子获得动能再向靶内部原子传递，经过一系列的级联碰撞过程，当某一个原子或分子获得指向靶表面外的动量，且具有克服表面势垒的能量时，就可以脱离附近其他原子或分子的束缚，逸出靶面而成为溅射原子。由此可见，溅射过程即为入射离子通过一系列碰撞进行能量交换的过程，入射离子转移到逸出的溅射原子上的能量大约只有原来能量的 1%，大部分能量则通过级联碰撞而消耗在靶的表面层中，并转化为晶格的振动。溅射原子大多数来自靶表面零点几纳米的浅表层，可以认为靶材溅射时，原子是从表面开始剥离的。若轰击离子的能量不足，则只能使靶材表面的原子发生振动而不产生溅射；轰击离子能量过高时，溅射的原子数与轰击离子数之比将减小，这是由于轰击离子能量过高而发生离子注入现象。

6.3.2　溅射镀膜的分类

溅射镀膜虽然起步较晚，但发展得很快。例如，根据电极结构的特征可将溅射镀膜分为直流溅射、射频溅射、磁拌溅射和反应溅射等。另外，还可以将不同方法组合起来构成某种新的方法，如将射频溅射与反应溅射相结合就构成了射频反应溅射。在薄膜的性能方面也由早期导体膜发展到各种介质膜、化合物膜和超导膜等。主要的溅射镀膜方法如下。

1. 直流二极溅射

通常将直流高压电源加在阴极靶材和阳极基片之间。工作时，先将真空室抽至真空度大于 10^{-3}Pa，然后再通入氩气。当氩气气压达到 1～10Pa 时，在阴阳极之间加数千伏的直流高电压产生辉光放电，使氩气电离，正离子撞击阴极靶，负离子飞向阳极并与中性气体分子碰撞产生二次离子和电子，二次电子再产生正离子与电子，以此维持放电。因此，直流二极溅射放电所形成的回路，是靠气体放电所产生的正离子飞向阴极靶，一次电子飞向阳极而形成的。

直流二极溅射的优点是结构简单，可获得大面积均匀的膜厚。其缺点是溅射参数不易独立控制，放电电流易随电压和气压变化，淀积速率低、基片温升高，靶材必须是良导体，薄膜纯度和重复性差等，因此适用性及应用范围不太理想。

2. 偏压溅射

直流偏压溅射与上面的直流二极溅射结构原理基本相同，其差别仅为偏压溅射是在基片与阳极（接地）之间加以直流偏压，而直流二极溅射是基片直接接地。实际的设备是用一转换开关将原来的直接接地转换到经直流偏压源后再接地，在制作导体膜时，一般加负偏压。加上直流偏压后，由于气体离子对基片表面的稳定轰击，不仅把淀积在膜中的吸附气体去除掉，同时也能把附着力较差的粒子清除掉，加之在淀积前对基片的轰击清洗、净化表面，从而提高了薄膜的附着力。

3. 三极溅射或四极溅射

在二极溅射中，阴极本身又兼作靶。而在三极(或四极)溅射中，产生热电子的阴极和阳极之间产生弧柱放电，并维持弧柱放电等离子体，靶相对于等离子体为负电位，需另外设置。三极设置为阴极、阳极和靶电极，而四极是指在上述三极的基础上再加上辅助阳极。热阴极可以采用钨丝、铅丝，辅助热电子流的能量一般调整到 100～200eV。四极溅射稳定放电的气压约为 10^{-1}Pa，约是二极溅射最小气压的十分之一。四极溅射靶电流几乎不随电压改变，而依赖阳极电流，可实现对靶电流和靶电压的分别控制。

4. 射频溅射

在直流溅射装置中，当使用绝缘材料作为靶材时，轰击靶面得到的正离子会在靶面上累积带正电，导致电位上升，使得电极间的电场逐渐变小，将会导致辉光放电熄灭和溅射停止，因此直流溅射装置不能用来溅射沉积绝缘介质薄膜。为溅射沉积绝缘材料，人们将直流电源换成交流电源。两极间接上射频（5～30MHz，国际上多采用 13.56MHz）电源后，两极间等离子体中不断振荡运动的电子从高频电场中获得足够的能量，更有效地与气体分子发生碰撞，并使后者电离，产生大量的离子和电子，产生二次电子来维持放电过程，射频溅射可以在低压约 1Pa 的条件下进行，沉积速率也因此时气体散射少而较二极溅射高。高频电场可以经由其他阻抗形式耦合进入沉积室，而不必再要求电极一定要是导体。由于射频方法可以在靶材上产生自偏压效应，即在射频电场作用的同时，靶材会自动处于一个较大的负电位下，从而导致气体离子对其产生自发的轰击和溅射，而在衬底上自偏压效应很小，气体离子对其产生的轰击和溅射可以忽略，产生沉积效应。

5. 磁控溅射

磁控溅射是 20 世纪 70 年代发展起来的一种新型溅射技术，因其设备简单、操作容易和控制方便等特点，已成为一种应用较为成熟和广泛的成膜技术。磁控溅射镀膜具有高速、低温和低损伤等优点，可被用于制备金属、绝缘体等多种材料。磁控溅射增加一个平行于靶阴极表面的封闭磁场，借助于靶表面上形成的正交电磁场，把二次电子束缚在靶表面特定区域以增强电离效率、增加离子密度和能量，提高溅射率。

图 6-12 为磁控溅射的工作原理示意图。在溅射的过程中，电子 e 在电场的作用下，在飞向基片过程中与氩原子发生碰撞，使其电离产生出 Ar^+离子和新的电子；新电子飞向基片，Ar^+离子在电场 E 作用下加速飞向阴极靶，并以高能量轰击靶表面，使靶材发生溅射。在溅射粒子中，中性的靶原子或分子沉积在基片上形

成薄膜，而产生的二次电子 e_1 会受到电场 E 和磁场 B 的共同作用，运动轨迹近似于一条摆线。若为环形磁场，则电子就以近似摆线形式在靶表面做圆周运动，它们的运动路径不仅很长，而且被束缚在靠近靶表面的等离子体区域内，并且在该区域中电离出大量的 Ar^+来轰击靶材，从而实现了高的沉积速率。经过多次碰撞后二次电子 e_1 的能量逐渐降低，摆脱磁力线的束缚，逐渐远离靶表面，并在电场 E 的作用下到达基片上。该电子的能量很低，传递给基片的能量很小，也不会导致基片过热。该技术可以分为直流磁控溅射法和射频磁控溅射法。

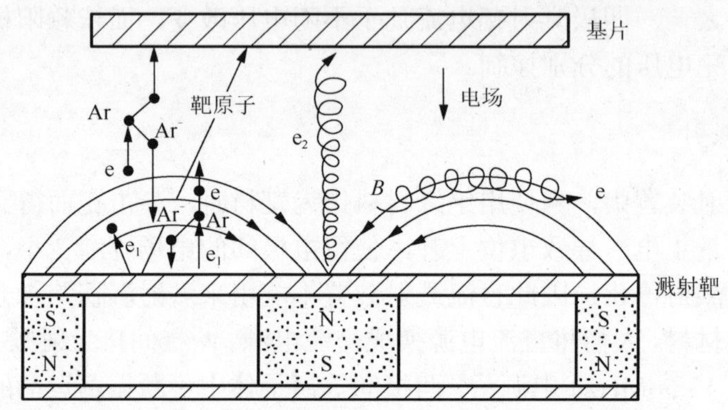

图 6-12　磁控溅射的工作原理示意图

直流磁控溅射法要求靶材能够将从离子轰击过程中得到的正电荷传递给与其紧密接触的阴极，从而该方法只能溅射导体材料，不适于绝缘材料，因为轰击绝缘靶材时，表面的离子电荷无法中和，这将导致靶面电位升高，外加电压几乎都加在靶上，两极间的离子加速与电离的机会将变小，甚至不能电离，所以导致不能连续放电甚至放电停止，溅射停止。因此对于绝缘靶材或导电性很差的非金属靶材，必须用射频磁控溅射法。

磁控溅射的优点是成膜速率高、基片温度低和膜的黏附性好，且可实现大面积镀膜。

6. 反应溅射

反应溅射是制备介质薄膜时常用的一种方法，是指在存在反应气体的情况下，溅射靶材时，靶材会与反应气体反应形成化合物（如氮化物或氧化物），在惰性气体溅射化合物靶材时，由于化学不稳定性，容易导致薄膜较靶材少一个或更多组分，此时如果加上反应气体可以补偿所缺少的组分，这种溅射也可以视为反应溅射。

为了保证在基片形成化合物时反应充分，必须控制入射到基片上的金属原子与反应气体分子的速率。在一定的反应气压下，溅射功率越大，反应可能越不完全。通过调节溅射功率，或者恒定溅射功率，调节反应气体压强，均可获得质量较好的薄膜。

近年来，为了改善溅射薄膜的质量，发展了准直溅射、低气压甚至是零气压溅射、高真空溅射、自溅射、射频-直流结合型偏压溅射和电子回旋共振溅射等。例如，准直溅射就是在两个溅射电极之间加上准直电极，使得只有与基板垂直方向飞来的溅射离子能够到达基板，可以有效地改善大深径比的微细孔底部的涂覆率。低气压溅射和高真空溅射则是在 $10^{-2}\sim10^{-4}$Pa 或更高的真空度下实现溅射。自溅射则是把溅射的原子变成离子进行溅射，由于没有氮原子的影响，则溅射原子可以实现直线飞行，直接沉积到深孔之中。RF-DC 结合型偏压溅射则是同时使用射频和直流电源，可以有效地分别控制靶电流（直流电源）和等离子体密度（射频电源），便于净化放电环境、控制溅射参数。

6.3.3　溅射镀膜的特点

真空溅射镀膜之所以能在较短时间内得到迅速的发展，除具有工艺中不采用毒性、腐蚀性气体，能低温制备薄膜，操作维修容易，安全可靠等优点之外，还具备以下特点。

1）薄膜的厚度易于控制

薄膜的厚度在制备过程中能否控制在要求的范围内称为膜厚的可控性。真空溅射镀膜的淀积速率由工作电流控制，只要严格控制工作电流，就可较好地控制膜的淀积速率，从而控制薄膜的厚度，且能在较大面积上获得均匀一致的膜厚。

2）膜的重复性好

在相同的工艺条件下，多次溅射膜的重复再现称为重复性。由于溅射速率可控，只要严格控制工艺条件就可得到重复性好的薄膜。

3）膜的附着力强

溅射原子的能量比蒸发原子高 1～2 个数量级，高能量的溅射原子淀积到基片上产生较高的热能，增强了溅射原子与基片的附着力，并且有部分溅射原子产生注入现象，在基片上形成一层溅射原子与基片原子相互融合的“伪扩散”层。而且基片始终在等离子区中被清洗和激活，清除附着力不强的溅射原子、净化基片表面，因此附着力强。

4）可制备特殊材料的薄膜

几乎所有固体都可以用溅射方法制备薄膜，如金属膜、合金膜、介质膜、氧化物膜和半导体膜等。另外，还可以通过反应溅射由单质靶制备化合物薄膜。

5）膜的纯度高

溅射镀膜中没有蒸发镀膜中的坩埚及加热材料，溅射所得膜里不会混入加热材料的成分，因此薄膜的纯度较高。

溅射属于非平衡过程，可以制取一些自然界不存在的物质。

6.4 离 子 镀

离子镀是在真空蒸发镀和溅射镀膜的基础上发展起来的一种镀膜新技术。离子镀是指在真空条件下，采用适当的方式使镀膜材料气化，利用气体放电使工作气体和被气化物质部分电离，在电离离子的轰击下，气化物质或其反应产物在基片上沉积成膜。1963 年，美国 Sandia 公司的 Mattox 提出离子镀膜技术，简称离子镀。1972 年，Bunshah 提出了在真空放电蒸镀时，导入反应气体生成化合物的方法，即活性反应蒸镀法。同时，在离子镀时代替氩气导入一部分反应气体生成化合物薄膜，形成了反应性离子镀法。离子镀有效地提高了膜层粒子能量，可以获得更优异性能的膜层，扩大了“薄膜”的应用领域。

6.4.1 离子镀的基本原理

离子镀是在一个处于低气压环境的等离子体中进行的，金属离子是镀材蒸气被高能电子激发电离的产物，它在强电场的作用下以很高的能量、速度撞击工件表面。镀面对金属离子的接纳有金属离子从作为阴极的工件取得电子而还原为金属原子的作用，也伴随有机械的作用、能量的转换和扩散等物理过程。以下以直流二极离子镀为例，如图 6-13 所示，简单了解离子镀的基本原理及成膜过程。

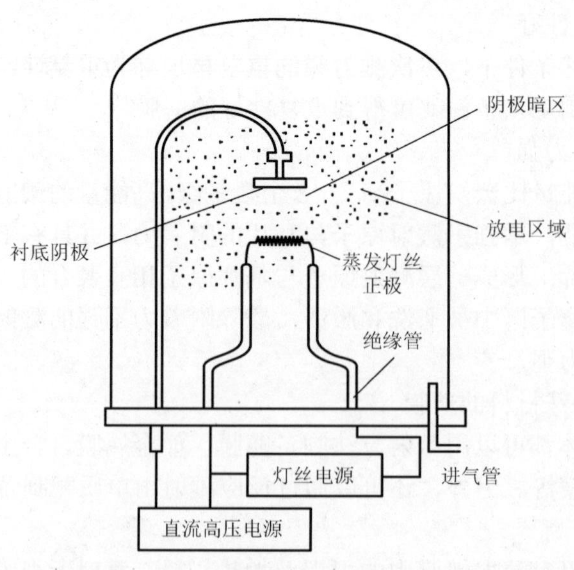

图 6-13 直流二极离子镀示意图

当真空室被抽至 10^{-4}Pa 后，通入惰性气体（如氩气），蒸发源接阳极、工件接阴极。当通以高压直流电，则在蒸发源与基片之间建立起一个低压气体放电的等离子体区。基片处于负高压并被等离子体包围，不断受到正离子的轰击，因此可有效地清除基片表面的气体和污染物，使成膜过程中，膜层表面始终保持清洁状态。同时，镀材气化蒸发后，蒸发粒子进入等离子区，与等离子区中的正离子和被激活的惰性气体原子以及电子发生碰撞，一部分蒸发粒子被电离成正离子，正离子在负高压电场加速作用下，沉积到基片表面成膜。离子镀中膜层的成核与生长所需的能量，是通过加速获得高动能的离子撞击而产生的。被电离的镀材离子和气体离子一起受到电场的加速，以较高的能量轰击基片或镀层表面，这种轰击作用一直伴随着离子镀的全过程。然而，由于基片是阴极，在膜材原子沉积的同时，还存在着正离子（Ar^+或被电离的蒸发离子）对基片的溅射作用。显然，只有当沉积作用超过溅射的剥离作用时，才能发生薄膜的沉积。

6.4.2　离子镀的分类

离子镀的基本过程包括镀膜材料的气化、离子化、离子加速和离子轰击衬底成膜。按照膜材的气化方式，可分为电阻加热、电子束加热、等离子电子束加热、高频感应加热和阴极弧光放电加热等多种类型。按照气体分子或原子的离化和激活方式，可分为辉光放电型、电子束型、热电子型、等离子电子束型、多弧形及高真空电弧放电型，以及各种形式的离子源等。另外，根据镀膜材料不同的蒸发方式和气体的离化方式，可构成不同类型的离子镀膜方式。比较常用的组合方式有直流二极型、多阴极型、活性反应蒸镀法、空心阴极离子镀、射频离子镀、低压等离子体离子镀、电场蒸发和感应离子加热镀等多种方式。表 6-5 是几种主要的离子镀及其相应特性。

表 6-5　离子镀的种类及其特性

种类	蒸发源	离化方法	工作环境	特性
直流放电法	电阻	辉光放电 DC：0.1～5kV	惰性气体 1Pa，$0.25mA/cm^2$	结构简单、膜层结合力强，但镀件温升高、分散性差
弧光放电法	电子束、灯丝	弧光放电 DC：100V	高真空 1.33×10^{-4}Pa	离化率高、易制成反应膜，在高真空成膜、成膜性能好
空心阴极法	空心阴极	等离子体电子束 DC：0～200V	惰性气体或反应气体	离化率高、蒸发速度大，易获得高纯度膜层
调频激励法	电阻、电子束	射频电场 13.56MHz DC：0.1～5kV	惰性气体或反应气体	离化率高、膜层结合力强、镀件温降低，但分散性差
电场蒸发法	电子束	二次电子 DC：1～5kV	真空	不纯气体少、成膜性能好

续表

种类	蒸发源	离化方法	工作环境	特性
多阴极法	电阻、电子束	热电子 DC：0～5kV	惰性气体或反应气体	低速电子离化效果好
聚焦离子束法	电阻	聚集离子束 DC：0～5kV	惰性气体	离子聚束、膜层结合力强
活性反应法	电子束	二次电子 DC：200V	反应气体 O_2、N_2、CH_4、C_2H_4 等	金属与反应气体组合能制备多种倾倒物膜层

此外，按照离子束成膜过程，可将离子束成膜分为离子束沉积成膜和离子束注入成膜两种。其中，按照离子束产生的方式，还可将离子束沉积成膜分为离子束溅射沉积、离子束沉积和离子团束沉积。

6.4.3 离子镀的优点

相比真空蒸镀和溅射镀膜，离子镀主要的优点如下。

（1）利用辉光放电所产生的大量高能粒子对基片表面产生阴极溅射效应，不仅可以在成膜初期形成膜基界面“伪扩展层”，而且对基片表面进行净化清洗、镀层附着性能较好。

（2）膜材离子和高能中性原子带有较高的能量，可以在基片上扩散、迁移，膜层的密度高。

（3）部分膜材原子被离化成正离子后，沿着电场的电力线运动，凡是电力线分布之处，膜材离子均能到达，即所谓绕镀能力强。另外，离子镀膜还具有可镀材料广泛（可制备化合物薄膜）以及淀积速率高、成膜速度快和可镀制较厚膜等特点。

6.5 分子束外延

分子束外延技术是在真空沉积法和 1968 年阿尔瑟对镓砷原子与砷化镓表面相互作用的反应动力学研究的基础上，由美国贝尔实验室的卓以和博士在 20 世纪 70 年代初开创。分子束外延是一种灵活的外延薄膜技术，可以表述为在超高真空环境中，通过把热蒸发产生的原子或分子束投射到具有一定取向和温度的清洁衬底上，通过吸附、迁移和反应而生成高质量的薄膜材料或各种所需结构，推动了以超薄层微结构材料为基础的新一代半导体科学技术的发展[11]。

从本质上讲，分子束外延也属于真空蒸发方法，相比传统真空蒸发，分子束外延系统具有超高真空，并配有原位监测和分析系统，能够获得高质量的单晶薄膜。晶体生长受分子束相互作用的动力学过程支配，而异于常规的化学气相淀积和液相外延中的准热力学平衡。根据分子束源的种类，可分为固态源分子束外延、气态源分子束外延、化学束外延、金属有机分子束外延和等离子体分子束外延等技术。

6.5.1　分子束外延的基本原理

图 6-14 为生长砷化镓或相关化合物的分子束外延喷射原理示意图。各种不同的源，均可蒸发形成具有一定束流密度的分子，在高真空条件下，喷射炉将外延分子直接喷射到单晶衬底的表面，在适当温度下进行外延生长。快门装置可迅速控制外延生长的开始或停止，外延层厚度可精确在埃米量级。根据外延过程的空间位置，分子束外延可分为分子束产生区、各分子束交叉混合区、反应和晶化过程区三个基本区域。从生长过程看，控制分子束对衬底的扫描，从源喷射出的分子束撞击衬底表面被吸附，被吸附的分子在表面迁移、分解，进入晶格位置发生外延生长，未进入晶格的分子因热脱附而离开表面。外延层掺杂是把杂质元素装入喷射源中，在结晶生长中进行掺杂。例如，砷化镓使用的N型杂质有锡、锗和硅；P型杂质有锰、镁、铍和锌等。在分子束外延过程中，只要适当选择衬底温度，通过控制分子束流的强度就能得到生长速率为 0.1～1nm/h，掺杂浓度为 10^{13}～$10^{19}cm^{-3}$ 的外延层。

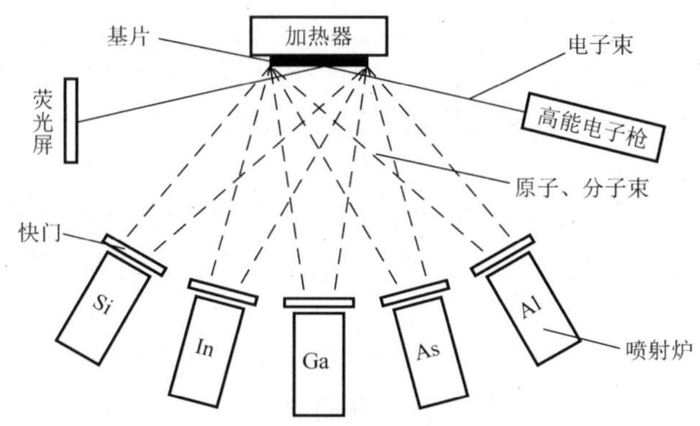

图 6-14　分子束外延喷射原理示意图

分子束外延的外延室设置有多个喷射炉，可同时喷射不同种类的分子束，以及进行掺杂剂的调整。因此，外延层的基本结构、组分和杂质分布均可精确控制。然而，分子束外延设备复杂、价格昂贵，外延生产效率低、成本高不易大规模生长。因此，在半导体技术中，当外延层很薄或杂质分布结构复杂时才考虑用分子束外延。

6.5.2　分子束外延的特点

分子束外延是一种主要用于开发Ⅲ-Ⅴ族化合物半导体的外延生长法。尽管分子束外延生长法属于真空蒸镀法，但又不同于一般的真空蒸镀法。它是在超高真空条件下，精确控制材料源的中性分子束流强度（分子束强度），把分子束射入被加热的基片上而进行外延生长的。由于其蒸发源、监控系统和分析系统的高性能和真空环境的改善，分子束外延优于液相外延及气相外延。从某种意义上可以说分子束外延生长是以真空蒸镀为基础，能够得到极高质量薄膜单晶的新的晶体生长方法。因此，分子束外延具有以下特点。

（1）分子束外延也是以气体分子论为基础的蒸发过程，但它并不以蒸发温度为控制参数，而是以系统中的四极质谱仪、原子吸收光谱和反射高能电子衍射仪等现代分析仪器，精确地监控分子束的种类和强度，从而严格控制生长过程与生长速率。

（2）分子束外延是超高真空的物理沉积过程，既不需要考虑中间化学反应，又不受质量传输的影响，并且利用快门可以对生长和中断进行瞬时控制。因此，膜的组分和掺杂浓度可随源的变化而迅速调整。

（3）分子束外延的生长温度低，可降低界面上热膨胀引入的晶格失配效应和衬底杂质对外延层自掺杂扩散的影响。

（4）分子束外延是一个动力学过程，即将入射的中性粒子（原子或分子）一个一个堆积在衬底上进行生长，而不是一个热力学过程，因此它可以生长按照普通热平衡生长方法难以生长的薄膜。

（5）分子束外延生长速率极慢，大约每秒生长一个单原子层，有利于实现精确控制厚度、结构与成分和形成陡峭的异质结构等；分子束外延是一种原子级的加工技术，因此特别适于生长超晶格材料。

（6）分子束外延是在超高真空环境中进行的，而且衬底和分子束源相隔较远，因此可用多种表面分析仪器实时观察生长面上的成分、结构及生长过程，有利于科学研究。

另外，分子束外延能有效地利用平面技术，用它制作的肖特基势垒特性达到或超过用化学气相沉积制作的肖特基势垒特性。

6.5.3　分子束外延的缺陷

外延层的质量直接关系到制备在衬底上面的各种元器件的性能。在实际生产中，除对外延层生长缺陷进行分析评价外，外延层中的掺杂类型和数量即外延层的导电类型和电阻率大小及分布也是外延层的主要质量指标。外延层缺陷主要来自外延层生长缺陷和外延层掺杂缺陷两大类。

1. 外延层生长缺陷

外延层生长缺陷分为体内缺陷、表面缺陷、图形漂移和畸变等。

1）体内缺陷

体内缺陷需要用化学腐蚀和镜检相结合的方法进行检测。在外延生长过程中，衬底上或者在抛光过程中产生的微痕，或者有颗粒、氧化物，或者在清洗过程留下的污点等都会使该处原子的正常排列遭受破坏。在外延过程中，这种错排逐渐传播，直到晶体的表面，成为区域性缺陷。

2）表面缺陷

表面缺陷主要包括角锥体、麻坑、雾状缺陷等。在外延过程中，若在衬底的表面存在抛光面划痕、损伤或碳沾污等，输运到衬底表面的外延反应物不能及时反应而形成角锥体、圆锥体、三棱锥体和小丘等表面缺陷，或气源污染如氢气纯度低，易产生雾状缺陷。

3）图形漂移和畸变

在外延生长前，衬底的表面可能存在凹陷图形，本应该在外延表面的相应位置出现完全相同的图形，却发生了图形的水平漂移、畸变，甚至消失的现象。图 6-15 为外延层漂移示意图。具体的漂移或畸变现象依赖于衬底取向、掺杂类型、浓度和掩埋扩散以及外延的工艺方法、生长温度、硅源的选择等具体情况。

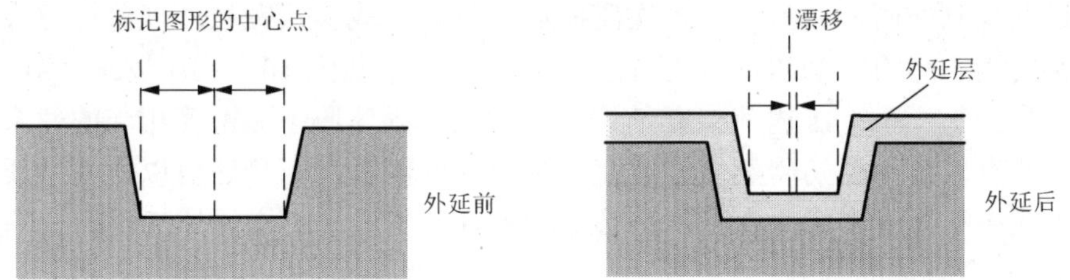

图 6-15　外延层漂移示意图

2. 外延层掺杂缺陷

外延层掺杂缺陷是指衬底和外延层之间存在杂质交换现象，可分为自掺杂缺陷和互扩散缺陷两种。自掺杂缺陷是指高温外延时，高掺杂衬底的杂质反扩散进入气相边界层，又从气相边界层扩散掺入外延层的现象。互扩散缺陷是指高温外延时，衬底与外延层的杂质因存在浓度差而导致高浓度一方向低浓度一方扩散的现象，也称外扩散缺陷。外延层掺杂缺陷因不同的外延方法情况有所不同，关于气相外延和分子束外延的具体情况如下。

气相外延是在高温下进行的工艺，自掺杂缺陷和互扩散缺陷均会影响外延层和衬底杂质浓度和分布，对于 PN 结外延还会改变 PN 结界面的位置。自掺杂缺陷是气相外延的本征现象，不可能完全避免。互扩散缺陷是因外延温度过高带来的杂质再扩散现象，不是气相外延的本征现象。若降低外延温度，杂质交换现象就会减轻，甚至完全消失。

分子束外延具有极高的真空环境，使得外延生长环境洁净。即使温度较低，重掺杂单晶基片上的杂质也会瞬间蒸发，因此薄膜不易被杂质气体污染，纯度较高。常规的分子束衬底温度为 400～800℃，较气相外延温度低得多，杂质再分布现象通常可以忽略。因此，在外延界面能得到陡变的杂质分布或突变 PN 结。

6.5.4　分子束外延的影响因素

影响分子束外延的因素很多，主要有外延温度、背景真空度、残余气体、外延速率、掺杂和电子束照射等，具体分析如下。

1）外延温度的影响

外延温度直接影响膜的晶体生长，要获得膜的外延生长，基片温度必须达到一定值。低于此温度只能是膜材粒子堆集在基片上，只有高于此温度才能获得膜的外延生长。而且外延温度还与其他条件有关，不同条件下的外延温度是不同的。

2）背景真空度的影响

在分子束外延中，背景气压不仅会降低物质分子的喷射，而且影响溢出分子的行进。根据气体动理学理论，喷射炉外残存气体将使蒸发物质的碰撞加剧，其直线运动受到妨碍，并且经过多次碰撞后还可能形成雾状颗粒。理论计算表明，当真空度为 1.33×10^{-3}Pa 时，室温下抵达基片的分子数为 $10^{14}\sim10^{15}/(\text{cm}^2\cdot\text{s})$。假如黏附系数为 1，那么 1s 内就会在基片表面形成与固体原子面密度相当的残余单分子层。残存气体不仅妨碍蒸气分子在基片表面的游移，而且还可以作为杂质进入薄膜中或者与薄膜形成化合物，势必影响外延层的质量，增加外延层的缺陷。

3）残余气体的影响

残余气体对外延生长有两方面的影响。例如，水蒸气，有时对某些外延生长有害，在基片和外延膜间形成夹层，影响外延膜的质量；有时对某些外延膜的生长有利，在氯化钠基片上外延生长金膜，导入水蒸气，在 361℃下即可得到（001）的单晶膜。

4）外延速率的影响

外延速率对外延温度有影响，降低蒸发速率，则可降低外延温度。较低的外延温度，可使淀积原子有充足的时间运动到平衡位置，完成晶体生长。

5）掺杂的影响

半导体材料硅中，常用的掺杂元素为硼、磷和砷。在分子束外延过程中，则因其蒸发过难或过甚而不适用。因此，通常用镓、铝和锑作为掺杂剂。根据杂质的抵达率和黏附系数，适当选择基片温度，通过控制分子束流的强弱就可以得到所需要的生长速率和掺杂浓度。

若在沉积过程，同时用离子注入掺杂，则硼、磷和砷等应用就不受上述限制，但要严格控制注入的能量和分子束流的电流强度，以使杂质刚好落在生长的界面之下。

6）电子束照射的影响

电子束照射基片表面引起基片表面的缺陷，这些缺陷对蒸镀外延膜的成核阶段起着十分重要的作用。例如，在氯化钠上蒸镀外延金，经数十电子伏的离子束照射，则在 150℃粒子可进行（001）面上分配。

除此之外，还受电场和外延层厚度等因素的影响。

6.6　脉冲激光沉积

脉冲激光沉积制膜技术是利用高能激光束作为热源来轰击材料源，在基片上蒸镀薄膜的一种新技术[12]。1960 年，美国休斯研究实验室的梅曼成功研制世界上第一台红宝石固体激光器，人们发现用激光照射固体材料时，有电子、离子和中性原子从固体表面“跑”出来，并在其附近形成一个发光的等离子区，温度达到几千甚至上万摄氏度。1965 年，史密斯等第一次尝试用激光制备了光学薄膜，经分析发现这种方法类似于电子束打靶蒸发镀膜，未显示出很大的优势。1987 年，美国贝尔实验室首次成功地利用短波长脉冲准分子激光制备了高质量的钇钡铜氧超导薄膜，脉冲激光沉积技术才成为一种重要的制膜技术受到国际上广大科研工作者的高度重视。目前，脉冲激光沉积技术在半导体、铁电、金刚石或类金刚石等多种功能薄膜的制备上具有明显的优势。

6.6.1　脉冲激光沉积的原理

脉冲激光沉积是指将脉冲准分子激光所产生的高功率脉冲激光束聚焦到真空室内靶材表面，使靶材在极短的时间内加热熔化、气化，导致靶材表面产生高温高压的等离子体，形成一个看起来像羽毛状的发光团——羽辉，且等离子体羽辉垂直于靶材表面定向局域膨胀发射从而在衬底上沉积形成薄膜。图 6-16 为脉冲激光沉积基本原理示意图。通常，脉冲激光沉积成膜过程分为以下三个阶段。

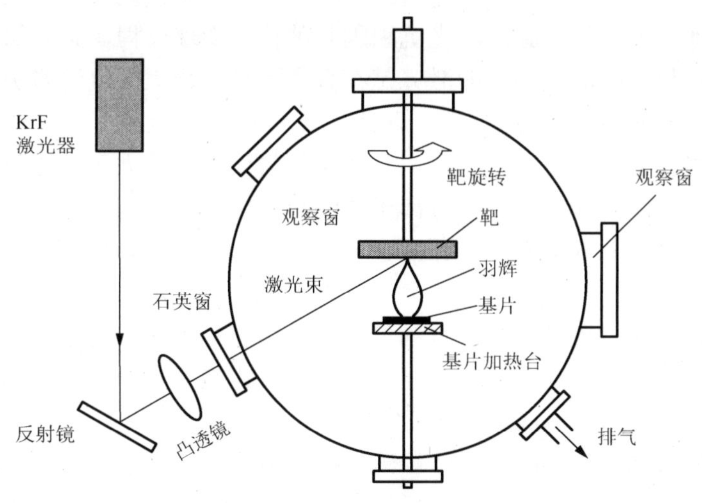

图 6-16　脉冲激光沉积基本原理示意图

1）等离子体的产生

激光束聚焦在靶材表面，靶材吸收激光束能量并使焦点处靶材温度迅速上升到蒸发温度以上，产生高温及消融，使靶材气化蒸发，有原子、分子、电子、离子和分子团簇及微米尺度的液滴、固体颗粒等从靶的表面逸出。这些被蒸发出来的物质反过来又继续和激光相互作用，温度进一步提高，形成区域化的高温高密度等离子体。等离子体产生后，通过逆韧致吸收被加热到约 10^4℃，形成一个具有致密核心的闪亮等离子体火焰。

2）等离子体的膨胀

靶表面等离子体火焰形成后，其与激光束继续作用，进一步电离，等离子体的温度和压力迅速升高，并在靶面法线方向形成很大的温度和压力梯度，使其沿靶面法线方向向外进行等温（激光作用时）和绝热（激光终止后）膨胀。此时，电荷云的非均匀分布形成相当强的加速电场。在这些极端条件下，高速膨胀过程发生在数十纳秒瞬间，迅速形成了一个沿法线方向向外的细长的等离子体区，即等离子体羽辉。

3）薄膜的生长

激光等离子体的高能粒子相互碰撞，在空间经过一段时间的运动以逐渐减小的速率到达衬底的表面，在衬底的表面上成核、长大成膜。薄膜形成与晶核形成和长大密切相关，而晶核的形成、长大取决于等离子体的密度、温度、离化度，凝聚态物质的成分和基片温度等多种因素。因此，激光功率密度、激光波长和基片温度是控制薄膜质量的关键。

6.6.2　脉冲激光沉积的特点

相比其他镀膜方法，脉冲激光沉积因其独特的物理过程，具有如下的优点。

（1）输运材料的能量源，即激光是在真空室外，最大限度地避免了能量源在真空室内所造成的杂质和污染。

（2）多组分靶材制备到薄膜后，其化学计量比耗损不大，即靶材和薄膜具有良好的同组分性。脉冲激光沉积等离子体的瞬间爆炸式发射，不存在成分择优蒸发效应以及等离子发射的沿靶轴向的空间约束效应，薄膜易于准确再现靶材的成分。

（3）脉冲激光能量非常高，有利于解决难熔材料的薄膜沉积问题。脉冲激光的光波长或波段很宽，因此脉冲激光沉积法可沉积多种半导体、金属、陶瓷等无机材料，并且生长迅速，成膜效果好。

（4）激光将高度集中的能量传导给等离子体原子，比蒸镀法产生的离子所带的能量高很多，使得原子到达衬底后沿表面迁移的距离更远，对衬底温度的依赖性更小，更易在较低温度下实现外延生长，在沉积织构膜和外延单晶膜方面有明显优势。

（5）高的粒子动能具有显著增强二维生长和抑制三维生长的作用，促使薄膜的生长沿二维展开，因而能够获得极薄的连续薄膜而不易出现岛化。同时，脉冲激光沉积技术中的高能量、高化学活性有利于提高薄膜质量。

（6）脉冲激光沉积设备简单、易控制、适用范围广。多靶靶台为多元化合物薄膜、多层薄膜及超晶格制备提供了方便。靶结构形态可以多样，适用于多种材料薄膜的制备。

脉冲激光沉积的主要缺点是等离子羽辉的方向性和局域分布，造成大面积薄膜表面难以形成。

6.6.3　脉冲激光沉积的影响因素

脉冲激光沉积薄膜的影响因素有很多，如基片的温度、靶材与基片的距离、生长气压和退火温度、靶材的致密度以及激光的能量和频率等，具体情况如下。

1）基片的温度

基片温度是决定薄膜质量好坏的关键因素。给衬底加热有利于颗粒在膜上加快迁移，有利于结晶。若衬底温度低，沉积原子还来不及排列好，又有新的原子到来，则往往不能形成单晶膜；若温度太低，原子很快冷却，难以在衬底上迁移，这样会形成非晶薄膜。若衬底温度过高，则热缺陷大量增加，也难以形成单晶膜。实验得出 800℃是最好的沉积温度。

2）靶材与基片的距离

靶材与基片的距离太远，羽辉中的离子会复合成大颗粒；太近，羽辉离子能量大、速度快就会把膜和衬底打坏。实验表明距离为 4cm 时，效果较好。

3）生长气压和退火温度

生长气压和退火温度不仅影响薄膜的沉积速率，更重要的会影响薄膜的成分结构。在制备氮化镓薄膜时，通入一定的氮气能提高氮分子同离子、分子的碰撞，提高薄膜中氮的含量，从而提高薄膜的化学配比，有效减少缺陷。但过高的氮压必定要降低等离子体的传输效率，减小离子的动能，使薄膜的沉积率降低，甚至破坏薄膜的质量。因此，选择合适的生长压力是生长高质量薄膜的一个重要因素。退火时温度太低不利于薄膜重新结晶且氧不能很好地补充进去；温度太高时，已形成的薄膜会分解。

4）靶材的致密度

靶材的致密度要高，若太疏松就会把大块和大颗粒打下，造成膜的粗糙和不均匀，影响膜的质量。

5）激光的能量

激光能量太低产生不了溅射或者溅射少沉积速度慢，随着能量的增加薄膜沉积速率、粒子平均尺寸、等离子体羽辉的空间分布也随之改变，能量过大时会有大颗粒出现，薄膜表面光洁度降低。

6）激光的频率

激光频率太高时，沉积在膜上的颗粒还未运动开来，下一批溅射的颗粒已落下来，会造成堆积从而形成不均匀膜；频率太低时，间隔时间长杂质就会进入薄膜，降低薄膜的质量。

经过几十年的发展，脉冲激光沉积技术已成功制备出多种性能优良的薄膜。然而，脉冲激光沉积技术作用机理比较复杂，不仅需要考虑激光与靶材的相互作用，而且还要考虑此作用的产物在空间的输运和在基片上的沉积，并且每个过程还存在复杂的相互影响，发展相对较慢。为了解决沉积薄膜表面有大的颗粒存在、薄膜面积小、均匀性差以及不能有效地在非平面衬底上沉积均匀的薄膜等问题，脉冲激光沉积技术开始向超短脉冲与高重频激光、双激光或多激光和脉冲激光真空弧等方向发展。因此，需要辅助设备的进步、工艺参数的优化、理论研究逐步深入和技术条件的完善。

习　题

1．真空压强的单位有哪些？
2．真空的获取方式有哪些？
3．真空的测量方式有哪些？
4．简述真空蒸镀的过程。
5．溅射的种类有哪几种？
6．以直流二极离子镀为例，描述离子镀的基本原理及成膜过程。
7．分子束外延的优缺点？
8．简述脉冲激光沉积的基本原理，沉积的薄膜有哪些特点？

参考文献

[1] 蔡珣, 石玉龙, 周建. 现代薄膜材料与技术[M]. 上海: 华东理工大学出版社, 2007.
[2] 张以忱. 真空技术及应用系列讲座第三讲: 机械真空泵(一) [J]. 真空, 1995, 32(4):42-46.
[3] 张以忱. 第三讲: 机械真空泵(二)[J]. 真空, 1995，32(5): 45-50.
[4] 张以忱. 第三讲: 机械真空泵(五)[J]. 真空, 1996，33(2): 45-50.
[5] 姚民生. 第四讲: 蒸汽流真空泵[J]. 真空, 1996，33(4): 47-52.
[6] 徐成海. 第五讲: 气体捕集式真空泵[J]. 真空，1996, 33(5): 43-50.

[7] 关奎之. 第七讲: 真空检漏[J]. 真空, 1997, 34(5): 42-44.
[8] 刘玉岱. 第六讲: 真空测量[J]. 真空, 1997, 34(1): 46-50.
[9] 叶志镇, 吕建国, 吕斌，等. 半导体薄膜技术与物理[M]. 杭州: 浙江大学出版社, 2008.
[10] 张以忱. 第十九讲:真空溅射镀膜[J]. 真空, 2016, 53(3): 78-80.
[11] 肖定全, 朱建国, 朱基亮, 等. 薄膜物理与器件[M]. 北京: 国防工业出版社, 2011.
[12] 唐亚陆, 杜泽民. 脉冲激光沉积(PLD)原理及其应用[J]. 桂林电子工业学院学报, 2006, 26(1): 24-27.

第 7 章　薄膜的化学制备

薄膜的化学制备是基于化学反应的一种薄膜沉积技术。

化学气相沉积（chemical vapor deposition，CVD）技术是近几十年发展起来的制备无机材料的新技术，在薄膜的化学制备技术中，也是应用广泛且非常重要的一种技术。化学气相沉积已经广泛应用于提纯物质、研制新晶体、沉积各种单晶、多晶或玻璃态无机薄膜材料。化学气相沉积也是一种材料表面改性技术。它可以利用气相间的反应，在不改变基体材料的成分和不削弱基体材料的强度条件下，赋予材料表面一些特殊的性能。化学气相沉积技术包括金属有机化合物化学气相沉积技术、等离子化学气相沉积、激光化学气相沉积以及超声波化学气相沉积。化学气相沉积在保护涂层、微电子技术、超导技术、太阳能利用等领域具有广泛的应用。

化学溶液制膜是另一类薄膜的化学制备技术。它是利用相关试剂的溶液，采用化学反应或电化学反应等在基片表面上沉积薄膜的技术。这种技术不需要真空环境、设备价廉、工艺易于掌握，因而有较大的推广价值。

7.1　化学气相沉积

化学气相沉积技术是利用气态或蒸气态的物质在气相或气固界面上反应生成固态沉积物的技术。化学气相沉积的英文词原意是化学蒸气沉积，这是由于很多反应物质在通常条件下是液态或固态，经过气化成蒸气再参与反应。20 世纪 60 年代初期，美国 John M Blocher Jr 等在 *Vapor Deposition* 一书中第一次提出了化学气相沉积的概念。它是将含有构成薄膜元素的一种或多种物质汽化后输送到基片，借助加热、等离子体、紫外光或激光等作用，在基片表面进行化学反应（热分解或化学合成）生成所需薄膜的一种方法。化学气相沉积是一种化学反应方法，可用来制备多种薄膜，如各种单晶、多晶、非晶、单相或多相薄膜。化学气相沉积的用途非常广泛，如制备集成电路中的二氧化硅、氮化硅和砷化镓等外延薄膜。可用于结构材料方面的许多硬质膜，如三氧化二铝、氮化钛、碳化硅、氰化钛和金刚石膜等，还有光学材料（光学纤维）、医用材料等，以及反应堆材料、宇航材料、防腐抗蚀和耐热耐磨膜层。

化学气相沉积的基本特征是，参与化学反应的前驱体是气体，而制备的固体薄膜通常是生成物之一。化学气相沉积中的化学反应包括热分解反应、还原与置换反应、氧化或氮化反应、水解反应和歧化反应等。在大多数情况下，这些化学反应都依靠热激发。因此，对反应温度，特别是基片温度，需要严格控制。在一定的温度范围内，基片温度越高，越有利于反应的顺利进行。

7.1.1　化学气相沉积的基本原理

化学气相沉积技术是将构成薄膜元素的一种或几种化合物的单质气体供给基片，利用加热、等离子、紫外光以及激光能源，借助气相作用或在基片表面的化学反应生长形成固态薄膜的一种技术。其生长原理包括反应过程和反应方式两部分内容，具体如下。

1. 反应过程

在化学气相沉积过程中，反应气体被载入反应器或沉积腔中，在基片表面反应而形成预期的物质。有时使用一种气体在加热时分解来形成薄膜，有时则用多种气体反应来形成薄膜。不论是哪一种情况，生成薄膜的反应均在基片表面上发生而不是在气流中发生。有时反应物并不是以气体形式存在，在此情况下有可能使用液体源或固体源。通常以氮气或氢气作为载气，以鼓泡的方式流过液体源或固体源将其带入反应器。

在反应器内进行化学气相沉积的基本原理如图 7-1 所示，主要分为反应气体向基片表面扩散、反应气体吸附于基片表面、在基片表面上产生的气相副产物脱离表面和留下的反应物形成膜层四个重要的阶段。化学气相沉积的基本原理涉及反应化学、热力学、动力学、转移机理、膜生长现象和反应工程。化学气相沉积是以金属蒸气、挥发性金属卤化物、氢化物或金属有机化合物等蒸气为原料，进行气相热分解反应，以及两种以上单质或化合物的反应，再凝聚生成各种形态的材料。

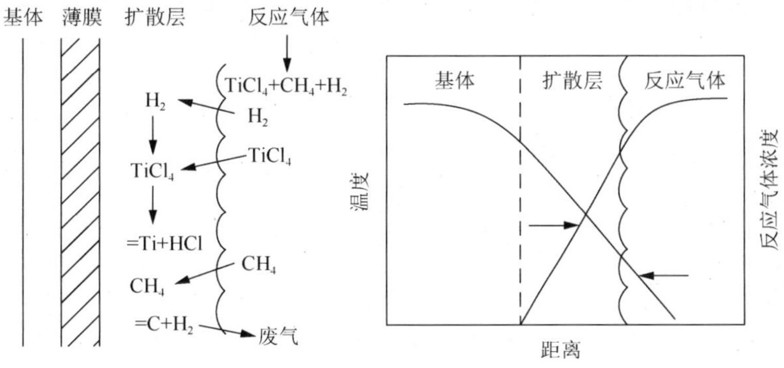

图 7-1　化学气相沉积基本原理示意图

2. 反应方式

在化学气相沉积中应用了很多化学反应，根据不同的反应方式，设置不同反应所需气体的浓度、压力和组分以及温度等参数即可得到结构、性质和成分不同的薄膜。化学气相沉积的反应方式主要包括热分解反应、氢还原反应、置换反应和氧化反应等多种[1]。

（1）热分解反应制备薄膜在半导体技术中应用非常广泛。例如，硅烷热分解可形成硅薄膜；硅的烷氧基化合物、铝的烷氧基化合物热分解可制成二氧化硅、三氧化二铝薄膜。

（2）氢还原反应的最典型应用是半导体技术中的硅外延技术，它是制取半导体薄膜和金属薄膜的非常好的方法，其操作简单，有很好的实用价值。氢还原反应一般是用相应的卤化物加氢生成所需材料的薄膜。该反应不同于热分解反应，是可逆的，因此对反应的温度、氢与反应气体的浓度比、气体的压力等参数都要进行精确地控制。

（3）置换反应是用其他金属置换卤素的反应，这种反应会导致基片表面成分和厚度的不均匀，实际应用不多。

（4）氧化反应主要是在基片上制造氧化物薄膜，如二氧化硅、三氧化二铝、二氧化钛和五氧化二钽等薄膜。一般是用这些材料的卤化物、氢化物、有机化合物和各种氧化剂反应。二氧化硅是半导体技术中最常用的薄膜，它可用硅烷或四氯化硅氧化生成。

（5）与氨的反应是用硅烷和硅的卤化物与氨气反应生成氮化硅薄膜，这在半导体表面钝化和集成电路中广泛使用。除用氨外，还可以使用联氨。

（6）固相扩散型反应是使含碳、氢、硼和氧等元素的气体与加热的基片表面接触，直接碳化、氮化、硼化和氧化，达到对金属表面保护和强化的目的。这些非金属原子在固相中扩散困难、膜生长速率较慢，因此膜的生长要在较高温度下进行。

7.1.2　化学气相沉积的常用方法

化学气相沉积技术的分类方法很多，按激发方式可分为热化学气相沉积、等离子体化学气相沉积、光激发化学气相沉积、激光（诱导）化学气相沉积等；按反应室压力可分为常压化学气相沉积、亚常压化学气相沉积、低压化学气相沉积、超高真空化学气相沉积；按反应温度可分为高温化学气相沉积、中温化学气相沉积、低温化学气相沉积。有时将常压化学气相沉积称为常规化学气相沉积，而把低压化学气相沉积、等离子体化学气相沉积、激光化学气相沉积等列为非常规化学气相沉积。按源物质归类可分金属有机化合物化学气相沉积、氯化物化学气相沉积和氢化物化学气相沉积等。下面主要按特征进行综合分类，介绍一些常用的化学气相沉积技术[2]。

1. 常压化学气相沉积

常压化学气相沉积（atmospheric pressure CVD，APCVD），是指进行化学反应沉积时的气压为大气环境压力。整个装置一般包括气体净化系统、气体测量和控制部分、反应器和尾气处理系统等，如图 7-2 所示。

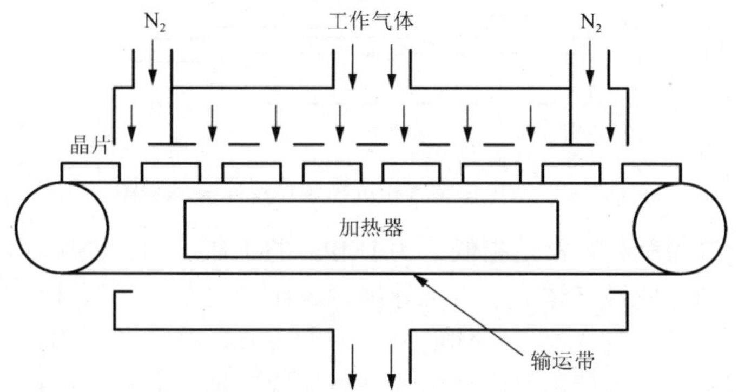

图 7-2　常压化学气相沉积装置示意图

当选择常压化学气相沉积技术时，原料不一定在室温下都是气体。若用液体原料，需加热使其产生蒸气，再由载流气体携带入反应室；若用固体原料，加热升华后产生的蒸气由载流气体带入反应室。这些反应物在进入沉积区之前，一般不希望它们之间相互反应。因此，在低温下会发生相互反应的物质，在进入沉积区之前应隔开。

常压化学气相沉积的工艺特点是能够连续供气和排气，物料的运输一般是通过不参加反应的惰性气体来实现。由于至少有一种反应产物可连续地从反应区排出，这就使反应总处于非平衡状态，从而有利于形成薄膜层。另外，常压化学气相沉积的沉积工艺容易控制，工艺重复性较好，工件容易取放，同一反应器配置可反复多次使用。

常压化学气相沉积技术应用最早也很广泛，如硅外延、二氧化硅膜生长、多晶硅膜生长、氮化硅膜生长等都可使用常压化学气相沉积。

2. 低压化学气相沉积

由于常压外延工艺杂质的固相扩散和自掺杂难以控制，外延层与衬底交界面处杂质浓度过渡区分布缓变，不可能形成陡峭的杂质浓度分布。1973 年，Boss 等提出了低压化学气相沉积（low pressure CVD，LPCVD）技术，有效地减少了常压外延对器件带来的自掺杂的严重影响。典型的低压化学气相沉积装置如图 7-3 所示。与一般常压化学气相沉积装置相比，主要区别在于低压化学气相沉积装置需要一套真空泵系统维持整个系统在较低的气压下工作。

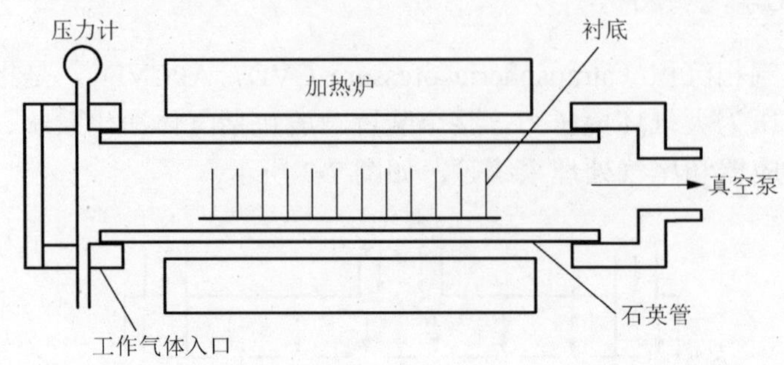

图 7-3　低压化学气相沉积装置反应室示意图

低压化学气相沉积通常是指低于 0.1MPa 的工作压力。低压环境改变了反应室中的气体流动，使源气体分子占主导地位，比较复杂的气流环境变得简单，原来的紊乱气流变成层流气流。气体的分子密度下降，分子的平均自由能增大，杂质的扩散速度加快，因而由衬底逸出的杂质能快速地穿过边界层被主气流排除出反应室，使得这些杂质重新进入外延层的机会大大减少。当反应停止时，反应室中残存的反应剂和掺杂剂能迅速被排除，缩小了衬底与外延层之间的过渡区，很好地改善了厚度及电阻率的均匀性，减少了埋层图形的漂移和畸变。低压化学气相沉积克服了常压化学沉积气相时的膜厚均匀性差、膜质疏松等缺点；同时有效减少了外延层中的层错和位错，更有利于形成平整光亮的外延层。

低压外延技术是当前超大规模集成电路和一些高压特殊器件急需发展的新技术，在发展新型器件，如异质结晶体管、高速器件以及光电子器件中，都具有十分重大的意义。

3. 等离子体增强化学气相沉积

等离子体增强化学气相沉积（plasma enhanced CVD，PECVD）是在低压化学气相沉积的基础上，用等离子体激活反应气体，促进在基片表面或近表面空间进行化学反应，生成固态膜的技术。等离子体增强化学气相沉积的基本原理是在高频或直流电场作用下，源气体电离形成等离子体，利用低温等离子体作为能量源，通入适量的反应气体，利用等离子体放电，使反应气体激活并实现化学气相沉积。与传统的化学气相沉积技术相比，等离子体增强化学气相沉积的薄膜组成为等离子状态下的离子、原子和原子团，活性很高，可有效地降低薄膜生长过程的温度。等离子体增强化学气相沉积装置按频率可分为直流和射频两种等离子体增强化学气相沉积。

1）直流等离子体增强化学气相沉积

图 7-4 为直流等离子体增强化学气相沉积装置示意图。工作室接电源正极，基板接负极，基板负偏压为 1～2kV。以化学气相沉积氮化硅为例，反应气是体积比为5%的硅烷和氮气的混合体。将试样除油去垢后置于工作室，抽真空至2～3Pa，通入少量辅助气——氩气与氢气，开电源对试样进行轰击清洗，当阴极试样升温至 300～400℃时，通入反应气及辅助气，沉积完毕，阴极试样温度降到 100℃以下，取出试样。

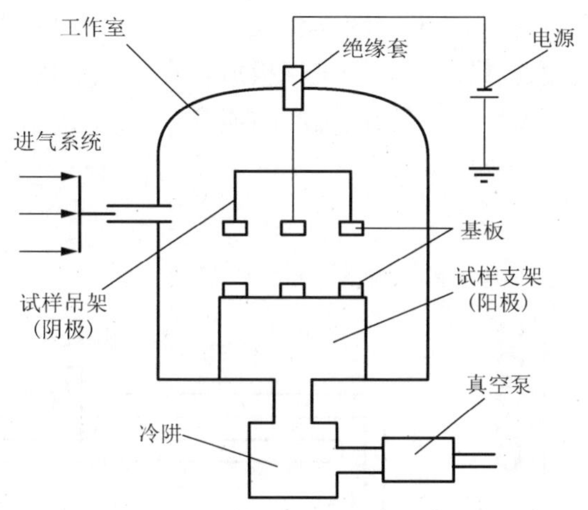

图 7-4　直流 PECVD 装置示意图

反应器即工作室，一般用不锈钢制作。阴极输电装置与离子镀、磁控溅射等相同，制备的薄膜会受到阳极附近的空间电荷所产生的强磁场影响，为了避免发生这种情况，必须要有可靠的间隙屏蔽措施。基板——工件可以吊挂，也可以采用托盘结构。通常配气系统中所通入的液态源容器不需要加热，容器与负压反应器相通，故液态源很容易被气化。等离子体增强化学气相沉积采用的源物质和产物中多含有还原性很强的卤族元素或其氢化物气体，且沉积气压为 10^2～10^3 Pa，真空系统只需要选用机械泵即可。排放的气体腐蚀性较强，因此应在抽气管路上设置冷阱，使腐蚀气体冷凝，以减少对环境的污染。

直流等离子体增强化学气相沉积的缺点是不能应用于非金属基片或薄膜，因为在阴极上电荷产生积累，并会造成积累放电，破坏正常的反应。

2）射频等离子体增强化学气相沉积

等离子体增强化学气相沉积方法的主要应用领域是一些绝缘介质薄膜的低温沉积，因而其等离子体的产生多采用射频方法。射频电场可采用电感耦合和电容耦合两种不同的方式。图 7-5（a）是一种最简单的电感耦合产生等离子体的化学气相沉积装置示意图。该装置中的射频线圈放置于反应容器之外，它产生的交变磁场在反应室内诱发交变感应电流，从而形成气体的无电极放电。正是由于这种等离子体放电的无电极特性，避免了电极放电可能产生的污染，可以在实验室中使用。图 7-5（b）是电容耦合的射频等离子体增强化学气相沉积装置的典型结构。衬底放在具有温控装置的下平板上，压强通常保持在 133Pa 左右，射频电压加在上下平行板之间，于是在上下平板间就会出现电容耦合式的气体放电，并产生等离子体。在等离子体各种活性基团的参与下，实现了基片上薄膜的沉积。同时，这一装置也工作在较低气压条件下，提高了活性基团的扩散能力，因此薄膜的生长速度可以达到每分钟数十微米。图 7-5（c）是扩散炉电容式射频等离子体增强化学气相沉积装置。该装置是将若干平行板放置在扩散炉内，电容式放电产生等离子体可有效增加炉产量，达到工厂生产的需要。

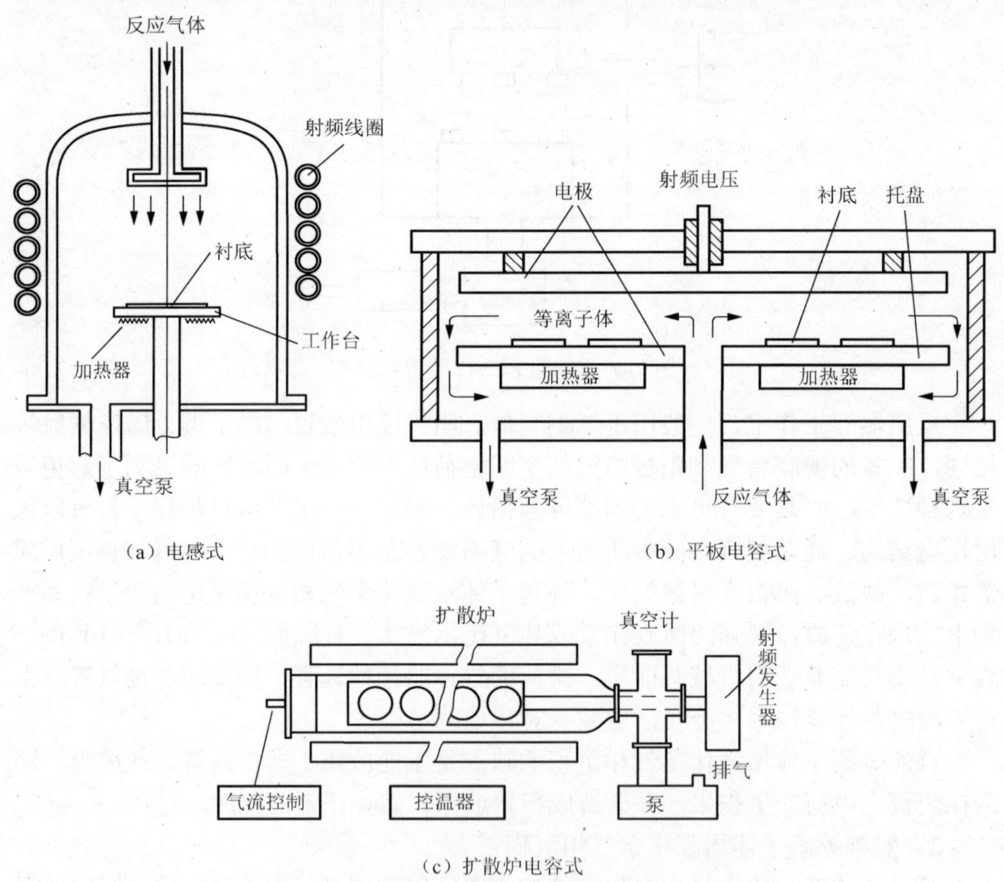

图 7-5　几种典型的射频等离子体增强化学气相沉积装置

与普通化学气相沉积相比，等离子体增强化学气相沉积具有诸多优点。例如，可在 300～350℃的低温下成膜，对基片影响小，并可以避免高温成膜造成的膜层晶粒粗大以及膜层和基片间生成脆性相等问题；在较低的压强下进行，由于反应物中的分子、原子、等离子粒团与电子之间的碰撞、散射、电离等作用，提高膜厚及成分的均匀性，得到的薄膜针孔少、组织致密、内应力小，不易产生理纹；应用范围广，可制备各种金属膜、非晶无机膜和有机膜，且膜层对基片的附着力强。因此，等离子增强化学气相沉积技术已被广泛应用于半导体器件的制造和各种薄膜材料的制备中。

4. 微波电子回旋共振等离子体增强化学气相沉积

微波电子回旋共振（microwave electron cyclotron resonance，ECR）等离子体增强化学气相沉积技术是在 PECVD 的基础上发展起来的一种新型的化学气相沉积技术。如图 7-6 所示，微波能量由微波波导耦合进入反应容器使得其中的气体产生等离子体击穿放电；在磁场线圈产生发散分布磁场的作用下，电子受到洛伦兹力发生回旋运动；同时，在此区域内存在 2.45GHz 的微波，电子的回旋运动和微波会发生共振现象。电子回旋共振等离子体化学气相沉积技术所使用的真空度为 10^{-1}～10^{-3}Pa，因此电子回旋共振等离子体化学气相沉积技术获得等离子体的电离度比普通 PECVD 技术要高出 1～3 个数量级。这意味着其等离子体具有很高的活性，甚至可认为是另加一个离子源。此外，电子回旋共振等离子体化学气相沉积还具有其他优点，如低气压低温沉积、沉积速率高、无电极污染、等离子体可控性好等，使得电子回旋共振技术正逐渐应用于薄膜沉积及薄膜刻蚀。

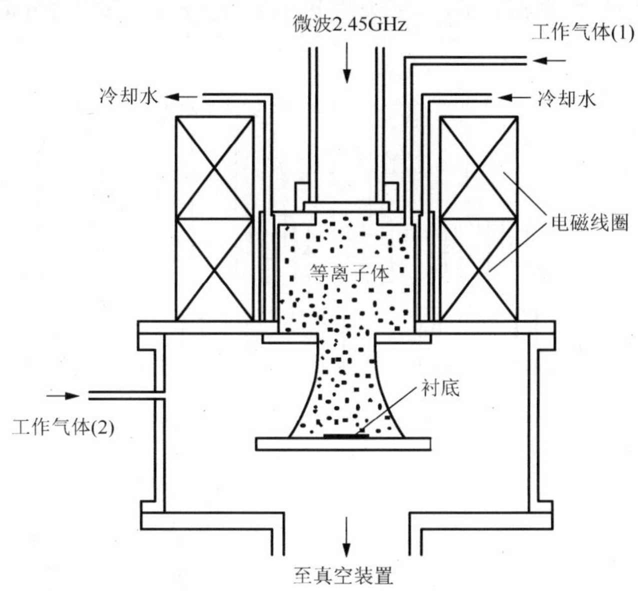

图 7-6　电子回旋共振等离子体化学气相沉积示意图

5. 金属有机化合物化学气相沉积

金属有机化合物化学气相沉积（metal-organic chemical vapor deposition，MOCVD）技术是在气相外延生长的基础上发展起来的一种新型气相外延生长技术[3]。该技术于 1968 年由美国洛克威公司的 Manasevit 等提出。MOCVD 采用金属有机化合物和氢化物等作为晶体生长的材料源，以热分解反应的方式在衬底上进行气相外延，生长Ⅲ-Ⅴ族、Ⅱ-Ⅵ族等化合物半导体外延层。类似于一般的化学沉积技术，MOCVD 根据气流和生长基片的角度可分为卧式和立式；根据生长压强可分为常压和低压；根据加热方式可分为高频感应加热和辐射加热；根据反应室壁的温度可分为热壁和冷壁。

对 MOCVD 而言，金属有机化合物源的选择十分重要。从实用的角度来看，金属有机化合物源通常应当具有两种基本特性。在适当的温度（−20～20℃）下，必须具有相当高的蒸气压（≥133.3Pa）。在典型的生长温度下，它们必须分解，以产生所需要的生长元素。一般来说，优先考虑具有最高蒸气压的烷基化合物，这类烷基化合物通常具有最低的分子量。对于Ⅱ、Ⅲ族金属有机化合物，一般使用它们的甲基或乙基化合物。在金属有机化合物中，大多数是具有高蒸气压的液体，也有的是固体。可以采用氢气或惰性气体等作为载气通入该液体的鼓泡器，将其携带后与Ⅴ族或Ⅵ族元素的氢化物，如氨气、磷化氢、砷化氢和水混合后再通入反应器。混合气体流经加热衬底表面时，在衬底表面上发生反应，外延生长化合物晶体薄膜。图 7-7 为生长 $Ga_{1-x}Al_xAs$ 薄膜的 MOCVD 装置原理结构图。

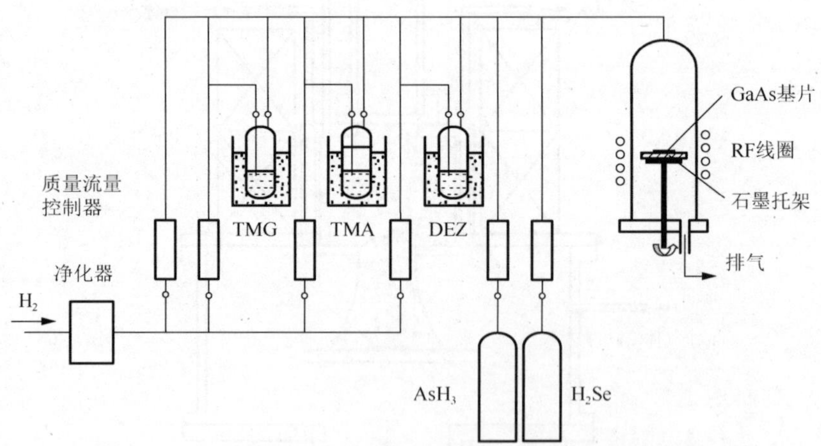

图 7-7　生长 $Ga_{1-x}Al_xAs$ 薄膜的 MOCVD 装置原理结构图

MOCVD 生长使用的源是易燃、易爆、毒性很大的物质，并且要生长多组分、大面积、薄层和超薄层异质材料，因此在 MOCVD 系统的设计中，通常要考虑系统密封性，并且流量、温度控制要精确，组分变换要迅速，系统要紧凑等。考虑到很多薄膜材料的金属有机物液态先驱体容易制备或获得，近年来发展了液态源 MOCVD（liquid source MOCVD，LSMOCVD）。LSMOCVD 作为一种新方法已经应用于制备多组元金属氧化物薄膜，它能够很好地避免多源输送面临的复杂问题，将各种源溶入有机溶剂，得到混合良好的先驱体溶液，然后送入气化室得到气态源物质，再经过流量控制器送入反应室，或者直接向反应室注入气体，在反应室内气化、沉积。这种方式的优点是简化了源输送方式，降低了对源材料的要求，便于实现多种薄膜的交替沉积以获得超晶格等多种结构。

目前，MOCVD 成为半导体化合物材料制备的关键技术之一，广泛应用于半导体器件、光学器件、气敏元件、超导薄膜材料、铁电/铁磁薄膜和高介电材料等的制备。

6. 激光化学气相沉积

激光化学气相沉积（laser chemical vapor deposition，LCVD）是一种在化学气相沉积过程中利用激光束的光子能量激发和促进化学反应的薄膜沉积方法。该沉积过程是激光光子与反应主体或衬底材料表面分子相互作用，也可称为激光诱导化学气相沉积或激光辅助化学气相沉积。激光化学气相沉积过程可分为激光与反应介质作用、反应介质向激光作用区转移、预分解、中间产物二次分解并向基片转移、在基片表面沉积原子结合形成薄膜和成膜产生的气体离开激光光斑等几个阶段。

激光化学气相沉积装置主要由激光器、导光聚焦系统、真空系统、送气系统和沉积反应室等部件组成。其沉积设备结构示意图和导光系统示意图，分别如图 7-8 和图 7-9 所示。激光器一般用二氧化碳或准分子激光器，沉积反应室由带水冷的不锈钢制成，内设温度可控的样品工作台及通入气体和通光的窗口。沉积反应室与真空分子泵相连，气源系统装有氩气、硅烷、氮气和氧气的质量流量计。通过容量压力表测量炉压，调节安装在沉积反应室与机械泵之间的阀门，使沉积反应室的真空度低于 10^{-4}Pa。

根据作用机理，激光化学气相沉积还可以分为热解激光化学气相沉积、光解激光化学气相沉积和光热联合激光化学气相沉积。热解激光化学气相沉积作用机制如图 7-10 所示，在聚焦的激光光束照射下，基片局部表面温度升高，而反应气体对所用激光是透明的，未吸收激光能量。处在基片加热区的反应气体分子受热发生分解，形成自由原子，聚集在基片表面成为薄膜生长的核心。一般使用连续波输出的激光器，如氩离子和二氧化碳激光器。普通化学气相沉积的气源材料都可用于热解激光化学气相沉积。常用的反应原料有卤族化合物、碳氢化合物、硅烷类物质和羰基化合物。

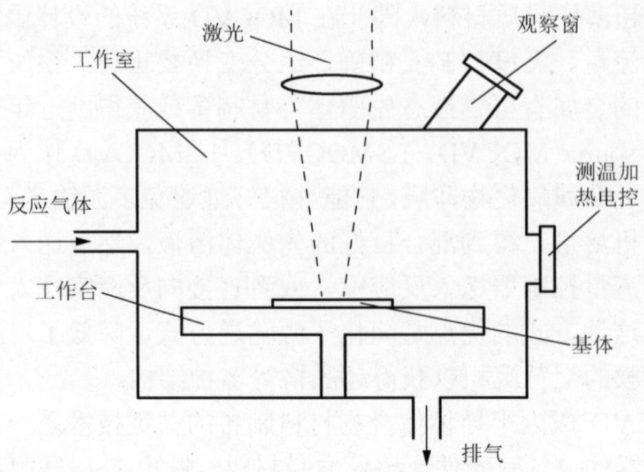

图 7-8　激光气相沉积设备结构示意图

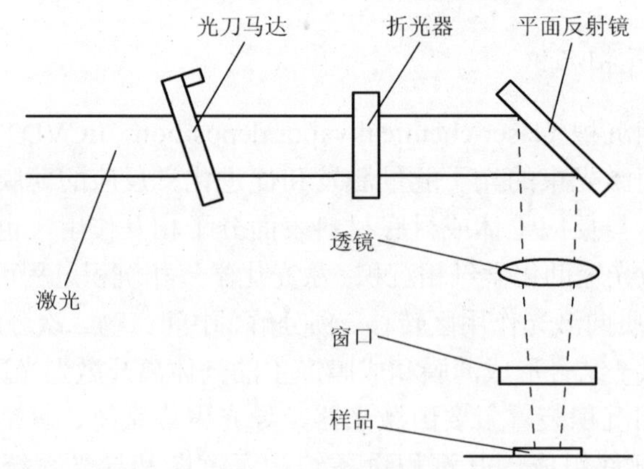

图 7-9　导光系统示意图

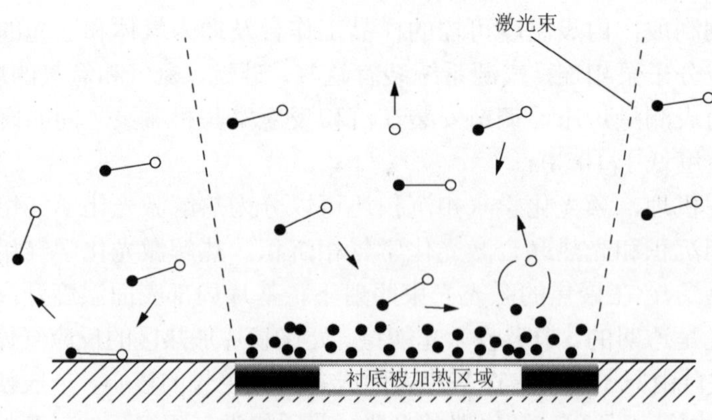

图 7-10　热解激光化学气相沉积作用机制示意图

图 7-11 为光解激光化学气相沉积作用机制示意图。其要求气相有高的吸收截面，基片对激光束是透明与不透明均可；同时，要求光子具有较高的能量，如短波长激光、紫外和超紫外激光以及准分子氯化氙、氟化氩等，但紫外和超紫外激光器还未实现商品化，仅停留在实验室阶段。光解激光化学气相沉积的化学反应是光子激发，不需加热，沉积可在室温下进行，但沉积速度太慢是致命的弱点。若能开发出高功率、廉价的准分子激光器，光解激光化学气相沉积就可与热化学气相沉积、热解激光化学气相沉积相竞争。特别在诸多关键的半导体器件加工技术中，降低沉积温度对工艺技术至关重要。

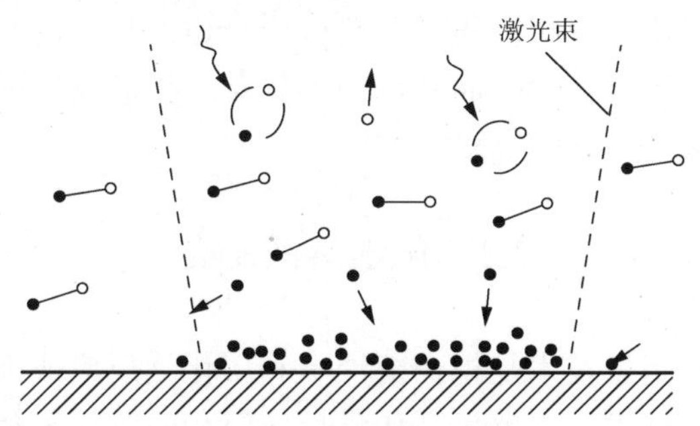

图 7-11 光解激光化学气相沉积作用机制示意图

近年来，激光化学气相沉积技术得到迅速发展，可制备包括元素半导体、化合物半导体及非晶态半导体在内的各类晶体薄膜。例如，集成电路的互连和封装，制备欧姆接点、扩散屏障层、掩膜、修补电路以及非平面三维图案制造等，因涉及高为几毫米、宽仅几微米长的图案，又深又窄的沟槽和小孔的填充等，其他技术很难实现。同时，激光化学气相沉积技术还具有方便、快捷的优势。

7.1.3 化学气相沉积的发展趋势及特点

随着工业生产要求的不断提高，化学气相沉积的工艺及设备得到不断改进，不仅应用了各种新型的加热源，还充分利用了等离子体、激光、电子束等辅助方法降低了反应温度以及各种化学反应，使其应用的范围更加广泛。近年来，化学气相沉积技术发展很快，已成为薄膜制备中一个相当重要的方法，主要用途为产生厚度在微米级的薄膜，在微电子材料、光电子材料、机械材料、航空航天材料等方面都有重要应用。相比其他薄膜制备技术，化学气相沉积技术具有如下的一些特点。

（1）化学气相沉积技术不仅可以制作金属薄膜、非金属薄膜，而且还可通过调节沉积的参数，制备合金薄膜以及控制薄膜的形貌、晶体结构和晶粒度等。

（2）成膜速度快，每分钟可达几纳米甚至数百纳米。通过对多种气体原料的流量进行调节，能够在较大范围内控制产物的组成，即可以在相当大的基板上制备薄膜，也可以在同一炉中放置大量基片。

（3）反应在常压或低真空下进行，反应气体前驱物的绕射性好，能均匀覆盖几何形状复杂的基底，特别是形状复杂的表面或工件的深孔或细孔等。

（4）通常在 850～1100℃时，薄膜具有附着力好、残余应力小和结晶良好等优点。

（5）容易控制薄膜的致密度和纯度，也可以获得梯度薄膜或混合薄膜。

（6）设备简单，操作维修方便。

然而，利用化学气相沉积技术制膜，还存在着一些缺点，如反应温度较高，甚至要达到 1000℃，而许多基片材料不能承受这样的高温，因而限制其使用。当采用金属有机化合物化学气相沉积时，要选用合适的反应前驱物，有时前驱物可能没有市售产品需要自己合成，而且在整个制备过程和废气的处理过程中，都要考虑不能对环境和操作者造成危害。

7.2　化学溶液制备

薄膜的化学溶液制备技术是指在溶液中利用化学反应或电化学反应等在基片表面沉积薄膜的一种技术。主要包括化学反应沉积、阳极氧化、电镀和喷雾热分解等多种方法。与其他方法相比，化学溶液制备薄膜，可以在短时间内获得分子水平的均匀性掺杂，可得到均匀性高、性能好的薄膜材料[4]。除此之外，化学反应所需的温度较低，反应进行容易，而且只要选择合适的条件，就能制备各种新型材料。因此，薄膜的化学溶液制备技术已成为各种薄膜材料制备的首选技术，并以此为基础形成了一个巨大的产业链条，而且发展速度越来越快，在电子元件、表面涂覆和装饰等领域得到了广泛的应用，具有极其广阔的发展前景。

7.2.1　化学反应沉积法

化学反应沉积是化学溶液制备薄膜中较为重要的一种，主要包括化学镀法和溶胶-凝胶法两种，具体内容如下。

1. 化学镀法

化学镀实质上是在还原剂的作用下，使金属盐中的金属离子还原成原子状态并沉积在基板表面上，从而获得镀层的一种方法，又称无电源电镀。它与化学沉积法同属于不通电而靠化学反应沉积金属的镀膜方法。两者的区别在于，化学镀的还原反应必须在催化剂的作用下才能进行，且沉积反应只发生在镀件的表面上，而化学沉积法的还原反应却是在整个溶液中均匀发生的，只有一部分金属镀在镀件上，大部分则成为金属粉末沉积下来。因此，确切地说化学镀的过程是指在有催化条件下发生在镀层上的氧化还原过程，即在这种镀覆的过程中，溶液中的金属离子被生长着的镀层表面所催化，并且不断还原而沉积在基片表面上。在此过程中，基片材料表面的催化作用相当重要，周期表中的Ⅷ族金属元素都具有在化学镀过程中所需的催化效应。

催化剂是指敏化剂和活化剂，它可以促使化学镀过程发生在具有催化活性的镀件表面。如果被镀金属本身不能自动催化，则在镀件的活性表面被沉积金属全部覆盖之后，其沉积过程便自动终止；相反，如镍、钴、铁、铜和铬等金属，其本身对还原反应具有催化作用，可使镀覆反应得以继续进行，直到镀件取出，反应才自行停止。这种依靠被镀金属自身催化作用的化学镀又被称为自催化化学镀，通常所谓的化学镀均指这类化学镀。化学镀在电子工业等部门中得到广泛应用，自催化化学镀具有以下优点。

（1）可在复杂的镀件表面形成均匀的镀层。

（2）镀层的孔隙率比较低。

（3）可直接在塑料、陶瓷、玻璃等非导体上进行沉积镀膜。

（4）镀层具有特殊的物理、化学性质。

（5）不需要电源，没有导电电极。

2. *溶胶-凝胶法*

溶胶-凝胶（sol-gel）法的初始研究可以追溯到 1846 年，由法国化学家 Ebelmen 等发现，用氯化硅与乙醇混合后，在湿空气中发生水解并形成凝胶，但这一发现在当时未引起化学界和材料界的注意。直到 20 世纪 30 年代，Geffcken 等证实用这种方法，可以制备氧化物薄膜。1971 年，德国 Dislich 报道了通过金属醇盐水解得到溶胶，经溶胶凝化，再在 923～973K 的温度和 100N 的压力下进行处理，制备出 SiO_2-B_2O_3-Al_2O_3-Na_2O-K_2O 多组分玻璃，引起了材料科学界的极大兴趣和重视。1975 年，Yoldas 和 Yamane 制得整块陶瓷材料及多孔透明氧化铝薄膜。20 世纪 80 年代以来，溶胶-凝胶法在玻璃、氧化物涂层、功能陶瓷粉料，尤其是传统方法难以制备的复合氧化物材料和高临界温度氧化物超导材料的合成中均得到了成功的应用。

溶胶-凝胶工艺是将成膜物质溶于某些有机溶剂，如乙酸、丙酮或其他的有机溶剂中成为均质溶胶镀液，采用浸渍或离心甩胶等方法将溶胶涂覆于基片表面，因发生水解作用而形成胶体膜，然后进行脱水而凝结为固体薄膜[5]。主要水解聚合反应过程如下。

水解反应：

$$\mathrm{M(OR)}_n + \mathrm{H_2O} \longrightarrow \mathrm{(RO)}_{n-1}\mathrm{M{-}OH} + \mathrm{ROH} \tag{7-1}$$

聚合反应：

$$\mathrm{(RO)}_{n-1}\mathrm{M\text{-}OH} + \mathrm{RO\text{-}M(OR)}_{n-1} \longrightarrow \mathrm{(RO)}_{n-1}\mathrm{M{-}O{-}M(OR)}_{n-1} + \mathrm{ROH} \tag{7-2}$$

其中，M 为金属元素，如钛、锆等；R 为烷氧基。例如，以钛酸乙酯制备二氧化钛薄膜的反应过程为

$$Ti\left(OC_2H_5\right)_4 + 4H_2O \longrightarrow H_4TiO_4 + 4C_2H_5OH \tag{7-3}$$

$$H_4TiO_4 \xrightarrow{120℃} TiO_2 + 2H_2O\uparrow \tag{7-4}$$

固体膜厚取决于溶液中金属有机化合物的浓度、溶胶液的温度和黏度、基板拉出或旋转速度、角度以及环境温度等。溶胶-凝胶法制备薄膜具有多组分均匀混合、成分易控制、成膜均匀、能制备较大面积的膜、成本低、周期短和易于工业化生产等优点。

7.2.2 阳极氧化法

将金属或合金的制件作为阳极，在适当的电解液中加上一定直流电压，由于电化学反应在其表面上形成氧化物薄膜。氧化物薄膜改变阳极表面的状态和性能，如表面着色、提高耐腐蚀性、增强耐磨性及硬度，保护金属表面等。该过程称为阳极氧化，其制膜方法称为阳极氧化法。相比其他的电解过程，阳极氧化过程也服从法拉第定律，即将一定的电量严格地定量转化为金属的氧化物。然而，因为在阳极氧化过程中，会有一定数量的氧化物又溶解在电解液中，所以实际形成氧化物的有效质量要比理论值偏低一些。阳极氧化过程存在金属氧化物的形成与金属的溶解两个相反的过程，而成膜则是两过程的综合结果。因此，氧化膜的形成是一种典型的不均匀反应，反应过程如下。

金属 M 的氧化反应：

$$M + nH_2O \longrightarrow MO_n + 2nH^+ + 2ne \tag{7-5}$$

金属的溶解反应：

$$M \longrightarrow M^{2n+} + 2ne \tag{7-6}$$

氧化物 MO_n 的溶解反应：

$$MO_n + 2nH^+ \longrightarrow M^{2n+} + nH_2O \tag{7-7}$$

在氧化物薄膜生成的初期，同时存在膜生成反应和金属溶解反应。溶解反应产生水合金属离子，即由氢氧化合物或氧化物组成的胶状沉淀氧化物。氧化物覆盖表面后，金属活化溶解将停止，持续氧化反应是金属离子和电子穿过绝缘性金属氧化物在膜表面继续形成氧化物。为了维持离子的移动而保证氧化物薄膜的生长，需要外加一定的电场。阳极氧化膜的成分及其结构与电解液的类型和浓度以及工艺参数等多种因素有关。

7.2.3 电镀法

电镀的基本过程是将基片浸在电解盐的溶液中作为阴极，金属板作为阳极，

接直流电源后，利用电流通过电解盐溶液引起的电解反应，在位于负极的基片上形成薄膜，该过程称为电镀。电镀是一种电化学过程，也是一种氧化还原过程。电镀和电解同时在水溶液中进行，因此也称为湿式镀膜技术。随着电镀技术的发展，电镀也可在非水溶液，如熔盐、有机溶剂液氮和四氯化碳中进行。因为电镀在常温下进行，所以镀层具有细致紧密、平整、光滑和无针孔疵点等优点，并且厚度容易控制，因而在电子工业、通信、军工和航天等领域得到了广泛的应用。

在电镀的电解反应过程中，最典型的电镀槽及槽中离子的运动方向如图 7-12 所示。在电镀过程中利用外加直流电场使阴极的电位降低，达到所镀金属的析出电位，才有可能使阴极表面镀上一层金属膜。同时，必须提高阳极电位，只有在外加电位比阳极标准电位大得多时，阳极金属才有可能不断溶解，并使溶解速度超过阴极的沉积速度，从而保证电镀过程的正常进行。从表面现象来看，电镀是在外加电流的作用下，溶液中的金属离子在阴极表面得到电子而被还原为金属并沉积于其表面的过程，即发生如下化学反应：

$$Me^{n+} + ne \longrightarrow Me \tag{7-8}$$

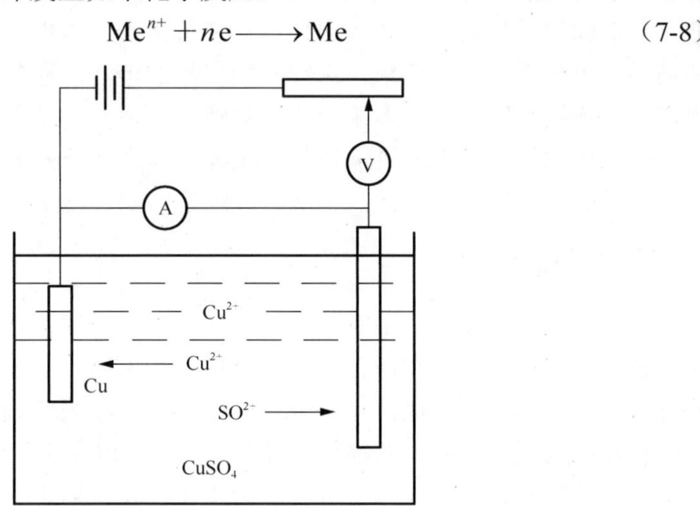

图 7-12 典型的电镀槽及槽中离子的运动方向

然而，实际情况则复杂得多。理论上，只要阴极的电位足够负，任何金属离子都可能在其上还原沉积。但在水溶液中进行电沉积时，阴极上存在氢离子、易还原的阴离子等多种离子的竞争还原反应，因此有些还原电位很负的金属离子在电极上不能实现还原沉积。换句话说，金属离子在水溶液中能否还原，不仅取决于其本身的电化学性能，还决定于氢离子等在电极上的还原电位或沉积电位，其大小直接影响金属的沉积。

通常，金属电沉积过程包括以下几个基本步骤。

1）液相传质

在金属电沉积时，阴极表面附近的金属离子参与阴极反应并迅速消耗，形成了从阴极到阳极金属离子浓度逐渐增大的浓度梯度。金属水合离子或络合离子在溶液内部以电迁移、扩散和对流的方式向阴极表面转移。

2）电化学还原

在大多数电镀溶液中，金属离子参与电极反应的形式与其在溶液中的主要存在形式不一样。在进行电化学还原前，其主要存在形式为在阴极附近或表面发生化学转化，转变为参与电极反应的形式，这一过程称为前置转换。然后，金属离子再以此形式在阴极表面得到电子，还原为金属原子。

3）电结晶

金属原子在阴极表面形成新相，包括晶核的形成和生长。电镀时所采用的电解溶液为电镀液，一般用来镀金属的盐类有单盐和络合盐两类。含单盐的电镀液有氯化物、硫酸盐等，含络合盐的薄膜电镀液有氰化物等。前者使用安全、价格便宜，但膜层质量较差，比较粗糙；后者价格贵、毒性大，但容易得到致密光亮的镀层。可根据不同的要求，选择不同种类的镀液。通常镀镍、铂等多使用单盐镀液，而镀铜、银和金等多采用络合盐镀液。另外，随着科学技术的不断发展，一些非金属材料也可以通过敏化、活化等过程进行预处理，完成非金属的电镀。

化学溶液制膜还有电泳沉积法等，限于篇幅，这里不再详述。

7.2.4　喷雾热分解法

喷雾热分解（spray pyrolysis，SP）法为将各金属盐按制备复合型粉末所需的化学计量比配成前驱体溶液，经雾化器雾化为液滴，由载气带入高温反应炉中，通过在反应炉中瞬间完成溶剂蒸发、溶质沉积形成固体颗粒、颗粒干燥、颗粒热分解和烧结成型等一系列的物理化学过程，形成超细粉末。根据雾化方式的不同，喷雾热分解法制备薄膜技术可分为压力雾化沉积、超声雾化沉积和静电雾化沉积三种。

自 20 世纪 60 年代，Chamberlin 和 Skarman 用喷雾热分解法制得硫化镉薄膜以来，喷雾热分解法已广泛用于单氧化物、尖晶石型氧化物、钙铁矿型氧化物及硫化物和硒化物等的制备，已形成从纳米级、亚微米级粉末到各种薄膜等多种形态的产物。因喷雾热分解法能克服颗粒均匀混合和分散的困难，直接生产出所需相结构和分布较好的复合物颗粒，已在发光材料、超导陶瓷材料、催化剂材料和电池材料等领域得到广泛的应用。

随着研究的深入，雾化方式已由最初的单流体或多流体雾化，发展到引入超声或静电等雾化；加热方式由燃气加热发展到电或等离子体等加热；雾化液滴可以是溶液、悬浮液，也可以是凝胶或溶胶。实际上，喷雾热分解是个气溶胶过程，属气相法的范畴，不同于一般的以液相溶液作为前驱体的气溶胶过程，因此兼具气相法和液相法的诸多优点。

（1）原料在溶液状态下混合，可保证组分分布均匀，而且工艺过程简单，组分损失少，可精确控制化学计量比，尤其适合制备多组分复合粉末。

（2）微粉由悬浮在空气中的液滴干燥而来，颗粒一般呈规则的球形，而且少团聚，无须后续的洗涤研磨，保证了产物的高纯度，高活性。

（3）整个过程在短短的几秒钟时间迅速完成，因此液滴在反应过程中来不及发生组分偏析，进一步保证了组分分布的均一性。

（4）工序简单，一步即可获得成品，无过滤、洗涤、干燥、粉碎过程，操作简单、生产过程连续、产能大、生产效率高，非常有利于大工业化生产。

（5）沉积温度大多在 600℃以下，相对较低。

然而，喷雾热分解法制备薄膜均是由雾滴或细粉体颗粒沉积生长而成，薄膜的表面不如金属有机化合物化学气相沉积制备的薄膜光滑平整，薄膜中的气孔率也较高；同时雾化液滴的大小和分布、溶液性质及基片温度等工艺参数对喷雾热分解法制备薄膜的表面形貌也有很大的影响。因此，喷雾热解法不容易制备光滑、致密的薄膜，在沉积过程中，向薄膜中易引入的外来杂质，主要限于制备氧化物和硫化物等材料。

习　题

1．化学气相沉积的基本原理是什么？

2．影响化学气相沉积的主要因素有哪些？

3．等离子增强化学气相沉积有哪些优点？

4．激光化学气相沉积的过程分为哪几个阶段。

5．描述金属有机化合物化学气相沉积的主要过程和特点。

6．喷雾热分解法的主要优缺点有哪些？

7．化学溶液制备技术主要有哪些方法？

参 考 文 献

[1] 叶志镇, 吕建国, 吕斌, 等. 半导体薄膜技术与物理[M]. 杭州: 浙江大学出版社, 2008.

[2] 王蔚, 田丽, 任民远, 等. 集成电路制造技术-原理与工艺(修订版)[M]. 北京: 电子工业出版社, 2013.

[3] 石玉龙, 闫凤英. 薄膜技术与薄膜材料[M]. 北京: 化学工业出版社, 2015.

[4] 肖定全, 朱建国, 朱基亮, 等. 薄膜物理与器件[M]. 北京: 国防工业出版社, 2011.

[5] 李晓干, 刘勐, 王奇. 半导体薄膜技术基础[M]. 北京: 电子工业出版社, 2018.

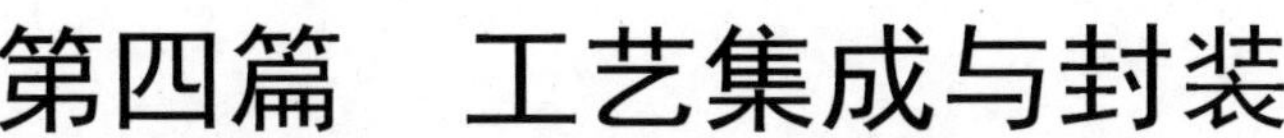

第四篇　工艺集成与封装

第8章　工 艺 集 成

通常把运用各类单项工艺技术，如氧化、气相沉积、光刻、扩散、离子注入、刻蚀以及金属化等工艺形成器件和电路结构的制造过程称为工艺集成。每一步单项工艺的设计，必须考虑其在整个工艺流程里对前后工艺步骤的影响[1]。例如，制作相同结深的 PN 结，进行扩散掺杂时可以采用不同的扩散时间和扩散温度组合，但是如果将这个工艺放入一套复杂的工艺流程里，前后工序就会限制对各种扩散时间和温度条件的选择，即影响对某个特定单项工艺步骤条件的选择。因此，掌握一个复杂工艺流程的组成结构，有助于对单个工艺的认识和工艺条件的选择及确定。本章主要介绍金属化与多层互连、CMOS 集成电路工艺和双极型集成电路工艺。

8.1　金属化与多层互连

金属化是指金属及金属性导电材料在芯片上应用的工艺过程，形成的整个金属及金属性导电材料结构即为金属化系统。严格讲，它属于后端工艺，这里把它放在工艺集成里进行讨论。

金属化在集成电路中主要有两种应用方式。一种是制备金属互连线，将元器件连接起来形成电路系统；另一种是形成接触，金属直接与半导体材料接触，作为半导体与外界的连接桥梁，提供与外部相连的连接点。选择接触金属的一个前提条件是金属材料和半导体材料直接形成欧姆接触。另外，在引入金属材料时，不能导致器件失效。过去接触用金属材料以铝为主，目前应用较为广泛的材料是硅化物。

8.1.1　金属互连线

互连线可以是局部互连也可以是全部互连。一般来说，局部互连是第一层互连线，即最底层的互连线。MOS 工艺中通常用于连接栅极、源极和漏极，双极型工艺中用于连接集电极、基极和发射极。在整个工艺流程中，局部互连比全局互连出现得早。相比全局互连线，局部互连线的电阻较高，易于淀积和刻蚀，要求能够经受更高的加工温度，并具有好的抗电迁移特性。使用最为广泛的金属材料是铝和铜。

全局互连线通常是指位于局部互连线之上的所有互连层。全局互连线经常需要跨越很长的距离，将芯片上不同器件和不同部位连接起来。主要材料由低阻金属制成，如铝。

金属互连线通过金属化工艺制备。所谓金属化工艺，就是在制备好的半导体器件表面淀积金属薄膜，利用光刻和刻蚀工艺加工出金属互连线，将硅片上的各个元器件连接起来形成一个完整的电路系统，并提供与外电路连接接点的工艺过程。

8.1.2 欧姆接触

金属化膜与半导体的接触是衡量集成电路金属化的重要指标，良好的接触特性是选择接触金属的前提。金属与半导体形成欧姆接触是指接触点是一个纯电阻，而且该电阻越小越好，确保组件操作时，大部分的电压降在工作区而不是接触面上[2]。因此，其 *I-V* 特性是线性关系，斜率越大，接触电阻越小，接触电阻的大小直接影响器件的性能指标。

1. 欧姆接触的形成方法

欧姆接触不产生明显的附加阻抗，而且不会使半导体内部的平衡载流子浓度发生显著改变。形成良好的欧姆接触，不仅需要金属与半导体之间有低的势垒高度，而且要求半导体有高浓度的杂质掺入。前者使界面电流中热激发部分增加，后者则使半导体耗尽区宽度变窄，电子有更多的机会直接穿透，使接触电阻阻值降低。若半导体不是硅晶，而是禁带宽度较大的砷化镓、磷化铟等，则较难形成欧姆接触，必须在半导体表面掺杂高浓度杂质，形成金属-N^+-N 或金属-P^+-P 等结构。

欧姆接触在金属处理中应用广泛，实现的主要措施是在半导体表面层进行高掺杂或者引入大量复合中心。形成的欧姆接触主要有半导体高掺杂接触、低势垒高度接触和高复合中心接触三种方法。

1）半导体高掺杂接触

金属-半导体接触的电流密度为

$$J = A^* T^2 \mathrm{e}^{-\frac{q\phi_b}{kT}} \left(\mathrm{e}^{\frac{qV}{nkT}} - 1 \right) \tag{8-1}$$

其中，ϕ_b 为肖特基势垒高度，在数值上等于 $\phi_m - \chi$，ϕ_m 是金属功函数，χ 是半导体亲和能；A^*为理查德逊常数；T 为温度；k 为玻尔兹曼常数；q 为电子电量。

接触电阻：

$$R_C = \left(\frac{\mathrm{d}V}{\mathrm{d}J} \right)_{V=0} \tag{8-2}$$

低掺杂接触电阻：

$$R_C \approx \frac{k}{qA^*T}e^{\frac{q\phi_b}{kT}} \tag{8-3}$$

高掺杂（N_S>$10^{19}/cm^3$）接触电阻：

$$R_C \approx \exp\left[\frac{\alpha\left(\varepsilon_s m^*\right)^{\frac{1}{2}}}{h}\left(\frac{\phi_b}{\sqrt{N_S}}\right)\right] \to 0 \tag{8-4}$$

其中，ε_S为半导体材料的介电常数；m^*为有效电子质量。当半导体掺杂浓度N_S>$10^{19}/cm^3$时，半导体表面势垒宽度很小，载流子可以以隧道方式穿过势垒，从而形成欧姆接触。由于隧道穿过概率与势垒宽度密切相关，而势垒宽度又取决于半导体表面层的掺杂浓度。因此，要获得低接触电阻的金-半接触，必须减小金-半接触的势垒宽度并提高半导体的掺杂浓度。该方式的接触电阻是随掺杂浓度变化而变化的，在器件制造中经常使用。

2）低势垒高度接触

当金属功函数大于 P 型而小于 N 型硅的功函数时，金属与半导体接触可以形成理想的欧姆接触。但是，由于受金属-半导体界面的表面态的影响，半导体表面会感应出空间电荷区，形成接触势垒。因此，即使是低势垒高度，当半导体表面掺杂浓度较低时，也很难形成理想的欧姆接触。其实，这种金属与半导体的接触是肖特基接触，如铂与 P 型硅就是这种肖特基接触。

3）高复合中心接触

当半导体表面具有较高的复合中心密度时，金属-半导体间的电流传输主要受复合中心产生的复合机制所控制。高复合中心密度会使接触电阻明显减小，伏安特性近似对称，在此情况下，半导体也可以与金属形成欧姆接触。电力半导体器件接触电极、集成电路背面金属化常采用这种形式的欧姆接触。引入高复合中心的方法还有很多，如喷砂、离子注入、扩散原子半径与半导体原子半径相差较大的杂质等。

2. 欧姆接触的制备工艺

欧姆接触的制备在材料工程里研究很充分，可重复且可靠地接触制备需要极度洁净的半导体表面。例如，硅表面会迅速形成天然氧化物，其接触的性能会十分敏感地取决于制备准备的细节。

欧姆接触制备的基础步骤包含半导体表面清洁、接触金属淀积、图案制造和退火。表面清洁可以通过溅射刻蚀、化学刻蚀、反应气体刻蚀或离子研磨进行。例如，硅的天然氧化物可通过氢氟酸来去除，而砷化镓可通过蘸溴化甲醇来清洁。

清洁过后金属通过溅射、蒸发或者化学气相淀积。相比蒸发淀积，溅射淀积更快、更方便，然而等离子带来的离子轰击可能会减少表面态，甚至颠倒表面电荷载流子的类型。因此，人们倾向快速的化学气相淀积方法。接触的图案制造是通过标准平版照相术来完成的，如剥落中接触金属是通过淀积于光刻胶层孔洞之中并稍后取出的光刻胶来完成的。

淀积后接触的退火能有效去除张力并引发有利的金属和半导体之间的反应，使接触良好，接触电阻减小，但退火后也会带来若干问题。对于用得较多的金属电极材料铝，当把 Al-Si 接触系统放在氮气中加热到 475℃时，几分钟后铝即可穿过其表面上很薄的自然氧化层而到达硅表面，并与硅相互扩散、很好地熔合成一体，能够得到很好的欧姆接触。但是，如果采用铝在浅 PN 结上制作欧姆接触，容易产生很大的弊病——毛刺，铝、硅原子在接触面上的相互扩散不均匀，直接导致 PN 结发生穿通或短路。解决此问题的办法就是在金属铝中加入少量的硅，以抑制在退火时出现毛刺。

在现代集成电路工艺中，铝不能完全满足要求，因为当欧姆接触形成之后还需要施行 500℃以上的其他工艺步骤，而 Al-Si 接触系统承受不了这么高温度的处理，难以满足热稳定性的要求。所以，在集成电路中改用难熔金属钼、钽、钛、钨等的硅化物来制作欧姆接触，这样不仅可以获得很高的温度稳定性，而且能够改善欧姆接触的性能。例如，对于使用最为广泛的金属硅化物——二硅化钛，在将硅上的钛膜经热处理而形成二硅化钛的过程中，会消耗掉半导体表面上的一薄层硅，从而也就相应地去掉了硅片表面上的缺陷和一些沾污，因此能够获得干净、平整、性能良好的欧姆接触。因此，难熔金属的硅化物是一种较好的欧姆接触金属材料。

除了采用高掺杂和引入复合中心这些措施来实现欧姆接触以外，采用窄带隙半导体构成的缓变异质结，也可以实现对宽带隙半导体的欧姆接触。例如，利用 MBE 技术制作的 N-InAs/N-GaAs 或者 N-Ge/N-GaAs 异质结，就可以实现欧姆接触。

虽然现在 Si 和 GaAs 器件及其集成电路的欧姆接触技术已经比较成熟，但是对于在 P 型Ⅲ-Ⅴ族半导体上的欧姆接触还较难实现，这是由于在退火时或在空气中时，P 型Ⅲ-Ⅴ族半导体（如 P-AlGaAs）的表面要比 N 型的表面更容易氧化。此外，对于许多宽带隙半导体，如硫化镉、氮化铝、碳化硅和氮化镓的欧姆接触，技术上还不成熟。其原因是这种半导体的自补偿作用，即大量的晶体本征缺陷对于施主杂质或者对于受主杂质的自发补偿作用很严重，它们是所谓单极半导体，从外面掺入再多的杂质也难以改变其电阻率，更难以改变其型号，利用高掺杂来获得欧姆接触较为困难。一种可行的办法就是加上一层型号相同的高掺杂窄带隙半导体，构成一个异质结来实现欧姆接触。

8.1.3 布线技术

随着集成电路特征尺寸越来越小，集成度越来越高，对互连和接触技术的要求越来越高。除了有良好的欧姆接触外，互连布线材料还要有低的电阻率、良好的稳定性和较强的抗电迁移和环境侵蚀的能力；同时还要求布线材料可被精细刻蚀，易于淀积成膜，黏附性、台阶覆盖要好，并具有良好的可焊性。

1. 电迁移现象

金属互连线是由铝或铝合金所组成的。金属线在大电流密度下容易产生金属离子电迁移的现象，碰撞将电子能量传给原子，使原子产生位移的现象称为电迁移效应。原子迁移的结果，往往在负端产生空洞，正端产生堆积物，从而造成金属线的断路、短路或电参数退化等现象。自 1966 年发现铝膜电迁移是硅平面器件的一个主要失效原因以来，对器件中金属化电迁移现象就进行了广泛而深入的研究。

金属化电迁移是一种在大电流密度作用下金属化引线的质量输运现象。金属是晶体，在晶体内部金属离子按序排列。当不存在外电场时，金属离子可以在晶格内通过空位而变换位置，这种金属离子运动称为自扩散。因为任一靠近邻近空位的离子有相同的概率和空位交换位置，所以自扩散的结果并不产生质量输运。当有直流电流通过金属导体时，电场的作用就使金属离子产生定向运动，即金属离子的迁移现象[3]。不同的金属产生金属化电迁移的条件是不同的。在金属引线上有电场存在时，电子向正极迁移，而离子受电子裹挟有指向正极的作用，电场对离子的作用又指向负极，综合作用是质量输运沿电子流方向。金属层因金属离子的迁移，在局部区域由质量堆积而出现小丘或晶须，或由质量亏损出现空洞而造成器件或互连性能退化或失效。如图 8-1 所示是金属化引线的电迁移现象，其结果在负极附近形成空洞，正极附近易形成小丘，因此造成电路的开路或多层布线上下两层的短路。

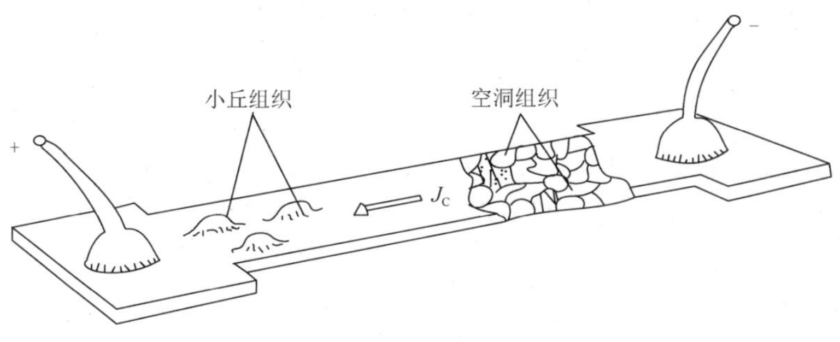

图 8-1 金属化引线的电迁移现象

金属化布线的电迁移现象用中值失效时间 MTF 来表征。中值失效时间是指50%互连线失效的时间，即

$$\mathrm{MTF} = C\frac{A}{J_{\mathrm{C}}^{2}}\exp\left(E_{\mathrm{a}}/kT\right) \tag{8-5}$$

其中，C 为与金属材料有关的常数；A 为金属引线的面积；E_a 为金属材料质量输运活化能。

除了电流密度较大之外，温度升高、金属线宽减小都会造成因电迁移现象引起的布线失效。铝在金属布线中应用较多，而其抗电迁移能力较差，尤其当线条变得越窄时，这个问题更为突出。通常，提高铝的抗电迁移能力具体措施如下。

（1）采用铝-铜合金和铝-硅-铜合金。因为杂质在铝的晶粒间界的分凝可降低铝离子在晶界的迁移，使中值失效时间提高一个数量级，所以通过在铝中加入少量的铜可以改善电迁移现象，但加入过量铜会使铝膜电阻率升高以及使铝刻蚀有难度，一般为 0.5%～4%(wt%)。

（2）采用适当的工艺方法淀积铝膜。例如，用电子蒸镀的铝膜代替溅射的铝膜；采用“竹状”结构的铝膜，使铝的晶粒间界方向垂直于电流方向，都可以使中值失效时间提高两个数量级。如图 8-2 所示是不同的铝线薄膜截面结构。

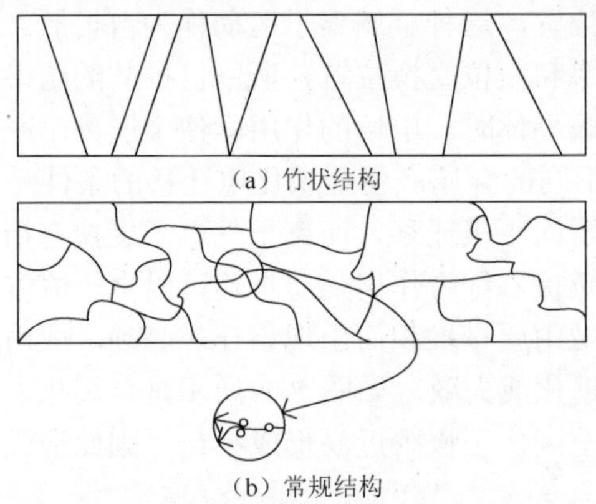

（a）竹状结构

（b）常规结构

图 8-2　铝线薄膜截面结构

（3）在铝膜表面覆盖氮化硅或其他介质，也能提高铝的抗电迁移能力。

（4）三层夹心结构。改进铝电迁移的另一种方法是在二层铝薄膜之间加一层约 500Å 的过渡金属层，如钛、铬和钽等。这三层结构经 400℃退火 1h 后，将形成金属间化合物，它们是很好的铝扩散阻挡层，可以防止空洞穿透整个铝金属化引线，同时也可以在铝晶粒间界处形成化合物，降低铝在晶粒间界中的扩散系数，改善电迁移。

在高湿度、持续性电压以及与银等金属接触，或具有吸水、吸附湿气特性的绝缘体等条件下，都会发生金属迁移现象，金属迁移仅限于少数金属，如银、铅、

铜、锡、金，其中由于银不能形成稳定和钝化的氧化膜，迁移率最高，同样条件下是铜的1000倍。银离子迁移简称银迁移，银和银离子发生氧化还原作用的低自由能，会促使其发生阳极溶解和阴极还原，从而导致银的迁移率很高。银离子的迁移机理如下。

金属银因银电极间电位差及表面存在从周围环境吸附的水而发生电离，即

$$Ag \longrightarrow Ag^+, \quad H_2O \longrightarrow H^+ + OH^- \tag{8-6}$$

Ag^+和OH^-在阳极端生成AgOH析出，即

$$Ag^+ + OH^- \longrightarrow AgOH \tag{8-7}$$

AgOH分解，在阳极端形成Ag_2O，并呈胶状分散，即

$$2AgOH \rightleftharpoons Ag_2O + H_2O \tag{8-8}$$

生成的Ag_2O和水反应，形成Ag^+向阳极移动，析出并形成树枝状，即

$$Ag_2O + H_2O \rightleftharpoons 2AgOH \rightleftharpoons 2Ag^+ + 2OH^- \tag{8-9}$$

银在电场及氢氧根离子的作用下，离解产生银离子，并产生可逆反应。在电场的作用下，银离子从高电位向低电位迁移，并形成絮状或枝蔓状扩展，在高低电位相连的边界上形成黑色氧化银。通过水滴试验可以很清楚地观察到银迁移现象。水滴试验十分简单，在相距很近的含银的导体间滴上水滴，同时加上直流偏置电压就可以观察到银离子迁移现象。

银迁移会造成无电气连接的导体间形成旁路，造成绝缘下降乃至短路。除导体组分中含银外，导致银迁移产生的因素还有诸多，如基板吸潮、相邻近导体间存在直流电压、偏置时间、环境湿度水平以及存在离子或有沾污物吸附等。银迁移造成旁路引起失效，容易在导体间留下残留物，在干燥后仍存在旁路电阻，呈现非线性的伏安特性，同时具有不稳定和不可重复的特点。

银迁移是一个早已为业界所熟知的现象，是完全可预防的。在布局、布线设计时避免线间距相邻导体间直流电位差过高；制造表面保护层避免水汽渗入含银导体；对特别严酷的产品使用环境（如接近100%RH，85℃），可将整个电路板浸封或涂覆来进行保护。此外，焊接后清洗基板上助焊剂残留物，亦可防止表面有导电离子沾污。

2. 稳定性

金属与半导体之间的任何反应，都会对器件性能带来影响。例如，硅在铝中具有一定的固溶度，若芯片局部形成“热点”，硅会溶解进入铝层中，致使硅片表面产生蚀坑，进而出现尖楔现象，造成浅结穿通。

Al/Si接触出现“尖楔”现象的原因是硅在铝中有可观的溶解度。铝在硅中的溶解度非常低，而硅在铝中的溶解度相对较高，扩散系数较大，铝在某些接触点，

会像尖钉一样楔到硅衬底中去，使 PN 结失效，这就是“尖楔”现象，如图 8-3 所示。克服这种影响的主要方法是选择与半导体接触稳定的金属类材料作为阻挡层或在金属铝中加入少量半导体硅元素，使其含量达到或接近固溶度，这就避免了硅溶解进入铝层。

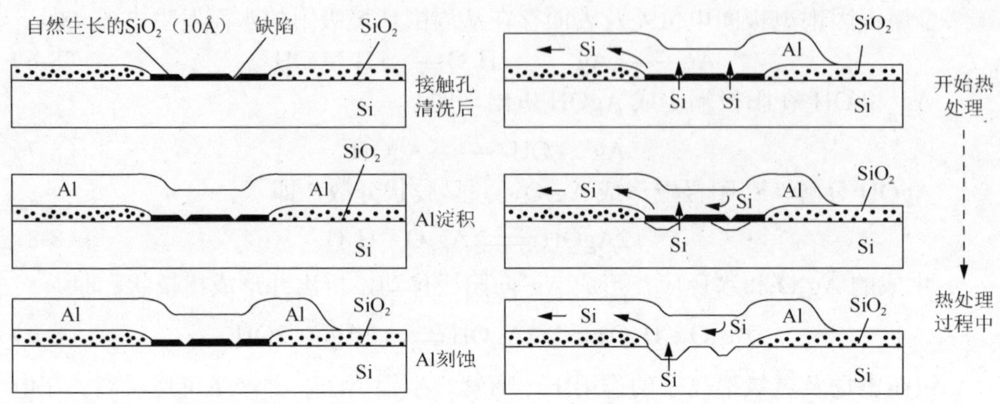

图 8-3　Al/Si 接触中的尖楔现象

影响“尖楔”深度和形状的因素主要有氧化层的厚度、衬底晶向等。对于薄氧化层（≤10Å），铝膜与二氧化硅接触可以“吃掉”薄的二氧化硅，因而使 Al/Si 作用面积较大，尖楔的深度较浅。在厚氧化层中，Al/Si 作用面只限于几个点，不易扩展，但硅的消耗体积并不变，因此尖楔深度比较大。

（111）晶面是硅原子双层密排面，各双层密排面之间原子间距比较大，因此尖楔倾向于横向扩展，尖楔形状多半是平底，在双极型集成电路中较突出；而（100）晶向的尖楔则倾向于垂直扩展，易使 PN 结短路。而 MOS 集成电路，为减少界面态的影响，往往采用（100）面的硅作为衬底，因此铝的尖楔问题在 MOS 电路中较为突出。改进 Al/Si 接触的方法如下。

（1）铝-硅合金金属化引线，即铝中加入 1%～4%的硅，同时存在硅的分凝问题。

（2）铝-掺杂多晶硅双层金属化结构（多晶硅提供溶解于铝中而消耗的硅）。

（3）铝-阻挡层结构（硅化铂、硅化钴作为欧姆接触层，氮化钛、氮化钽作为阻挡层）。

（4）减小铝的体积（Al/阻挡层/Al-Si-Cu 三层夹心结构）。

（5）降低硅在铝中的扩散系数（铝中掺氧或氧化铝）。

3. 合金工艺

金属膜经过图形加工以后，形成了互连线,但还必须对金属互连线进行热处理，使金属牢固地附着于衬底硅片表面，并且在接触窗口与硅形成良好的欧姆接触，这一热处理过程称为合金工艺[4]。

合金工艺有两个作用。其一是增强金属对氧化层的还原作用，从而提高附着力；其二是利用半导体元素在金属中存在一定的固溶度，热处理使金属与半导体界面形成一层合金层或化合物层，并通过这一层与表面重掺杂的半导体形成良好的欧姆接触。

合金工艺的关键是控制好合金温度、时间和气氛。对于掺硅、铜杂质的铝布线，一般选择合金温度为 500℃左右，保温时间 10～15min，环境气氛为真空或 N_2-H_2混合气体，采用氢气可改善 Si/SiO_2的界面特性。例如，Al/Si 共晶温度为577℃，若温度过高，会出现 Al/Si 溶液，使铝膜收缩变形，同时还会加剧 Al/SiO_2界面的反应；当冷凝以后，就形成了一层再结晶层，甚至引起二氧化硅下面器件的短路。

如果使用难熔金属硅化物作为布线层，合金则是硅化物形成的关键。在难熔金属-硅叠层系统中，必须经过一定温度、时间的热处理，才能形成金属硅化物。

4. 金属布线的工艺特性

金属布线的工艺特性包括附着性、台阶覆盖性、刻蚀特性及可焊性等。

金属布线要求附着性要好，即所淀积的金属薄膜与衬底硅片表面的氧化层等应具有良好的附着性。金属氧化物的生成热比氧化硅的生成热更高，化学活性高的金属会将氧化硅还原，在界面处形成强化学键，金属膜与衬底之间就产生了很强的附着力。显然，提高淀积过程中的衬底温度，有利于提高金属膜与衬底附着性。例如，铝与二氧化硅接触界面在较高温度发生化学反应，这一反应使两者结合得非常牢固。

台阶覆盖性，是指淀积的金属薄膜对硅片或氧化层台阶侧面的覆盖。通常定量定义为台阶侧面淀积的最小膜厚与顶部表面上淀积的膜厚之比。如果在非平面形貌上淀积金属薄膜，其下面的硅片或氧化层存在一个台阶，台阶的阴面和阳面间的金属淀积速率差别很大，甚至在阴面角落根本无法得到金属的淀积，导致通过台阶时，薄膜厚度减少。这样会造成金属布线产生高的电阻、台阶处开路或无法通过较大的电流。金属和合金面临的最具挑战性问题之一为如何在小通孔和互连线中实现保形的台阶覆盖，即无论衬底表面有什么样的倾斜图形，在所有图形的上面都能淀积相同厚度的薄膜。用等平面工艺可以从根本上解决台阶覆盖问题。

可焊性一般指焊接性，是指金属材料在采用一定的焊接工艺包括焊接方法、焊接材料和焊接规范及焊接结构形式等条件下，获得优良焊接接头的难易程度。一种金属，如果能用较普通又简便的焊接工艺获得优质接头，则认为这种金属具有良好的焊接性能。焊接性能包括接合性能和使用性能两个方面。

1）接合性能

金属材料在一定焊接工艺条件下，形成焊接缺陷的敏感性。决定接合性能的因素有工件材料的物理性能，如熔点、导热率和膨胀率，工件和焊接材料在焊接时的化学性能和冶金作用等。当某种材料在焊接过程中经历物理、化学和冶金作用而形成没有焊接缺陷的焊接接头时，这种材料就被认为具有良好的接合性能。

2）使用性能

某金属材料在一定的焊接工艺条件下，其焊接接头对使用要求的适应性，也就是焊接接头承受载荷的能力，如承受静载荷、冲击载荷和疲劳载荷等，以及焊接接头的抗低温性能、高温性能和抗氧化、抗腐蚀性能等。

关于刻蚀特性，前面章节进行了详细论述，这里不再赘述。

8.1.4　多层互连

随着集成电路技术的发展，超大规模集成电路的集成度不断提高，互连布线所占芯片面积已成为限制其发展的重要因素之一。随着集成电路性能的不断提高，电路工作频率已进入 GHz 时代，互连线导致的延迟无法忽略，已可与器件门延迟相比较。因此，单层金属互连系统已经无法满足超大规模集成电路的需要。多层互连，一方面可以使单位芯片面积上可用的互连布线面积成倍增加，允许有更多的互连线；另一方面使用多层互连系统能降低因互连线过长导致的延迟时间的增长。因此，多层互连技术成为集成电路发展的必然。

1. *多层互连系统*

器件制备工艺结束后，进入互连工艺，如图 8-4 所示为多层互连模块的工艺流程。

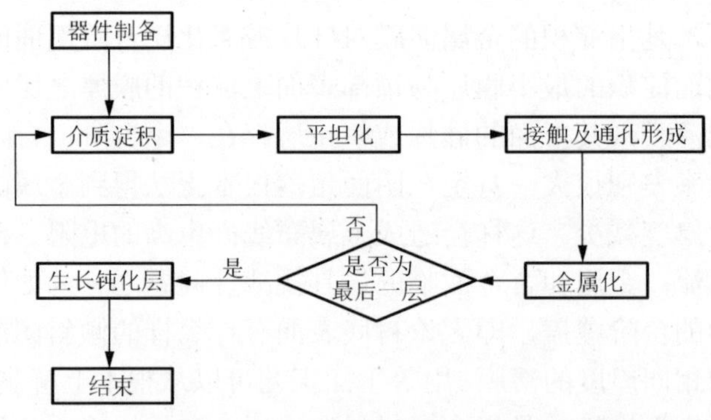

图 8-4　多层互连模块的工艺流程

在互连工艺中，首先选用 CVD-磷硅玻璃淀积介质层；其次为平坦化，即磷硅玻璃的热处理回流，以消除衬底表面因前面光刻等工艺造成的台阶；再次通过光刻形成接触孔和通孔；然后进行金属化，形成互连线；最后如果不是最后一层金属，继续进行金属化工艺，如果是最后一层金属，则淀积钝化层，通常是 PECVD-

氮化硅，互连工艺完成。

多层互连系统主要由金属导电层和绝缘介质层两部分组成。可从金属导电层和绝缘介质层的互连延迟时间、材料特性以及工艺特性等多个方面来分析超大规模集成电路对多层互连系统的要求。

1）缩短互连线延迟时间

随着芯片几何尺寸的缩小，互连延时的比重越来越大。互连材料的电阻率越低，绝缘材料的介电常数越小，互连线延时就越短，电路速度就越快。一般用电阻电容 RC 常数表示互连线延迟时间，公式如下：

$$RC = \frac{\rho l}{\omega t_{\mathrm{m}}} \frac{\varepsilon \omega l}{t_{\mathrm{ox}}} = \frac{\rho \varepsilon l^2}{t_{\mathrm{m}} t_{\mathrm{ox}}} \tag{8-10}$$

其中，ρ 为金属连线的电阻率；l、ω、t_{m} 分别为金属连线层的长度、宽度和厚度；ε、t_{ox} 分别为介质层的介电常数和厚度。可以看出，采用低电阻率、低介电常数的互连材料可降低延迟时间。

2）金属导电材料的选取

除了选择低电阻率，还应选择具有强抗电迁移能力，机械性能和电学性能保持不变等特性的金属材料。早期的集成电路工艺中使用铝及铝合金作为金属导电材料。由于铜具有电阻率低、抗电迁移率强等优点，近年来在集成度更高的超大规模集成电路应用中，铜已经成为金属导电材料的首选。

铜作为互连材料具有很多优点，更低的电阻率（1.7μΩ·cm）；减小引线的宽度、厚度以及分布电容，降低了功耗并提高了集成电路的密度；降低了互连引线的延迟，提高了器件速度；抗电迁移性能好，可靠性高，没有尖楔现象。铜作为互连材料也有不足之处，缺乏有效的刻蚀金属铜的手段；铜在硅和二氧化硅中的扩散系数大，容易造成金属污染；铜与二氧化硅的黏附性较差。表 8-1 给出了 20℃时硅和硅片制造业中所选择的金属。

表 8-1　20℃时硅和硅片制造业中所选择的金属

材料	熔点/℃	电阻率/（μΩ·cm）
硅（Si）	1412	$\approx 10^9$
掺杂的多晶硅	1412	500～525
铝（Al）	660	2.65
铜（Cu）	1083	1.678
钨（W）	3417	8
钛（Ti）	1670	60
钽（Ta）	2996	13～16
钼（Mo）	2620	5
铂（Pt）	1772	10

3）绝缘介质材料选取

选取绝缘介质材料要求介电常数低、电学性能好、击穿场强高、漏电流低、物理化学性能好、兼容性好及易于加工成型。在超大规模集成电路中，随着器件集成度的提高和延迟时间的进一步减小，需要应用新型低介电常数材料作为绝缘材料，以保证器件的高速性能并控制能耗。低 K 介质材料是指介电常数比二氧化硅低的介质材料，介电常数一般小于 3.5。这些低 K 介质材料需具备低损耗、低泄漏电流、高附着力、高硬度、耐腐蚀性、低吸水性、高稳定及低收缩等性能。

采用低 K 介质材料作为互连，可降低寄生电容、减少延迟时间、提高电路速度。低 K 介质材料需满足材料特性、热性能、介电性能和力学性能好，与其他的互连材料、集成电路工艺兼容，高纯度淀积，工艺成本低，在器件寿命期间内高可靠性工作。

低 K 介质材料的淀积工艺主要包括旋涂工艺和化学气相淀积工艺。旋涂工艺操作简单，缺陷密度低，产率高，易平整化，无须使用危险气体。而化学气相淀积工艺与集成电路工艺兼容，反应剂成本较旋涂工艺低，但设备价格高，适合应用的材料受到限制。

低 K 介质材料在刻蚀时必须对刻蚀停止层材料有高的选择性；要能形成垂直图形；对铜无刻蚀和腐蚀；刻蚀的残留物易清除[5]。

2. 化学机械抛光

超大规模集成电路的制备经过多次光刻、氧化等工艺后，硅片的表面已经不平整，台阶高，在进行电连接时，台阶处的金属薄膜连线易断裂，且光刻难。因此，需通过平坦化技术来解决这一问题。平坦化技术目前主要有双层光刻胶技术、磷硅玻璃、硼磷硅玻璃回流和化学机械抛光。

导电层间的绝缘介质的平坦化主要采用化学机械抛光技术。图 8-5 所示为化学机械抛光工艺设备、抛光过程及使用的磨盘。这是一种通过使用软膏状的化学研磨剂在机械研磨的同时伴有化学反应的抛光平坦化方法。化学机械抛光的关键技术是研磨剂成分，硅片表面平坦化物质不同，采用的研磨剂成分也不同，研磨剂主要由氧化剂和摩擦剂组成。化学机械抛光中抛光液的作用类似于牙膏，其中的化学成分对硅片表面进行腐蚀，生成容易被磨去的化合物，不同的材料需采用不同的抛光液。研磨颗粒对硅片表面进行机械研磨，去除表面材料（≤10%固体含量）。化学机械抛光主要应用于多层互连工艺，其特点如下。

（1）主要用于多层金属互连工艺。

（2）化学腐蚀和机械磨蚀共同作用。

（3）平坦化介质层。

（4）曝光需要在平坦的表面来进行以提高分辨率。

（5）粗糙的表面在金属化工艺中会影响金属层的质量。

（6）用来对某些金属进行去除（钨等）。

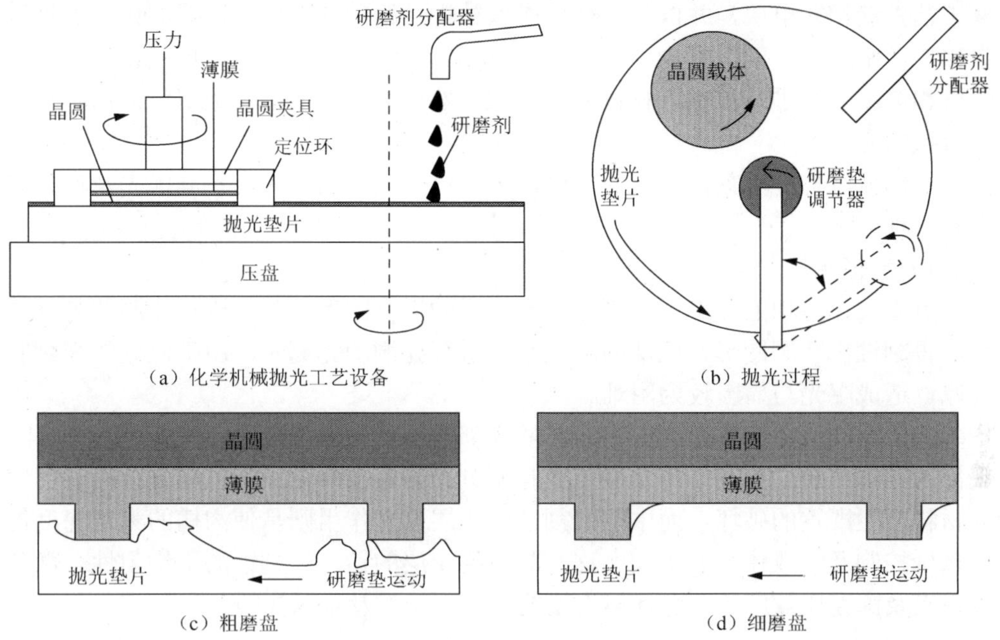

（a）化学机械抛光工艺设备　（b）抛光过程

（c）粗磨盘　（d）细磨盘

图 8-5　化学机械抛光工艺设备、抛光过程及使用的磨盘

8.1.5　铜多层互连系统工艺

铜的互连工艺最早由 IBM 在 1997 年 9 月提出，源于古代大马士革工匠的嵌刻技术，也称为大马士革镶嵌技术[6]。主要应用于制备微处理器、高性能存储器及数字信号处理器等。它采用腐蚀介电材料来确定连线的线宽和间距，代替了对金属的腐蚀。Cu-CMP 的大马士革镶嵌工艺是目前唯一成熟和已经成功用于集成电路制造中的铜图形化工艺。到了 0.1μm 工艺阶段，约有 90%的半导体生产线采用铜布线工艺。在多层布线立体结构中，要求保证每层全局平坦化，Cu−CMP 能够兼顾硅晶片全局和局部平坦化。

传统集成电路的多层金属互连以金属层的干刻蚀方式来制作金属导线，然后进行介电层的填充。而镶嵌技术则是先在介电层上刻蚀金属导线用的图膜，然后再填充金属。镶嵌技术最主要的特点是不需要进行金属层的刻蚀。当金属导线的材料由铝转换成电阻率更低的铜时，铜的干刻蚀较为困难，因此镶嵌技术对铜工艺来说便极为重要。镶嵌结构一般分为单镶嵌和双镶嵌两种。

单镶嵌结构仅是把单层金属导线的制作方式由传统的“金属层刻蚀+介电层填充”方式改为“介电层刻蚀+金属填充镶嵌”方式，工艺较为简单。

双镶嵌结构则是将孔洞及金属导线结合都用镶嵌的方式来做，如此只需一道金属填充的步骤，可简化工艺，不过该工艺仍较为复杂与困难。一般完整的双镶嵌工艺先淀积介电层，并以干刻蚀完成双镶嵌结构的图形后，接着淀积一层扩散阻挡层，铝工艺一般是用物理气相淀积氮化钛，铜工艺则可用物理气相淀积、化学气相淀积方法进行淀积，材料为氮化钽，然后再淀积或电镀金属，最后进行化学机械抛光。

双镶嵌结构按干刻蚀方式的不同，大致可分为沟槽优先、孔洞优先及自我对准式三种。

1）沟槽优先

首先在已淀积的介电层上刻蚀出导线用的沟槽图形，其次进行孔洞的光刻，最后再刻蚀出孔洞图形。此法的缺点在于进行孔洞的光刻时，由于此处的光刻胶较厚，造成曝光与显影较为困难。

刻蚀时注意在两个介电层中间及最底部要加“刻蚀终止层”，一般为氮化硅。底部的刻蚀终止层，其作用是避免在孔洞刻蚀至底部时，由于过度刻蚀而对下层的材料产生严重的破坏。而中间的刻蚀终止层，其作用则是使沟槽的刻蚀深度得以精确控制及一致化。若未加上这一刻蚀终止层的话，干刻蚀的不均匀性、微负载效应及深宽比效应等，会使得沟槽的深度不一致及难以控制。

2）孔洞优先

与沟槽优先法不同，孔洞优先法先进行孔洞的蚀刻，然后再刻蚀导线用的沟槽图形。孔洞的光刻工艺较沟槽困难，因此其光刻工艺在平坦平面上进行。缺点是在之后的沟槽光刻工艺时，光刻胶及抗反射层会将孔洞填满，造成在沟槽蚀刻后，孔洞可能会有有机残余物的问题。

3）自我对准式

首先在已淀积的介电层上再淀积一层数百埃的薄氮化硅作为硬质罩幕层；其次在硬质罩幕层上刻蚀出孔洞所需的图形；然后淀积第二层的介电层，进行沟槽的光刻工艺；最后进行干刻蚀，在刻蚀至沟槽底部时，利用氧化硅对氮化硅的高刻蚀选择比，以氮化硅作为沟槽的刻蚀终止层，同时继续刻蚀下去至孔洞图形完成为止。

镶嵌式铜多层互连工艺如图 8-6 所示，步骤如下。

（1）在前层的互连层平面上淀积刻蚀停止层，如 PECVD 淀积 Si_3N_4。

（2）淀积厚的绝缘介质层，如 APCVD 生长 SiO_2 或低 K 介质材料。

（3）光刻引线孔。

（4）以光刻胶作为掩膜刻蚀引线沟槽并去胶，如干法刻蚀 SiO_2、去胶。

（5）光刻通孔。

（6）以光刻胶作为掩膜刻蚀通孔并去胶，如干法刻蚀 SiO_2、去胶。

（7）刻蚀停止层，采用高选择比刻蚀方法，通孔刻蚀过程将停止层自动停止。

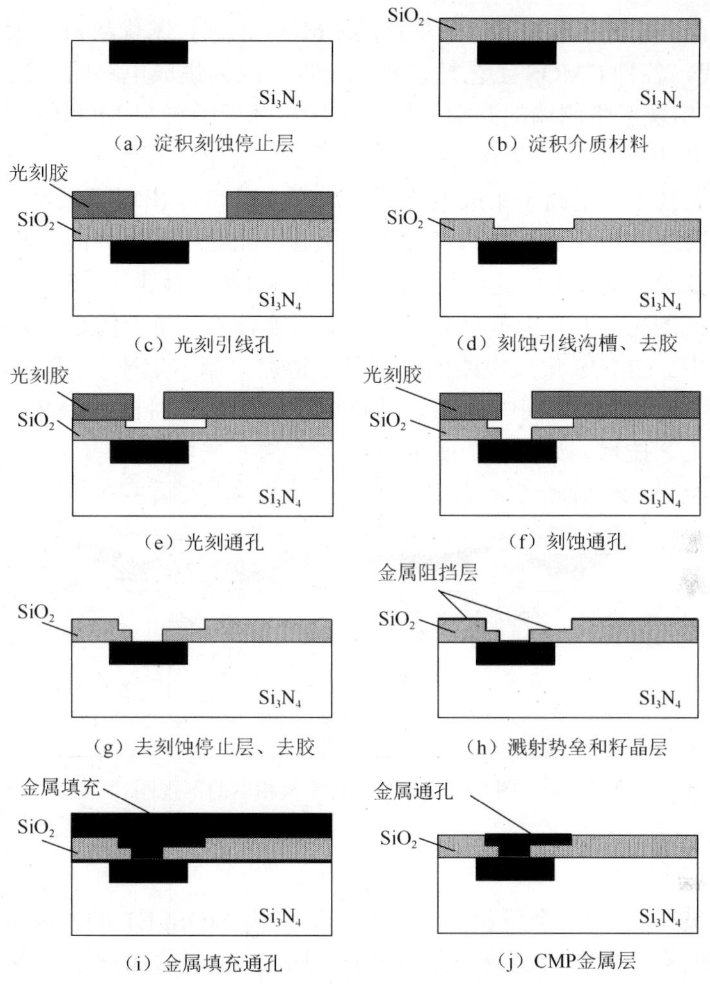

图 8-6　铜多层互连系统的其中某一层工艺流程

(8) 清洁后，溅射淀积金属阻挡层和铜的籽晶层。

(9) 淀积填充通孔和沟槽直到填满为止。

(10) 利用 CMP 技术去除沟槽和通孔之外的铜。

8.2　CMOS 集成电路工艺

20 世纪 60 年代，仙童半导体公司的 Frank Wanlass 发明了 CMOS 电路。从 CMOS 反向器电路中可以看出，它由 NMOS 和 PMOS 晶体管形成的互补电路构成，与双极型集成电路相比，MOS 集成电路具有功耗低、结构简单、集成度和成品率高的特点。早期的 MOS 电路工艺复杂、工作速度较慢。随着集成电路工艺技术的发展，集成度逐渐提高，低功耗的 CMOS 工艺技术优势日益突显。进入 20 世纪 80 年代，各种 CMOS 工艺技术相继出现，成为集成电路的主流工艺。

1980 年出现了带侧墙的漏端轻掺杂结构，降低了短沟 MOSFET 的热载流子效应。1982 年出现了自对准硅化物技术，降低了源漏的接触电阻。同年还出现了浅槽隔离工艺技术，提高了集成电路的集成度。1983 年出现了氮化二氧化硅栅介质材料，利用这种栅介质材料替代纯二氧化硅，能够改善器件的可靠性。1985 年出现了晕环技术，该技术广泛应用于超深亚微米 MOS 技术中。20 世纪 90 年代出现了化学机械抛光、大马士革镶嵌工艺和铜互连技术，使当代 CMOS 工艺技术又前进了一大步。CMOS 集成电路的发展基本遵循“摩尔定律”，即每 18 个月集成度增加 1 倍，特征尺寸缩小 $2^{1/2}$ 倍，性价比增加 1 倍。目前，CMOS 集成电路普遍采用双阱工艺技术，如图 8-7 所示。

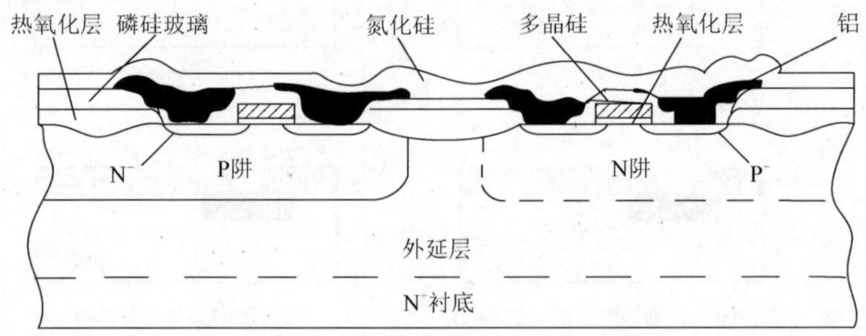

图 8-7　双阱 CMOS 反相器的剖视图

8.2.1　隔离工艺

在 CMOS 电路的一个反相器中，P 沟和 N 沟 MOSFET 的源漏极，都是由同种导电类型的半导体材料构成，并和衬底（阱）的导电类型不同。因此，场效应晶体管本身就是被 PN 结所隔离的，即自隔离。只要维持源/衬底 PN 结和漏/衬底 PN 结的反偏，场效应晶体管便能维持自隔离。在 PMOS 和 NMOS 元件之间和反相器之间的隔离通常采用介质隔离。CMOS 电路的介质隔离工艺主要是局部场氧化（local oxidation of silicon，LOCOS）工艺和浅槽隔离（shallow trench isolation，STI）工艺。

1. 局部场氧化工艺

局部场氧化工艺是 CMOS 工艺最常用的隔离技术，它以氮化硅为掩膜实现了硅的选择氧化。在这种工艺中，除了形成有源晶体管的区域以外，在其他所有重掺杂硅区上均生长一层厚的氧化层，称为隔离或场氧化层。局部场氧化是通过厚场氧化层绝缘介质，以及离子注入提高场氧化层下硅表面区域的杂质浓度实现电隔离，如图 8-8 所示。局部场氧化工艺流程如下。

1）热氧化制备二氧化硅缓冲层

氮化硅淀积时产生很大的张应力，导致硅衬底承受很大的压应力，最终产生缺陷。而在氮化硅下面生长的二氧化硅层处在压应力的作用下，可以减缓硅衬底和随后淀积氮化硅之间的应力。只要二氧化硅层和氮化硅层的厚度合适，这两种材料间的应力就会部分地相互得到补偿，从而减小对硅衬底的应力。例如，二氧化硅层厚度为40nm左右时，淀积的氮化硅薄膜层典型厚度为80nm。二氧化硅层一般通过热氧化的方法进行生长，氮化硅层通常采用LPCVD的方法进行淀积。

2）制作有源区

利用光刻胶作为掩膜层，对氮化硅进行干法刻蚀，通常采用氟的等离子体完成刻蚀，最后利用硫酸溶液或氧气等离子体去除光刻胶。

3）生长场氧化层

在晶圆片表面局部区域生长一层较厚的二氧化硅层，由于氮化硅层材料非常致密，其覆盖区域不会发生氧化反应。典型的局部硅氧化工艺是在1000℃下水汽气氛中氧化90min，可生长出约500nm厚度的氧化层。

4）去除氮化硅层

氮化硅层对二氧化硅层具有高度的选择性，可在热磷酸中去除氮化硅，也可利用干法刻蚀去除。常规的局部场氧化工艺由于有源区方向的场氧侵蚀，氮化硅边缘形成类似鸟嘴的结构，即“鸟嘴效应”，还有场注入的横向扩散，都使局部场氧化工艺受到很大的限制。鸟嘴区既不能作为隔离区，也不能作为器件区。同时，场氧化层的高度对后序工艺中的平坦化也不利。因此，出现了多种减小鸟嘴、提高表面平坦化的隔离方法，如回刻的局部场氧化工艺、多晶硅缓冲层的局部场氧化工艺、界面保护的局部氧化工艺、侧墙掩膜的隔离工艺以及自对准平面氧化工艺等。

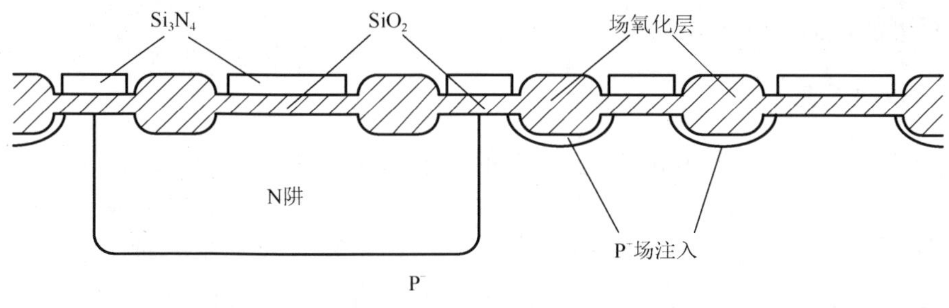

图8-8 局部场氧化工艺剖视图

2. 浅槽隔离工艺

浅槽隔离工艺是一种全新的MOS集成电路隔离方法，通过利用氮化硅掩膜经过淀积、图形化和刻蚀硅后形成沟槽，并在沟槽中填充淀积氧化物，用于与硅隔离。这种隔离工艺可以完全消除 LOCOS 隔离工艺中特有的氧化层边缘的鸟嘴形状，能够形成更小的器件隔离区。浅槽隔离工艺流程如图 8-9 所示。

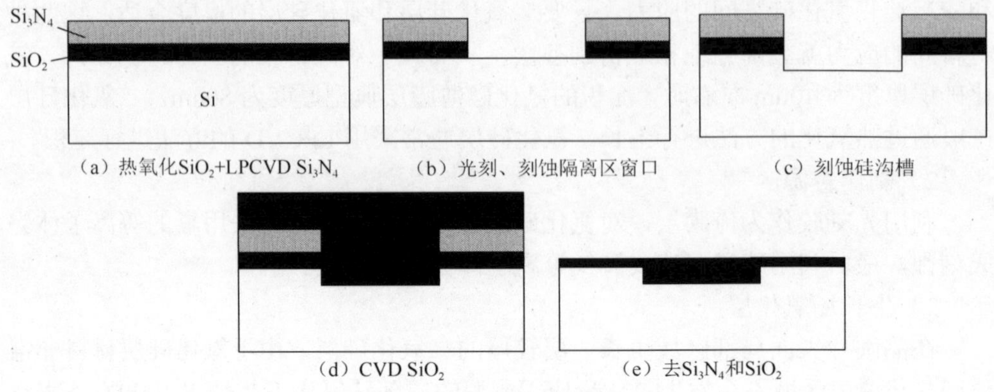

图 8-9　浅槽隔离工艺流程

槽刻蚀工艺包含隔离氧化物、氮化物淀积、掩膜浅槽隔离和 STI 槽刻蚀等过程；氧化物填充工艺包含沟槽 CVD 氧化物填充、氧化物平坦化、化学机械抛光和氮化物去除等过程。二氧化硅层和氮化硅层的典型厚度分别为 10～20nm 和 50～100nm。其中沟槽的刻蚀是一个相对比较关键的工艺步骤。沟槽的侧壁必须保证相对比较垂直，才能确保相邻的有源器件区不发生横向钻蚀，但又不能完全垂直，而是要有一个很小的倾斜角，这样才能使淀积的氧化物完全填满沟槽，不会留下任何空隙。通常采用溴基的等离子体进行沟槽的刻蚀。此外，浅槽隔离工艺不存在长时间的高温氧化过程，因此避免了在硅衬底上产生出各种缺陷。STI 工艺较 LOCOS 工艺在集成密度上具有更大的优势，在未来的集成电路工艺技术中将有可能占据主导地位。

8.2.2　双阱工艺

CMOS 电路中包含 PMOS 和 NMOS 两种导电类型的结构。PMOS 需要制作在 N 型衬底上，而 NMOS 需要制作在 P 型衬底上。在硅衬底上形成不同掺杂区域称为阱。所有的有源器件都是分别位于 P 型掺杂和 N 型掺杂的阱区中，这些阱区通过调整衬底局部区域的掺杂分布可以获得最佳的器件特性。阱区掺杂分布能够影响诸如 MOS 管的阈值电压、I–V 特性及 PN 结电容等器件特性。CMOS 电路除了在同一硅片上形成 N 阱和 P 阱的双阱类型之外，还有单阱，即在 P 型衬底上的 N 阱和在 N 型衬底上的 P 阱两种类型。阱区一般通过离子注入工艺技术实现，双阱工艺流程如图 8-10 所示。

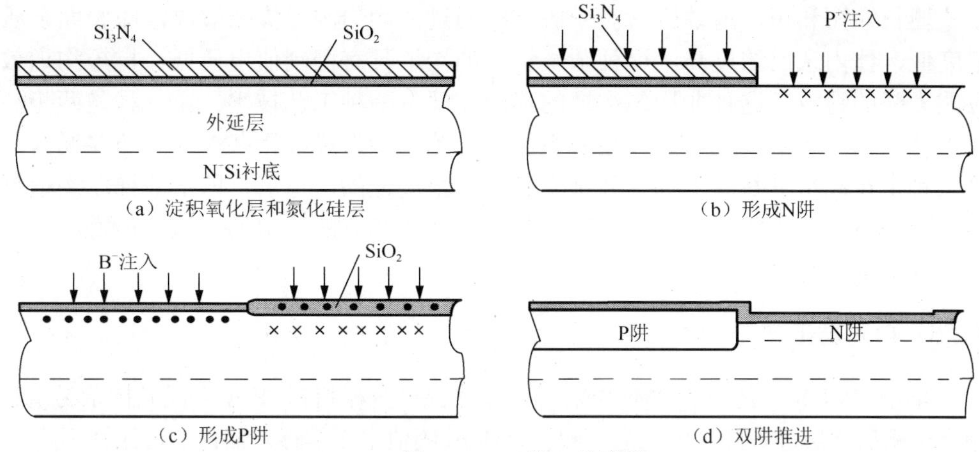

（a）淀积氧化层和氮化硅层　（b）形成N阱

（c）形成P阱　（d）双阱推进

图 8-10　双阱工艺流程

（1）在硅衬底上热氧化生长一层薄氧化层，用 LPCVD 沉积一层氮化硅阻挡层。

（2）形成 N 阱，光刻出 N 阱窗口，然后离子注入磷，去胶。

（3）形成 P 阱，在 N 阱窗口生长一层厚氧化层，去除氮化硅层，露出 P 阱区；N 阱区上有厚氧化层覆盖，可阻挡硼离子注入，即自对准注入 P 阱杂质。

（4）进行退火，使双阱中的杂质扩散推进，同时热生长氧化层。一个典型的阱区推进工艺可以在 1000～1100℃的温度下维持 4～6h。

8.2.3　薄栅氧化

栅氧化层是 MOS 器件的核心。随着器件尺寸的不断缩小，栅氧化层的厚度也要求按比例减薄，以加强栅控能力，抑制短沟道效应，提高器件的驱动能力和可靠性等。随着栅氧化层厚度的不断减薄，会遇到一系列问题，如栅的漏电流会呈指数规律剧增、硼杂质穿透氧化层进入导电沟道等。为解决上述难题，通常采用超薄氮氧化硅栅代替纯氧化硅栅。氮的引入能改善 SiO_2/Si 界面特性，因为 Si—N 键的强度比 Si—H 键、Si—OH 键大得多，所以可抑制热载流子和电离辐射等所产生的缺陷。将氮引入氧化硅中的另一个好处是可以抑制 PMOS 器件中硼的穿透效应，提高阈值电压的稳定性及器件的可靠性。

8.2.4　非均匀沟道掺杂

随着 MOS 器件尺寸的缩小，当栅长小于 0.1μm 时，为控制短沟道效应，最初的解决办法是提高衬底掺杂浓度（大于 $10^{18}/cm^3$）。但这种做法引发了一系列问题，如阈值电压升高、结电容增加、载流子有效迁移率下降，结果导致电路速度下降，电流驱动能力降低。另外，器件尺寸的减小带来电源电压的下降，要求降低阈值电压、降低衬底掺杂浓度，这也会引发短沟道效应。

栅长缩短和短沟道效应这对矛盾可以通过非均匀沟道掺杂解决，即表面杂质浓度低，体内杂质浓度高。这种杂质结构的沟道具有栅阈值电压低，抗短沟道效应能力强的特点。这种非均匀沟道的形成主要有两种工艺技术。第一种是两步注入工艺，第一步形成低掺杂浅注入表面区；第二步形成高掺杂深注入防穿通区。第二种是在高浓度衬底上选择外延生长杂质浓度低的沟道层，即形成梯度沟道剖面。这种方法能获得低的阈值电压、高的迁移率和高的抗穿通电压，但寄生结电容和耗尽层电容大。

8.2.5　自对准工艺

早期 CMOS 工艺中的 PMOS 采用 P^+ 型多晶硅为栅材料，P^+ 型多晶硅掺杂易引起硼穿透栅氧化层进入硅导电沟道，致使 PMOS 阈值电压漂移，器件的可靠性下降。

采用金属硅化物/多晶硅化物可以解决这一问题。在深亚微米 CMOS 技术中，采用二硅化钛或者二硅化钴作为栅材料。这两种硅化物具有很低的电阻，同时在源、漏和栅上形成二硅化钛或二硅化钴，不仅使多晶硅具有更低的薄层电阻，同时降低了源/漏区的接触电阻。图 8-11 为自对准硅化物工艺流程。具体工艺步骤如下。

（1）热氧化、光刻形成氧化物侧墙，进行源、漏区注入形成 PN 结。

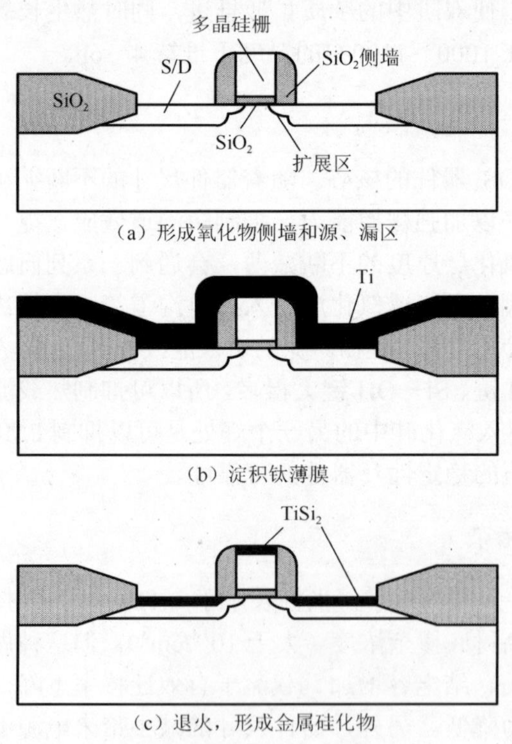

（a）形成氧化物侧墙和源、漏区

（b）淀积钛薄膜

（c）退火，形成金属硅化物

图 8-11　自对准硅化物工艺流程

（2）物理气相淀积制备 50～100nm 的钛薄膜。

（3）在氮气氛中热退火，金属钛与硅或多晶硅接触反应形成二硅化钛，与非硅的接触区不反应。氮气扩散进入钛并反应生成稳定的氮化钛层，可作为扩散阻挡层。

8.2.6　源/漏技术与浅结形成

MOS 器件中的源、漏区不是单一的 PN 结。在实际的器件中，源、漏区结构是一个复杂的关联体，并经历了一系列发展变化过程。

1. 轻掺杂漏结构

随着器件尺寸的减小，需要更薄的栅介质和更高的沟道掺杂，这就导致漏极附近的电场强度迅速增加，该电场使漏极的载流子获得很高的能量成为热载流子，穿越 Si/SiO_2 间的势垒注入栅介质中，导致器件不可靠，工作寿命降低，该现象称为热载流子效应。为克服这一效应，对源、漏结构采用轻掺杂漏（lightly doped drain，LDD）结构，该结构的特点是在 NMOS 器件的漏区与沟道区之间形成一个 N^+N^-P 形式的掺杂分布。同样，在 PMOS 器件漏区与沟道区之间形成一个 P^+P^-N 形式的掺杂分布，相比常规 N^+P 突变结，漏区的杂质分布为缓慢变化，可使漏电压降落在一个较大的区域范围内，降低了漏极峰值电场强度，使漏极最大电场强度向漏端移动，远离沟道区，削弱了热载流子效应，增强了器件可靠性。

2. 超浅源漏延伸区结构

特征尺寸的进一步减小，漏极电场增加，使得电场加速路程减小。此时，热载流子效应成为次要问题，而短沟道效应成为主要问题。因为当器件漏区的电场能够穿过沟道区，并开始对源区与沟道区之间的势垒高度产生影响时，短沟道效应就开始起作用了，其结果导致器件的栅极不再能够有效控制其漏极电流。而浅源漏结技术可以减小短沟道效应，这种技术采用源漏延伸区结构，是在轻掺杂漏结构的基础上发展起来的。由于源漏延伸区与沟道直接相连，它的结构和横向扩展对短沟道效应具有极其重要的影响。同时，它的等效串联电阻对器件驱动电流的大小也产生重要影响。因为其从几何结构上减小了源漏 PN 结面向沟道区的结面积，所以对各种短沟道效应基本上不太敏感，而且这些浅源漏区通常还必须与距离器件沟道区稍远一点的深源漏区结合在一起，才能形成可靠的器件源漏区欧姆接触。因此，源漏延伸区比轻掺杂漏结构具有更浅的结深和更高更陡的掺杂浓度分布。

3. 晕环反型杂质掺杂结构

为了更好地改善短沟道效应及抑制源/漏穿通效应，对源/漏延伸区的结构不但要求其纵向结浅，更要求其横向杂质扩散要小。为此，出现了晕环反型杂质掺杂结构。晕环离子注入也称口袋离子注入，其掺杂为大角度倾斜旋转注入，一般使用 30°～45°倾角。以多晶硅栅和源/漏做自对准掩蔽，形成双注入轻掺杂漏结构，N^-轻掺杂漏结构区周围环绕一个 P^-型晕环区，P^-区周围环绕一个 N^-型晕环区。晕环注入有更小的结电容，有利于速度的改善。它只环绕轻掺杂漏结构区和源/漏区邻接处，这样不增加 N^+和 P^+源/漏区的杂质浓度。

8.2.7　CMOS 电路工艺流程

CMOS 工艺是当今各类集成电路制作的核心技术，由它可衍生出不同的工艺。标准的 CMOS 工艺主要应用于高性能、低功耗的数字集成电路。进行 CMOS 器件制作时，首先根据设计要求选取合适的晶圆片，即确定满足要求的各项参数，如掺杂类型、电阻率和晶向等。由于（100）晶向的硅晶圆片表面缺陷远少于其他晶向的硅片，大多数 CMOS 集成电路都选用晶向为（100）晶向的晶圆片，掺杂浓度一般为 $10^{15}cm^{-3}$ 左右，电阻率为 25～50Ω·cm，其他参数，如平整度、晶圆直径以及杂质含量等也是确定值。所有有源器件都制作在晶圆片表面通过扩散形成的阱区中。阱区制作前，先在衬底上生长一层很薄的（2～4μm）轻掺杂同类型外延层，可避免闩锁效应和硅层中二氧化硅的沉积，使硅表面更光滑，损失最小。CMOS 电路中的寄生闩锁效应会使电源和地之间增加一个低电阻通路，造成很大的漏电流，引起电路停止工作，甚至进入耗尽区。而采用硅外延片减小闩锁效应的效果最好，因此成为 CMOS 电路的标准工艺。外延片由于生长在抛光片上，不会产生抛光微缺陷，也不会含有二氧化硅沉积物，表面几乎完美。

双阱制备工艺是在同一次光刻中完成的。为了保证阱区的制作具有较好的可重复性，掺杂浓度必须高于衬底掺杂浓度，一般为 10^{16}～$10^{17}cm^{-3}$。NMOS 器件同 PMOS 器件之所以制作在阱区中，而不是直接制作在衬底上，是由于阱工艺技术在生产中的控制精度远高于衬底掺杂技术的控制精度。而且两个阱区处在相同的数量级上，便于分别对两个阱区的掺杂浓度进行优化设计。下面以 PP^+为衬底的双阱 CMOS 反相器为例，介绍 CMOS 电路工艺流程。

1. 形成有源区

CMOS 芯片上集成了数以百万计的有源器件，为了确保这些不同器件的电学特性相互间不受影响，必须做好隔离措施。CMOS 工艺通常采用在有源器件间生长一层厚的二氧化硅层来实现。即采用 LOCOS 工艺制作衬底硅晶圆片上的有源区，如图 8-12 所示。具体工艺步骤如下。

（1）形成二氧化硅、氮化硅和光刻胶。热氧化生长二氧化硅层，用 LPCVD 沉积一层氮化硅，要求这两种材料厚度选择合适，能相互补偿应力；用匀胶机旋涂光刻胶。

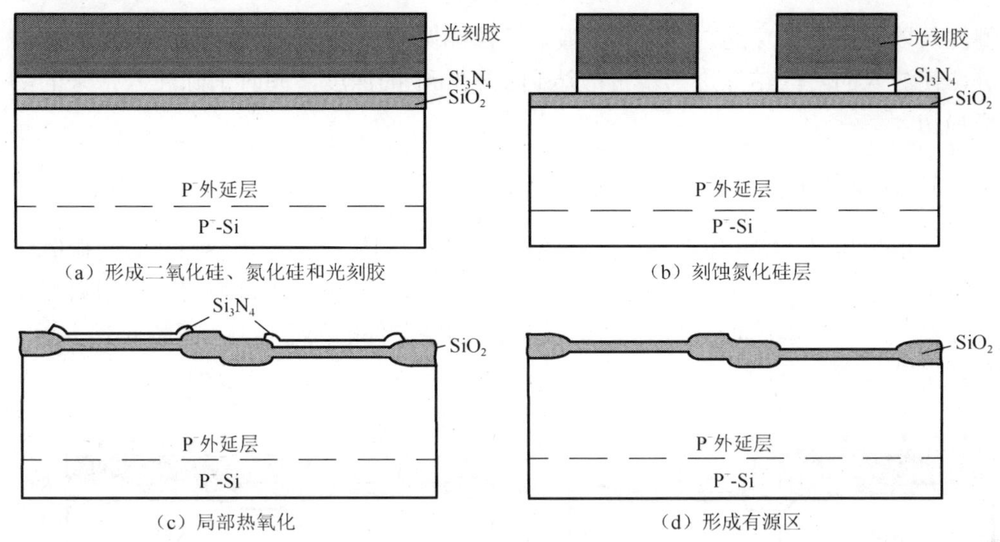

图 8-12　形成有源区

（2）刻蚀氮化硅层。经掩膜版曝光、显影，干法刻蚀氮化硅。

（3）局部热氧化。用浓硫酸或氧气等离子体去除光刻胶，清洗后局部热氧化生长一层厚氧化层。

（4）形成有源区。用热磷酸或等离子体去除氮化硅层，确定有源区。

2. N 阱和 P 阱的注入推进

所有有源器件都将分别位于 N 型掺杂和 P 型掺杂的阱区中。如图 8-13 所示，具体工艺步骤如下。

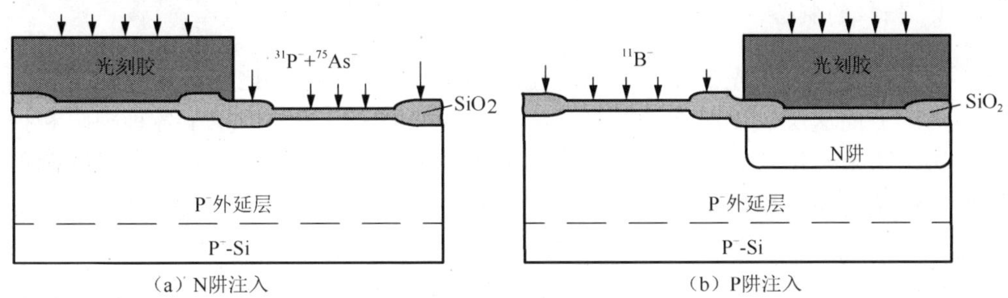

图 8-13　N 阱和 P 阱的注入推进

（1）N 阱注入。旋涂光刻胶，经掩膜版曝光、显影和刻蚀，形成 N 阱窗口；注入 N^+离子，即先后“激活”和“驱进” P^+和 As^+，形成 N 阱。去除光刻胶。两次注入可保证退火后阱区的均匀性，同时有利于防止穿通及场区开启。

（2）P 阱注入。同 N 阱注入相同，不同的是注入 B^+，一般要进行 2～3 次深硼注入以防止器件穿通。去除光刻胶。清洗晶圆后进行 N 阱和 P 阱的高温扩散推进，使注入的阱区结深进一步扩散达到 2～3μm 的深度，同时消除注入带来的晶格损伤。

3. 阈值电压的调整

阈值电压是 MOSFET 的一个重要参数，它与栅氧化层的电容有关。而栅氧化层的电容与其厚度成反比。因此，要想控制好阈值电压，就必须控制好栅氧化层的厚度。实际应用中通常采用离子注入技术调整器件的阈值电压。如图 8-14 所示，具体工艺步骤如下。

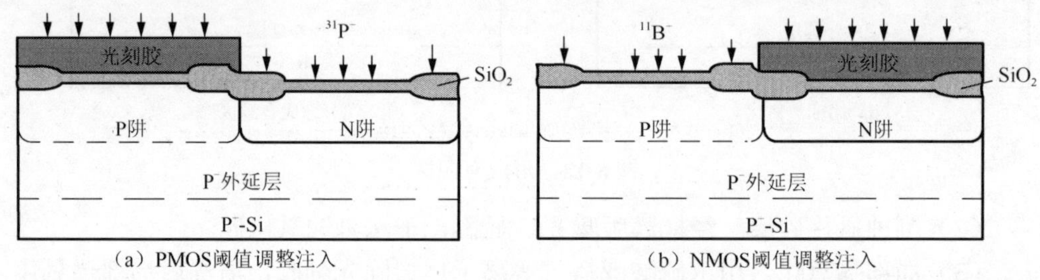

（a）PMOS阈值调整注入　（b）NMOS阈值调整注入

图 8-14　阈值电压的调整

（1）PMOS 阈值调整注入。旋涂光刻胶，以光刻胶为掩膜，经曝光和显影处理，确定 PMOS 器件位置后，进行 P^+注入，调整其阈值电压。

（2）NMOS 阈值调整注入。同上，去胶，以光刻胶为掩膜进行 B^+注入。调整 NMOS 器件的阈值电压。

4. 栅极的制备

制备栅极时，要先去除原来的氧化层，一方面原来的氧化层作为栅氧化层太厚，另一方面这层氧化层承受了多次离子注入的轰击，里面产生了各种缺陷和损伤。必须再重新生长一层更薄的氧化层，既能保证栅氧化层的高质量，又能确保其厚度精确可控。栅极制备工艺流程如图 8-15 所示，具体工艺步骤如下。

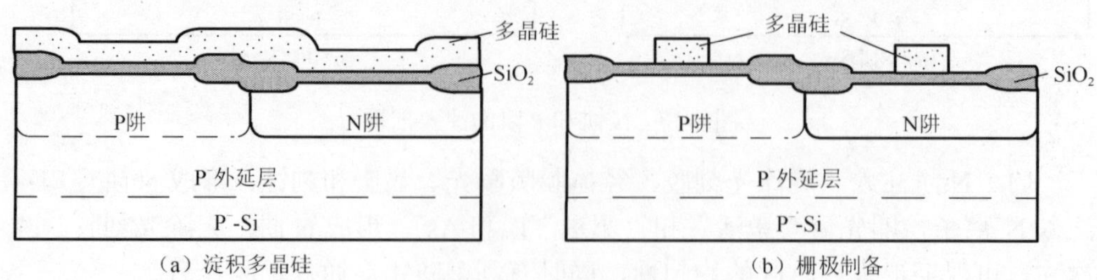

（a）淀积多晶硅　（b）栅极制备

图 8-15　栅极的制备

（1）淀积多晶硅。去除光刻胶，清洗后，LPCVD 沉积多晶硅，厚度为 0.3～0.5μm，对多晶硅进行无掩蔽 N 型掺杂（P^+或 As^+）。

（2）栅极制备。旋涂光刻胶，曝光、显影，选用氯基或溴基等离子体刻蚀形成多晶硅栅图形，去胶。

5. 前端和轻掺杂漏结构的形成

为了避免短沟道效应和热电子问题，必须在 NMOS 和 PMOS 器件中形成轻掺杂漏和浅源漏前端结构。首先要在 NMOS 和 PMOS 器件中，分别形成 N^-注入区和 P^-注入区；其次在器件多晶硅栅的两侧形成薄氧化层的侧壁隔离。如图 8-16 所示，具体工艺步骤如下。

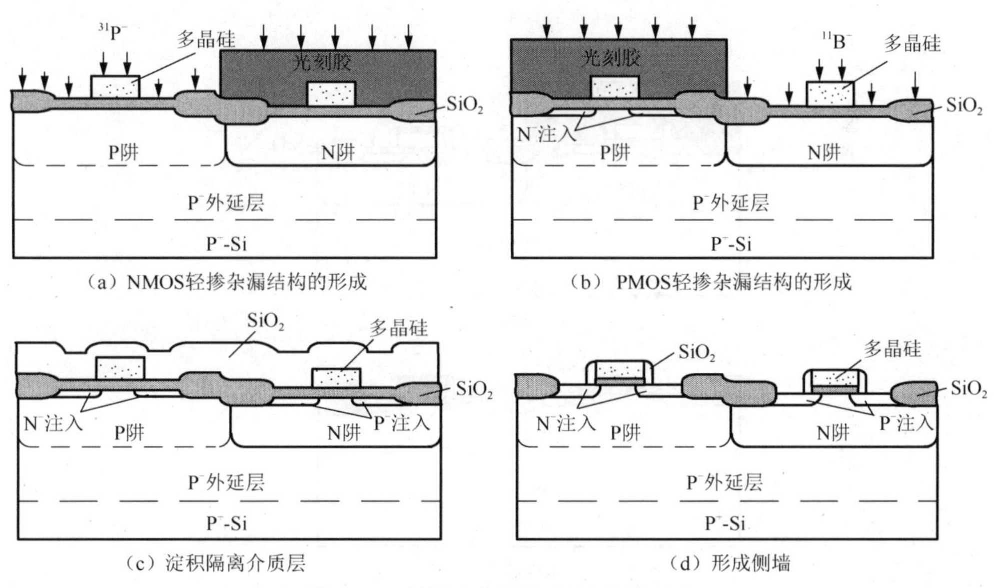

（a）NMOS轻掺杂漏结构的形成　　（b）PMOS轻掺杂漏结构的形成

（c）淀积隔离介质层　　（d）形成侧墙

图 8-16　前端和轻掺杂漏结构的形成

（1）NMOS 轻掺杂漏结构的形成。光刻形成掩膜 NMOS，注入 P^+离子，形成 N^-注入区。

（2）PMOS 轻掺杂漏结构的形成。光刻形成掩膜 PMOS，注入 B^+离子，形成 P^-注入区。

（3）淀积隔离介质层。采用 LPCVD 淀积一层保形的二氧化硅层（或氮化硅），典型厚度一般为几百纳米。

（4）形成侧墙。采用氟基等离子体刻蚀二氧化硅层，形成侧壁隔离层。

6. 源漏区的形成

源漏区表面的氧化层在形成侧墙的刻蚀工艺中被一并去除，因此进行源漏区的离子注入前，先要生长一层约 10nm 厚的二氧化硅层。这层薄氧化层起到屏蔽的作用，可避免由于离子注入带来的沟道效应，同时也可减少各种微量杂质被注入硅衬底中。现代 CMOS 器件工艺中，小尺寸器件需要保持较浅的源漏 PN 结，通常选用砷离子作为 NMOS 器件源漏区的掺杂剂。如图 8-17 所示，具体工艺步骤如下。

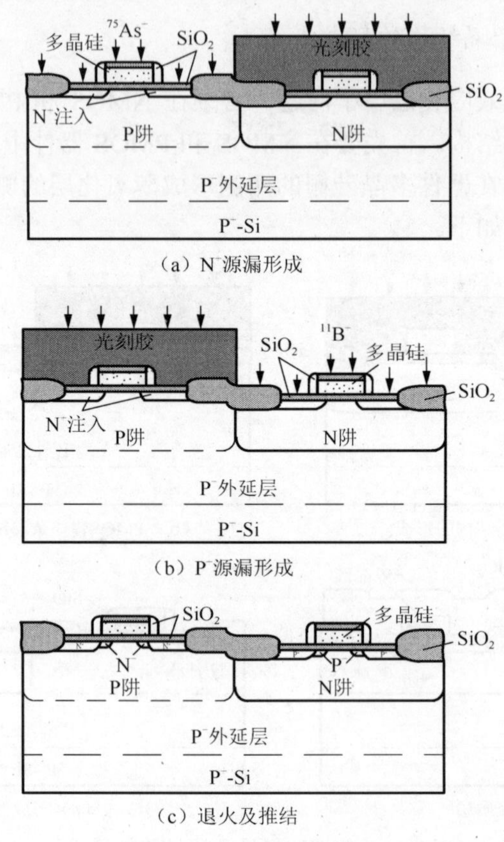

（a）N^-源漏形成

（b）P^-源漏形成

（c）退火及推结

图 8-17　源漏区的形成

（1）N^+源漏形成。旋涂光刻胶，对 PMOS 管进行覆盖保护，经光刻形成掩膜 NMOS 源漏扩展区窗口，注入 As^+离子，形成 NMOS 源漏扩展区。

（2）P^+源漏形成。去胶、清洗，旋涂光刻胶，经光刻形成掩膜 PMOS 源漏扩展区窗口，注入 B^+离子，形成 PMOS 源漏扩展区。

（3）退火及推结。去胶、清洗，高温退火激活所有的注入杂质，同时将各个 PN 结扩散到最终所需的深度。

7. 接触与局部互连线的形成

有源器件制作完成后，需要提供将有源器件在晶圆片上相互连接起来形成各种电路，以及将芯片的输入端和输出端引出并封装的方法。这里介绍的 CMOS 工艺流程提供了两层互连布线实现上述要求，如图 8-18 所示，具体工艺步骤如下。

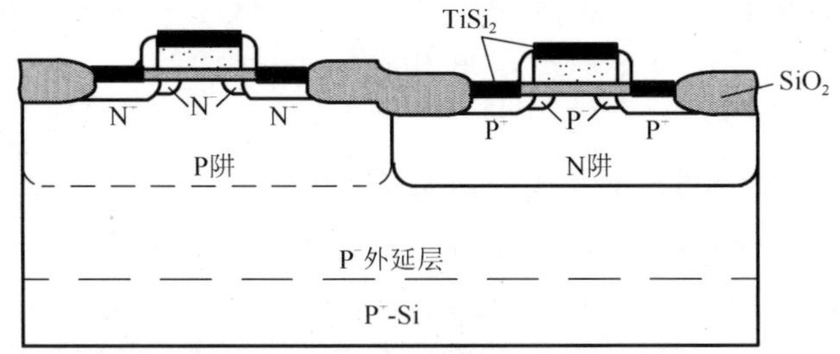

(a) 生成硅化钛

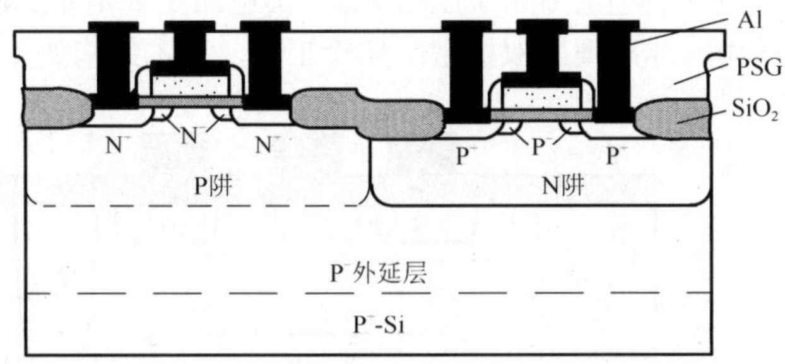

(b) 形成铝连线

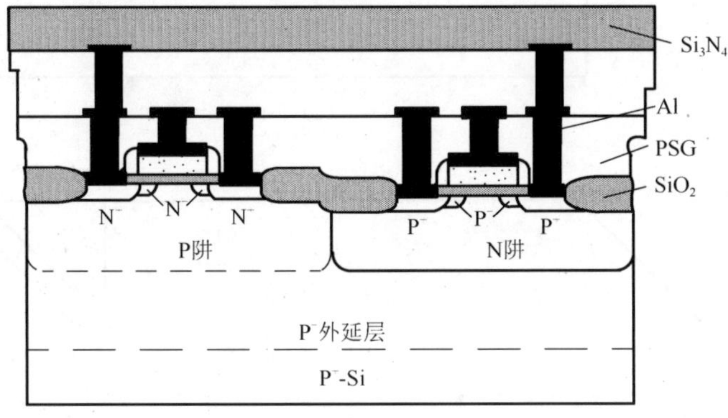

(c) 第二层连线及钝化

图 8-18 接触与局部互连线的形成

(1) 生成硅化钛。氢氟酸漂洗去除氧化层，表面溅射淀积一层金属钛，厚度为 50～100nm。600℃下，氮气气氛中退火后，与硅接触的金属钛发生反应生成硅化钛 $TiSi_2$，进行自对准硅化物工艺，形成源漏接触。

(2) 形成铝连线。溅射金属铝，经光刻掩膜确定铝连线区域，刻蚀形成铝连线。

(3) 第二层连线及钝化。多层金属互连，采用 PECVD 制备芯片最后的钝化层 Si_3N_4，刻蚀压焊孔。

芯片工艺完成后，进行后工序的封装和测试，包括划片、分片、装片、压焊、封装、测试、筛选和老化等步骤。

8.3　双极型集成电路工艺

双极型集成电路的基本工艺大致可分为两大类：一类是需要在元件之间制作电隔离区工艺；另一类是元件之间采取自然隔离工艺。电隔离区工艺主要用于晶体管-晶体管逻辑（TTL）电路、射极耦合逻辑（ECL）电路和肖特基晶体管-晶体管逻辑（STTL）电路等。隔离工艺主要有 PN 结隔离、介质隔离及 PN 结-介质混合隔离。而采用元件之间自然隔离工艺的另一类电路主要是集成注入逻辑（I^2L）电路。本章介绍常用的标准埋层双极型晶体管工艺，基本结构如图 8-19 所示。

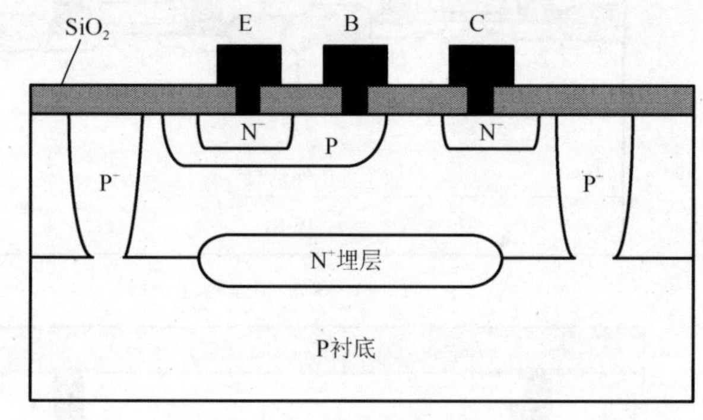

（a）平面结构

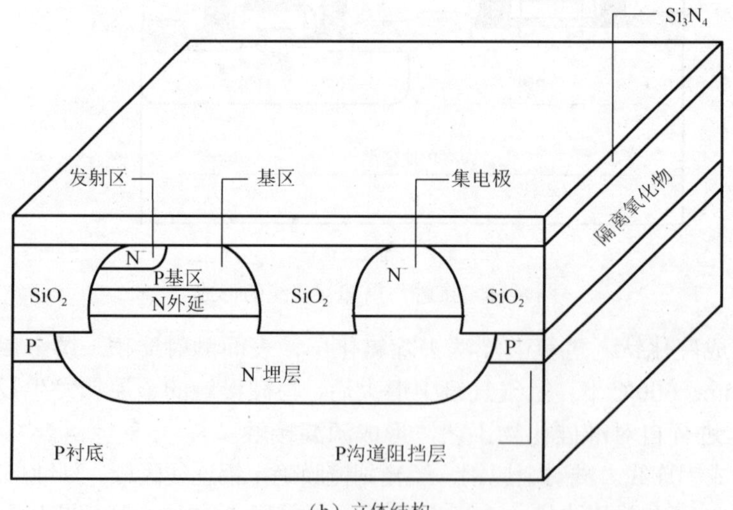

（b）立体结构

图 8-19　标准埋层双极型晶体管基本结构

8.3.1 标准埋层双极型晶体管工艺流程

标准埋层双极型晶体管，通常采用轻掺杂的 P 型硅作为衬底材料，掺杂浓度一般在 $10^{15}cm^{-3}$ 数量级。为了与 CMOS 工艺兼容，一般选用（100）晶向硅。下面以 NPN 型双极型晶体管的工艺制备流程为例进行说明。

1. 制作 N^+埋层和 N 型外延层

如图 8-20 所示，为了减小集电区的串联电阻，并减小寄生 PNP 管的影响，在集电区的外延层和衬底间通常要制作 N^+埋层和 N 型外延层。具体工艺步骤如下。

（1）制作埋层。在硅衬底上生长一层二氧化硅，热生长厚度为 500～1000nm 的氧化层；进行第一次光刻，利用反应离子刻蚀技术将光刻窗口中的氧化层刻蚀掉、去掉光刻胶；注入大剂量 N 型杂质如磷、砷（理想的埋层杂质）等退火激活杂质，形成 N^+埋层；埋层材料选择标准是杂质在硅中的固溶度要大，以降低集电区的串联电阻；在高温下，杂质在硅中的扩散系数要小，以减少制作外延层时的杂质扩散效应；杂质元素与硅衬底的晶格要匹配好以减小应力。

（2）生长 N 型外延层。利用氢氟酸腐蚀掉硅片表面的二氧化硅后，将硅片放入外延炉中进行外延。生长一层 N 型轻掺杂外延硅，此外延层将作为晶体管的集电区。整个双极型集成电路便制作在这一外延层上，外延生长主要考虑参数是外延层的电阻率和厚度。为减少结电容，提高击穿电压，降低后续工艺过程中的扩散效应，电阻率应尽量高一些。但为了降低集电区串联电阻，又希望电阻率小一些。因此，电阻率需要折中选择。外延层的厚度和掺杂浓度一般由器件的用途决定。

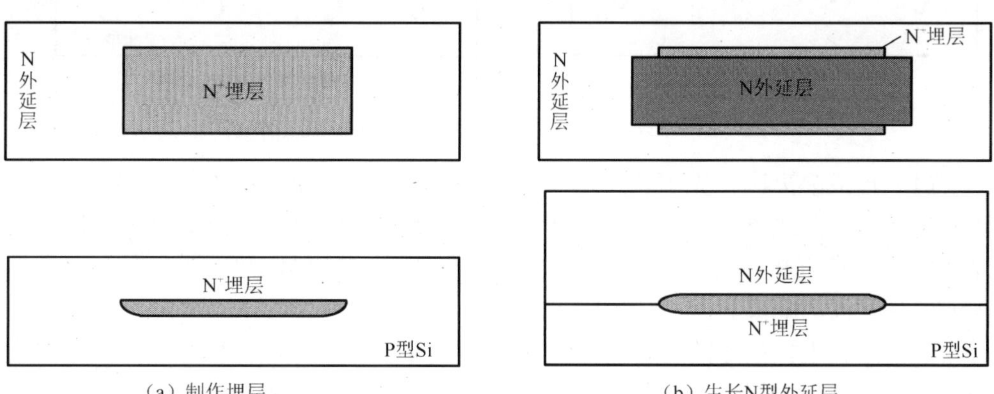

图 8-20 制作 N^+埋层和 N 型外延层

2. 形成隔离区

双极型电路采用的隔离方法主要有 PN 结隔离、介质隔离及 PN 结–介质混合隔离。如图 8-21 所示，以 PN 结隔离为例，具体工艺步骤如下。

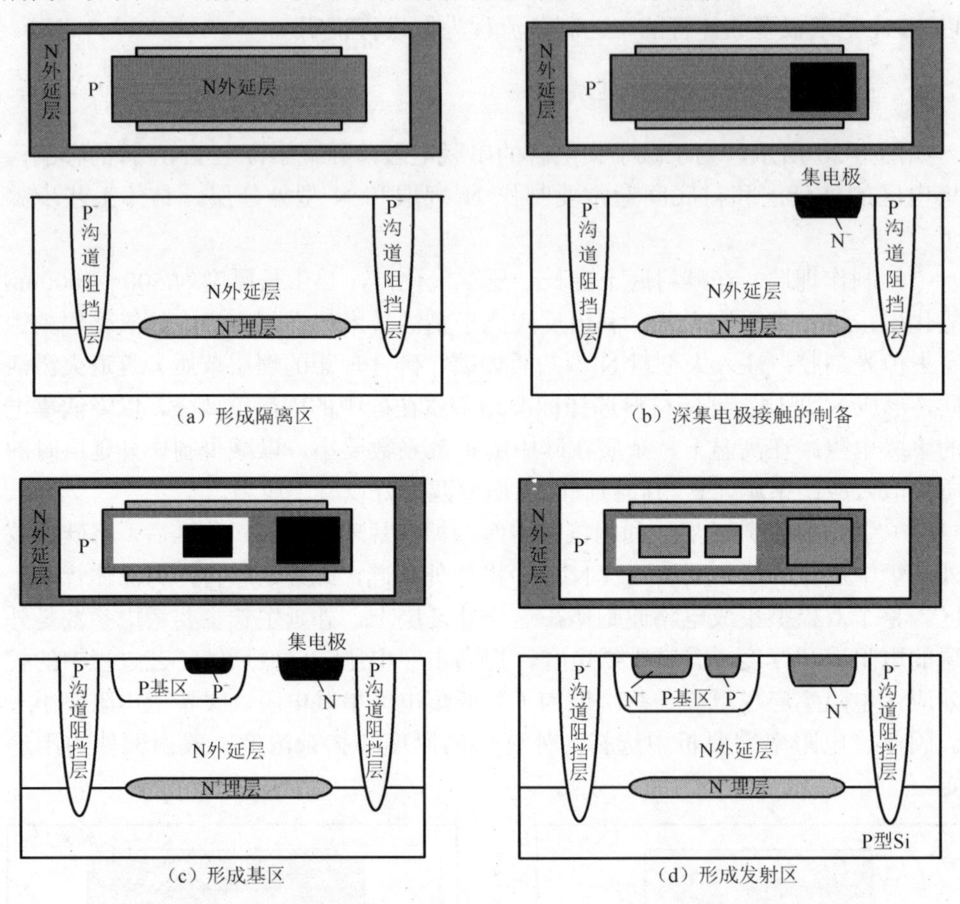

图 8-21　形成隔离区，确定集电区、基区和发射区

（1）形成隔离区。先生长一层二氧化硅，然后进行第二次光刻，刻蚀出隔离区，进行硼扩散或离子注入。退火使杂质推进到一定距离，形成 P 型隔离区。通过和衬底连通的 P^+隔离墙，将外延层分割成由反偏 PN 结隔离的孤立外延岛，实现元器件之间的隔离。

（2）深集电极接触的制备。这里的“深”指集电极接触深入 N 型外延层的内部。为了降低集电极串联电阻，需要制备重掺杂的 N 型接触。进行第三次光刻，刻蚀出集电极，再注入或扩散磷，并退火激活。

（3）形成基区。进行第四次光刻，刻蚀出基区，然后注入硼并退火，使其扩散形成基区。基区掺杂元素及其分布直接影响器件电流增益、截止频率等特性，因此注入硼的剂量和能量要特别加以控制。

（4）形成发射区。在基区上生长一层氧化物，进行第五次光刻，刻蚀出发射区，进行磷或砷注入，并退火形成发射区。

3. 金属化接触和互连

如图 8-22 所示，金属化接触和互连具体工艺步骤如下。

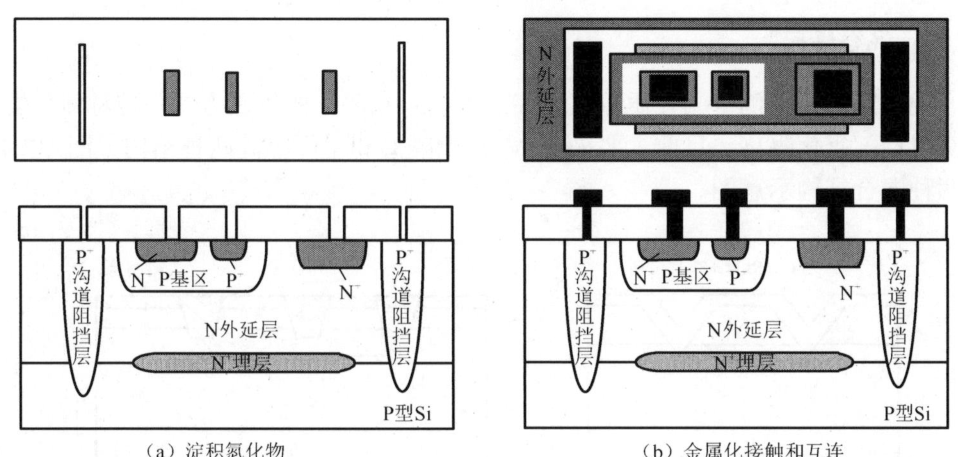

（a）淀积氮化物　　（b）金属化接触和互连

图 8-22　金属化接触和互连

（1）淀积氮化物。淀积氮化硅后，进行第六次光刻，刻蚀出接触窗口，用于引出电极线。

（2）金属化接触和互连。接触孔中溅射金属铝形成欧姆接触和互连引线，进行第七次光刻，形成互连金属布线。

后续还要进行测试、键合和封装等工序。

8.3.2 其他先进的双极型集成电路工艺流程

1. PN 结隔离工艺

隔离技术是集成电路制造工艺的重要环节。双极集成电路中最常用的隔离技术有 PN 结隔离、介电质隔离及 PN 结–介电质混合隔离。传统的 PN 结隔离工艺一直沿用至今。

PN 结隔离是利用反向偏压下，PN 结的高阻特性实现隔离的方法。其优点是工艺简单、成本低；缺点是所需面积大、结电容大、高频特性差，存在较大的反向漏电流和寄生晶体管效应。PN 结隔离工艺如图 8-23 所示。

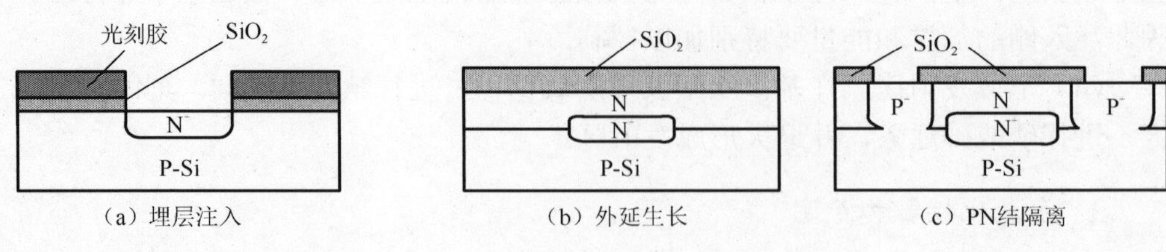

（a）埋层注入　（b）外延生长　（c）PN结隔离

图 8-23　PN 结隔离工艺

2. 混合隔离

混合隔离是岛侧壁为介质隔离，底部为 PN 结隔离的工艺方法，也称氧化物隔离或局部氧化隔离。目前主要采用 V 形槽隔离和平面隔离两种结构。图 8-24 为两种混合结构示意图。

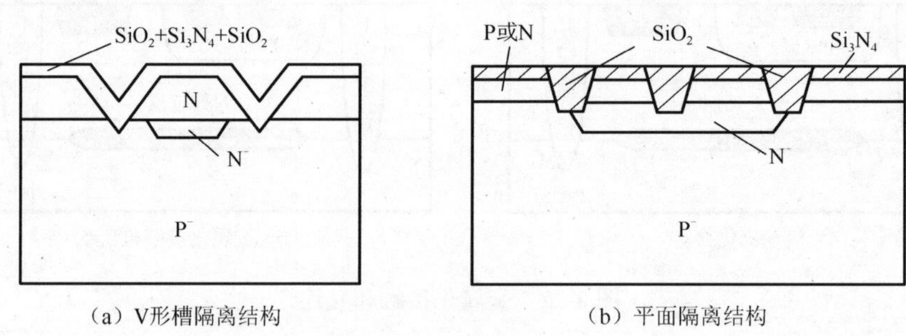

（a）V形槽隔离结构　（b）平面隔离结构

图 8-24　混合隔离工艺

3. 多晶硅发射极

采用多晶硅形成发射区接触可以大大改善晶体管的电流增益和缩小器件的纵向尺寸，获得更浅的发射结。

4. 自对准发射极和基区接触

利用自对准技术实现发射区和基区的接触，可以不需要进行两次光刻，而是直接对准形成，不存在光刻版之间的套刻问题，减少了器件内部电极之间的接触距离。双极型集成电路工艺采用双层多晶硅自对准技术，其结构如图 8-25 所示。第一层多晶硅作为基极的 P^+多晶硅，第二层多晶硅作为发射区及其接触的 N^+多晶硅。目前，该工艺技术已较为成熟，广泛应用于高性能双极型集成电路的工艺中。

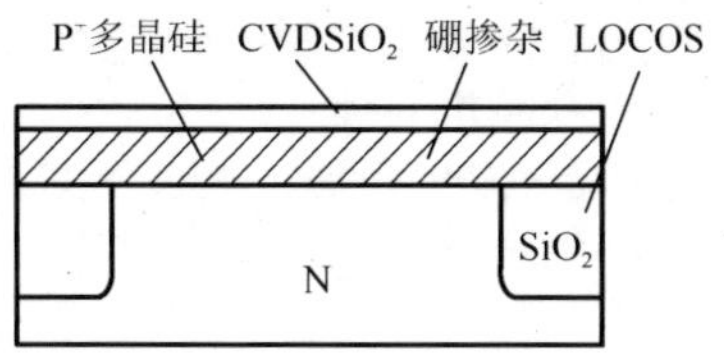

（a）重掺杂多晶硅的形成

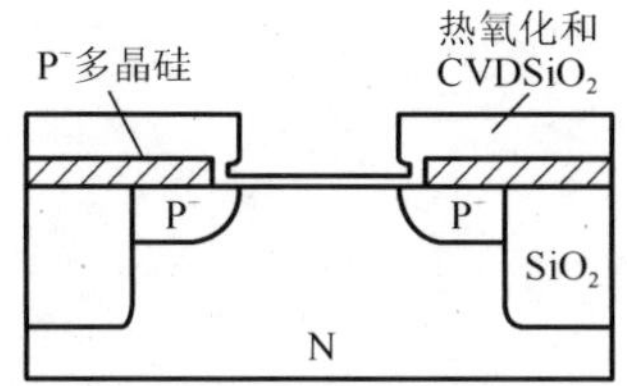

（b）发射区窗口的形成

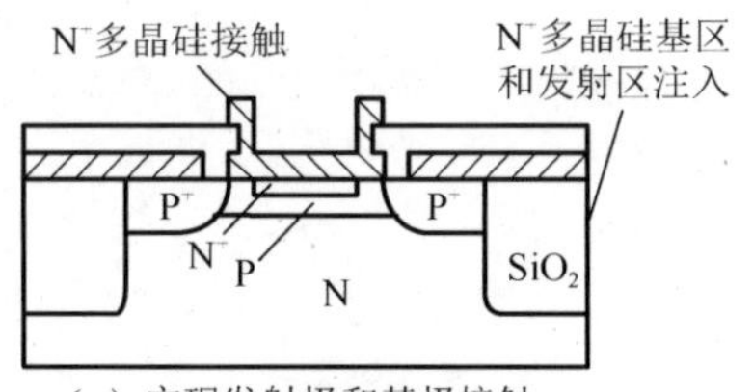

（c）实现发射极和基极接触

图 8-25　双层多晶硅自对准发射极和基区接触工艺过程

习　　题

1．分析电迁移现象及改进方法。

2．简述 Al/Si 接触中形成尖楔现象的原因，并指出改进的方法。

3．使用铜作为互连材料、低 K 材料作为介质的好处是什么？

4．什么是 CMP 工艺？

5．简述多晶硅在集成电路中的作用以及多晶硅薄膜的制作方法。

6．硅化物的淀积方法有哪些？硅化物的优点和应用有哪些？

7．对比分析 CMOS 和双极型集成电路工艺的异同。

参 考 文 献

[1] PLUMMER J D, DEAL M D, GRIFFIN P B. 硅超大规模集成电路工艺技术——理论、实践与模型[M]. 严利人, 王玉东, 熊小义, 等译. 北京: 电子工业出版社, 2005.

[2] 王蔚, 田丽, 任明远. 集成电路制造技术: 原理与工艺[M]. 北京: 电子工业出版社, 2013.
[3] 关旭东. 硅集成电路工艺基础[M]. 北京: 北京大学出版社, 2009.
[4] 史小波. 集成电路制造工艺[M]. 北京: 电子工业出版社, 2007.
[5] 杨树人, 王兢. 半导体材料[M]. 北京: 科学出版社, 2008.
[6] 斯蒂芬 A • 坎贝尔. 微纳尺度制造工程(第三版)[M]. 严利人, 张伟, 等译. 北京: 电子工业出版社, 2011.

第 9 章　工艺检测及监控

工艺检测是微电子产品生产的重要组成部分，它涉及制造过程相关的各个方面。半导体器件生产中，从半导体单晶片到制成最终成品，须经历数十甚至上百道工序。为了确保产品性能合格、稳定可靠，并有高的成品率，根据各种产品的生产情况，对所有工艺步骤都要有严格的具体要求。要想在生产过程中建立相应的系统和精确的监控措施，需要从半导体工艺检测着手。

微电子芯片工艺步骤繁多，相互之间影响复杂，很难从最后测试结果准确分析得出影响产品性能与合格率的具体原因。因此在微电子芯片生产过程之中应进行工艺监控，及时发现问题，从而制造出参数均匀、成品率高、成本低、可靠性高的芯片。工艺监控借助于一整套检测技术和专用设备，监控整个生产过程，连续提取工艺参数，并在工艺结束时，对工艺流程进行评估。

9.1　工艺检测的概述

半导体工艺检测的项目繁多、内容广泛、方法多样，可粗分为两类。第一类是在半导体晶片经历每步工艺加工前后或加工过程中进行的检测，也就是半导体器件和集成电路的半成品或成品的检测；第二类是对半导体晶片以外的原材料、辅助材料、生产环境、工艺设备、工具、掩膜版和其他工艺条件进行的检测。工艺检测的目的不只是搜集数据，更重要的是要及时整理分析不断产生的大量检测数据，揭示生产过程中存在的问题，向工艺控制反馈，使之不致偏离正常的控制条件。因而对大量检测数据的科学管理，保证其能够得到准确和及时的处理，是半导体工艺检测中的关键一项。

9.1.1　第一类工艺检测

第一类工艺检测主要是对工艺过程中半导体体内、表面和附加的介质膜、金属膜、多晶硅等结构的特性进行物理、化学和电学等性质的测定，其中许多检测方法是半导体工艺所特有的。按照测定的特性，这一类检测可分为四个方面。

（1）几何尺寸与表面形貌的检测。例如，对半导体晶片、外延层、介质膜、金属膜以及多晶硅膜等的厚度，杂质扩散层和离子注入层以及腐蚀沟槽等的深度，双极型晶体管的基区宽度，半导体晶片的直径、平整度、光洁度、表面污染和伤痕等，刻蚀图形的线条长、宽、直径间距、套刻精度、分辨率以及陡直、平滑等进行的检测。

（2）成分结构分析。例如，对衬底、外延层、扩散层和离子注入层的掺杂浓度及其纵向和平面的分布，原始晶片中缺陷的形态、密度和分布，单晶硅中的氧、碳以及各种重金属的含量，各种工艺步骤前后半导体内的缺陷和杂质的分布演变，介质膜的基本成分、含杂量和分布、致密度，针孔的密度和分布，金属膜的成分，各步工艺前后的表面吸附和沾污等进行的分析。

（3）电学特性分析。例如，对衬底材料的导电类型、电阻率（包括平面分布和一批晶片之间的离散度），少数载流子寿命，扩散或离子注入层的导电类型与薄层电阻、介质层的击穿电压，金属-氧化物-半导体结构的电容特性和金属-半导体接触特性和欧姆接触电阻，氧化层中的电荷和界面态、金属膜的薄层电阻、通过氧化层台阶的金属条电阻，二极管特性、双极型晶体管特性、金属-氧化物-半导体晶体管特性等进行的电学特性分析。

（4）装配和封装的工艺检测。例如，对键合强度和密封性能及其失效率等的检测。

各类检测项目密切相关。例如，掺杂浓度和分布，除了可通过成分结构的分析直接检测外，还可以通过测量电阻率与薄层电阻等方法进行推算。同样，二极管和晶体管的许多特性也与其刻蚀图形和几何结构有密切关系。同一检测项目根据不同产品和工艺的要求，如检测灵敏度、特定的杂质成分等，从经济和使用方便考虑，有时又可选用不同的检测方法和检测手段。对工艺过程存在的问题，有时根据一项检测结果就可作出判断，有时却要对几项测试结果进行综合分析进行判断。在工艺管理中，根据这些具体情况把那些能够直接而又简便地反映工艺控制情况的检测项目，列为经常进行的常规检测。对于那些有助于深入分析和判断工艺中存在的问题，但操作比较繁杂或费用高的检测项目，一般列入非常规的工艺测试，只进行定期或不定期的抽测。

在常规检测中，有时采用破坏性的方法，如测 PN 结深度、键合强度等，较多的则属非破坏性测试。即使采用非破坏性的检测方法，一般也不在半导体器件和集成电路的半成品或在制品上进行直接测量，一方面，避免由于工艺检测引进损伤和沾污；另一方面，从半导体器件和集成电路的现成结构上一般难以直接进行所需的工艺检测项目。特别是当集成电路的集成密度增大、图形更加精细时，更难从测量集成电路芯片直接判断工艺中存在的问题。因此，需要采用专门的测试样片进行测试。例如，要测量薄层电阻、PN 结的击穿电压或双极型晶体管的电流增益等在整个晶片上的分布情况，就要有专门的测试样片，并按照与正式产品的晶片相同的工艺条件在它的上面加工薄层电阻、二极管或双极型晶体管的测试结构阵列。这些测试样片有的用于检验单项工艺步骤，有的则要经受几步连续工艺甚至完成全部工序之后才能进行测试检验。除了根据需要采用专门的测试样片之外，在用于加工正式产品的晶片内部，也在芯片图形之间以适当布局穿插一些包含各种测试结构的测试芯片，或在每个正式芯片的边角位置配置少量测试结构。这些测试结构和正式芯片一起经历完全相同的工艺步骤。从这些测试结构的测量中，可以较为可靠地了解在同一晶片上所有芯片工艺控制的基本情况。测试结构的图形一般都比正式芯片的图形简单，如单独的电阻条、二极管、双极型晶体管、金属-氧化物-半导体结构的电容器、金属-氧化物-半导体晶体管等。但是，其结构和尺寸都要紧密结合正式芯片的情况进行设计。

9.1.2　第二类工艺检测

第二类工艺检测是对半导体晶片以外的原材料、辅助材料、生产环境、工艺设备、工具、掩膜版和其他工艺条件所进行的检测。主要目的是对半导体工艺条件与环境进行广泛、及时和有效的监控，因而其内容更加广泛繁杂。有些检测项目和方法也非半导体工艺所特有。随着半导体工艺的不断发展，半导体工业的原材料和辅助材料的生产和供应、工艺设备和生产环境的管理等，更加趋向于专业化和标准化，检测方法更加紧密结合半导体工艺的要求。例如，称为“电子级”、“MOS 级”等的超纯化学试剂专供半导体和其他电子产品的生产使用；高分辨率的抗蚀剂专为半导体工艺而生产；环境和水质的净化也都有一套相当成熟且更能适应半导体工艺要求的控制和检测方法；精细掩膜版的检查方法则为半导体工艺所特有。

9.2　工艺检测的内容

工艺检测主要可分为硅片晶格完整性、缺陷等物理量的测定，薄膜厚度、结深、图形尺寸等几何线度的测量，薄膜组分、腐蚀速率、抗蚀性等化学量以及方块电阻、界面态等电学量的测定[1]。

9.2.1　晶片检测

晶片检测包括对原始的抛光片和工艺过程中的晶片的检测。主要从几何尺寸、外观缺陷和物理特性三个方面进行。对抛光片的检测项目如表 9-1 所示。

表 9-1　对抛光片的检测项目

种类	项目
几何尺寸	参考面位置和宽度、硅片直径、厚度、边缘倒角、平整度、弯曲度等
外观缺陷	片子正面：划痕、凹坑、雾状、波纹、小丘、橘皮、边缘裂口、沾污等
	片子背面：边缘裂口、裂纹、沾污、刀痕等
物理特性	晶向、导电类型、少数载流子寿命、电阻率偏差、断面电阻率不均匀度、错位、微缺陷、旋涡缺陷、星形缺陷、杂质补偿度、有害杂质含量等

在上述检测项目中，外观缺陷100%检测。硅片进炉前，在100级超净台中，用强紫外光照射硅片表面观察。一般情况下，尺寸在1μm以上的缺陷和小于1μm，但弥漫成雾状的缺陷均可检出，必要时可用显微镜进行进一步的判定。一般对外观缺陷进行检测时，先对硅片进行选择性的电化学腐蚀，再利用光学显微镜观察其表面微结构和缺陷，对表面缺陷进行评估和计算。该方法不仅检测速度快，而且成本低。

电阻率在磨片后100%检测，并按数值范围分档。有时为检查材料电阻率的热稳定性，还要对经过各种工艺热处理后的硅片进行电阻率跟踪测量。

金属和非金属杂质含量（包括反型杂质的补偿度）一般是材料生产厂家的保证项目，必要时可进行抽检。材料原生缺陷和工艺中诱发缺陷一般也作为抽检项目。至于几何尺寸和外观缺陷，有的虽然并不反映结晶学的完整性，但它们对后续加工工艺有重大影响，同样不可忽视。

在实际生产中，受检测手段的限制，再加上工艺因素的复杂性，很难把材料性能同成品率和电路性能直接对应起来，因此除了进行一些基本检测外，普遍流行的做法是在工艺线上同时投放两个以上厂家的硅片进行比较，储备一些经过流片证明是质量较好的硅片，作为参照标准。

对工艺过程中晶片的检测方法有化学腐蚀法、X射线形貌照相法和铜缀饰技术。

1）化学腐蚀法

化学腐蚀法是晶体缺陷的常规检测方法，对于各种缺陷已有多种成熟的腐蚀液配方。

2）X射线形貌照相法

X射线形貌照相法用于检测位错、层错和夹杂物等。当X射线通过晶体时，会发生偏离原来入射方向的X射线，即X射线的衍射。如果晶体中存在缺陷，这种衍射会在缺陷引起的晶格畸变区大为增强，衍射强度反映了晶格畸变的程度，可用照相底片记录，或用X光导摄像管通过阴极射线管显示器观察。

3）铜缀饰技术

铜缀饰技术是在样品表面滴上硝酸铜溶液后烘干或在硅片表面真空蒸发一层铜，在900～950℃的Ar气氛中扩散1h，然后快速冷却至室温，这时过饱和铜就会择优淀积在微缺陷处，再对样品研磨和化学抛光，去除硅铜合金层和表面应力。

X射线形貌法不能用于直接检测微缺陷，这是由于其分辨能力为几微米，而微缺陷的线度小于1μm，晶格畸变区太小。若把样品经过铜缀饰，使微缺陷产生的晶体畸变区扩大就可以用X射线形貌法检测了。缀饰后的硅片也可以用红外显微镜观察。在X射线形貌照片上和红外显微镜下，微缺陷呈现出具有一定结晶学方向的花瓣状图像，但对特别小的缺陷，则呈黑点状。

9.2.2　氧化层检测

在半导体平面工艺中，二氧化硅层膜的质量对半导体器件的成品率和性能有着重要的影响，对氧化层膜的检测包括其厚度测量、针孔检测及电学特性检测[2]。

测量二氧化硅膜厚度的方法有比色法、干涉法、椭圆偏振法和分光光度计法等。本小节主要介绍分光光度计法。其原理是利用衍射晶格将薄膜颜色进行分光，然后用计算机根据其光谱形状求出膜厚。此法广泛用于氧化硅、氮化硅、多晶硅和光刻胶厚度的测量。与光学显微镜联合使用，具有微区测厚的能力，可以直接测量发射区、基区和接触孔内氧化硅的厚度等。此方法的适用范围为 0.05～10μm，0.05μm 以下的膜厚应使用椭偏仪测量。

针孔是在光刻或氧化过程中，由于外界因素或工艺缺陷而造成。在二氧化硅膜的局部小孔，造成氧化层不连续，破坏了二氧化硅的绝缘性能，降低或丧失了二氧化硅的掩蔽能力，甚至导致器件的参数退化或失效。针孔检测方法很多，除化学腐蚀法外，还有液晶显示、铜染色和 MOS 结构测试法等，如图 9-1 所示。

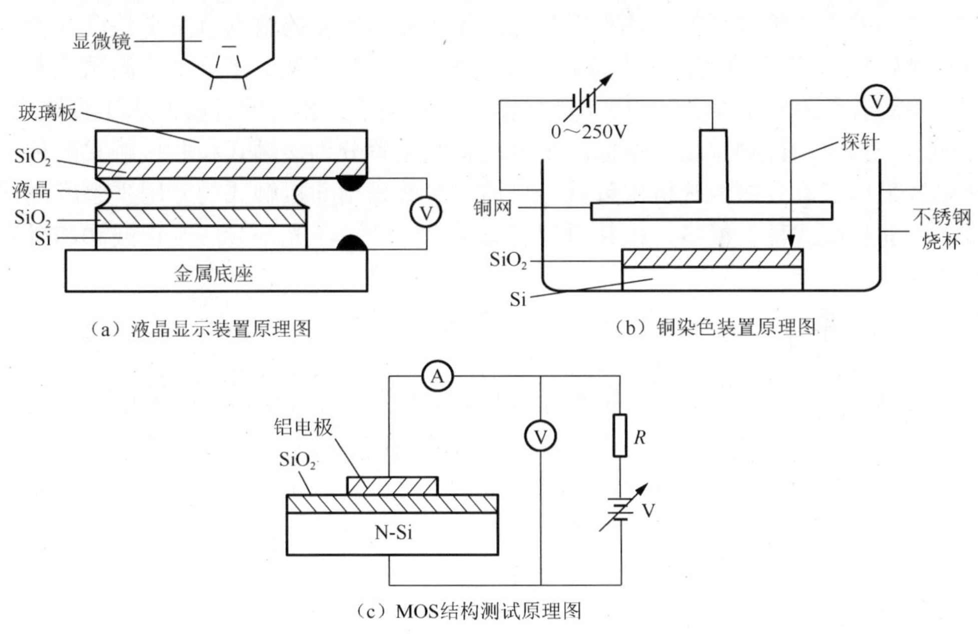

图 9-1　针孔检测常用方法

电容-电压测量是测量电学性能广泛使用的一种方法，用于 Si/SiO_2 界面性质的研究。利用高频 C–V、低频 C–V、准静态 C–V 来测量 MOS 电容界面态密度及其能量谱以及氧化层中固定电荷和可动电荷面密度[3]。

氧化硅膜的击穿特性是 MOS 器件栅氧化膜和集成电路层间绝缘的电学特性

和可靠性的一个重要量度。热生长的二氧化硅膜击穿强度为 2～10MV/cm，但实际测得击穿强度要低，而且分散很大，这是由不同的击穿机理决定的。不同的击穿机理引起不同的击穿强度。二氧化硅膜的击穿机理可分为本征击穿、杂质击穿和缺陷击穿三种。

击穿电压测试采用 MOS 结构电容器。用晶体管图示仪观测二氧化硅膜的 *I*–*V* 特性，确定击穿点。采用这种方式可作为栅氧化层击穿特性和工艺合格率的判据，同时适合于微电子测试图形的自动测试。

9.2.3 光刻工艺检测

光刻工艺的检测包括掩膜版和硅片平整度检测、掩膜版和硅片上图形关键尺寸检测、光刻胶厚度和针孔检测以及掩膜版缺陷和对准检测。

1. 平整度检测

掩膜版和硅片平整度是光刻微细加工中的重要参数。加工制作掩膜版和硅片时，表面并不会绝对平整，其不平与绝对水平之间所差的数据就是平整度（数值越小越好）。平整度检测有时也称正面度检测、共面度检测。平整度检测系统专门用于检测各种集成电路芯片、电子连接器等各种电子元器件的针脚的水平直线度、共面度、间隙和针脚宽度等指标。平整度检测装置分为接触式和非接触式两种。接触式采用螺旋分厘卡等机械量具，目前大多数采用非接触式的专用平整度测试设备。非接触式种类很多，按其原理可分为电容法、激光干涉法、声波法和激光扫描法等。

2. 关键尺寸检测

关键尺寸的变化通常显示了半导体制造工艺中一些关键部分的不稳定。例如，在光刻工艺中，为了得到满足工艺规范要求的图形关键尺寸，必须控制好各个工序的线条宽度和间距，因此线宽跟踪测量必不可少。测量关键尺寸的一个重要原因是达到对产品所有线宽的准确控制。在 CMOS 技术中，晶体管的栅结构非常关键，栅宽决定了沟道的长度，而沟道的长度影响了速度。

测量设备主要有目镜测微计、电子显微镜。目镜测微计是光学显微镜，其放大倍率不过几千，分辨率在理论上不能小于 0.2μm。由于关键尺寸越来越小，目前测量的主要仪器是扫描电子显微镜。它是利用电子束对样品放大成像，能放大 10 万～30 万倍，图形分辨率是 4～5nm。把专门用于关键尺寸测量的扫描电子显微镜称为关键尺寸扫描电子显微镜。

3. 光刻胶厚度和针孔检测

光刻胶厚度是一项重要的工艺参数，在涂胶和前烘后必须进行膜厚检测，其对中心值和容差都有严格的要求。胶层厚度测量一般采用台阶测试仪、分光光度计、椭偏仪、扫描电子显微镜等，其中扫描电子显微镜仅用于薄层胶和微区检测。

对光刻胶的针孔测法及评价与二氧化硅的检测方法基本一致。一般采用腐蚀法，首先在硅片上热生长一层稳定的、均匀的二氧化硅，作为硅的保护层，在氧化层上再涂光刻胶，均匀的光刻胶经过干燥、曝光、显影和后烘，然后在二氧化硅腐蚀液（氟化铵∶氢氟酸=7∶1）中进行腐蚀，如果胶面有针孔，则腐蚀液通过针孔对二氧化硅进行腐蚀，除去光刻胶后，再通过二氧化硅针孔对衬底硅采用各种腐蚀剂进行腐蚀，最后在显微镜下进行计数。

4. 掩膜版缺陷和对准检测

在集成电路制造过程中往往需要经过十几乃至几十次的光刻，每次光刻都需要一块掩膜版，每块掩膜版都会影响光刻质量，因此要有高的成品率，不仅要制作出品质优良的掩膜版，而且一套掩膜版中的各块掩膜版之间要能够相互精确的套准。掩膜版上的缺陷通常来自两个方面，一个方面是掩膜版自身的缺陷，如针孔、黑点、黑区（即遮光区）突出、白区（即透光区）突出、边缘不均匀、刮伤等，这些都是在掩膜版的制作过程中产生的，可通过目检以及与原版进行比较而筛选掉；另一方面是附着在掩膜版上的异物，故经常在掩膜版上加一层保护膜以防止异物的影响。掩膜版做好并经过检查合格后才可拿到生产线上去使用。检查的内容包括图形有无短路、开路，线路是否完整；版面有无划伤、污染；该有的标记是否完整；黑白对比是否明显；排版是否正确；套准是否精确等。

9.2.4　扩散层检测

扩散层的检测包括对其电阻、结深和杂质分布的测量。

1. 薄层电阻测量

薄层电阻测量通常采用四探针法和范德堡法[4]。

1）四探针法

四探针测试仪由 4 个排成一条线的细小金属探针组成，如图 9-2 所示。外侧的两个探针连接电源，内侧的两个连接伏特计。电压 V、电流 I 与电阻率 ρ 之间的关系如下：

$$\rho = \frac{2\pi S}{B_0}\frac{V}{I} \tag{9-1}$$

其中，S 为探针间距；B_0 为修正系数，四根探针的针尖在同一直线上。

2）范德堡法

范德堡法是由范德堡于 1958 年提出的一种接触点位于晶体边缘的电阻率测量方法。对于扩散层、离子注入和表面反型等具有任意形状的薄层样品，可采用范德堡法测量电阻率、霍尔系数。其要求样品必须是厚度均匀，无孤立孔洞的片子。

如图 9-3 所示，样品周边上四个电极分布在片子四边，并有足够小的欧姆接触点，即 A、B、C、D 四个点。范德堡样品形状测量电阻率时，电极采用相邻接点，如 A、B 通电并测得电流 I_{AB}，用电压表测另一对接点 C、D 的电位差 V_{CD}，由此得出：

$$R_{AB \cdot CD} = \frac{|V_{CD}|}{I_{AB}} = R_1 \tag{9-2}$$

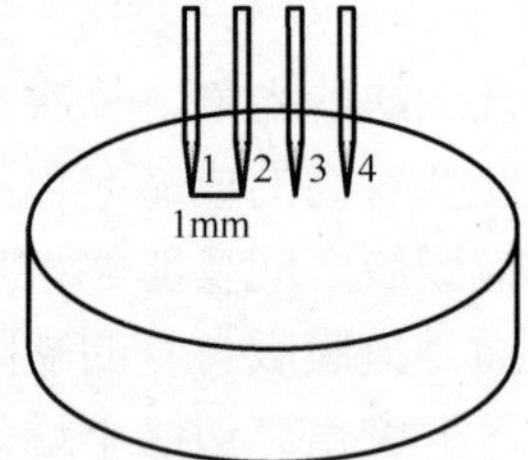

图 9-2　直线形四探针

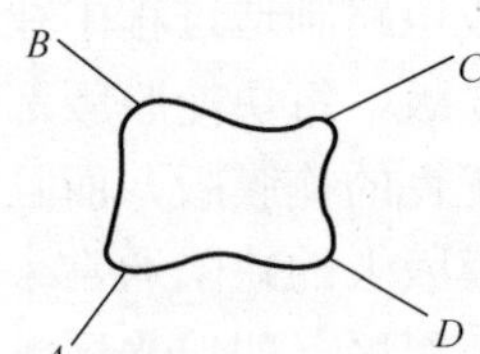

图 9-3　范德堡法

然后，在 B、C 点之间通电流，测 D、A 间电位差为 V_{DA}，也同样得到：

$$R_{BC \cdot DA} = \frac{|V_{DA}|}{I_{BC}} = R_2 \tag{9-3}$$

根据范德堡法公式的推导，样品电阻率 ρ 与 R_1、R_2 构成如下关系：

$$\exp\left(-\frac{\pi d}{\rho} R_1\right) + \exp\left(-\frac{\pi d}{\rho} R_2\right) = 1 \tag{9-4}$$

其中，d 为样品厚度，由此得到电阻率公式为

$$\rho = \frac{\pi d}{\ln 2} \frac{R_1 + R_2}{2} f\left(\frac{R_1}{R_2}\right) \tag{9-5}$$

其中，$f(R_1/R_2)$ 称为范德堡函数，为已知修正函数，其值为 0～1。从实验中测得 R_1、R_2 值，再根据 R_1/R_2 比值由范德堡函数表即可查出 $f(R_1/R_2)$ 的值，将其代入公式（9-5）中就可算出样品电阻率。利用这种结构测得的薄层电阻较准确可靠，能有效地诊断工艺的稳定性和均匀性。

2. 结深测量

对于结深测量，一般先采用电解水氧化法显示出 PN 结，再用磨角法把硅片固定在特制的磨角器上，利用磨角器磨出一个 1°～5° 的斜面，使测量面得到放大，最后用显微镜的测微目镜对磨角后的测量面进行观察，即可测出结深。而对于亚微米结深的测量，则采用测定杂质浓度分布的方法来确定其结深。常用的方法有扩展电阻法、C-V 法和阳极氧化剥层的微分电导法等。

3. 杂质分布测量

杂质分布测量通常采用阳极氧化剥层的微分电导法和扩展电阻法。

1）阳极氧化剥层的微分电导法

阳极氧化剥层的微分电导法是一种传统的测量方法，也被认为是精度最高的一种方法。该方法在样品上逐次阳极氧化剥层（用氢氟酸腐蚀掉阳极氧化层）测量薄层电阻，直到 PN 结边界为止（对应于薄层电阻突然由大变小），得到 $1/R_S$-X 曲线，进而求出电阻率分布，再由电阻率与杂质浓度曲线查得杂质浓度分布。

2）扩展电阻法

在一个磨角样品上，用两探针沿斜面以一定步进距离，逐次测出各点的扩展电阻 R，利用 $R=r/2a$ 可以求出电阻率。由于扩展电阻法具有微米级的空间分辨率，采用计算机进行数据校正，能够自动地把扩展电阻-深度曲线转换成电阻率-深度曲线，进而转换成杂质浓度-深度曲线。因此，扩展电阻法已成为工艺检测的标准方法，广泛应用于测定外延层、扩散层的电阻。

9.2.5　离子注入层检测

离子注入层的检测与扩散层的检测项目和检测方法基本相同，只是在检测时要注意以下几个方面。

1. 颗粒污染

测量检测晶圆表面的颗粒数，颗粒会造成掺杂的空洞。颗粒的可能来源有电极微放电、移动机械过程中外包装过多、注入机清洁不适当、温度过高或溅射造成光刻胶脱落、硅片背面的冷却橡胶和晶圆处理过程产生的颗粒等[5]。

2. 剂量控制

MOSFET 和 CMOS 等器件的阈值电压必须精确控制。工艺上控制阈值电压的主要方法是对栅下沟道进行低剂量离子注入。阈值电压的值取决于注入剂量的大小，因此精确测试离子注入剂量对集成电路工艺控制非常重要。此外，掺杂剂量不合适也会导致方块电阻偏高或偏低。导致掺杂剂量不合适的主要原因有工艺流程错误、离子束电流检测不够精确和退火问题。例如，离子束中混入电子，造成计数器计算离子数量的错误，导致掺杂剂量过大。生产中离子注入剂量的测试方法有 MOSC–V 法扩展电阻探针法、热波法、四探针法和二次离子质谱仪法等。

3. 超浅结结深

对于超浅结结深，要注意高温造成的杂质再分布、结深增加、横向掺杂效应和沟道效应。

离子注入层中杂质原子的分布一般采用中子活化分析、放射性示踪法、二次离子质谱、背散射和俄歇电子能谱等方法检测。

二次离子质谱基本上是一种离子铣和二次离子检测方法。离子集中轰击样品表面并去除一个薄层。二次离子则由被去除薄层的晶圆材料及其中的掺杂原子产生。这些离子被收集和分析，用来计算每层掺杂杂质的数量，并可以构造杂质的形貌图。

离子注入剂量范围通常为 10^{11}～$10^{16}/cm^{-2}$，相当于杂质浓度范围为 10^{15}～$10^{20}/cm^{-3}$。四探针法一般用于 $5\times10^{12}/cm^{-2}$ 以上的剂量范围，具有快速和简便的特点。电容-电压法可用于 1×10^{11}～$5\times10^{12}/cm^{-2}$ 的剂量范围，对于小剂量注入，是一种比较准确的测量技术，如果采用水银探针，可以大大简化样品的制备。扩展电阻法可以覆盖整个剂量范围，但在小剂量下精度不如电容-电压法。

9.2.6 外延层检测

外延层上的各种器件的性能与外延层质量直接相关。外延片检查主要包括表面质量（不应有突起点、凹坑等）、外延层厚度、外延片缺陷密度（包括层错、位错、雾状微缺陷或小丘）、电阻率和外延层杂质分布情况等[6]。

1. 厚度测量

外延层厚度的测量方法有很多，包括层错法、红外干涉法等。层错是外延层上最常见又易检测到的缺陷，是由原子排列次序发生错乱引起的。它是外延层的一种特征性缺陷，本身不改变外延层的电学性质，但会引起扩散杂质不均匀、成为金属杂质聚集中心等其他影响。层错大多起源于衬底与外延层的交界面，一直延伸到表面。缺陷图形的边长与外延层厚度之间存在一定的比例关系，如果测出层错的边长，即可计算出外延层厚度，达到测量外延层厚度的目的。层错法测量时，要注意选择大的图形，不能选择靠近外延层边缘的图形，腐蚀时间以能清楚显示图形即可，计算厚度时，要考虑腐蚀对厚度的影响。

红外干涉法是利用红外光在衬底和外延层界面之间的反射光与外延层表面反

射光的干涉效应对外延层的厚度进行测量。波长为 2.5～50μm 的红外线不仅能透过外延层，而且能在杂质浓度突变的外延层/衬底界面上发生反射。这一反射与空气/外延层界面反射的红外线之间存在着光程差和相位变化，因而形成干涉。连续改变红外光的波长即可测出周期变化的反射光的干涉强度。此法对样品没有破坏性，多用于亚微米外延薄层的测量。

2. 图形漂移的测量

在单晶片上生长外延层会出现引入埋层漂移问题。如图 9-4 所示，图形的漂移量 a 定义为衬底表面图形中心点和外延层表面图形中心点的距离 d 除以外延层的厚度 t，公式为

$$a = \frac{d}{t} \tag{9-6}$$

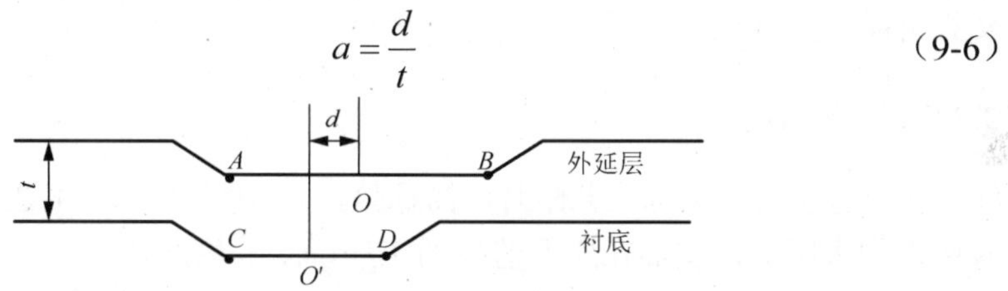

图 9-4　图形漂移的外延层剖面

通常用磨角染色法测量，对埋层样品进行研磨腐蚀，在显微镜下测量衬底界面及外延后图形中心的位置变化，用公式（9-6）即可得出图形漂移量。这种测量是破坏性的，不能对所有外延后的晶片进行测量。

3. 电阻率测量

外延层电阻率的测量通常采用三探针法、四探针法、扩展电阻法和范德堡法等。对于高阻的薄外延层，一般采用扩展电阻法和范德堡法。

4. 杂质分布和自掺杂分布测量

外延层的杂质分布和自掺杂分布一般采用扩展电阻法和电容-电压法测量。为了提高测量精度，保证重复性，对外延片表面制备、汞-硅肖特基接触直径的选取和校准，以及避免汞探针的沾污等方面都要有所注意。电容-电压法具有精确、快速和非破坏性的特点，测量范围是 10^{14}～10^{18}/cm^{-2}。

9.3　工艺监控

工艺监控一般同时采用工艺实时监控、工艺检测片和集成结构测试图形三种方式。

9.3.1 工艺实时监控

工艺实时监控是指生产过程中通过监控装置对整个工艺线或具体工艺过程进行的实时监控，当监控装置探测到某一被测条件达到设定阈值时，工艺线或具体工艺设备就自动进行工艺调整，或者报警（自停止），由操作人员及时进行工艺调整。

现代化的微电子工艺线通常对工艺环境进行实时监控。例如，微电子芯片生产要求在超净环境下进行，通过设置环境监控装置自动调整工艺环境，满足芯片生产对温度、湿度和洁净度等指标的要求。随着微电子产业的科技进步，当前微电子芯片生产已基本实现了对全工艺过程的实时监控，在监控方法、技术和内容等各方面不断进步。

9.3.2 工艺检测片

工艺检测片，又称工艺陪片（简称陪片）。属于第一类工艺检测，一般使用没有图形的大圆片，安插在所要监控的工序，陪着生产片（正片）一起流水，在该工序完成后取出，通过专用设备对陪片进行测试、提取工艺数据，从而实现对工艺流程现场的监控，并在下一工序之前判定本工序为合格、返工或报废。附表 A 为检测项目和陪片设置。

9.3.3 集成结构测试图形

集成结构测试图形是随着微电子业的出现而诞生的，最初的检测图形也比较简单，直接把产品器件图形本身作为检测图形。随着微电子业的发展，特别是超大规模集成电路工艺越来越复杂，要获得参数均匀、成品率高、成本低、可靠性好的产品，必须保证每个工艺环节都处于受控状态，使之达到一定的参数标准，否则就会使器件性能下降、甚至失效。因此，微电子检测图形及检测结构不断优化，目前已趋于标准形式。微电子测试结构和测试图形必须满足以下两个准则。

（1）要求通过对测试结构和测试图形的检测能获得正确的结果。因此，要根据电路设计要求和实际能达到的工艺条件来进行测试结构和测试图形设计。每种结构、图形只能用来测量一个参数，且测量不受材料或工艺特点的影响，即应把外界因素的影响减到最小。

（2）要求测试图形和测试结构能使用自动测量系统便捷地获取数据，自动测量系统应用最少的探针（或探测板）。近年来发展了 $2\times N$ 探测点阵列形式（N 为任意正整数），这适用于计算机辅助自动化测试。

微电子测试结构图形的使用除了能监控工艺过程、保证工艺水平、提高器件质量和成品率之外，还有多方面用途。例如，为新产品的工艺设计提供必要的数据，如提取新器件的电参数、电阻设计参数（如误差、条宽、电阻比、接触电阻）等；对不同的生产工艺和生产线进行比较；评价工艺设备等。在某些情况下，测试结构的信息可以用来预测电路是否能执行成功，或者用以诊断电路是否失效。

1. 微电子测试图形的功能与配置

微电子测试图形是工艺监控的重要工具，为微电子工业普遍采用。微电子测试图形是一组专门设计的结构，采用与集成电路制造相容的工艺，通过对这些结构的测试和分析来监控工艺，并评估由这种工艺制造的器件和电路。具体功能大致归纳如下。

（1）提取工艺、器件和电路参数，评价材料、设备、工艺和操作人员工作质量，实行工艺监控和工艺诊断。

（2）制定工艺规范和设计规范。

（3）建立工艺模拟、器件模拟和电路模拟的数据库。

（4）考察工艺线的技术能力。

（5）进行成品率分析和可靠性分析。

微电子测试图形在硅片上的配置方式可分为以下三类。

1）全片式

全片式，即工艺陪片（process validation wafer，PVW）。这种类型是把测试图形周期性地重复排列在圆片上，形成工艺陪片，因此工艺陪片是仅有测试图形的完整圆片。工艺陪片可先于生产片或与生产片一起流水，通过测试图形中的各种测试结构可探明掺杂情况、掩膜套准误差、接触电阻参数及随机缺陷等。

工艺陪片上的测试图形通常需要全部测量，并以图形方式表明整个圆片上工艺参数或器件参数的分布情况。这种参数分布图可用于评价某项工艺设备的性能、某条工艺线的均匀性与稳定性、不同生产线或厂家之间工艺水平的比较、查找产品成品率下降的原因、预测器件或电路的可靠性等。参数分布图也是工艺设计优化的根据。

这种测试图形的配置方式可以解决各种问题，但是既费钱又耗时，因此当工艺趋于成熟稳定、成品率提高后，就应改用其他的配置方法。

2）外围式

外围式是一种早期常用的方式。它由位于每个电路（芯片）周围的测试结构所组成，用于工艺监控和可靠性分析。这种方式配置的测试图形是用与集成电路完全相同的工艺同时制成的，又是电路的周围，由它测得的数据能反映电路参数的真实情况，因而经常使用。这种测试结构的一个限制是随机缺陷的“俘获截面”

远小于大规模集成电路本身，同时因为面积有限，只能选择几个必要的结构以控制主要的电路或工艺参数，所以外围式一般只在成熟的工艺线上使用。

3）插花式

插花式是在圆片的选定位置用测试图形代替整个电路芯片，其数量和位置由需要而定。其分布可以是星形、柱状或螺线形。一般是在片子的每个象限中分布几个测试图形。插入的测试图形有两种形式，一种是根据需要设计的用于工艺控制和可靠性分析的一组测试结构；另一种是改变了电路金属化连线，可以获得内部单元电路的性能，对复杂的电路比较有用的测试图形。如图 9-5 所示为测试图形在圆片上的三种分布形式。图 9-5（c）中，M 为材料测试图，E 为延伸金属化测试图。

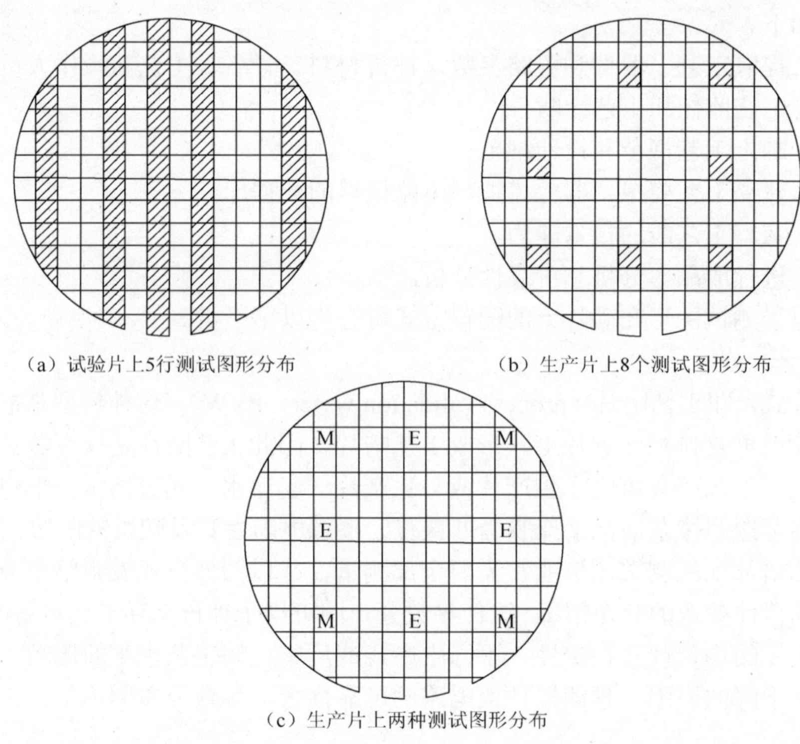

（a）试验片上5行测试图形分布

（b）生产片上8个测试图形分布

（c）生产片上两种测试图形分布

图 9-5 测试图形在圆片上的三种分布形式

2. 几种常用的测试图形

在硅平面工艺中，通过一些专门设计的测试图形来检测薄层电阻。这些图形在芯片边缘形成，或者在专门的测试片上与集成电路芯片同时经历各项工艺步骤。通过这样一些测试图形测得的薄层电阻，可以更加准确地反映器件和电路中的实际情况。

1）薄层电阻测试图形

薄层电阻是指一块正方形薄层沿其对边平面方向的电阻，单位为Ω/□，如图 9-6 所示。半导体薄层电阻的大小取决于薄层中掺入杂质的情况。当杂质分布形式确定后，通过测量薄层电阻就能推算出表面杂质浓度。

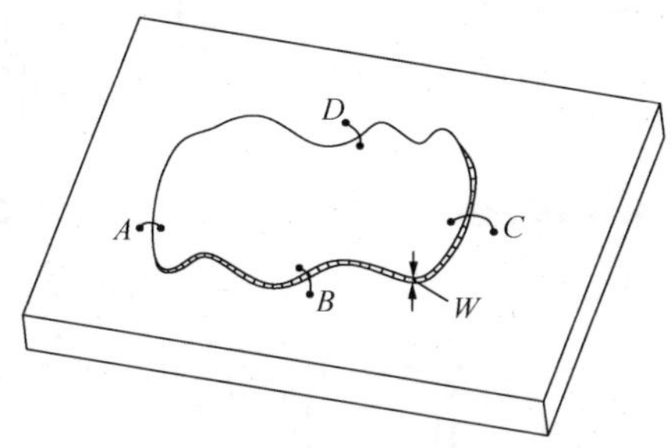

图 9-6　薄层示意图

2）薄层电阻测试方法

范德堡结构测试方法已广泛用于扩散层、离子注入层的均匀性、重复性测试中，目前国内微电子工业中多采用此方法。四探针法作为监控薄层掺杂浓度的手段，试片大小不一，修正因子不够严格，因此对相同的掺杂，用不同的探针测量，结果不同。此外，随着电路集成度的增加，需要知道微区的薄层电阻，而四探针的间距不能做得很小，不能用来测量微区的薄层电阻，根据范德堡原理所做的测试结构，可以解决这些问题。因此，采用范德堡原理设计出了各种形状的薄层电阻测试结构，主要是各种方形十字结构。常用的有偏移方形十字形结构、大正十字形结构和小正十字形结构，分别如图 9-7（a）、图 9-7（b）和图 9-7（c）所示。

上述薄层电阻测试结构本身可以做得很小，但接触处无法符合范德堡结构所要求的点接触。经计算，设计正十字形测试结构时，只要臂的长宽合适，其误差就可小于 0.1%。这些结构是一种理想的范德堡结构，测量的微区达到 200μm，缺点是宽度受制造工艺的限制。

薄层电阻测试结构的测试一般采用两方位测试法，即根据范德堡原理在 A、B 两相邻触点通以电流，在 C、D 两触点测量电压，称此位置为 0° 方位，如图 9-3 所示。为消除测量系统中存在的补偿电压，将电位反向再测一次，则有

$$R_0\left(+I\right)=\frac{V_{DC}\left(+I\right)}{I_{AB}\left(+I\right)} \tag{9-7}$$

$$R_0\left(-I\right)=\frac{V_{DC}\left(-I\right)}{I_{AB}\left(-I\right)} \tag{9-8}$$

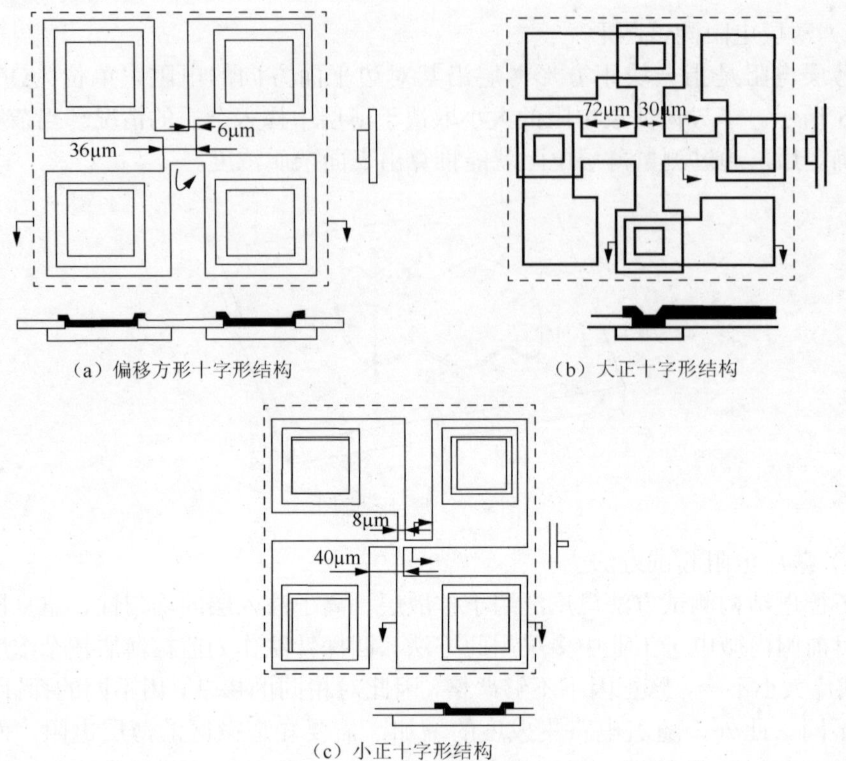

（a）偏移方形十字形结构　（b）大正十字形结构

（c）小正十字形结构

图 9-7　各种方形十字形结构

换 B、C 为电流端，A、D 为电压端，称此位置为 90° 方位，相应的电阻为

$$R_{90}(+I)=\frac{V_{AD}(+I)}{I_{BC}(+I)} \tag{9-9}$$

$$R_{90}(-I)=\frac{V_{AD}(-I)}{I_{BC}(-I)} \tag{9-10}$$

测量中，I 值必须保持不变。对于反向电流的结果求平均值，最后再将 R_0（$\pm I$）和 R_{90}（$\pm I_0$）取平均值，则有

$$R(\pm I)=\frac{R_0(\pm I)+R_{90}(\pm I)}{2} \tag{9-11}$$

电阻率的计算公式为

$$\rho_S=\frac{\pi d}{\ln 2}R(\pm I) \tag{9-12}$$

将式（9-11）代入式（9-12），即可求得电阻率的值。

目前采用斜置的刚性探针，不要求等距、共线，只要求依靠显微镜和摄像头及通信口传送到计算机显示器进行观察，通过每个探针自带的伺服电机来调整探针，保证探针尖在测试样品的方形四个顶点附近的一定界限内，可以用于小至 90μm 的薄层电阻的测试。该方法不需要测量探针与样品之间的相对距离，不需要制备从微区伸出的测试臂和金属电极，也不需要在样品上光刻测试图形，真正实现无测试图形的测试工作。

平面四探针测试结构用于测量硅片的体电阻率，硅片的体电阻率是一个重要的参数。在双极型器件中，电阻率的大小将影响器件的饱和压降和击穿电压；在 MOS 器件中，电阻率的大小直接影响阈值电压。在器件制造工艺中，要保证参数的一致性，硅晶圆片的片内、片间电阻率就必须均匀。通常的四探针测试仪由于探针间距较大，不能直接应用于微区的电阻率测试，为此设计了平面四探针测试结构和扩展电阻法。

若样品厚度及边缘与探针之间的最近距离大于 4 倍探针间距，可看成半无穷大样品时，则对于正方阵列平面四探针测试结构可推导出电阻率公式如下：

$$\rho_\infty = \frac{2\pi S}{2-\sqrt{2}}\frac{V}{I} = 10.726S\frac{V}{I} \tag{9-13}$$

其中，ρ 为样品电阻率；S 为探针间距；I 为相邻探针间流过的电流；V 为另外两个探针间的电势差。若硅片厚度相对于探针间距不满足无穷大时，需对公式进行修正。修正后的计算公式为

$$\rho = \frac{\rho_\infty}{B_0} \tag{9-14}$$

其中，B_0 为修正系数，与样品的尺寸及所处的条件有关。当满足 $W/S \geqslant 4$ 时，对于正方阵列四探针，这一误差小于 0.8%。因此，此时可直接用式（9-13）计算电阻值，而不必加以修正。

正方阵列的平面探针结构可完全仿用范德堡测试结构的方法。在图 9-8 中，对

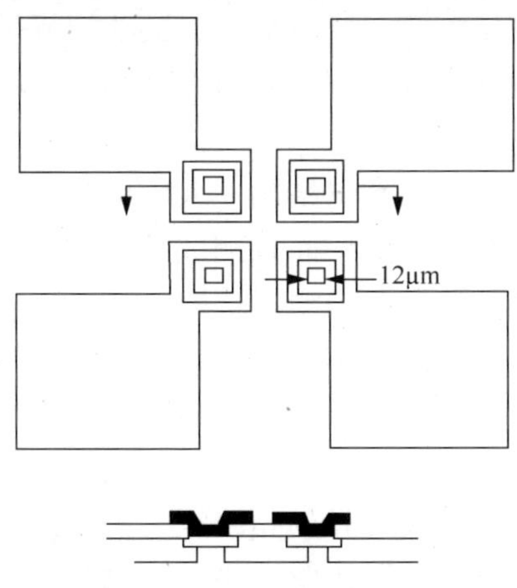

图 9-8　平面四探针测试结构

任意相邻两探针通以电流I，从另外两探针测得电压$V_0(+I)$，将电流反向，测得$V_0(-I)$，将两者的平均值代入式（9-13）求得$\rho(0)$。为了减少由于探针对准不好而引起的误差，可将电流端旋转 90 度，测得$V_{90}(+I)$和$V_{90}(-I)$，求出$\rho(90)$和$\rho(-90)$的平均值。

3）金属-半导体接触电阻测试图形

随着大规模、超大规模集成电路的发展，引线孔的尺寸越来越小，金属-半导体间接触电阻对电路性能的影响随之更加突出。当集成电路中元器件密度增加时，金属与硅的接触窗口面积随之减小，为保证小接触面积也能做到低电阻率和高可靠性，必须加强工艺监控。为此设计了金属-半导体接触电阻测试结构，如图 9-9 所示，测试结构的形状有单孔和三孔结构两种。

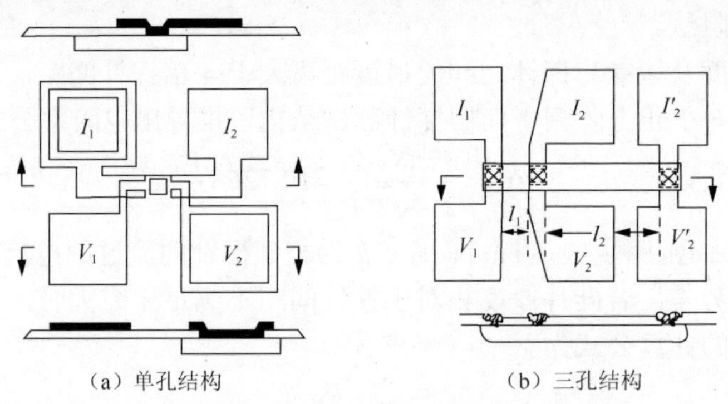

（a）单孔结构　　（b）三孔结构

图 9-9　金属-半导体间接触电阻

单孔测试结构是一个四端电阻器，通过电极I_1和I_2送入电流I，I流经结构中心的接触窗口。窗口两端的电位差V可以从V_1和V_2两个电极测得。

4）掩膜套准测试结构

随着大规模、超大规模集成电路的发展，电路图形的线宽越来越小，光刻工艺中的套准问题变得越来越重要。掩膜套准测试结构就是用来检测套准误差的，套准误差的定量测量可以用光学方法，也可以用电学方法。

5）工艺缺陷测量

工艺缺陷测量——随机缺陷测试结构，采用电学测试方法确定与基本工艺结构相关的缺陷及其密度分布，并可由此预测成品率的测试结构称为随机缺陷测试结构。工艺缺陷测量有 6 种随机缺陷测试结构。

铝条连续性测试结构。其条状图形为铝条，下面为氧化层和多晶硅的台阶，铝条的设计尺寸与跨越的台阶数尽量与实际电路工艺结构一致。这个测试结构可以测得铝条电阻作为铝条连续性的量度。与不跨越台阶的铝条电阻相比较，考察铝条在台阶处的减薄情况，从而对光刻和回流工艺做出评价。两组有一定间隔的铝条，可用来考察其间的短路情况；两组相互垂直和十字交叉，但之间由介质层隔开的铝条或多晶硅条，则可以考察两导电层之间的绝缘情况。

接触链测试结构。这种结构模拟实际工艺，采用 Al/Si 接触、多晶硅/掺杂层隐埋接触，以及双层铝或多晶硅接触等多种形式，把各种导电层串接起来，构成接触链测试结构。可以考察有无断路、接触失效以及不同接触孔尺寸下的工艺成品率。既可以作为工艺诊断工具，也可当作为接触孔尺寸设计规则制定的判据。

栅极链测试结构。此结构是专门用于测定 MOS 器件栅氧化层缺陷的测试结构。氧化层是否存在缺陷，可以由多晶硅栅极对衬底、源极和漏极是否存在一定量的漏电流来确定。

MOS 晶体管阵列测试结构。这种结构由栅漏相连的 100 个 MOS 晶体管组成一个阵列，通过引出的检测点可任意选测一个晶体管。如果这样的阵列布满整个硅片，则可确定失效的位置和密度分布，再配合适当的镜检，还可以判定缺陷的性质。

可选址 CMOS 反相器阵列测试结构。这种结构包含多个反相器，所有反相器均由测试点 INV-IN 提供输入信号，传输门的控制信号由阵列左侧的移位寄存器提供，相当于平行译码，每一列传输门的输出连在一起，由一个测试点 INV-OUT 引出。采用一个 2×10 的标准探针阵列，就可以选测任何一个电路单元。

环形振荡器。其由奇数个结构相同的反相器构成，它们串结在一起，最后一级的输出接到第一级的输入，构成振荡电路。解决了直接测量单级门的延迟的困难，对于验证一个新的设计规则、工艺结构和器件性能是一种简便易行的方法。

习　题

1．工艺监控采取哪几种方式。
2．第一类工艺检测包括哪些项目。
3．简述晶片检测的常用方法。
4．简述范德堡样品测试法的操作。
5．画出测试图形在圆片上的分布形式。
6．画出薄层电阻的测试结构图。
7．分析微电子测试图形的配置方式。

参考文献

[1] 刘玉岭, 檀柏梅, 张楷亮. 微电子技术工程——材料、工艺与测试[M]. 北京: 电子工业出版社, 2004.
[2] 李可为. 集成电路芯片制造工艺技术[M]. 北京: 高等教育出版社, 2011.
[3] 杨德仁. 半导体材料测试与分析[M]. 北京：科学出版社, 2010.
[4] 孙恒慧, 包宗明, 任明远. 半导体物理实验[M]. 北京: 高等教育出版社, 1985.
[5] QUIRK M, SERDA J. 半导体制造技术[M]. 韩郑生, 等译. 北京: 电子工业出版社, 2015.
[6] 施敏, 梅凯瑞. 半导体制造工艺基础[M]. 陈军宁, 柯导明, 孟坚, 译. 安徽: 安徽大学出版社, 2007.

第10章 封装技术

随着集成电路的集成度越来越高、功能越来越复杂，集成电路封装密度越来越大、引线数越来越多，而体积越来越小、重量越来越轻，封装结构的合理性和科学性将直接影响集成电路的质量。对于集成电路的制造者和使用者，除了掌握各类集成电路的性能参数和识别引线排列外，还要对集成电路各种封装的外形尺寸、公差配合、结构特点和封装材料等知识有一个系统的认识和了解。以便使集成电路制造者不因选用封装不当而降低集成电路性能，也使集成电路使用者在采用集成电路进行征集设计和组装时，合理进行平面布局、空间占用，做到选型恰当、应用合理。

集成电路发展初期，其封装主要是在双极型晶体管的金属圆形外壳基础上增加外引线数而形成，但引线数受结构的限制不可能无限增多，而且封装引线过多也不利于集成电路的测试和安装，从而出现了扁平式封装。而扁平式封装不易焊接，随着波峰焊（wave soldering）技术的发展，出现了双列式封装。由于军事技术的发展和整机小型化的需要，集成电路的封装有了新的变化，相继产生了片式载体封装、四面引线扁平封装、针栅阵列封装、载带自动焊接封装等。同时，为了适应集成电路发展的需要，还出现了功率型封装、混合集成电路封装以及适应某些特定环境和要求的恒温封装、抗辐照封装和光电封装。并且各类封装逐步形成系列，引线数从几条直到上千条，已充分满足集成电路发展的需要。

电子元器件的封装严重影响集成电路的性能和可靠性，其成本约占集成电路器件的三分之一。因此，封装的性能和成本对电子产品和竞争力有很大影响，集成电路及封装产业已成为衡量一个国家综合实力的主要标志之一。

10.1 封装技术发展的现状

10.1.1 封装的概念

集成电路封装（packaging，PKG）是指安装集成电路芯片用的外壳，不仅起着安放、固定、密封、保护芯片和增强电热性能的作用，而且还是沟通芯片内部世界与外部电路的桥梁——芯片上的接点用导线连接到封装外壳的引脚上，这些引脚又通过印刷电路板上的导线与其他器件建立连接。

狭义的封装是指利用膜及微细加工技术，将芯片及其他要素在框架或基板上布置、粘贴固定及连接，引出接线端子，通过可塑性绝缘介质灌封固定，构成整体立体结构的工艺。

广义的封装是指封装工程，也称系统封装，将芯片封装体与其他元器件组合，装配成完整的系统或电子设备，并确保整个系统综合性能的工程。

将以上所述的两个层次封装的含义连接起来，构成封装的总概念。封装技术是一门跨学科的综合学科，也是跨行业的综合工程，广泛涉及材料、电子、热学、机械和化学等多种学科，是微电子器件发展不可分割的重要组成部分，日益受到工业界与学术界的广泛重视。

10.1.2 封装的层次

从电子制造过程可以看出，封装的整个过程可以分为以下 6 个层次[1]。

（1）芯片以及半导体集成电路元件的连接。

（2）单芯片封装以及多芯片组装。单芯片封装是对单个芯片进行封装；多芯片组装是将多个裸芯片装载在陶瓷等多层基板上，进行气密性封装。

（3）板或卡的装配，将多层次单芯片或多芯片装在印刷电路板（printed circuit board，PCB）等基板上，基板周边设有插接端子，用于与母板和其他板或卡的电气连接。

（4）单元组装，将经过层次（3）装配的板或卡，通过其上的插接端子，搭载在大型印刷电路板（母板）上，构成单元组件。

（5）多个单元搭装成架，单元与单元间经布线或电缆相连接。

（6）总装。将多个架排列，架与架之间经布线或电缆相连接，构成大规模电子设备。

从电子封装工程的角度看，一般称层次（1）为零级封装，层次（2）为一级封装，层次（3）为二级封装，层次（4）、（5）、（6）为三级封装。一级封装利用引线键合将芯片在基板上固定，并进行隔离保护；二级封装为经一级封装后的各器件在基板上的固定和连接；三级封装为将电路板装入系统中组成电子整机系统，如表 10-1 所示。

表 10-1 集成电路的封装层次

第一级封装 集成电路封装	为在印刷电路板上 固定的金属管脚 

续表

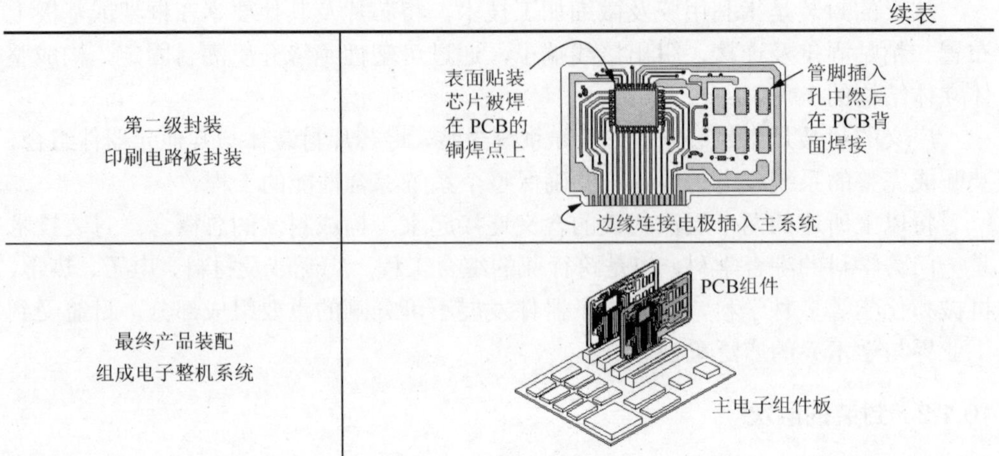

第二级封装 印刷电路板封装	
最终产品装配 组成电子整机系统	

10.1.3　封装的作用

封装不仅起到集成电路芯片内键合点与外部电气连接的作用，也为集成电路芯片提供了一个稳定可靠的工作环境，对集成电路芯片起到机械或环境保护的作用，从而使集成电路芯片能够发挥正常的功能，并保证其具有高稳定性和可靠性。集成电路封装质量的好坏，对其总体的性能优劣关系很大。封装应具有较强的机械性能、良好的电气性能和散热性能，具体功能如下。

1）传递电能

传递电能是指电源电压的分配和导通。电子封装不仅要能接通电源，使芯片与电路导通电流，而且不同部位所需的电压有所不同，能将不同部位的电压分配恰当以减少电压的不必要损耗。同时，还要考虑接地线的分配问题。

2）传递电信号

传递电信号是将电信号的延迟尽可能减小，在布线时应尽可能使信号线与芯片的互连路径以及通过封装的 I/O（输入/输出端口）引出的路径达到最短。对于高频信号，还应考虑信号间的串扰，进行合理的信号布线和接地线分配。

3）提供散热途径

提供散热途径是指各种芯片封装需要考虑元器件、部件长期工作时热量散出的问题，不同的封装结构和材料具有不同的散热效果。对于功耗大的芯片或部件，还应考虑附加热沉或使用强制风冷、水冷方式，以保证系统在使用温度范围内。

4）结构保护与支持

结构保护与支持是指芯片封装可为芯片和其他连接部件提供牢靠的机械支撑，能适应各种工作环境和条件的变化。例如，击穿电压、反向电流、电流放大系数、噪声等，以及元器件的稳定性、可靠性都直接与半导体表面的状态密切相关。

10.1.4 封装的发展历史

集成电路封装的引线和安装类型有很多种。按封装安装到电路板上的方式，分为通孔插装和表面贴装式；按引线在封装上的具体排列，分为成列、四边引出或面阵排列等。微电子封装的发展历程可分为四个阶段。

第一阶段可从 20 世纪 50 年代的晶体管封装开始，追溯到 1947 年，世界上发明的第一只半导体晶体管，是以三根引线的 TO 形外壳封装为主，主要是金属玻璃封装工艺。

第二阶段，在 20 世纪 70 年代前，以插装型封装为主。双列直插封装技术可应用于模塑料、模压陶瓷和层压陶瓷三种封装技术，可以用于 I/O 数为 8～64 的器件，这类封装所使用的印刷电路板成本很高。随后发展出了面阵列封装，如针栅阵列，可以增加通孔插入式类封装的引线数，同时显著减小多层互连布线板的面积。针栅阵列系列可以应用于层压的塑料和陶瓷两类技术，其引线可超过 1000。双列直插封装和针栅阵列等通孔插入式封装由于引线节距的限制无法实现高密度封装。典型的封装形式，如附表 B 和图 10-1 所示。

图 10-1 几种典型的微电子封装

第三阶段是 20 世纪 70 年代后，以表面贴装技术（surface mount technology，SMT）的四周排列类封装为主，其引线排列在封装的四边。比较成熟的类型有模塑封装的小外形和带引线的塑料芯片载体封装、层压陶瓷中的无引线式载体和有引线片式载体封装。由于保持所有引线共面性难度的限制，带引线的塑料芯片载体的最大等效引脚数为 124。为满足更多引出端数和更高密度的需求，出现了一种新的封装系列，即封装四边都带翼型引线的四边引线扁平封装。相比双列直插封装，四边引线扁平封装的封装尺寸大大减小，且具有操作方便、可靠性高、适合用表面贴装技术在印刷电路板上安装布线，封装外形尺寸小，寄生参数减小，适合高频应用。

第四阶段，在 20 世纪 90 年代后，随着集成电路技术的进步、设备的改进和深亚微米技术的使用，大规模、超大规模、甚大规模集成电路的相继出现，对集成电路封装要求更加严格，I/O 引脚数急剧增加，功耗也随之增大。因此，集成电路封装从四边引线型向平面阵列型发展，出现了球栅阵列封装，并很快成为主流产品。随后，新的封装形式不断涌现并获得应用，相继又开发出了各种封装体积更小的芯片尺寸封装（chip scale package，CSP）。在同一时期，多芯片组件（multi-chip module，MCM）发展迅速。多芯片组件是将多个半导体集成电路元件以裸芯片的状态搭载在不同类型的布线基板上，经过整体封装而构成的具有多芯片的电子组件。其中，主流技术就是球栅阵列封装和芯片尺寸封装。

随着芯片封装技术向小型化、低功耗、高密度的方向发展，先后经历了两边引线、四边引线、面阵引线等过程，已进入从平面封装到三维封装的发展阶段。

10.2 封装的工艺流程

在集成电路制造的工艺流程中，封装工艺属集成电路制造工艺的后道工序。所谓前、后是以硅圆片切成芯片为分解点。

封装流程一般可以分为封装材料成型之前的前段操作，封装材料成型之后的后段操作两个阶段。在前段操作中，净化级别控制在 1000 级，但随着芯片的复杂化和微型化，整体操作对环境要求更加严格。

芯片封装始于集成电路晶圆完成之后，基本工艺流程分为芯片减薄、芯片切割、芯片贴装、芯片互连、成型固化、去飞边毛刺、切筋成型、上焊锡、打码、外观检查、成品测试和包装出库等工序，如图 10-2 所示。

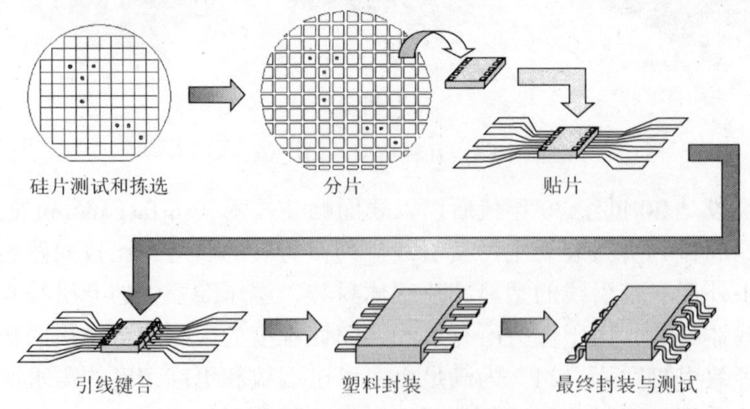

图 10-2 传统装配与封装流程

10.2.1　芯片减薄和切割

1. 减薄处理

从集成电路断面结构来看，大部分集成电路在晶片的浅表面层上制造。由于制造工艺的要求，对芯片尺寸精度、几何精度、表面洁净度以及表面微晶格结构的要求很高。为提高其机械强度、防止翘曲、减少传送过程中的损坏，在几百道工艺流程中，不可采用较薄的晶片，只能采用一定厚度的晶片在工艺过程中传递、流片。通常在集成电路封装前，需要对芯片背面多余的基体材料去除一定的厚度，这一工艺过程称为晶片背面减薄工艺。

经过晶片减薄工艺后，有利于芯片的分离，有利于提高芯片的划片质量和成品率，同时有利于提高芯片的散热性能。常见的背面减薄技术主要有磨削、研磨、化学机械抛光、干式抛光、电化学腐蚀、湿法腐蚀、等离子增强化学腐蚀和常压等离子腐蚀等步骤，如图 10-3 所示。磨削法直接采用砂轮进行，一致性好，但效率较低。研磨法是先将硅片的正面涂上一层白蜡粘贴到片盘上，然后用金刚砂加水进行研磨。这种减薄方法一致性较好，效率高，适合大规模生产。

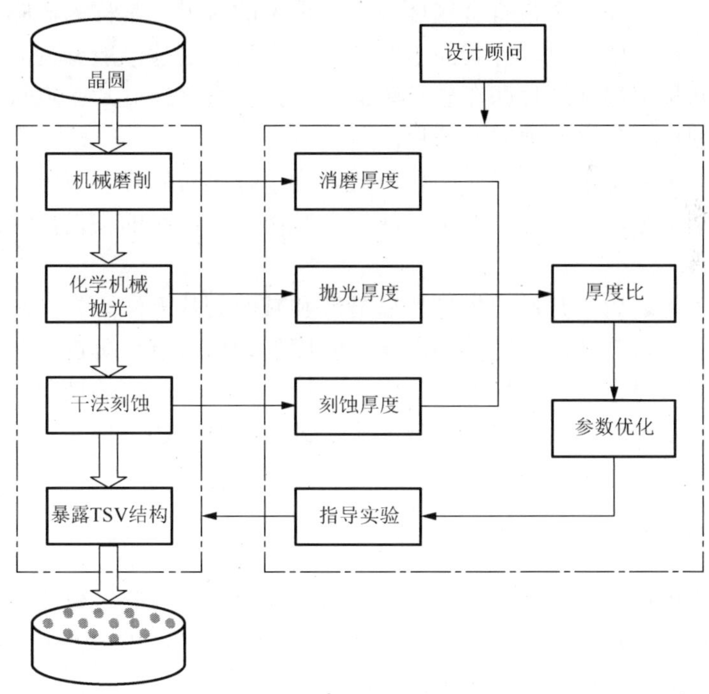

图 10-3　减薄工艺

晶片减薄方法是指把机械磨削、化学机械抛光和干法刻蚀有机地结合，并建立它们之间的优化比例关系，以保证晶片既能减薄到要求的厚度，又能具有足够的强度。表 10-2 为四种主要精减薄方法的优缺点比较。

表 10-2　四种主要精减薄方法的优缺点比较

工艺 特点	化学机械抛光	湿法蚀刻	干法蚀刻	干法抛光
减薄介质	悬浮硬质颗粒	氢氟酸+硝酸+乙酸	氟气	硅质研磨剂
蚀刻速率	1μm/min	＞10μm/min	2μm/min	1μm/min
蚀刻效率	低	高	中等	低
晶片强度	高	高	高	高
环境污染	硬质颗粒	氮氧化物	六氟化硫	无
运营成本	高/中	高	低	低

2. 芯片切割

芯片切割是将晶片上的芯片独立分割出来，挑选合格的芯片。流程分为背面贴膜、金刚石或激光切割、裂片、挑片和镜检分类等。

减薄后硅片黏在一个带有金属环或塑料框架的薄膜（常称为蓝膜）上，送到划片机进行划片，蓝膜对硅片表面电路起保护作用。划片一般分为局部划片和直接分离划片两种。局部划片即在硅片表面划片，没有穿透硅片；直接分离划片是将硅片直接划穿，分离成独立的硅片。

划片一般采用金刚刀和激光两种方式。为了减小对硅片的破坏作用，大部分选用激光切割工艺。其优点是作用时间短、减小了对硅片的损伤，因此得到了广泛应用。

继划片工艺之后，开发出先划片后减薄和减薄划片方法。先划片后减薄法是在背面磨削之前将芯片的正面切割出一定深度的切口，然后再进行背面磨削。减薄划片法是在减薄之前先用机械或化学方式切割出一定深度的切口，然后用磨削方式减薄到一定厚度，再采用常压等离子腐蚀去除剩余加工量，实现裸片的自动分离。

10.2.2　芯片贴装

芯片贴装也称芯片粘贴，是将集成电路芯片固定在封装基板或引脚架承载座上的工艺过程。切割下来的芯片要贴装在引脚架中间的焊盘上，焊盘的尺寸要与芯片大小相匹配。若焊盘尺寸太大，则会导致引线跨度太大，在转移成型过程中会由于流动产生的应力而造成引线弯曲及芯片位移等现象。芯片贴装方式主要有共晶粘贴法、焊接粘贴法、导电胶粘贴法和玻璃胶粘贴法四种。

1. 共晶粘贴法

共晶粘贴法利用金-硅合金（69%金/31%硅），在 363℃时的共晶熔合反应使集成电路芯片粘贴固定。一般的工艺方法是将硅芯片置于已镀金膜的陶瓷基板芯片座上，再加热至425℃左右，借助金-硅共晶反应液面的移动使硅逐渐扩散至金中而形成的紧密接合。在共晶粘贴法之前，封装基板与芯片通常有交互摩擦的动作用以除去芯片背面的硅氧化层，使共晶溶液获得最佳润湿。共晶反应必须在氮气气氛中进行，目的是防止硅的高温氧化，避免反应液面润湿性降低。润湿性不良将减弱界面粘贴强度，在结合面产生孔隙。若孔隙过大，则降低了热传导质量，影响集成电路的工作性能，同时造成应力不均匀，导致集成电路芯片破裂。

为获得最佳的共晶粘贴，通常在集成电路芯片背面镀上一层金薄膜或在基板的芯片承载座上植入预型片。使用预型片可以降低芯片粘贴时孔隙平整度不佳而造成的粘贴不完全，这在大面积芯片粘贴时尤为重要。预型片通常是含金为 2%的金硅合金，达到粘贴温度时与芯片座上的金属发生熔融反应，同时硅芯片的原子也扩散进入预型片之中形成接合。

利用金-硅共晶粘贴，芯片与封装基板之间的粘贴在陶瓷封装中有广泛的应用。预型片的厚度约为0.025mm，面积约为集成电路芯片三分之一。如果预型片面积太大则会造成溢流；反之，会降低封装的可靠度。使用预型片时仍需借助相互摩擦的动作除去表面硅氧化合物。预型片为纯金材料时，不产生氧化反应，可减去磨除氧化层的步骤，则工艺需要较高的温度才能形成共晶粘贴。

2. 焊接粘贴法

焊接粘贴法（铅-锡合金焊接）是另一种利用合金反应进行芯片粘贴的方法，其优点是热传导性好。焊接粘贴是将芯片背面淀积一定厚度的金或镍，同时在焊盘上淀积金-铅-金和铜的金属层，用铅-锡合金制作的合金焊料很好地把芯片焊接在焊盘上。焊接温度取决于铅-锡合金的具体成分。

焊接粘贴法与共晶粘贴法均利用合金反应形成贴膜，粘贴媒介均是金属材料，具有良好热传导性质，使其很适合高功率元器件的封装。焊接粘贴法使用的合金焊料可分为硬质焊料与软质焊料两大类。硬质焊料金-硅、金-锡、金-锗等塑变应力高，具有良好的抗疲劳和抗潜变特性，但硬质焊料的接合难以缓和热膨胀系数差异所引发的破坏力。软质焊料铅-锡、铅-银-铟等焊料的热膨胀系数差异导致的应力较小，但使用软质焊料时必须在集成电路芯片背面上镀类似制作锡焊凸块时的多层金属薄膜，达到焊料湿润的目的。焊接工艺应在热氮气或能防止氧化的气氛中进行，以防止焊料的氧化及孔洞的形成。

3. 导电胶粘贴法

导电胶是填充银的具有良好导电、导热性能的环氧树脂。在塑料封装中，最常用的方法是使用高分子聚合物贴装到金属框架上，不要求芯片背面和基板具有金属化层。芯片粘贴后，按照要求的温度和时间进行固化，可以在洁净的烘箱中完成，操作简单易行。因此，成为塑料封装常用的芯片粘贴法。导电胶种类很多，按导电方向可分为各向同性导电胶和各向异性导电胶。按照固化体系又可分为室温固化导电胶、中温固化导电胶、高温固化导电胶、紫外光固化导电胶等。

导电胶充料是银颗粒或银薄片，填充量一般在 75%～80%，粘贴剂均能导电。作为芯片的粘贴剂，添加如此高含量的填充料，目的是改善粘贴剂的导热性，即散热。由于在塑料封装中，电路运行过程中的大部分热量将通过芯片粘贴剂和框架散发出去。

导电胶粘贴后需要进行固化处理，环氧树脂粘贴剂的固化条件一般是 150℃，固化 1h（或 186℃，固化 0.5h）。聚酰亚胺粘贴剂的固化温度更高、时间更长。

导电胶也可以制成胶带或固体膜状，切割成适当大小置于集成电路芯片与基座之间，然后进行热压接合，能有效配合自动化大量生产。导电胶粘贴法的缺点是热稳定性差，容易在高温时发生劣化或引发粘贴剂中有机物气体成分泄漏而降低产品可靠性。

4. 玻璃胶粘贴法

玻璃胶粘贴法是通过盖印、网印和点胶技术，将一种低成本的玻璃胶涂覆在基板的芯片座中，把集成电路芯片置放在玻璃胶上，随后加热封装基板至玻璃胶熔融温度以上，即可完成粘贴。冷却过程应谨慎控制降温速度以免造成应力破裂。除一般的玻璃胶之外，胶材中也可填入金属箔（最常用的为银箔）以提升热、电传导性能。玻璃胶粘贴法的优点为可以得到无空隙、热稳定性优良、低结合应力与低湿气含量的芯片粘贴，其缺点为胶中的有机成分与溶剂必须在热处理时完全去除，否则对封装结构及其可靠度将有损害。

在塑料封装中，集成电路芯片必须粘贴固定在引脚架的芯片基座上，而玻璃胶必须在有特殊表面处理的铜合金引脚架上才能形成接合。因玻璃胶与陶瓷之间可形成良好的粘贴，玻璃胶粘贴法可广泛应用于陶瓷封装。

10.2.3 芯片互连

芯片互连是将芯片焊区与电子封装外壳的 I/O 引线或基板上的金属布线焊区相连接，实现芯片功能的制造技术。其服务对象包括芯片与芯片间、芯片与封装衬底间以及器件与基板间的物理连接。

芯片互连的常见方法包括引线键合（lead bonding，LB）（又称打线键合）技术、载带自动键合（tape automated bonding，TAB）技术和倒装芯片键合（flip chip bonding，FCB）技术三种[2]。其中，倒装芯片键合技术又称 C4——可控塌陷芯片互连技术。

1. 引线键合技术

引线键合（wire bonding，WB）技术是集成电路芯片与封装结构之间电路互连最常用的方法。引线键合技术可分为超声波键合、热压键合和热超声波键合三种。方法是将细金属线或金属带按照顺序打在芯片与引脚架或封装基板的焊垫上而形成电路互连。如图 10-4 所示为引线键合的实例照片。

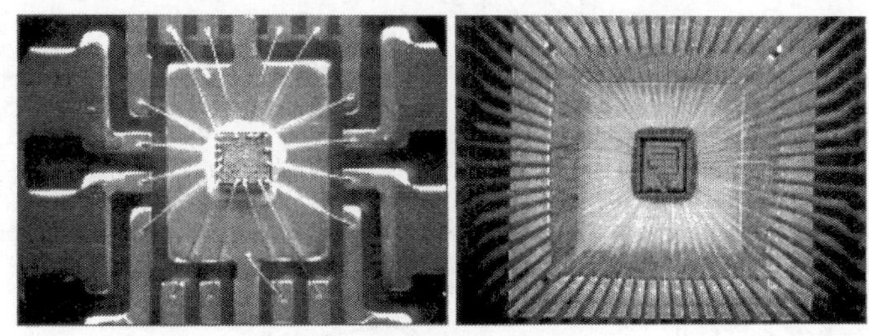

图 10-4 引线键合的实例照片

超声波键合以焊接楔头引导金属线使其压紧在金属键合点上，再由楔头输入频率 20～60kHz、振幅 20～200μm 的超声波，通过平行于键合点平面的超声振动，以及超声波的振动在垂直键合点平面的压力产生冷焊的效应而完成键合。输入的超声波除了能磨除键合点表面的氧化层与污染之外，主要的功能是在形成所谓声波弱化的效应时形成键合。

如图 10-5 所示，超声波键合能产生楔头接点，其优点为键合温度低、键合尺寸较小且导线回绕高度较低，适合于键合点间距小、密度高的芯片连接；缺点是超声波焊接的连线必须沿着金属线回绕的方向排列，不能以一接点为中心改变方向，因此在连线过程中必须不断地调整集成电路晶片与封装基板的位置以配合导线的回绕，从而限制了引线的速度，不利于大面积芯片的电路连接。铝和金线为超声波焊接最常见的线材，金线的应用可以在微波元器件的封装中见到。

热压键合的过程如图 10-6 所示，首先穿过预热至温度 300～400℃的氧化铝或碳化钨等高温耐火材料所制成的毛细管状的金属线末端键合工具，也称为瓷嘴或焊针，再以电子点火或氢焰将金属线烧断并利用熔融金属的表面张力效应使线的末端灼烧成球（其直径为金属线的 2～3 倍），键合工具再将金属球下压至已预热为 150～250℃的第一个金属焊垫上进行球形键合。在键合时，球形键合点受压力而略微变形，此压力变形的目的为增加键合面积、降低键合面粗糙度的影响、穿破表面氧化层及其他可能阻碍键合的因素，以形成紧密键合。球形键合完成后，键合工具升起并引导金属线至第二个金属键合点进行楔形结合，由于键合工具顶端为圆锥形，得到第二个键合点通常呈新月状，热压键合属于高温键合过程，金属线因具有高导电性与良好的抗氧化特性而成为最常被使用的导线材料。铝线也可被用于热压键合，但因铝线不易在线的末端成球，故仍以楔形键合点的形态完成连线键合。

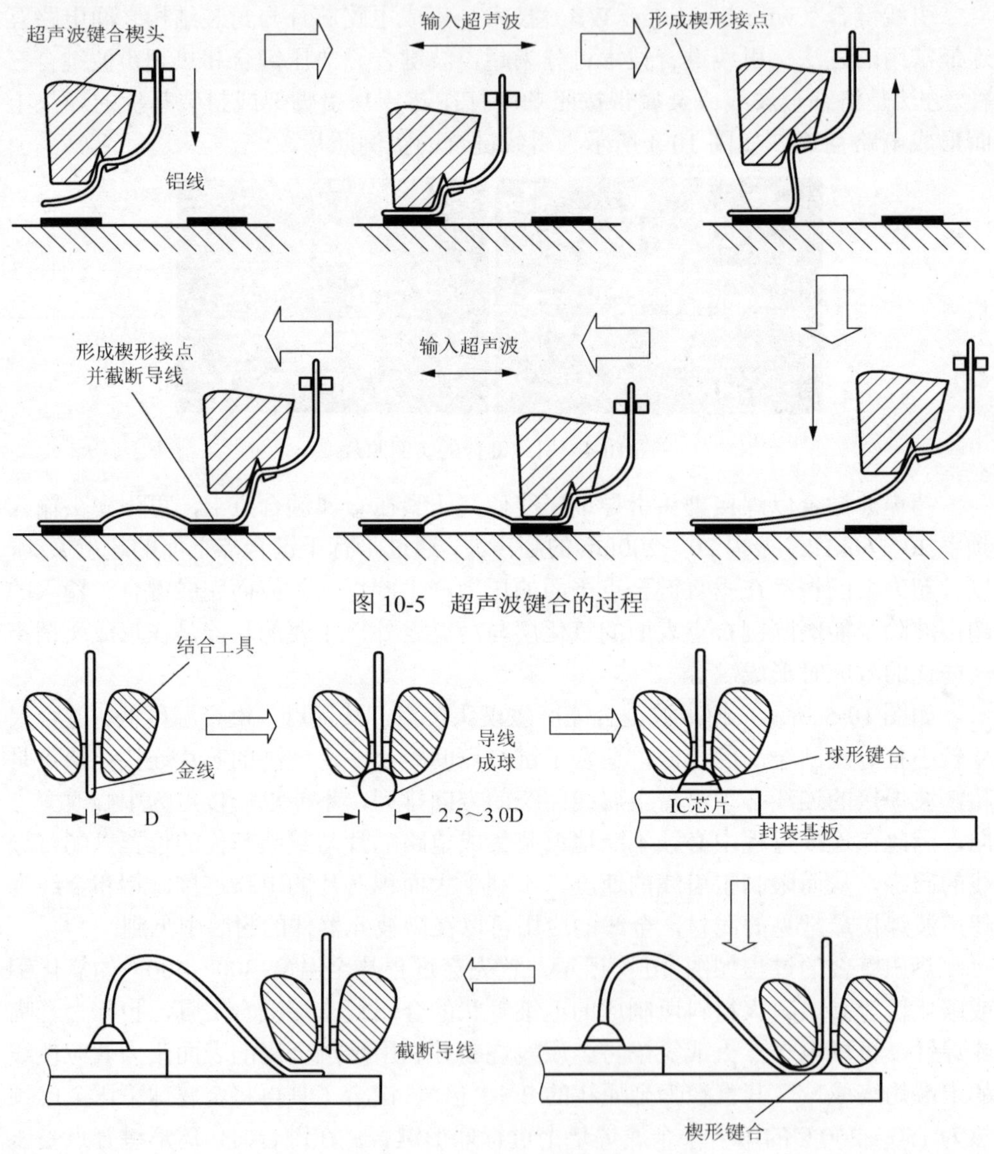

图 10-5　超声波键合的过程

图 10-6　热压键合的过程

热超声波键合为热压键合与超声波键合的混合技术。热超声波键合必须先在金属线末端成球，再使用超声波脉冲进行金属线与金属垫间的接合。在热超声波键合的过程中，接合工具不被加热而仅接合的基板维持在100～150℃，此方法除了能抑制键合界面金属间化合物的成长外，还可降低基板的高分子材料因温度过高而产生劣化变形的机会，因此热超声波接合通常运用于接合难度较高的封装连线。金线为热超声波键合最常使用的材料。

在塑料封装中，与载带自动键合技术和倒装芯片键合技术相比，引线键合技术仍然是占主导地位的芯片互连技术。在塑料封装中使用的引线主要是金线，直径一般为0.025～0.032mm，引线的长度为1.5～3mm，而弧圈的高度可比芯片所在平面多0.75mm。

2. 载带自动键合技术

载带自动键合（tape automated bonding，TAB）技术是一种基于将芯片组装在金属化柔性高分子载带上的集成电路封装技术，早在1968年由美国通用电气公司研究出来，当时称为“微型封装”。1971年，法国Bull公司将它称为“载带自动焊”。它的工艺主要是先在芯片上形成凸点，将芯片上的凸点同载带上的焊点通过引线压焊机自动键合在一起，如图10-7所示[3]，然后对芯片进行密封保护。载带既作为芯片的支撑体，又可以作为芯片同周围电路的连接引线。载带自动键合技术主要包括芯片凸点制作技术、载带自动键合载带制作技术和载带引线与芯片凸点焊接技术。

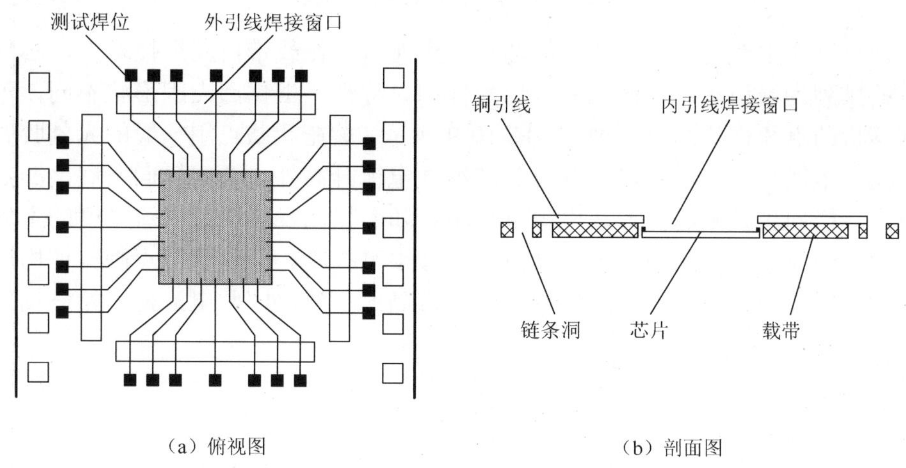

图10-7 载带自动焊接中的引线图形

集成电路芯片制作完成后，其表面均镀有钝化保护层，厚度高于电路键合点，因此必须在集成电路芯片的键合点上或载带自动键合载带的内引脚前端先制备键合凸块才能进行后续的键合。通常也可以将载带自动键合技术区分为凸块化载带与凸块化芯片两大类。

如图 10-8（a）所示，凸块式载带 TAB 在载带内引脚的前端长成台地状金属凸块，单层载带可配合铜箔引脚蚀刻成凸块，在双层或三层载带上，刻蚀工艺容易导致载带变形，使未来键合时发生对位错误，因此双层与三层载带较少运用与凸块式载带 TAB 的键合。

如图 10-8（b）所示，凸块式芯片 TAB 是先将金属凸块长成于集成电路芯片的铝键合点上，再与载带的内引脚键合。预先长成的凸块除了提供引脚接合所需的金属化条件外，还可以避免引脚与集成电路芯片间发生短路，但制成有凸块的集成电路芯片是载带自动键合工艺最大的困难。

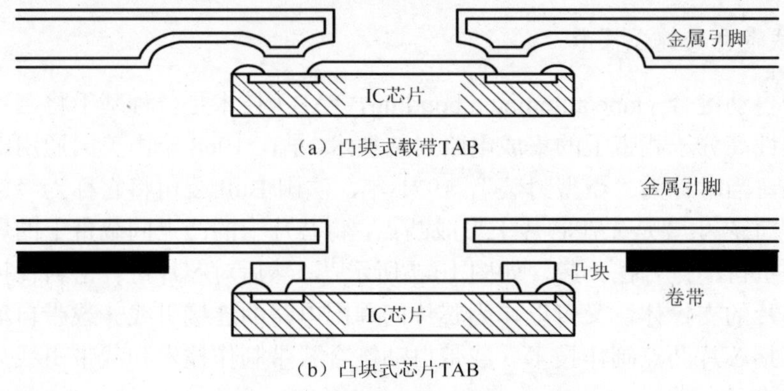

图 10-8　两种不同的凸点制作技术

凸点制作主要是针对芯片上的凸点制作而言。在载带自动焊技术中，芯片上凸点的排列为周边布局，而且具有均匀性和对称性。根据凸点因形状不同，可分为蘑菇状凸点和直状凸点两种，如图 10-9 所示。蘑菇状凸点用一般的光刻胶做掩膜制作，电镀时，光刻胶以上凸点除了继续电镀升高外，还向横向发展，凸点越来越高，横向也越来越大。在电镀过程中，随着横向发展电镀电流密度的不均匀性，使得凸点的顶部呈现凹形，凸点的尺寸很难控制。而直状凸点制作使用厚膜抗腐蚀剂做掩膜，掩膜的厚度与要求的凸点高度一致，因此电流密度始终均匀，凸点的平面是平整的。

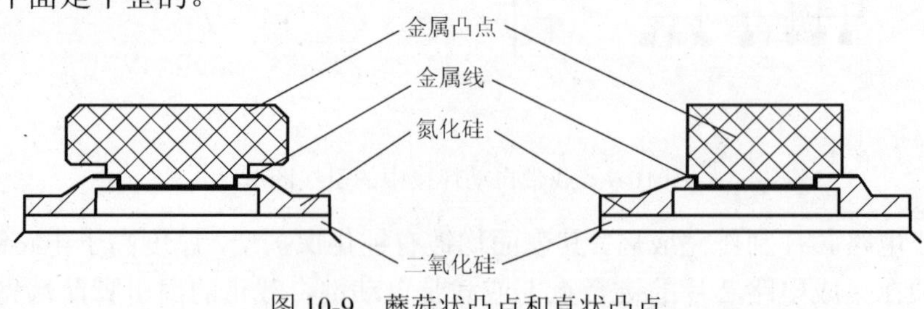

图 10-9　蘑菇状凸点和直状凸点

载带自动键合技术按其结构和形状分为铜箔单层带、铜-PI（聚酰亚胺）双层带、铜-粘贴剂-PI三层带和铜-PI-铜双金属带4种。以三层带、双层带使用居多。

相比引线键合技术，载带自动焊技术是为了弥补引线键合的不足而发展起来的新型芯片互连技术，其具有结构轻、薄、短、小等特点，利于提高封装密度，引线电阻与电容较小，具有更优良的电性能。采用载带互连，可以对各类集成电路芯片进行筛选和测试，提高了电子组装的成品率，降低电子产品的成本。

3. 倒装芯片键合技术

1960年，IBM公司开发了倒装芯片键合（flip chip bonding，FCB）技术，主要目的是降低成本、提高速度和组件可靠性。倒装芯片是使用在第一层芯片与载板接合封装技术中，封装方式为芯片正面朝向基板，无须引线键合形成最短电路，芯片焊区与基板焊区直接互连的一种方法。引线键合和载带自动键合互连都是芯片面朝上的互连方式，而倒装芯片键合互连省略互连线，有效地减小了互连产生的杂散电容、互连电容与互连电感，有利于高频高速的电子产品的应用。同时，芯片互连占的基板面积小，因而芯片安装密度高。在有芯片焊区可面阵布局，更适于高I/O的大规模集成电路、超大规模集成电路和专用集成电路芯片使用。芯片的安装、互连是同时完成的，有效地简化了安装的互连工艺，适于使用现代化的SMT进行工业化大批生产。当然，倒装芯片键合也有不足之处，如芯片面朝下安装互连对工艺操作带来了一定的难度，焊点不能直接检查，只能使用红外和X光检查；芯片焊区上一般要制作凸点，增加了封装的工艺流程和成本。另外，倒装焊同各种材料间的匹配问题产生的应力平衡及消除也需要很好的解决。

在多层金属化系统上，可用多种方法形成不同尺寸和高度要求的凸点金属，可按凸点材料分类，也可按凸点结构形状进行分类。

按凸点材料分类：金凸点、镍/锡凸点、铜凸点、铜/铅-锡凸点、铟凸点、铅/锡凸点。

按凸点结构分类：周边型、面阵型。

按凸点形状分类：蘑菇状、直状、球形、叠层。

形成凸点的工艺技术主要有蒸发/溅射凸点制作法、电镀凸点制作法、置球及模板印刷制作焊料凸点法、化学镀凸点制作法、打球（钉头）凸点制作法、激光法、移置法、叠层制作法及柔性凸点制作法等多种[4]。下面简单介绍一些常用的方法。

1）蒸发/溅射凸点制作法

早期凸点制作常用蒸发/溅射法，这是由于其与集成电路工艺兼容好、工艺简单成熟。多层金属和凸点金属可以一次完成。首先制作掩膜版，并将制作好的掩膜版安装好，然后进行蒸发溅射各金属层，最后进行光刻去除多余的金属层形成凸点。但是蒸发溅射制造凸点的直径较大，限制 I/O 的数量，同时凸点较低。如果要形成一定高度的凸点，就需要长时间蒸发溅射，设备应是多源多靶。因此，该方法形成凸点的设备费用投资较大、效率低，较难适于大批量生产。

2）电镀凸点制作法

电镀凸点法是国际上普遍使用且工艺最为成熟的方法，其加工过程少、工艺简单易行，适于大批量制作各种类型的凸点。电镀凸点前，需对硅晶圆片集成电路芯片进行氮化硅钝化处理。制作凸点的芯片还需要对硅晶圆片集成电路芯片进行多道工序，碳性墨水打点难以保存下来，因此一般采用激光烧毁不合格集成电路某处以做出永久性的标记，可以使其在后道工序中保留下来。

因为金与铝和氮化硅钝化层的黏附性差，所以用钛作为铝电极和氮化硅钝化层上的黏附金属层。钨作为扩散阻挡层金属，以防止金-铝间互扩散生成脆性的中间金属化合物。金层作为凸点的基底金属。这三层金属均在同一真空室中依次淀积完成。

钛-钨-金多层金属淀积后，为了保留铝电极上的多层金属化合物，需要进行光刻，以光刻胶保护窗口金属层，依次腐蚀掉蒸发溅射的大面积金-钨-钛。最后，要闪溅一薄层薄金或铜，作为下一步制作金凸点的电镀导电金属层。

接下来制作直状的金凸点。凸点有一定的高度，要涂较厚的光刻胶，或是贴上一层光刻胶，并在需要制作凸点的地方光刻电镀凸点的窗口。根据凸点高度的要求不同，电镀时间有长有短。光刻胶耐酸性不耐碱性，所配置的金镀液中电镀时间可长可短。若碱性电镀液时间过长，就可能产生浮胶或酸钻蚀现象，因此应该使用弱碱性镀液，且只适用于电镀出完好的低高度（10～30μm）的金凸点。为了电镀出颗粒细、均匀且一致性好的金凸点，最好采用流动性镀液。电源也是影响凸点质量的重要原因，脉冲电源比直流电源好，这是由于脉冲电源的瞬时电流密度大，成核点多，镀出的凸点颗粒细，且均匀性和一致性较好。

3）置球及模板印刷凸点制作法

置球及模板印刷凸点法需要在集成电路的铝焊区上形成多层金属，如上所述的电镀凸点制作多层金属。在集成电路的铝焊区上形成多层金属后，通过掩膜版定位放置焊料球，在氢气或氮气保护下在回流过程中再流。焊料在掩膜版的限制下，以低层金属基面收缩成半球状的焊料凸点。将放置焊料球换成印刷焊膏也可制作焊料凸点，将印刷模板和晶圆片精确对位后，如同 SMT 在印刷电路板上印刷焊膏一样。显然，模板印刷法制作焊料凸点要比置球法的生产效率高，且工艺更简单易行。然而，置球法不使用助焊剂，而印刷焊膏需要使用助焊剂，形成凸点后要去除焊剂残留物。

该方法制作的焊料凸点工艺虽然简单、成本低，但是都使用了模板，特别是印刷焊膏的模板口径不能太小，否则各个小口漏印后的焊膏量可能相差很多，再流后的焊料凸点的高度的均匀性、一致性就差，更适合制作大尺寸的焊料凸点。

倒装芯片键合技术主要有可控塌陷芯片连接、直接芯片连接和胶黏剂连接三种方式。

1）可控塌陷芯片连接

可控塌陷芯片连接（controlled collapse chip connection，C4）是一种超精细间距的球栅阵列形式。管芯有 97Pb/3Sn 球栅阵列，在 0.2～0.254mm 的节距上，采用焊球直径为 0.1～0.127mm 的焊球安装在管芯的四周，也可以采用全部或者局部的阵列配置形式。使用可控塌陷芯片连接的倒装芯片，通常连接到具有金或者锡连接焊盘的陶瓷基片上面，主要由于陶瓷能够忍受较高的再流焊温度。

可控塌陷芯片连接元器件不能使用标准的装配工艺进行装配，这是由于 97Pb/3Sn 再流焊温度为 320℃。对于可控塌陷芯片连接，尚没有其他的焊料可以使用。代替焊膏的高温焊剂被涂布在基片的焊盘上面或者焊球上面，焊球被安置在具有焊剂的基片上，元器件不发生移动现象。装配时再流焊温度大约为 360℃，此刻焊球发生熔化从而形成互连。当焊料发生熔化时，管芯利用其自身拥有的易于自动对准的能力与焊盘连接，类似于球栅阵列组件。焊料“塌陷”到所控制的高度时，形成了桶形互连形式。

对于可控塌陷芯片互连封装元器件，大批量生产应用的主要是陶瓷栅阵列和陶瓷圆柱栅格阵列（ceramic column grid array，CCGA）组件的装配。另外，有些组装厂在陶瓷多芯片模块应用中使用这项技术。目前，元器件具有 3～1500 I/O，开发设计是瞄准超过 3000 I/O 的元器件。可控塌陷芯片互连封装元器件具有如下优点。

（1）组件具有优异的热性能和电性能。

（2）在中等焊球节距的情况下，能够支持极大的 I/O 数量。

（3）不存在 I/O 焊盘尺寸的限制。

（4）通过使用群焊技术，进行大批量可靠的装配。

（5）可以实现最小的元器件尺寸和重量。

可控塌陷芯片互连封装元器件在管芯和基片之间能够采取单一互连，从而提供最短的、最简单的信号通路。降低界面的数量，可以减小结构的复杂程度，提高其固有的可靠性。

2）直接芯片连接

直接芯片连接（direct chip attach，DCA），类似可控塌陷芯片连接，是一种超微细节距的球栅阵列形式。直接芯片连接和可控塌陷芯片连接之间的不同之处在于所选择的基片不同。直接芯片连接基片采用的是用于印刷电路板的典型材料，焊球是 97Pb/3Sn，焊盘是低共熔点焊料（37Pb/63Sn）。因为直接芯片连接的节距极细（0.2～0.254mm），低共熔点焊料不能通过模板印刷施加到焊盘上面，所以焊盘必须在装配以前涂覆上焊料。相比其他超细微节距的元器件，直接芯片连接施加的焊料显得略多，0.05～0.127mm 焊料被释放在焊盘上面，使之显现出半球形的形状，在元器件贴装以前必须使之平整，否则焊球不能够可靠安置在半球形的表面上。为了能够满足标准的再流焊工艺，直接芯片连接技术混合采用具有低共熔点焊膏的高锡含量凸点。

直接芯片连接元器件能够使用标准的表面贴装工艺方法，施加到管芯上的焊剂与可控塌陷芯片连接相同，在直接芯片连接装配时所采用的再流焊温度大约为220℃，低于焊球的熔化温度而高于连接焊盘上的焊料熔化温度。管芯上的焊球起到刚性支持作用，焊料填充在焊球的周围，因为这是在两个不同的 Pb/Sn 焊料组合之间形成的互连，焊盘和焊球之间的界面将消失，所以在相互扩散的区域具有从 97Pb/3Sn 到 37Pb/63Sn 形成光滑的梯度。通过刚性的支撑，管芯不会像可控塌陷芯片连接封装中发生塌陷。

3）胶黏剂黏接

胶黏剂黏接的倒装芯片（flip chip adhesive attachment，FCCA）具有多种形式，用胶黏剂来代替焊料，将管芯与下面的有源电路连接在一起。胶黏剂根据导电方向不同，可分为各向同性导电材料和各向异性导电材料，也可以采用非导电材料。另外，胶黏剂可以贴装陶瓷、印刷电路板基板、柔性电路板和玻璃材料等。

10.2.4 封装成型技术

芯片互连完成之后就进入封装成型的步骤，即将芯片与引线框架“包装”起来。这种封装成型技术包含金属封装、塑料封装、陶瓷封装等成型技术，但是从成本的角度和其他方面综合考虑，塑料封装是最为常用的封装技术，占据 90%左右的市场。

塑料封装的成型技术包括转移成型技术、喷射成型技术和预成型技术等多种，但最主要的成型技术是转移成型技术。转移成型技术使用的材料一般为热固性聚合物。

热固性聚合物是指低温时聚合物是塑性或流动的，当加热到一定温度时，聚合物分子发生交联反应，形成刚性固体。若继续将其加热，则聚合物只能变软而不能熔化、流动。

典型的塑料封装转移成型技术是将已贴装芯片与完成引线键合的框架带置于模具中，将塑封的预成型块在预热炉中加热（在 90～95℃），然后放进转移成型机的转移灌中。在转移成型活塞的压力下，塑封料被挤压到浇道中，并经过浇口注入模腔，整个过程中，模具温度保持在 170～175℃。塑封料在模具中快速固化，经过一段时间的保压，使得模块达到一定硬度，然后用顶杆顶出模块。

用转移成型技术密封集成电路芯片有许多优点。该技术的工艺和设备都比较成熟，工艺周期短、成本低，几乎没有后整理方面的问题，适合于大批量生产。

当然，塑封料的利用率不高，有 20%～40%的塑封料被浪费，使用标准的框架材料，对于扩展转移成型技术至较先进的封装技术不利，对于高密度封装有限制。

转移成型技术的设备包括预加热器、压机、模具和固化炉等。在高度自动化的生产设备中，产品的预热、模具的加热和转移成型操作都在同一台机械设备中完成，并由计算机实施控制。目前，转移成型技术的自动化程度越来越高，预热、框架带的放置、模具放置等工序都可以达到完全自动化过程，塑封料的预热控制、模具的加热和塑封料都由计算机自动编程控制完成，生产效率得到有效提高。

10.2.5 去飞边毛刺

飞边毛刺是指封装过程中塑封料树脂溢出、贴带毛边、引线毛刺等现象。随着成型模具设计和技术的改进，飞边毛刺现象越来越少。封装成型过程中，塑封料可能从模具合缝处渗出来，流到外面的引线框架上，毛刺不去除会影响后续工艺。飞边毛刺去除方法主要有介质去飞边毛刺以及溶剂去飞边毛刺和水去飞边毛刺几种。

介质去飞边毛刺是指研磨料和高压空气一起冲洗模块，研磨料在去除毛刺的同时，可将引脚表面擦毛，有助于后续上锡操作。

溶剂去飞边毛刺和水去飞边毛刺是指利用高压液体流冲击模块，利用溶剂的溶解性去除飞边毛刺，常用于很薄的毛刺的去除。

10.2.6 其他工艺流程

封装工艺除上述流程之外，还包括引脚上焊锡、切筋成型、打弯工艺、打码测试和包装等流程，具体内容如下。

引脚上焊锡是指增加保护性镀层，以增加引脚抗蚀性、可焊性。上焊锡方法主要有电镀和浸锡两种工艺。

切筋成型工艺是指切除框架外引脚之间的堤坝及框架带上连在一起的地方。打弯工艺则是将引脚弯成一定的形状，以适合装配的需要，打弯工艺最主要的问题是引脚变形。对于 PTH 装配，由于引脚数较少且较粗，基本没有问题。对于 SMT 装配，尤其是高引脚数目框架和微细间距框架器件，一个突出的问题是引脚的非共面性。

打码是在封装模块顶部印上去不掉、字迹清楚的字母和标识，包括制造商信息、国家和器件代码等，便于识别跟踪。打码方法有多种，最常用的是油墨印码和激光印码两种。

在完成打码工序后，所有器件都要 100%进行测试。这些测试包括一般的目检、老化试验和最终产品测试。对于连续生产流程，元件包装形式应该方便拾取，且不需作调整就能够应用到自动贴片机上。

10.3 封 装 材 料

封装材料主要是用于承载电子元器件及其相互连线，起机械支持、密封环境保护、信号传递、散热和屏蔽等作用的机体材料。作为封装的重要组成部分，封装材料必须具有如下的性能。

（1）良好的化学稳定性。

（2）导热性能好，热膨胀系数小。

（3）较好的机械强度，便于加工。

（4）价格低廉，便于自动化生产。

不同器件的封装层次对材料性能的要求不尽相同。在一级和二级封装中，最重要的性能指标是导热系数和热膨胀系数。高集成度的集成电路在工作中产生的热量必须及时释放，以防在过热的状态下工作，影响其寿命和性能。同时，封装材料的热膨胀系数应尽量与芯片保持一致；否则，工作温度的升高，将不可避免地在相邻部件间及焊接点处产生热应力，从而导致结合处蠕变、疲劳以致断裂。

针对二级封装的固定架，要求所用材料具有良好的加工性能，同时兼顾对电磁场的屏蔽作用。在军事领域，对封装材料的要求除了良好的导热性能和低的热膨胀性能之外，重量也是个很主要的因素，此时低密度材料就显得尤其重要。同时，封装基片材料用于承载电子元器件及其相互连接，需要有足够的机械强度，以满足组装器件的机械性能要求。另外，封装基片材料还应具有高的电绝缘性能、稳定的化学性质、易于加工等特点。

电子封装材料的种类很多，常用材料包括陶瓷、金属、塑料、复合材料、玻璃基片、金刚石等[5]。下面介绍一些主要材料的性能及用途。

10.3.1 陶瓷封装材料

陶瓷封装材料主要包括氧化铝、氮化铝、氧化铍、碳化硅、玻璃与玻璃陶瓷以及蓝宝石等。氧化铝为陶瓷封装中最常用、应用最为成熟的陶瓷封装材料，其热膨胀系数（6.7×10^{-6}/K）接近于硅（4.2×10^{-6}/K），价格低廉，耐热冲击性、电绝缘性较好，制作和加工技术成熟。然而，氧化铝热导率相对较低，限制其在大功率集成电路中的应用。

氮化铝的导热性能好，理论导热系数为320W/(m·K)，实际接近250W/(m·K)，是氧化铝的5～7倍；热膨胀系数小，接近硅的热膨胀系数，约比氧化铝低一半。氮化铝绝缘性好、电阻率大、介电常数和介电损耗小、无毒，且有良好的温度稳定性，其综合性能远优于氧化铝，是大规模集成电路、超大规模集成电路基板和封装的理想材料。然而，氮化铝陶瓷商品化程度较低，主要原因是氮化铝对制备工艺条件和原料纯度十分敏感，大规模生产的重复性差；其次是氮化铝在潮湿的空气和水中极易水解，氮化铝粉末储存困难。

氧化铍陶瓷具有较高的导热率，但具有毒性，且生产成本较高，限制了其在生产和应用中的推广。玻璃封装材料的热导率较低，限制了其在大功率器件中的应用。

10.3.2 金属封装材料

金属封装是采用金属作为壳体或底座，芯片直接或通过基板安装在外壳或底座上，引线穿过金属壳体或底座大多采用玻璃–金属封接技术的一种电子封装形式。金属封装广泛用于混合电路的封装，主要是军用和定制的专用气密封装，尤其是在军事及航空航天领域得到广泛的应用。金属封装形式多样、加工灵活，可以和某些部件融合为一体，适合于低 I/O 数的单芯片和多芯片的用途，也适合于射频、微波、光电、声表面波和大功率器件，可以满足小批量、高可靠性的要求。此外，为解决封装的散热问题，各类封装也大多使用金属作为热沉和散热片。

1．传统金属封装材料

硅、砷化镓以及陶瓷基板材料，如氧化铝、氧化铍、氮化铝等芯片材料的热膨胀系数为 $3\times10^{-6}\sim7\times10^{-6}$/K。金属封装材料要实现对芯片支撑、电连接、热耗散、机械和环境的保护，应具备以下的要求。

（1）与芯片或陶瓷基板匹配的低热膨胀系数，减少或避免热应力的产生。

（2）非常好的导热性、导电性，提供热耗散、减少传输延迟。

（3）良好的电磁干扰和射频干扰屏蔽能力。

（4）较低的密度，足够的强度和硬度，良好的加工或成形性能。

（5）可镀覆性、可焊性和耐蚀性，以实现与芯片、盖板、印刷电路板的可靠结合、密封和环境的保护。

传统金属封装材料包括铝、铜、钼、钨、钢、可伐合金以及铜/钨和铜/钼金属复合材料等，部分材料的主要性能如表 10-3 所示。

表 10-3 常用的芯片、基板材料及金属封装材料的性能

材料	密度（g/cm^3）	热膨胀系数（$\times10^{-4}$/K）	热导率[W/(m·K)]
Si	2.3	4.1	150
GaAs	5.33	6.5	44
Al_2O_3	3.61	6.9	25
BeO	2.9	7.2	260
AlN	3.3	4.5	180
Cu	8.9	17.6	400
Al	2.7	23.6	230

续表

材料	密度（g/cm³）	热膨胀系数（×10⁻⁴/K）	热导率[W/(m·K)]
钢	7.9	12.6	65.2
不锈钢	7.9	17.3	32.9
可伐	8.2	5.8	17.0
W	19.3	4.45	168
Mo	10.2	5.35	138

为降低铜的热膨胀系数，可以将铜与热膨胀系数较小的物质，如钼、钨复合，得到铜/钨及铜/钼金属复合材料。这些材料具有高的导电、导热性能，同时融合了钨、钼的低热膨胀系数、高硬度特性。铜/钨及铜/钼的热膨胀系数可以根据组元相对含量的变化进行调整，或用作封装底座、热沉，还可以用作散热片。

2. 新型的金属封装材料

除铜/钨及铜/钼以外，传统金属封装材料都是单一金属或合金，它们都有某些不足，难以应对现代封装的发展。在这些材料的基础上，开发出很多种金属基复合材料，如镁、铝、铜、钛或金属间化合物，如 TiAl、NiAl 为基体，以颗粒、晶须、短纤维或连续纤维为增强体的一种复合材料。相比传统的金属封装材料，可以通过改变增强体的种类、体积分数、排列方式或改变基体合金，材料的热物理性能，来满足封装热耗散的要求，不少低密度、高性能的金属基复合材料，非常适合用于航空、航天材料中。

金属基复合材料的基体材料很多，但作为热匹配复合材料用于封装的主要是铜基和铝基复合材料。

10.3.3　塑料封装材料

塑料封装的散热性、耐热性和密封性，虽不如陶瓷封装和金属封装，但塑料封装具有低成本、薄型化、工艺较简单、适合自动化生产等优点。塑料封装应用范围广泛，从一般的消费性电子产品到精密的超高速电脑中随处可见，也是目前微电子工业使用最多的封装方法。塑料封装的成品可靠度虽不如陶瓷，但经数十年材料与工艺技术的进步，已获得相当大的改善，塑料封装在未来的电子封装技术中所扮演的角色越来越重要。

塑料封装在电子工业封装中的应用历史较长，自双列式封装被开发出来后，塑料双列式封装逐渐发展成为集成电路封装最受欢迎的方法。随着集成电路封装的多脚化、薄型化的需求，许多不同形态的塑料封装被开发出来，除了塑料双列式封装元器件之外，塑料封装也被用于制作小外形封装、系统级封装、塑料方块平面封装、塑料球栅阵列封装和倒装芯片球栅阵列等。

塑料封装虽然较陶瓷封装简单，但受到封装配置与集成电路芯片尺寸、导体与钝化保护层材料选择、芯片黏结方法、铸膜树脂材料、引脚架设计和铸膜成型工艺条件等多种因素的影响。图 10-10 所示为典型的塑料封装结构，其结构包括芯片、金属支撑底座或框架、连接芯片到框架的内引线以及保护芯片及内部连线的环氧塑封体。

常见塑料一般分为两大类，即热塑性塑料和热固性塑料。

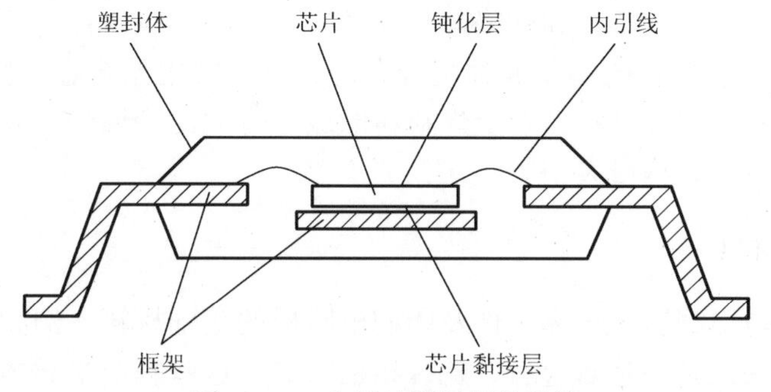

图 10-10　典型的塑料封装结构

在热塑性塑料中，塑料中树脂的分子结构一般是线型或支链型结构，受热时塑料软化并熔融，成为可流动的黏稠液体，在此状态下成型为一定形状的塑件，经冷却保持原有的形状。例如，再次加热，又可软化熔融，可再次成型。这种循环是可逆的，可以重复多次，在成型过程中一般只有物理变化而无化学变化。例如，聚乙烯、聚氯乙烯、尼龙、聚丙烯和聚甲基丙烯酸甲酯（有机玻璃）等均属于热塑性塑料。

热固性塑料在成型过程中既有物理变化又有化学变化，其反应过程可以分为两个阶段。第一阶段和热塑性材料类似，即生成长链分子，但这种长链分子能进一步发生反应；第二阶段是在模具中的温度和压力作用下，进一步发生化学反应，材料内部形成密集的网状组织，各长链分子相互形成强有力的键合，使材料冷却后再次加热时不能软化，若温度过高，则材料碳化并分解，故为不可逆过程。由于强有力的化学键合，热固性塑料非常坚硬，其机械性质对温度不敏感。苯酚塑料、氨基塑料、环氧树脂等属于热固性塑料。

塑料封装属非气密性封装，当前占封装材料整个市场的 80%以上。它是以合成树脂和二氧化硅、微粉为主体，并配入多种辅料混炼而成的，其主要产品为环氧树脂系列和硅酮树脂系列。

环氧树脂系列塑料封装材料是以邻甲酚醛树脂、硅微粉为主体，配入团化剂、偶联剂、阻燃剂、着色剂等辅助材料，经混炼、粉碎、打饼而成。常用的环氧树脂主要有酚醛型、联苯型、二茂铁型和萘型四种。另外，聚酞亚胺（PI）、硅酮、硅酮-PI、聚对苯二甲基和苯并环丁烯等封装材料也越来越引起人们的重视。塑料封装生产性和经济性好，但可靠性、导热性相对较差。

10.3.4　焊接材料

根据金属母材间隙中焊料熔点的高低，可将焊料分为熔点高于 450℃的硬钎料和熔点低于 450℃的软钎料两种。两种焊料对应的钎焊分别称为硬钎焊和软钎焊。

金属柱互连、倒装芯片和凹陷阵列互连等三维封装技术是以软钎焊为基础实现的。软钎焊焊接材料的主要成分是合金焊料粉。常用的合金焊料粉有锡-铅、锡-铅-银、锡-铅-铋等几种。合金焊料粉的成分、配比、形状、粒度和表面氧化程度对焊料的性能影响很大。

10.3.5　基板材料

基板材料是指制造半导体元件及印刷电路板的基础材料。例如，半导体工业用的硅、砷化镓、硅外延蓝宝石、钆镓拓榴石等，这些制造半导体元件用的基材均需单晶结构。由高纯度氧化铝为主要原料经高压成型、高温烧成，再经切割、抛光制成的陶瓷基片是制造厚膜、薄膜电路的基础材料。覆铜箔层压板（覆箔板）是制造印刷电路板的基板材料，除了用作支撑各种元器件外，还能实现它们之间的电气连接或电绝缘，是由酚醛树脂、环氧树脂、聚酰亚胺树脂、聚四氟乙烯树脂、双马来酰亚胺三嗪树脂（又称 BT 树脂）等与绝缘纸板（或玻璃纤维布）以及铜箔层压制成。

用于制作基板的材料很多，按基板的基本材料不同，可分为有机类、无机类和复合类基板。在电子模块封装中，有覆铜陶瓷基板、绝缘金属基板、玻璃布基板和柔性基板等。

1. 覆铜陶瓷基板

常用的陶瓷基板为氧化铝基板和氮化铝基板。陶瓷基板导热率高、热膨胀系数小，适用于大功率应用场合。

覆铜陶瓷基板（direct bonding copper，DBC）最先用于氧化铝基板上，即在氧化铝基板的两侧各覆上一层铜，在含氧的氮气中高温烧成，使铜箔覆在基板上。烧成时，铜与氧形成的 Cu—O 共晶液相润湿了互相接触的铜箔和陶瓷表面，同时与氧化铝发生反应，生成 $CuAlO_2$ 和 $Cu(AlO_2)_2$ 等复合氧化物，充当共晶钎焊用的焊料，实现陶瓷基板和覆铜层牢固的黏合。

氮化铝是一种非氧化物陶瓷，需先进行氧化处理，覆接铜箔的机理与氧化铝基板基本相同。覆铜陶瓷基板的导热性能好、耦合电容小，一般在较大功率的模块中用作基板。

2. 绝缘金属基板

绝缘金属基板（insutalted mental substrate，IMS）由覆铜层、导热绝缘层和金属基层组成。一般单面板居多，也有双面板。

覆铜层通常经过蚀刻形成电路图形，实现电路元器件的连接和布线。通常情况下，电路层要求具有很大的载流能力，使用的覆铜层较厚，厚度一般为 35～140μm。导热绝缘层要求具有优良的电气绝缘性能、导热性能和黏合性能，能够承受热应力，且热稳定性和化学稳定性好。常用的导热绝缘层材料为环氧树脂、聚酰亚胺或由特种陶瓷掺杂的聚合物。绝缘材料的厚度根据绝缘要求而定，为几十微米，以最小的热阻提供电学绝缘要求，同时又为金属基板层和覆铜层提供黏合。

金属基板是整个结构的支撑构件，同时也是主要导热材料，要求具有高导热率。铝基最常用，也可使用铜基和铁基等（其中铜板能够提供更好的导热性）。绝缘金属基板机械加工性能好，尺寸大小随意，可以通过钻孔、冲剪及切割等常规机械加工获得需要的形状。

10.4 先进的封装技术

在集成电路工艺技术进步的推动下，芯片的封装类型已经经历了插针式、表贴式、阵列式、多芯片式等好几代的变迁。从双列直插式封装、方型扁平式封装、插针网格阵列封装、球状引脚栅格阵列封装到多芯片组件，技术指标日益先进，包括芯片面积和封装面积之比越来越接近于 1。表现在封装外形的变化是元器件多脚化、薄型化、引脚微细化和引脚形状多样化等。本节重点介绍常用的先进封装类型及相关技术。

10.4.1 球栅阵列封装

球栅阵列（ball grid array package，BGA）封装技术，是 1990 年美国 Motorola 公司与日本 CITIZEN 公司共同开发的先进高性能封装技术，也有人译为“焊球阵列”、“网格焊球阵列”和“球面阵”。它是在基板的背面按阵列方式制出球形触点作为引脚，在基板正面装配集成电路芯片（有的球栅阵列芯片与引脚端在基板的同一面），是多引脚大规模集成电路芯片封装用的一种表面贴装型技术。

20 世纪 90 年代以后，由于微电子技术的飞速发展，器件与电路的引脚数不断增加，因此四边有引线的表面封装技术面临着性能与组装的巨大障碍，为了适应 I/O 数不断增加的趋势，必须将四边引脚扁平封装做得很大，或者缩小引线间距，这就造成封装性能降低，并使制造成本越来越高。在这种进退两难的情形下，以球栅阵列形式出现的球栅阵列式封装技术迅速崛起。球栅阵列可分为塑料球栅阵列（plastic ball grid array，PBGA）、陶瓷球栅阵列（ceramic ball grid array，CBGA）、陶瓷圆柱栅格阵列和载带球栅阵列（tape ball grid array，TBGA）四种主要形式。

1. 塑料球栅阵列

塑料球栅阵列，又称为整体模塑阵列载体，是最常用的球栅阵列封装形式。如图 10-11 所示[6]，塑料球栅阵列载体所采用的材料是印刷电路板上所用的材料，如 FR-4。管芯通过引线键合技术连接到印刷电路板载体的顶部表面上，用塑胶进行整体塑模处理。采用阵列形式的低共熔点合金（37Pb/63Sn）焊料被安置到印刷电路板载体的底部位置上。这种阵列可以采用全部配置形式，也可以采用局部配置形式，焊料球的尺寸大约为 1mm，节距范围为 1.27～2.54mm。

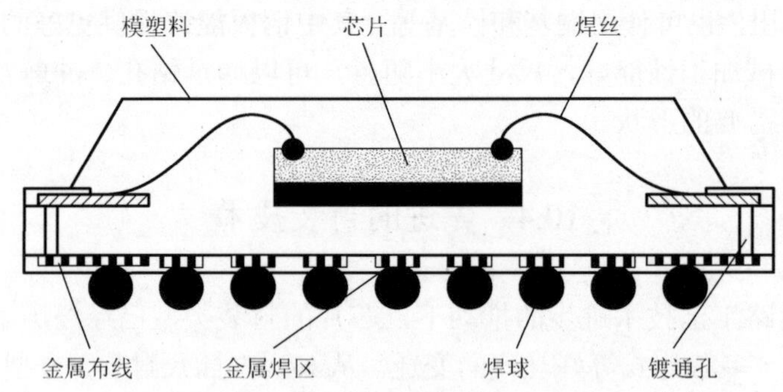

图 10-11 塑料球栅阵列封装结构

组件可以通过使用标准的表面贴装装配工艺进行装配，低共熔点合金焊膏可以通过模板印刷到印刷电路板的焊盘上面，组件上的焊料球被安置在焊膏上面，接着装配工作进入再流焊阶段。由于电路板上面的焊料和载组件上面的焊球都是低共熔点焊料，在再流焊接工艺连接器件时，所有这些焊料均发生熔化现象。在表面张力的作用下，器件和电路板之间的焊接点重新凝固，呈现出桶状。

塑料球栅阵列封装器件所具有的主要优点如下。

（1）可以利用现有的装配技术与廉价的材料，确保整个封装器件具有较低廉的价格。

（2）相比四边引脚扁平封装器件，很少会产生机械损伤现象。

（3）装配到印刷电路板上可以具有非常高的质量。

塑料球栅阵列封装技术所面临的挑战是保持封装器件平面化或者扁平化，将潮湿气体的吸收降到最低，防止“爆玉米花”现象的产生，解决涉及较大管芯尺寸的可靠性问题。

2. 陶瓷球栅阵列

陶瓷球栅阵列器件也称为焊料球载体。陶瓷球栅阵列是将管芯连接到陶瓷多层载体的顶部表面所组成的。在连接好之后，管芯经过气密性处理以提高其可靠性和物理保护。在陶瓷载体的底部表面上，安置 90Pb/10Sn 的焊料球，底部阵列可采用全部填满形式或局部填满形式，焊球尺寸为 1mm、节距为 1.27mm。

陶瓷球栅阵列器件使用标准的表面贴装组装和再流焊工艺进行装配。陶瓷球栅阵列再流焊工艺不同于塑料球栅阵列封装中的再流焊工艺。塑料球栅阵列中的低共熔点合金焊料（37Pb/63Sn）约在 183℃时发生熔化，陶瓷球栅阵列焊球（90Pb/10Sn）约在 300℃时发生熔化。一般标准的表面贴装再流焊温度为 220℃，仅能够熔化焊膏，不能熔化焊球。为能够形成良好的焊接点，相比塑料球栅阵列器件，陶瓷球栅阵列器件在模板印刷期间，必须有更多的焊膏施加到电路板上面。在再流焊期间，焊料填充在焊球的周围，焊球所起到的作用像一个刚性的支座。在两个不同的铅/锡焊料结构之间形成互连，在焊膏和焊球之间的界面实际上不复存在，形成的扩散区域具有 90Pb/10Sn～37Pb/63Sn 的光滑斜度。

相比塑料球栅阵列封装，陶瓷球栅阵列封装不存在电路板和陶瓷封装之间热膨胀系数不匹配的问题，会在热循环期间造成大封装器件焊点失效的现象。陶瓷球栅阵列封装器件能够在高达 $32mm^2$ 的区域接受业界标准的热循环测试的考核。当焊球节距为 1.27mm 时，I/O 引脚数量限定值为 625 个。陶瓷封装尺寸大于 $23mm^2$ 时，应该考虑其他可以替换的方式。陶瓷球栅阵列所拥有的优点如下。

（1）组件拥有优异的热性能和电性能。

（2）相比四边引脚扁平封装，很少会受到机械损坏的影响。

（3）当装配到具有大量（250 以上）I/O 应用的印刷电路板上时，具有非常高的封装效率。

另外，陶瓷球栅阵列封装可以利用管芯连接到倒装芯片上，与引线键合技术相比可形成更高密度的互连配置。通过高密度的管芯互连配置，管芯尺寸被缩小，可在每个晶圆上拥有更多的管芯并降低成本，而不会对功能产生任何的影响。

3. 陶瓷圆柱栅格阵列

陶瓷圆柱栅格阵列器件也被称为圆柱焊料载体，是陶瓷尺寸大于 $32mm^2$ 的陶瓷球栅阵列封装器件的替代品。在陶瓷圆柱栅格阵列器件中采用 90Pb/10Sn 的焊料圆柱阵列来替代陶瓷底面的贴装焊接，可以采用全部填充或部分填充两种方法，圆柱的直径尺寸为 0.508mm、高度约为 1.8mm、节距为 1.27mm。目前，很少使用陶瓷圆柱栅格阵列封装技术的产品。

陶瓷圆柱栅格阵列器件上的焊料柱能够承受电路板和陶瓷封装之间的热膨胀

系数不匹配所产生的应力。可靠性测试证明，占面积 44mm^2 的陶瓷圆柱栅格阵列封装器件，在装配中能够承受业界标准的热循环测试。陶瓷圆柱栅格阵列器件，在装配时其优缺点类似于陶瓷球栅阵列封装器件，仅有的区别是焊料圆柱比焊球更容易受到机械损伤。

4. 载带球栅阵列

载带球栅阵列是载带自动键合的延伸，是利用载带自动键合实现芯片的连接。载带球栅阵列是由连接至铜/聚酰亚胺柔性的电路或者是具有两层包含由管芯连接至球栅阵列的铜线组成。引线键合、再流焊或热压/热声波内部引线连接等方法可以用来将管芯与铜线相连接。连接成功后，对于管芯采用密封处理以提供有效的保护，焊球通过类似于引线键合的微焊工艺处理被逐一连接到铜线的另外一端。

如图 10-12 所示，焊球采用 90Pb/10Sn 制造，直径为 0.9mm，一般用 1.27mm 节距的阵列配置形式。因为没有焊球可以连接到安置着管芯的组件中心位置，所以这种阵列配置总是采用局部配置的形式。当焊球和管芯被装配好后，一个镀锡的铜加固板被安装在载带的顶部表面上，通过它提供刚性效果，并且确保组件的可平面化，载带球栅阵列器件也可以通过陶瓷球栅阵列组件的标准表面贴装工艺来进行装配。

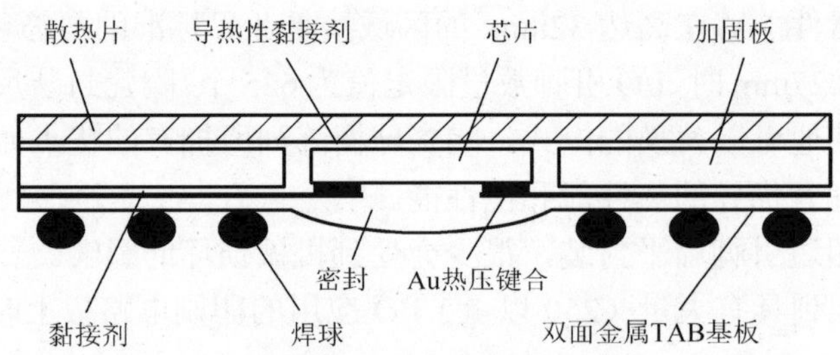

图 10-12　载带球栅阵列示意图

载带球栅阵列封装具有如下优点。

（1）比绝大多数（特别是具有大量 I/O 数量）的球栅阵列封装轻并且小。

（2）比四边引脚扁平封装器件和绝大多数其他球栅阵列封装的电性能好。

（3）装配到印刷电路板上，具有较高的封装效率。

另外，这种封装利用比引线键合密度高的管芯互连方案，具有与陶瓷球栅阵列组件相同的其他优点。

焊盘网格阵列（LGA）和焊柱阵列等封装也与球栅阵列有着密切的关系。在球栅阵列中，焊料球在基板组装以前就要与封装连接起来，而在焊盘网格阵列中则需要在板上涂覆焊料。焊柱是由焊球互连发展而来的，其典型特点是要使用陶瓷基板以提高连接的可靠性。球栅阵列具有以下特点。

（1）相比窄节距四边引脚扁平封装，球栅阵列焊点失效率降低两个数量级，无须对工艺做较大的改动。

（2）球栅阵列焊点的中心距一般为 1.27mm，可以利用现有的 SMT 工艺设备，而四边引脚扁平封装的引脚中心距如果小到 0.3mm 时，引脚间距只有 0.15mm，则需要很精密的安装设备以及完全不同的焊接工艺，实现起来极为困难。

（3）提高了器件引脚端数和本体尺寸的比率，如边长为 31mm 的球栅阵列，间距为 1.5mm 时有 400 只引脚，间距为 1mm 时有 900 只引脚；相比之下，边长为 32mm，引脚间距为 0.5mm 的四边引脚扁平封装，只有 208 只引脚。

（4）明显改善共面问题，极大地减少了共面损伤。

（5）球栅阵列引脚牢固，不像四边引脚扁平封装存在引脚变形问题。

（6）球栅阵列引脚短，信号路径短，减少了引线电感和电容，增强了节点性能。

（7）球形触点阵列有助于散热。

（8）球栅阵列适合多芯片组件封装，有利于实现多芯片组件封装的高密度、高性能。

10.4.2　芯片尺寸封装

芯片尺寸封装技术是由日本三菱公司在 1994 年提出来的，是一种焊接区面积等于或略大于裸芯片面积的单芯片封装技术，该项技术能解决芯片和封装之间芯片小、封装尺寸大的内在矛盾，集成电路引脚不断增长、多芯片组件裸芯片不能取拿、预测、老化筛选等问题。芯片尺寸封装技术的目的是在大芯片替代小芯片时，封装体占用印刷电路板的面积保持不变或更小。由于芯片尺寸封装产品的封装体尺寸小、厚度薄，在手持式移动电子设备中迅速获得了广泛的应用。芯片尺寸封装的结构主要有集成电路芯片、互连层、焊球（或凸点、焊柱）和保护层 4 部分。互连层是通过自动焊接、引线键合、倒装芯片等方法来实现芯片与焊球之间内部连接的，是芯片尺寸封装的关键组成部分，芯片尺寸封装的典型结构如图 10-13 所示。

芯片尺寸封装具有如下特点。

（1）芯片尺寸封装是一种先进的芯片小型化封装方式，可实现 3 倍于常规封装形式的组装密度，能有效地减少芯片封装的厚度；芯片与印刷电路板的间距不超过 10μm，可有效降低封装带来的电感、电容等寄生效应。

（2）芯片尺寸封装的小型化、薄型化，有效地降低了封装材料的成本和印刷电路板上的占有面积，从而提高了印刷电路板上芯片的组装密度。

（3）芯片尺寸封装是对原有单芯片封装，是球栅阵列封装的自然延伸，因此可利用原有的表面安装设备和材料。

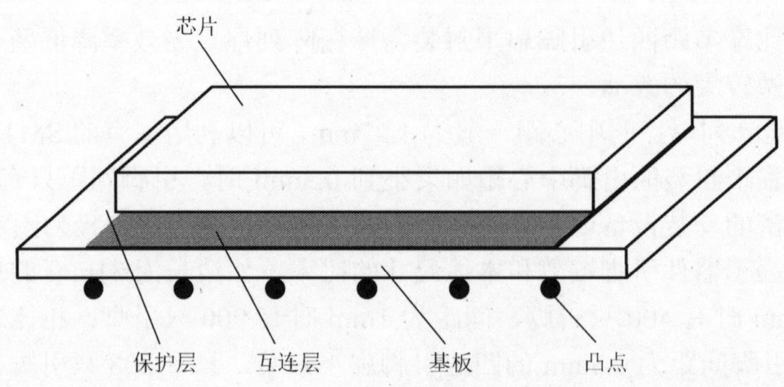

图 10-13　芯片尺寸封装的典型结构

（4）相比裸芯片安装方式，芯片尺寸封装提供了坚固的封装保护，便于操作，可测性好，在大多数情况下具有与印刷电路板相匹配的标准引脚，组装起来容易。

从工艺上来看，芯片尺寸封装主要可以归纳为以下 5 种类型。

1. 柔性基板芯片尺寸封装

柔性基板芯片尺寸封装是由美国 Tessra 公司开发的，集成电路载体基片是柔性材料。主要特点是互连层在垫片的一个面，焊球穿过垫片与互连层接合。该类芯片尺寸封装的垫片，采用聚酰亚胺或与载带键合工艺中相似的带状材料，内层互连采用载带键合、凸点倒扣或引线键合。

1）TAB/倒装式

在柔性基板四周引出悬臂梁，用于与芯片上相应的引出点互连，实现 TAB/倒装焊接，在柔性垫片中间种植阵列排布的焊球。TAB/倒装式可以利用常规工艺实现悬臂梁与芯片相应引出点的焊接。焊接也可以采用常规低熔焊料回流完成，组装时的焊接不会影响芯片上的焊点性能。

2）内引线键合式

在柔性垫片四周布置与芯片互连的键合点，同时在柔性垫片上种植供组装用的焊球，垫片内层可采用柔性导带布线，实现键合点与焊球的对应互连，然后将芯片贴切在柔性垫片上，采用常规的工艺完成芯片与柔性垫片的互连。该方式的特点是对由低到高的焊脚数都适用，柔性垫片上进行多层布线可能比较复杂，采用回流焊贴组装时不会影响键合点的性能。

2. 刚性基板芯片尺寸封装

刚性基板芯片尺寸封装是由日本 TOSHIBA 公司开发的，并用树脂和陶瓷做垫片。不同于柔性垫片，刚性垫片的芯片尺寸封装布线是通过多层陶瓷叠加或经通孔与外层焊球互连。这类芯片尺寸封装有倒扣式和引线键合式两种。

类似柔性基板芯片尺寸封装，刚性基板芯片尺寸封装只是由于采用的基板不同，因此在具体操作时会有较大的差别。

1）倒扣式

这种方式需要在芯片上先做好凸点，同时在垫片上布线，然后进行凸点倒扣焊或超声热压焊，布线可采用薄膜或厚膜。对芯片上的凸点，应该选择高熔点的焊接材料。而组装时，焊料可以采用低熔点的焊料进行回流，可以直接应用于SMT等组装方式。

2）引线键合式

制作多层布线的垫片，将常规的集成电路裸芯片放置在垫片上，再采用常规的方法进行引线键合。可以直接采用裸片进行引线键合，而不需要在芯片上增加其他工艺。垫片上的材料不受限制，可以采用特殊焊料而不影响内部芯片与垫片的结合。

3. 引线框架式芯片尺寸封装

引线框架式芯片尺寸封装由日本Fujitsu公司开发，引线框架通常为金属制作，外层的互连做在引线框架上。这类芯片尺寸封装分为TAB/倒扣式和引线键合式两种。

引线框架式芯片尺寸封装产品的封装工艺与传统工艺的塑封工艺完全相同，只是使用的引线框架要小、薄一些。因此，对操作就有一些特别的要求，以免造成框架变形。

1）TAB/倒扣式

在引线框的焊接端制作凸点，然后采用热超声与常规集成电路裸芯片进行焊接，这种方式目前只有ROHM公司应用。

2）引线键合式

引线键合式芯片尺寸封装主要用于低引脚的场合，是采用常规集成电路裸芯片进行键合组装，而不需要对芯片进行再加工，凸点或焊点可以做在成型引线框底端，以适应常规组装方式。

4. 晶圆级芯片尺寸封装

晶圆级芯片尺寸封装由Chipscale公司开发，是在晶圆阶段，利用芯片间较宽的划片槽，在其中构造周边互连，随后用玻璃、树脂、陶瓷等材料封装而完成。主要分为再分布式和模塑基片式两种。

1）再分布式

再分布式是在晶圆片上直接采用薄膜方式进行引脚再分布，I/O 位置可以按扇入阵列格式任意设定。这种方式可以不用垫片或衬底，可以使用标准的表面贴装的焊接与组装设备。

2）模塑基片式

模塑基片式是将整个芯片浇铸在树脂上，只留下外部触点。这种结构可实现很高的引脚数，有利于提高芯片的电学性能、减少封装尺寸并提高可靠性。

5. 薄膜型芯片尺寸封装

薄膜型芯片尺寸封装，这里主要介绍基本构造及规格和制造工艺。

1）基本构造及规格

三菱公司开发芯片尺寸封装基本构造如图 10-14 所示，属于薄膜型芯片尺寸封装。相比以往芯片的封装，为无引线框架键合线，因此容易实现小型化。从图 10-14 中可看出，电气连接由芯片上的电极和焊凸通过芯片金属布线导通，金属布线层以薄膜工艺形成，作为外表接脚的焊凸电极可配置在任意位置，较易实现封装标准化。由于无键合线，芯片上的电极可以设计得很小，使芯片尺寸封装更易小型化。

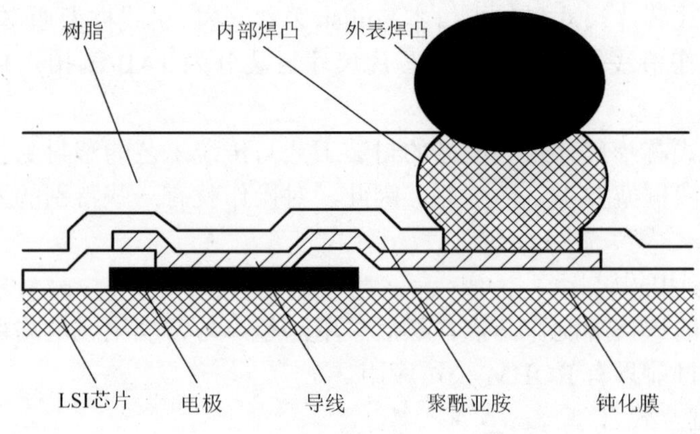

图 10-14　薄膜型芯片尺寸封装剖视图

引脚线在 300 以上的芯片尺寸封装基本构造，其特点是芯片电极遍布四周表面，外表焊凸引脚遍布芯片尺寸封装外表面。表 10-4 所示为三菱公司芯片尺寸封装样品的规格尺寸。

表 10-4　芯片尺寸封装样品的规格尺寸

	A 型	B 型	C 型	D 型
芯片尺寸/mm	5.059×14.80			16×16
外形尺寸/mm	6.35×15.24			16.6×16.6
焊凸数量/个	60（5×12）	96（6×16）	32（2×16）	1024（32×32）
焊凸节距/mm	1.0	0.8	0.8	0.5

2）制造工艺

薄膜型芯片尺寸封装的制造工艺主要包括布线工艺和装配工艺。

薄膜型芯片尺寸封装的布线工艺是在半导体制造的后端工艺中完成的，采用薄膜工艺形成金属布线图形和铅-锡焊盘，为减缓封装树脂的应力，以聚酰亚胺形成缓冲膜。铅-锡焊层的形成可采用传统的方法，焊料选用 95Pb/5Sn，熔点约为310℃。

芯片尺寸封装装配工艺由内部焊凸键合、树脂封装、焊凸转换及外部焊球引脚形成四道工序组成。其中内部焊凸键合工序是在辅助基座上以布线图案方法用聚酰亚胺树脂黏着铜焊凸，与已完成布线工序的芯片以倒装的方式在 H_2+N_2 气氛中加助焊剂热熔键合。焊凸转换工艺是将已用树脂封装的芯片脱离基座，剥离黏着铜焊凸的聚酰亚胺膜，使已与芯片固焊的铜焊凸成为片内电极，以印刷法等传统方法形成外表引脚焊球。

芯片尺寸封装技术是最近几年才发展起来的新型集成电路封装技术。芯片尺寸封装技术封装的产品具有封装密度高、性能好、体积小、重量轻，与表面安装技术兼容等优点，成为集成电路重要的封装技术之一。

10.4.3 晶圆级封装

晶圆级封装（wafer level package，WLP）技术，是一种在球栅阵列封装技术的基础上，经过改进和提高的芯片尺寸封装技术，又称圆片级芯片尺寸封装。晶圆级封装不仅体现了球栅阵列、芯片尺寸封装的技术优势，而且是封装技术取得革命性突破的标志。晶圆级封装技术采用批量生产工艺制造技术，将封装尺寸减小至集成电路芯片的尺寸，把封装与芯片的制造融为一体，使生产成本大幅下降，彻底改变了芯片制造与芯片封装分离的局面。

晶圆级封装是以金属引线键合方式把芯片上 I/O 连至封装载体，再经封装引脚实现集成电路芯片与外部电气的连接。集成电路芯片上的 I/O 通常分布在周边，随着集成电路芯片特征尺寸的减少和集成规模的扩大，I/O 的间距不断减小、数量不断增大。当 I/O 间距减小至 70μm 以下，引线键合技术就不再适用，必须寻求新的技术途径。晶圆级封装技术利用薄膜再分布工艺，使 I/O 可以分布在集成电路芯片的整个表面上，而不再局限于窄小的集成电路芯片的周边区域，从而成功解决了高密度、细间距 I/O 芯片的电气互连问题。传统封装技术是以晶圆划片后的单个芯片为加工目标。晶圆级封装技术是以晶圆片为加工对象，直接在晶圆片上对芯片封装、老化和测试，封装的全部过程都在圆片生产厂内完成。封装好的晶圆经切割得到单个集成电路芯片，可直接贴装到基板或印刷电路板上，晶圆级封装是真正的批量生产芯片技术。

1. 晶圆级封装的分类

晶圆级封装主要采用薄膜再分布、凸点等两大技术。前者用来把沿芯片周边分布的铝焊区转换为在芯片表面上按平面阵列形式分布的凸点焊区；后者用于在凸点焊区上制作凸点，形成球栅阵列。

薄膜再分布技术是指在集成电路晶圆上，将各个芯片按周边分布的 I/O 铝焊区，通过薄膜工艺的再分布线，变换成整个芯片上的阵列分布焊区并形成焊料凸点的技术。不仅生产成本低，而且能完全满足批量生产便携式电子装置板级可靠性标准的要求。

常规工艺制成的集成电路晶圆，经探针测试分类并给出相应的标记后就可用于晶圆级封装。在封装之前，首先要对集成电路芯片的设计布局进行分析与评价，以保证满足阵列焊料凸点的各项要求。其次，要进行再分布布线设计，再分布布线设计分为初步设计和改进设计两个阶段。初步设计是将芯片上的 I/O 铝焊区通过布线再分布为阵列焊区，目的在于证实晶圆级封装的可行性，按初步设计制造的晶圆级封装，在设计、结构、成本等方面不一定是最佳的，晶圆级封装的可行性得到验证之后，就可将初步设计阶段转入改进设计阶段。在改进设计阶段，要对初步设计进行改进，重新设计信号线、电源线和接地线，简化工艺过程及相关设备，以求获得生产成本最低的再分布布线设计。薄膜再分布布线技术的具体工艺过程比较复杂，一般都包括以下几个基本的工艺步骤。

（1）在集成电路芯片上涂覆金属布线层间介质材料。

（2）淀积金属薄膜并用光刻方法制备金属导线和所连接的凸点焊区。集成电路芯片周边分布的小至几十微米的铝焊区转换成阵列分布的几百微米大的焊区，而且铝焊区和凸点焊区之间由金属导线相连接。

（3）在凸点焊区淀积凸点底部金属层。

（4）在凸点底部金属层上制作凸点。

焊料凸点通常为球形。制备球栅阵列的方法一般有预制焊球、丝网印刷和电化学淀积（电镀）三种。当焊球节距大于 700μm 时，一般采用预制焊球的方法；丝网印刷法常用于焊球节距约为 200μm 的场合；电化学淀积法可以在光刻技术能分辨的任何节距下淀积凸点。因此，电化学淀积法比其他方法能获得更小的凸点和更高的凸点密度。上述三种方法制备的焊料凸点，均必须经回流焊形成规定的标准焊球。

晶圆级封装是一种表面贴装器技术，对凸点阵列有严格的工艺要求。在芯片和晶圆范围内，焊球的高度都要有很好的一致性，以获得良好的“焊球共面”。“焊球共面”是表面贴装的重要要求，只有共面性好，才能使晶圆级封装的各个焊球与印刷电路板间同时形成可靠的焊点连接。焊球的合金成分要均匀，不仅要求单个焊球的合金成分要均匀，而且要求各个焊球的合金成分也要均匀一致，回流焊特性的一致性要好。焊点连接的可靠性对焊球的直径有一定要求，对节距为0.75～0.8mm的集成电路元器件而言，焊球的直径通常为0.5mm，当节距减至0.5mm时，焊球直径将减少至0.3～0.35mm。

2. 晶圆级封装的可靠性

焊点的典型失效机理、可靠性试验的条件都应包括在所提供的可靠性资料之中，封装制造厂要开展试验与研究来确定焊点最常见的失效机理，焊料疲劳、锈蚀、电迁移就是典型的失效机理。应注意可靠性试验条件详细资料的提供，对原设备制造厂厂商的要求可能因用户应用的不同而不同，甚至同类应用也会有不完全相同的要求。

进行可靠性试验时，拟定失效判据必须合理、试验数据应恰当。具有统计意义的数据量是每个验数组选取22、45或47个试验数据，可以提高试验结果的可信度。较少试验数据所得可以用于可靠性的初步评估，但不能用于评价项目总的可靠性保证。另外，要正确区分热循环试验与热冲击试验的差别，不要将二者混淆。热循环试验采用单工作室系统，以不超过10～15℃/min的温度变化率在两个温度极值之间往复进行，通过热循环试验可知道焊点的蠕变失效时间变化的关系，热循环试验的温度变化率比较接近实际情况。热冲击试验是专门为具有不同结构和不同失效模式的各种封装而设置的，其温度变化率为0～25℃/min，利用热冲击试验可以了解焊点的弹性形变和塑性形变随时间变化的关系，这些形变可引发早期失效。晶圆级封装、芯片尺寸封装和球栅阵列封装都不宜采用热冲击试验而选用温度循环试验，温度循环试验数据必须用可靠性工程分析方法进行恰当的处理，才能获取有用的可靠性数据和信息。

3. 晶圆级封装的优缺点

晶圆级封装技术具有如下优点。

（1）晶圆级封装是在整个晶圆上完成封装，可对一个或几个晶圆同时加工，封装效率高。在保证成品率的情况下，晶圆的直径越大，加工效率就越高，单个元器件的封装成本就越低。

（2）晶圆级封装具有倒装芯片封装（flip chip package，FCP）和芯片尺寸封装所具有的轻、薄、短、小的优点。晶圆级封装是直接由晶圆切割分离而成的封装，不会有引出端横向伸展出管芯外形之外，封装所占印刷电路板面积等于管芯面积，封装效率等于或接近于1。

（3）晶圆级封装技术从芯片上的I/O焊盘到封装引出端的距离短，其引线电感、引线电阻等寄生参数小，而引出端焊盘又都在芯片下方，晶圆级封装的电、热性能较好。

（4）晶圆级封装，通常采用溅射、光刻、芯片上多层布线、电镀、植球和分割等较为成熟的技术，仅需要做相应的改进。

（5）晶圆级封装符合目前表面贴装技术的潮流，可使用标准的表面贴装技术进行二级封装，易被二级封装用户所接受。

晶圆级封装具有如下缺点。

（1）晶圆级封装的所有外引出端不能扩展到管芯外形之外，而只能分布在管芯有源面一侧的面内，这就决定了这类封装外引出端不可能很多。通常采用焊凸点（或焊球）的 I/O 数为 4～100，而采用金凸点以倒装芯片形式直接键合的 I/O 数可为 8～400。

（2）具体结构形式、封装工艺、支撑设备等都有待优化，标准化也较差。

（3）可靠性数据的积累尚有限，影响扩大使用。

（4）低成本较高，限制其广泛的应用。

晶圆级封装技术是低成本的批量生产芯片封装技术。晶圆级封装与芯片的尺寸相同，是最小的微型表面贴装元件。

10.4.4　倒装芯片封装

随着微电子产品向轻量化、薄型化、小型化及 I/O 端数增加和功能多样化的发展，传统的引线键合互连技术已不能满足高密度的发展要求。倒装芯片封装是把裸芯片通过焊球直接连接在有机基板上，由于芯片是倒扣在封装衬底上，与常规封装芯片放置方向相反，故称为倒装芯片封装技术。倒装芯片封装采用芯片上的焊区与基片上的焊区直接通过焊球连接。相比引线互连、载带互连，信号的传输路径缩短，互连产生的杂散电容、互连电感均很小。同时，减小了封装组件的尺寸和重量、增加了单位面积内的 I/O 数量、降低了批量封装的成本等。

1. 倒装焊基板焊区的制备

采用蒸发/溅射法、电镀法、化学镀法和打球法等制成的芯片凸点，可用于厚膜陶瓷基板、薄膜陶瓷基板、硅基板和印刷电路板上的倒装焊接。这些基板既可以是单层，也可以是多层，凸点芯片要倒装焊接在基板上层的金属化焊区上。

要使倒装焊芯片与各类基板的互连达到一定的可靠性要求，关键是安装互连倒装焊的基板顶层金属焊区要与芯片凸点一一对应，具有良好的压焊或焊料浸润特性。厚膜、薄膜及印刷电路互连基板焊区上的金属化层多为银/钯、金或铜、镍等。薄膜金属化用蒸发/溅射、光刻、电镀等方法，容易制成 10μm 线宽及金属化图形，能满足各类凸点尺寸/间距的凸点芯片；厚膜金属化只能满足凸点尺寸、间距较大的凸点芯片。若采用薄膜/厚膜混合布线，在基板顶层采用薄膜金属化工艺，能达到倒装焊任何凸点芯片的要求。

2. 倒装焊工艺方法

倒装焊工艺主要有热压焊倒装焊、再流倒装焊、环氧树脂光固化倒装焊和各向异性导电胶倒装焊四种方法。

1）热压焊倒装焊

热压焊倒装焊是使用倒装焊接完成对硬凸点，如金凸点、镍/金凸点、铜凸点、铜/铅/锡凸点的倒装焊接。将倒装焊基板置放在承片台上，用压焊头捡拾带有凸点的芯片，面朝下对着基板，待调准对位达到要求的精度后，即可落下压焊头进行压焊。压焊头可加热并带有超声，同时承片台也对基板加热。在加热、加压和超声到设定的时间后，就完成所有凸点与基板焊区的焊接。倒装焊时，芯片与基板的平行度非常重要，如果平行度不好，焊接后的凸点形变将有大有小，致使拉力强度也有高有低，直接影响焊接质量。倒装焊的温度、压力和时间，取决于凸点材料和尺寸，通过试验确定最佳条件以达到满意的焊接效果。

2）再流倒装焊

再流倒装焊专对各类铅/锡焊料凸点进行再流焊焊接，即可控塌陷芯片连接。基于陶瓷基板耐高温，高温焊料凸点可以直接在陶瓷基板金属焊区上再流焊焊接，焊区外围要有焊料“堤”为倒装焊时凸点限位，可阻止焊料熔化再流时沿布线金属表面流淌，以保持焊料凸点的一致性。在印刷电路板上使用再流倒装焊时，可使用标准的表面贴装工艺流程，依次为印刷焊膏、贴装可控塌陷芯片、预烘焊膏、再流焊、清洗和检测。

再流倒装焊凸点可在整个芯片面阵布局，与光洁平整的陶瓷、硅基板金属焊区互连。凸点做成高熔点的焊料，而印刷电路板上焊区使用低熔点的铅/锡焊料，再流倒装焊时，可控塌陷凸点不变形，只有低熔点的焊料熔化，可弥补印刷电路板基板的缺陷，如凹凸和扭曲产生的焊接不均匀问题。倒装焊时铅/锡焊料熔化，再流表面张力会产生“自对准”效果，对准的精度要求不高。

3）环氧树脂光固化倒装焊

环氧树脂光固化倒装焊是一种微米凸点倒装焊接。不同于一般的倒装焊，其是利用光敏树脂固化时产生的收缩力将凸点与基板上的金属焊区牢固地互连在一起，因此环氧树脂光固化不是“焊接”，而是“机械接触”，又称机械接触法。其工艺步骤依次为在基板上涂光敏树脂、芯片凸点与基板金属焊区对位贴装、加紫外光并加压光固化，从而完成芯片倒装焊，如图10-15所示。

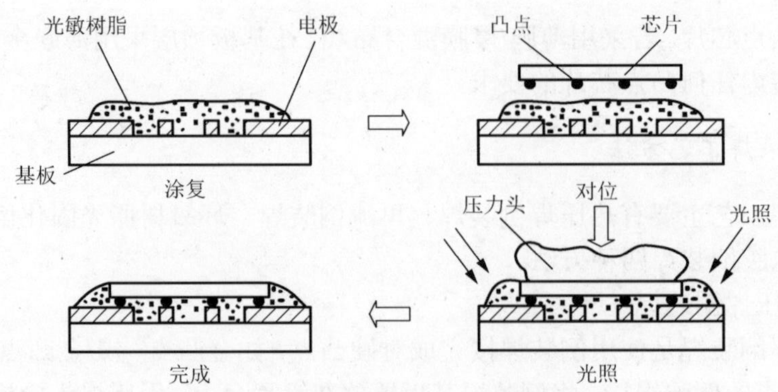

图 10-15　环氧树脂光固化倒装焊法

光固化树脂为丙烯基系，紫外光的光强为 500mW/cm^2，光照固化时间为 3～5s，芯片上压力为 1～5g/凸点。光固化后收缩应力能使凸点与基板金属电极形成牢固的机械接触。光固化树脂倒装焊工艺简便、成本低，是一种很有发展前途的倒装焊技术。

4）各向异性导电胶倒装焊

在液晶显示器与集成电路芯片连接的应用中，使用各向异性导电胶可以直接将凸点芯片倒装焊在玻璃基板上，称为玻璃上芯片技术。先在显示器的玻璃上涂敷导电胶，将带有凸点的集成电路芯片与玻璃基板上的金属电极焊区对位后，芯片上加压并进行导电胶固化，导电粒子挤压在凸点与焊区间，使上下接触导电，而在 X、Y 平面各方向导电粒子不连续，故不导电。

导电胶有热固型、热塑型和紫外光固化型等几种。其中，紫外光固化型最佳，热固型次之。紫外光固化型的固化速度快，无温度梯度，故芯片及玻璃均不需要加热，因此不需要考虑由紫外光照射固化产生的微弱热量引起的热不匹配问题。紫外光强度可在 1500mW/cm^2 以上，光强越强，固化时间越短。一般照射数秒后，让导电胶达到“交联”，这时可去除压力，继续光照，方可达到完全固化。光照时需加压，100μm×100μm 的凸点面积，需加压约 50g/凸点以上。

3. 倒装芯片下填充工艺

为了避免芯片和基板之间由于热膨胀系数不匹配而引起焊球的开裂，需要在芯片和基板之间填入底填料来提高封装的可靠性，因此下填充工艺是封装生产中的关键环节。较早使用的是传统的倒装芯片填充技术，主要靠液体的毛细管作用进行填充，已不能满足高速发展的封装技术的需求。一些新的填充技术像非流动底部填充技术、晶圆级填充技术等得到了开发和应用。常用的倒装芯片下填充工艺具体方法如下。

1）传统倒装芯片的底部填充

传统倒装芯片底部填充工艺如图 10-16 所示。先将一层助焊剂涂在基板上，然后将焊料凸点对准基板焊盘，加热回流、除去助焊剂，将底部填充胶沿芯片边缘注入，借助于液体的毛细作用，底部填充胶会被吸入并向芯片基板的中心流动，填满后加热固化。

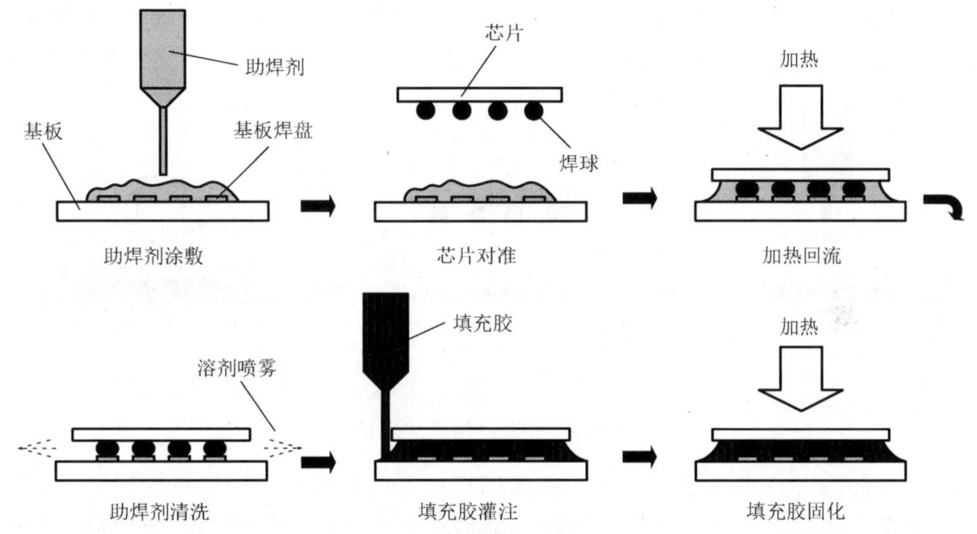

图 10-16 传统倒装芯片底部填充

流动底部填充胶的组成主要有环氧树脂、球型氧化硅、固化剂促进剂和添加剂等。除了能降低硅芯片、有机基板和焊球之间因热膨胀系数不匹配而产生的应力和形变这一重要作用外，还可以增强倒装芯片的结构性能，防止芯片吸潮、离子污染、辐射，以及其他不利的工作环境。通常要求流动底部填充胶具有流动性好、固化温度低和固化速度快等优点，树脂固化物无缺陷、填充后无气泡、耐热性能好、热膨胀系数低、玻璃化转化温度高、模量低、黏接强度高、内应力小和翘曲度小等性能。

2）非流动底部填充胶填充

相比传统毛细底部填充工艺，非流动填充不需要液体的毛细作用，将非流动底部填充胶在焊球回流焊之前铺好，接着在回流焊过程中同时完成焊球焊接和底部填充胶固化两个过程，省去了助焊剂分布和清除步骤，简化了工艺，提高了生产效率，其工艺流程如图 10-17 所示。

非流动底部填充胶在焊接过程中能够起到助焊剂的功能，其固化时间晚于焊球焊点的形成，且在后续的回流焊过程中能够固化完全。非流动底部填充胶通常不含有二氧化硅无机填料，以避免二氧化硅颗粒对焊点形成，以及焊料和金属焊盘的浸润性造成影响。与传统底部填充胶相比，非流动底部填充胶具有更高的热膨胀系数和低的断裂韧性，易引起焊点、芯片、基板、胶之间的断裂失效。在非流动底部填充胶中加入二氧化硅填料对提高封装可靠性也是非常重要的。在使用具有二氧化硅填料的填充胶时，需要除去焊点周围的二氧化硅填料，于是就开发出了热压回流焊技术。热压回流焊是将底部填充胶放到预加热好的基板上，然后将芯片倒扣在基板上，在高温和一定的压力下保持一段时间，直到焊点形成再进行固化，避免二氧化硅填料对焊点造成影响。

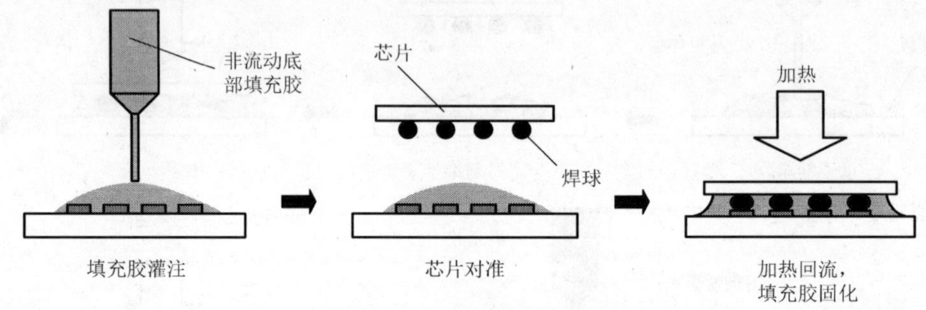

图 10-17　非流动填充工艺流程

另一种改进方式是双层无流动底部填充技术。在基板上铺展一层没有二氧化硅的高黏度底填胶，对焊球形成保护，随后在上部铺展一层含有二氧化硅填料的底填胶，将芯片放置到基板上后进行回流焊，形成焊点、固化底部填充胶。

总之，非流动底部填充技术极大地简化了倒装芯片底部填充工艺。为了能够填充具有二氧化硅填料的底部填充胶，出现了热压回流焊和双层无流动底部填充技术，但这些方法与表面贴装技术不完全兼容。开发成功率较高的非流动底部填充工艺需要对材料和工艺进行更深入的研究。

10.4.5　多芯片组件封装

多芯片组件封装技术是将多块半导体裸芯片，如大规模集成电路、超大规模集成电路和专用集成电路及片式元器件组装在一块高密度多层互连基板上的封装技术，是电路组件功能实现系统级的基础。相比混合集成电路，多芯片组件具有更高的性能、更多的功能和更小的体积。

典型多芯片组件是在多层布线基板上，采用微电子技术与互连工艺将电阻器、电容器和电感等无源元件（印刷、淀积或片式化）与集成电路裸芯片进行二维甚至三维组合并电气连接，再实施必要的有机树脂灌封与机械或气密封装构成的部件级的复合器件。其基本构成如图 10-18 所示。

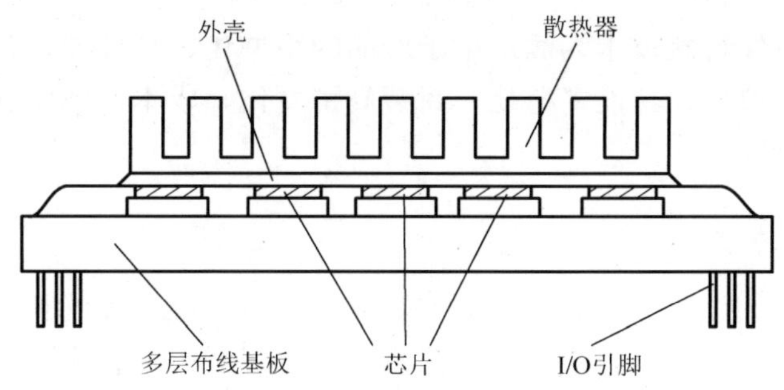

图 10-18 多芯片组件模块结构示意图

按工艺方法及基板使用材料的不同，多芯片组件可分为多层印刷电路板制成的叠层型多芯片组件（MCM-L）、共烧陶瓷型多芯片组件（MCM-C）和淀积薄膜型多芯片组件（MCM-D）三种基本类型。其中，共烧陶瓷型多芯片组件的低温共烧陶瓷多芯片组件是多芯片组件中最有发展前途的一种。叠层型多芯片组件是使用玻璃环氧树脂多层印刷基板的组件，布线密度不高。共烧陶瓷型多芯片组件是用厚膜技术和高密度多层布线技术，在陶瓷（氧化铝或玻璃陶瓷）基板上制成，类似厚膜混合集成电路。淀积薄膜型多芯片组件是用薄膜技术形成多层布线，以陶瓷（氧化铝或氮化铝）或硅、铝作为基板的组件，布线密谋在三种组件中最高。表 10-5 列出了三种多芯片组件的典型封装参数。

表 10-5 三种多芯片组件的典型封装参数

名称	MCM-L	MCM-C	MCM-D
内连衬底	高密度叠层 PCB	共烧低介陶瓷基板	硅基薄膜
最大布线密/（cm/cm^2）	300	800	250～750
线间距/μm	625～2250	125～450	25～75
基本最大尺寸/mm^2	700	245	50～225
介电常数	3.7～4.5	5～5.9	3.5
引线引出格栅/mm	阵列式 2.54	阵列式 2.54 交叉	周边 0.63
最大布线层数	46	63	4
通孔格栅/μm	1250	225～450	25～75
通孔直径/μm	300～500	100	8～25

多芯片组件封装使用多层连线基板，以引线键合、载带自动键合、倒装芯片键合等技术将多个集成电路芯片与基板连接，使其成为具有特定功能的组件，不仅大幅提高电路连线密度、增进封装的效率，而且可完成“轻、薄、短、小”的封装要求。同时，使封装的可靠度获得提升。

多芯片组件封装在电子系统中得到了广泛应用，取得了一定成效，但在材料制造、设计和工艺、测试等方面及多芯片组件实用化上，相比国外先进水平仍有不足。多芯片组件封装技术为满足电子产品的小型化、高性能、多功能、低成本的要求，设计模拟化、功能多样化、封装高密度化、成本低廉化和制造工程化是其发展的主要目标。

10.4.6　三维封装

三维（3D）封装技术又称立体封装技术，是在二维封装的基础上向空间发展的高密度封装技术。三维封装提高了封装密度、降低了封装成本，减小了各个芯片之间互连导线的长度从而提高了器件的运行速度。三维封装首先突破了传统的平面封装概念，使单个封装体内可以堆叠多个芯片，实现了存储容量的倍增；其次将芯片直接互连，互连线长度显著缩短，信号传输得更快且所受干扰更小；然后将多个不同功能芯片堆叠在一起，使单个封装体实现了更多的功能，形成了系统芯片封装思路；最后三维封装的芯片还有功耗低、速度快等优点，这使芯片封装的尺寸和重量减小数十倍。由于三维封装拥有无可比拟的技术优势，加上多媒体及无线通信设备的使用需求，使这一新型的封装方式拥有广阔的发展空间。本小节重点介绍 3 种不同的三维封装的结构类型及工艺。

1. 埋置型三维封装

埋置型三维封装是将元器件埋置在基板多层布线内或埋置、制作在基板内部。电阻和电容一般可随多层布线用厚、薄膜法埋置于多层基板中，而集成电路芯片一般要紧贴基板。还可以在基板上先开槽，将集成电路芯片嵌入，用环氧树脂固定后与基板平面平齐，然后实施多层布线，最后在最上层再安装集成电路芯片，从而实现三维封装。同时，又可作为后布线的芯片互连技术，能有效减少焊点，提高电子产品可靠性的电子封装技术。埋置型三维封装又可分为基板开槽埋置型和多层布线介质埋置型，如图 10-19 所示。在混合集成电路多层布线中埋置电阻和电容元件已经十分普遍，而埋置集成电路芯片和电阻、电容后的布线顶层仍可贴装各类集成电路芯片，就可构成更高组装密度的 3D-MCM 结构。因为布线密度及功率密度都很高，所以这种 3D-MCM 所使用的基板多为高导热的硅基板、氮化铝基板或金属基板。

2. 有源基板型三维封装

有源基板型三维封装就是把具有大量有源器件的硅圆片作为基板，在上面多层布线，顶层再贴装片式器件或贴装多个大规模集成电路，形成有源基板型立体 3D-MCM，获得圆片规模集成所能实现的功能。目前，大规模集成电路、专用集成电路已部分实现了圆片规模集成。有些芯片的尺寸达到近 30mm，能集成数千万个器件。这种有源硅基板通过多层布线，上面安装多芯片，就可形成有源基板型的3D-MCM，从而以立体封装形式达到了圆片规模集成所能实现的功能。无论是一个大尺寸的复杂集成电路作为硅基板，还是圆片规模集成作为硅基板来进一步实现三维结构，其关键是要解决有源硅基板的成品率问题。

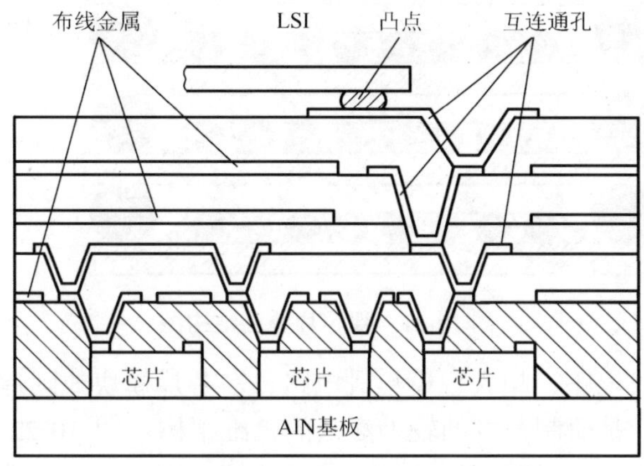

图10-19 埋置型3D-MCM结构

图10-20为有源基板型的3D-MCM结构，其工艺与一般半导体集成电路工艺相同，从而可实现大规模工业化生产。随着半导体工艺技术的发展和不断提高，硅基板与集成电路芯片应力的逐渐匹配，电子产品的可靠性可有效提高。

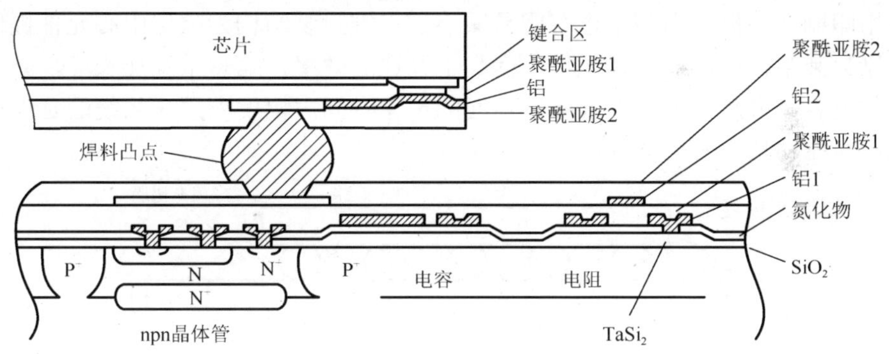

图10-20 有源基板型的3D-MCM结构

3. 叠层型三维封装

叠层型三维封装是把多个裸芯片或封装好芯片或多芯片模块沿Z轴叠装、互连，组装成三维封装结构。常见的裸芯片叠层三维封装是先将生长好凸点的芯片倒扣焊接在薄膜载体上，薄膜载体的材质为陶瓷或环氧玻璃，上面有导体布线，内部互连焊点，两侧有外部互连焊点，把多个薄膜载体叠装互连，结构如图10-21所示。

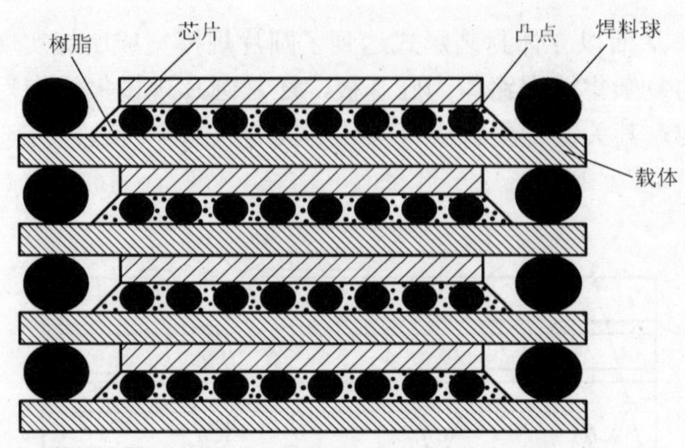

图 10-21　裸芯片叠层结构图

将大规模集成电路、超大规模集成电路、多芯片模块或圆片规模集成无间隙的层层叠装而成，是研制开发的较为活跃的三维结构。图 10-22 是在基板的两侧用直接芯片贴装方法形成的三维结构，芯片连接分别采用了丝焊、载带自动焊和倒装焊。

在三维封装中，三维器件取代了单芯片封装，封装的尺寸和重量均显著减小。与传统的封装相比，三维封装技术可以使系统的尺寸和重量降至原来的 1/40～1/50。与二维封装相比，三维封装不仅在体积、重量上有大幅度降低，而且在芯片占用印刷电路板的面积上也有明显减小。三维封装结构为叠层中心元件提供了比二维封装结构更多的相邻元件，提高了互连的效率，缩短了互连长度，减少了寄生的电容和电感，使得信号在器件间的传输时间大幅度缩短、系统的延迟得以降低，系统功耗也有所降低。

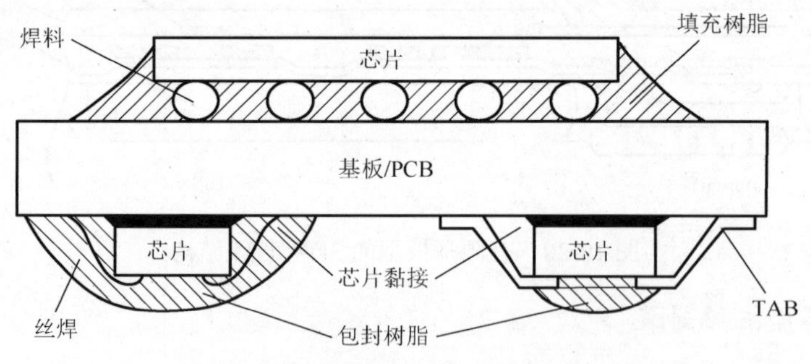

图 10-22　直接芯片贴装型的三维结构

习　题

1．微电子封装技术发展对封装的要求体现在哪里？

2．常用的硅片减薄技术有哪些？

3．芯片粘贴方式有哪几种，各有什么特点？

4．形成凸点的工艺有哪些？

5．比较各种芯片互连技术的优缺点.

6．陶瓷封装器件与塑封器件相比具有什么特点？

7．封装的材料有哪些？

8．常用的封装形式有哪些？

9．三维封装有哪三种具体方式，各有什么特点？

参考文献

[1] 田文超. 电子封装、微机电与微系统[M]. 西安: 西安电子科技大学出版社, 2012.

[2] 李荣茂. 微电子封装技术[M]. 北京：机械工业出版社, 2016.

[3] 胡永达, 李元勋, 杨邦朝. 微电子封装技术[M]. 北京: 科学出版社, 2013.

[4] 唐和明, 赖逸少, 汪正平. 先进倒装芯片封装技术[M]. 中国电子学会电子制造与封装技术分会, 译. 北京: 化学工业出版社, 2017.

[5] 李可为. 集成电路芯片封装技术[M]. 2版. 北京: 电子工业出版社, 2013.

[6] 杜中一, 张欣, 王永, 等. 电子制造与封装[M]. 北京: 电子工业出版社, 2010.

第五篇　元器件可靠性设计与组装

第 11 章　元器件可靠性设计

元器件是整机系统的基础。为了保证整批元器件的可靠性，满足整机要求，需要设计高可靠性的元器件。目前，元器件可靠性设计得到了广泛的重视。元器件可靠性设计是指在进行功能、特性设计的同时，针对元器件在以后的工作条件和应用环境下，以及在规定的工作时间内可能出现的失效模式，采取相应的设计技术，使这些失效模式得到控制和消除，从而使设计方案能同时满足其功能、特性和可靠性要求。

11.1　可靠性内涵及表征

可靠性技术也称技术故障，是一项通过对产品故障发生的原因进行分析、评价并理解后，提高产品可靠性的技术。反过来说，也可以称之为制造故障技术。可靠性技术是解决产品“不可靠”问题的一门科学技术，是从 1950 年开始，在世界范围内逐渐发展起来的一门涉及物理、化学、数学、机械及电子等诸多领域的新型交叉学科。所谓“不可靠”就是引起产品性能退化或者失效，以致其不能在规定条件和规定时间内完成规定的功能。导致产品“不可靠”的外在表象是产品的失效模式，即产品出了什么故障。引起这种“不可靠”的内在实质是产品的失效机理，即导致产品故障的原因。因此，半导体可靠性技术是一门主要研究半导体产品失效机理的学科。

11.1.1　可靠性内涵

电子元器件是构成电子系统的基本单元，随着电子产品向电子化、自动化和智能化方向的发展，任何一个电子元器件发生失效，都可能带来整个电子系统的故障，更有可能造成人员伤害。为了保障电子系统在复杂、恶劣的条件下正常工作，不仅需要其具有优良的性能，也要具有较高的可靠性。元器件的可靠性是指元器件在规定的时间及规定的条件下完成规定功能的能力。完成规定功能是指产品满足工作状态要求且无故障的工作。一个产品在某段时间内的工作情况并不能很好地反映该产品可靠性的高低，而应该观察大量该种产品的工作情况并进行合理的处理后才能正确地反映该产品的可靠性。规定时间、规定条件和规定功能的含义如下[1]。

1. 规定时间

规定时间是可靠性区别于元器件其他质量属性的重要特征，一般也可认为可靠性是元器件功能在时间上的稳定程度。因此，以数学形式表示的可靠性各特征量都是时间的函数。随着时间推移，处于工作状态之中的元器件性能会由于内部因素及外部环境的影响而发生一些变化，其可靠性会随着使用时间的增加而缓慢下降。时间单位不仅仅指的是自然天数，还有可能指的是使用次数或循环次数。

2. 规定条件

规定条件可分为使用条件和环境条件。不同的使用条件意味着元器件工作时，承受的应力水平不同。当这些应力或其累积应力超过元器件内部材料所能承受的极限时，元器件的功能就会下降或丧失。环境条件对元器件的可靠性影响也很大，如温度会使不同热膨胀系数材料的内应力增加而导致破坏；湿气可能导致材料腐蚀和元器件漏电流的增加；振动冲击会使材料疲劳而降低其机械强度等。

3. 规定功能

规定功能是元器件完成特定任务的技术性能指标。元器件丧失规定功能称为失效，对可修复产品通常也称为故障。失效或故障的判定依据，要根据涉及厂商与用户不同看法的协商结果和当时的技术水平与经济政策等做出合理的规定。

元器件的可靠性分为固有可靠性和使用可靠性。固有可靠性是指元器件通过设计和制造等工作表现出来的可靠性特征。而使用可靠性既受设计、制造的影响，又受使用条件的影响。在元器件的可靠性领域中，把避免使用不当造成失效的技术称为使用可靠性技术，简称使用可靠性，它是有关如何正确使用元器件的技术。一般使用可靠性总低于固有可靠性。提高元器件固有可靠性是相关研究单位以及生产厂家的职责。尽管元器件的质量和固有可靠性逐年提高，但是由于器件的结构复杂度和功能的增加，应用条件的多变以及使用不当，使用失效在器件的失效总数中占的比例一直为50%左右[2]。使用造成失效的主要原因有电路中的电浪涌、运输、装调过程中的静电损伤等。

11.1.2 可靠性表征

可靠性作为一项重要的质量指标，不仅需要定性表示，而且需要精确描述和比较，即对元器件进行定量的数学表征。有关元器件可靠性的描述，主要有可靠度、失效概率、失效概率密度、失效率、平均寿命和可靠寿命等。

1. 可靠度

可靠度是指元器件在规定的条件下以及规定的时间内，完成规定功能的概率。由于它与时间有关，记为 $R(t)$，称为可靠度函数，其数学表示如下：

$$R(t)=P\{\xi>t\} \tag{11-1}$$

其中，ξ 是随机变量，在这里表示元件寿命。式（11-1）可近似表示为

$$R(t)\approx\frac{N-n(t)}{N}=\frac{N(t)}{N} \tag{11-2}$$

其中，N 为进行试验的产品总数；$n(t)$为试验到 t 时刻元器件失效的总数；$N(t)$为工作到 t 时刻仍在正常工作的元器件总数。$R(t)$描述了产品在（0，t）时间段内完好的概率。

2. 失效概率

失效概率也称累积失效概率或不可靠度，是元器件在规定条件下和规定时间内未完成规定功能（即发生失效）的概率，是寿命这一随机变量（$\xi\leqslant t$）的分布函数，记为 $F(t)$，有

$$F(t)=P\{\xi\leqslant t\} \tag{11-3}$$

在实际处理中，失效概率可近似为

$$F(t)\approx\frac{n(t)}{N} \tag{11-4}$$

可靠度与失效概率是对立事件，其概率之和为 1。

3. 失效概率密度

失效概率密度是指产品在某时刻的时间段 Δt 内，单位时间发生失效的概率，它用来描述在 0～+∞ 的整个时间上的分布情况，说明器件在各时刻失效的可能性，是寿命这一随机变量的密度函数 $f(t)$，是累积失效概率 $F(t)$的微商（时间变化率），如 $F(t)$连续，则有

$$f(t)=F'(t) \tag{11-5}$$

即有

$$F(t)=\int_0^t f(x)\mathrm{d}x \tag{11-6}$$

式（11-6）可近似表示为

$$f(t)\approx\frac{F(t+\Delta t)-F(t)}{\Delta t}=\frac{\dfrac{n(t+\Delta t)}{N}-\dfrac{n(t)}{N}}{\Delta t}=\frac{\Delta n(t)}{N\Delta t} \tag{11-7}$$

其中，$\Delta n(t)$表示（t，$t+\Delta t$）时间间隔内失效的元器件数。由式（11-1）和式（11-3）

可得

$$R(t)=P(\xi>t)=1-P(\xi\leqslant t)=1-F(t)=\int_t^{\infty}f(x)\mathrm{d}x \tag{11-8}$$

显然，$R(0)=1$，而 $R(\infty)=\lim\limits_{t\to\infty}R(t)=0$，即产品开始处于完好状态，而最终都要失效。

4. 失效率

失效率是工作到某时刻尚未失效的产品，在该时刻后单位时间内发生失效的概率。因为它是时间 t 的函数，所以记为 $\lambda(t)$，称为失效率函数，有时也称为故障率函数或风险函数。用失效率来评定或表征产品可靠性水平的质量等级，是目前大多数电子元件划分质量等级的表征方式之一。失效率是表征电子产品可靠性水平的一种量化特征量。按上述定义，失效率是工作到某时刻 t 尚未失效的元器件在 $t+\Delta t$ 的单位时间内发生失效的条件概率。则在时刻 t 完好的产品，在（t，$t+\Delta t$）时间内失效的概率为

$$P\{t<\xi\leqslant t+\Delta t\mid\xi>t\} \tag{11-9}$$

在单位时间内失效的概率为

$$\lambda(t,\Delta t)=\frac{P\{t<\xi\leqslant t+\Delta t\mid\xi>t\}}{\Delta t} \tag{11-10}$$

式（11-10）反映 t 时刻失效的概率，也称瞬时失效率。其度量方法是在某时刻后单位时间内失效的产品数与工作到该时候尚未失效的产品数之比，即有

$$\lambda(t)=\frac{n(t+\Delta t)-n(t)}{[N-n(t)]\Delta t} \tag{11-11}$$

其中，$n(t)$为 t 时刻的失效数；$n(t+\Delta t)$为 $t+\Delta t$ 时刻的失效数；N 为样品总数。

为了便于电子设备的可靠性统计，常用失效率的单位是 1/h，也常用 10^{-9}/h。后者称为菲特（fit），即 100 万个器件工作 1000h 后只有一个失效，即为 1fit。根据我国国家标准“电子元器件失效率试验方法”中的规定，其失效率分为亚五级（Y），五级（W）……十级（S），相应的最大失效率分别为 3×10^{-5}/h，1×10^{-5}/h……1×10^{-10}/h，详见表 11-1。

表 11-1　失效率等级

失效率等级	失效率等级代号	最大失效率/(1/h)
亚五级	Y	3×10^{-5}
五级	W	10^{-5}
六级	L	10^{-6}
七级	Q	10^{-7}

续表

失效率等级	失效率等级代号	最大失效率/(1/h)
八级	B	10^{-8}
九级	J	10^{-9}
十级	S	10^{-10}

根据长期以来对元器件的实验及使用中得到的大量数据进行统计，发现元器件的失效率和时间的关系变化曲线，如图 11-1 所示，通常称为浴盆曲线，它可分为三段时期。

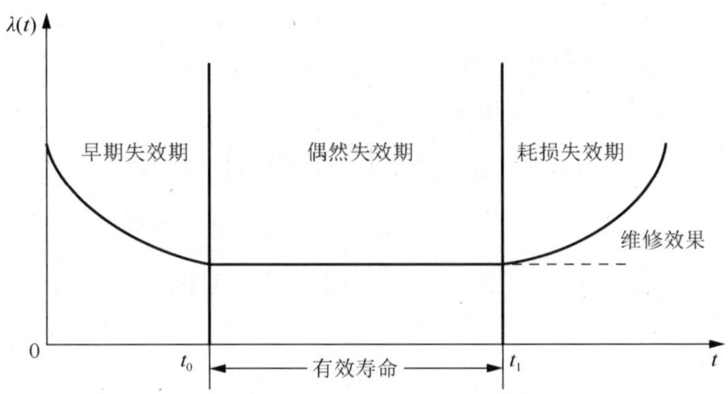

图 11-1　电子元器件失效率与时间的关系

1）早期失效期

早期失效期失效率曲线为递减型，失效率随时间的增加而下降。这一区域失效率很高，可靠性低。产品中混杂着由于材料、设计、制造工艺的缺陷所造成的各种质量低劣的早期失效产品。严格工艺操作和对原材料、半成品以及成品的检验，进行合理的筛选，可使出厂前器件的失效率达到或接近偶然失效期的水平。产品使用的早期，失效率较高且下降很快。t_0 以前称为早期失效期，针对早期失效期的失效原因，应该尽量设法避免，争取失效率低且 t_0 短。

2）偶然失效期

偶然失效期失效率曲线为恒定型，即 $t_0 \sim t_1$ 的失效率近似为常数，是产品的稳定工作区。失效主要是由非预期的过载、误操作、意外的天灾以及一些尚不清楚的偶然因素所造成的。因为失效原因多属偶然，所以称为偶然失效期。偶然失效期是能有效工作的时期，这段时间称为有效寿命。为降低偶然失效期的失效率而增长有效寿命，应注意提高产品的质量，精心使用维护。

3）耗损失效期

耗损失效期失效率曲线为递增型。在 t_1 之后失效率上升较快，这是由于产品已经老化、疲劳、磨损、蠕变、腐蚀等所谓有耗损的原因所引起的，故称为耗损失效期。针对耗损失效的原因，应该注意检查、监控、预测耗损开始的时间，提前维修，使失效率仍不上升，如图 11-1 中虚线所示，以期延长寿命。当然，若修复花费很大而延长寿命不多，则不如报废更为经济。半导体器件由于其本身的特点，如没有热阴极（与电真空器件相比），没有转动摩擦部分（与电位器相比），寿命较长。在没有烟雾、潮湿、核辐射等恶劣条件下正常工作时，早期失效期表现明显，偶然失效期时间较长，且其失效率缓慢下降，一般难以观察到明显的耗损失效阶段[3]。

5. 平均寿命和可靠寿命

器件寿命这一随机变量的平均值称为平均寿命，记为 θ，也常记作 t_{MTTF}，是器件失效前的平均时间。根据概率论知识，有

$$\begin{aligned} E(\xi) = t_{\mathrm{MTTF}} = \theta &= \int_0^{\infty} tf(t)\mathrm{d}t = \int_0^{\infty} t\mathrm{d}F(t) \\ &= -t\int_0^{\infty} \mathrm{d}R(t) = \int_0^{+\infty} R(t)\mathrm{d}t \end{aligned} \tag{11-12}$$

对一些电子产品，当其可靠度降到 r 时的工作时间为 t_r，称为产品的可靠寿命，即有

$$R(t_r) = r \tag{11-13}$$

当 $r = 0.5$ 时的 t_r 称为中位寿命；$r = 1/\mathrm{e}$ 时的寿命称为产品的特征寿命。

元器件的寿命是一个随机变量，随机变量处理是概率论和数理统计领域讨论的问题。

11.2　可靠性设计分类

目前，元器件可靠性设计得到了广泛的重视。元器件可靠性设计是指在进行功能、特性设计的同时，针对元器件在以后工作条件和应用环境下，以及在规定的工作时间内可能出现的失效模式，采取相应的设计技术，使这些失效模式得到控制和消除，从而使设计方案能同时满足其功能、特性和可靠性要求。

对元器件进行可靠性设计的基础是建立单一失效机理的可靠性模型。在模型的指导下，查找微电路设计方案中的可靠性薄弱环节，改进电路设计和版图设计，减少引起失效的应力条件，提高集成电路承受各种应力作用而不致发生失效的能力。

在以上思路的指导下，针对微电路的不同特点，建立各种实用的可靠性设计。从技术特点考虑，可将元器件可靠性设计技术分为四类。

（1）常规可靠性设计技术。这类技术与整机系统的可靠性设计技术类似，包括对电路进行冗余设计、降额设计、灵敏度分析、中心值优化设计等。

（2）针对主要失效模式的器件设计技术。为了提高元器件的可靠性，在可靠性设计中一项重要的工作是根据失效物理分析，针对热载流子效应、闩锁效应等主要失效模式，合理设计器件结构、几何尺寸参数和物理参数。

（3）针对主要失效模式的工艺技术措施。措施包括采用新的工艺技术，调整工艺参数，以提高元器件的可靠性；采用合适的外壳封装材料，改进密封设计以减小环境因素对管壳内部电路芯片的影响等。

（4）微电路可靠性计算机模拟技术。这是指在电路设计的同时，以电路结构、版图布局布线以及可靠性特征参数为输入，对电路可靠性进行计算机模拟分析。根据分析结果，可以预计电路的可靠性水平，确定可靠性设计中应采用的设计规则，并可发现电路和版图设计方案中的可靠性薄弱环节。

11.3　降额设计

元器件可靠性设计经过几十年的发展已日趋成熟，并形成了一套比较系统的定量设计方法。关于电路的可靠性设计方法，如降额设计、热设计、静电防护设计等，可直接引入可靠性设计中。从本节开始，将结合微电路设计的特点，介绍这些设计方法的基本概念。

降额设计是使元器件在使用中所承受的应力低于其设计的额定值。通过限制元器件所承受的应力大小，达到降低元器件的失效率，提高使用可靠性。降额设计中认为元器件本身是可靠的，在额定应用值下能够正常工作。但在额定状态下工作时，器件失效率往往比较大，虽然元器件的设计有一定的安全余量，但是元器件在额定工作状态下所产生的大应力，会使器件的性能随着时间推移而快速退化。

降额设计的工作内容是依据降额准则确定元器件降额等级、降额参数和降额因子，并根据确定的降额等级、降额参数和降额因子对元器件进行降额分析与计算，编写降额设计报告。

1. 降额准则

降额准则是降额设计的依据与标准。我国军用标准是 GJB/Z 35—93《元器件降额准则》。对于国产元器件一般采用 GJB/Z 35—93 进行降额设计。

国内元器件的质量与国外元器件有一定差距，因此国外元器件的降额建议采用国外推荐的降额指南进行。

2. 降额等级

我国国军标 GJB/Z 35—93《元器件降额准则》在最佳范围内推荐采用Ⅰ级降

额、Ⅱ级降额和Ⅲ级降额三个降额等级。

（1）Ⅰ级降额。Ⅰ级降额是最大的降额，对元器件使用可靠性的改善最大，超过它的更大降额，通常对元器件的可靠性提高有限，且可能使系统的性能受到影响。

（2）Ⅱ级降额。Ⅱ级降额是中等降额，对元器件的使用可靠性有明显改善，Ⅱ级降额在设计上较Ⅰ级降额易于实现。

（3）Ⅲ级降额。Ⅲ级降额是最小的降额，对元器件使用可靠性改善的相对效益最大，但可靠性改善的绝对效果不如Ⅰ级和Ⅱ级降额。Ⅲ级降额在设计上最易实现。

3. 降额参数

降额参数是指影响元器件失效率的有关参数和环境应力参数。依据元器件的失效率模型确定元器件降额参数。在 GJB/Z 299C—2006《电子设备可靠性预计手册》中给出了各类元器件的失效率模型。根据各类元器件的工作特点，对元器件失效率有影响的主要降额参数和关键降额参数，见表 11-2。

表 11-2　各类元器件的主要降额参数和关键降额参数

<table>
<tr><th colspan="2">元器件类型</th><th>主要降额参数和关键降额参数</th></tr>
<tr><td rowspan="4">模拟电路</td><td>放大器</td><td rowspan="4">电源电压、输入电压、输出电流、功率、最高结温</td></tr>
<tr><td>比较器</td></tr>
<tr><td>模拟开关</td></tr>
<tr><td>电压调整器</td></tr>
<tr><td rowspan="2">数字电路</td><td>双极型</td><td>频率、输出电流、最高结温、电源电压</td></tr>
<tr><td>MOS 型</td><td>电源电压、输出电流、频率、最高结温、电源电压</td></tr>
<tr><td colspan="2">混合集成电路</td><td>厚薄膜功率密度、最高结温</td></tr>
<tr><td rowspan="2">存储器</td><td>双极型</td><td rowspan="2">频率、输出电流、最高结温、电源电压</td></tr>
<tr><td>MOS 型</td></tr>
<tr><td rowspan="2">微处理器</td><td>双极型</td><td rowspan="2">频率、输出电流、最高结温、电源电压、扇出</td></tr>
<tr><td>MOS 型</td></tr>
<tr><td colspan="2">大规模集成电路</td><td>最高结温</td></tr>
<tr><td rowspan="2">晶体管</td><td>普通</td><td>反向电压、电流、功率、最高结温、功率管安全工作区的电压和电流</td></tr>
<tr><td>微波</td><td>最高结温</td></tr>
<tr><td rowspan="2">二极管</td><td>普通</td><td>电压、电流、功率、最高结温</td></tr>
<tr><td>微波、基准</td><td>最高结温</td></tr>
<tr><td colspan="2">半导体光电器件</td><td>电压、电流、最高结温</td></tr>
</table>

4. 降额因子

降额因子 S 是指元器件工作应力与额定应力之比，降额因子一般小于 1。若等于 1，则意味着元器件没有降额。降额因子的选取有一个最佳范围，一般情况下，应力比为 0.5～0.9。在这个范围内，基本失效率下降很多，如进一步减小应力比，元器件失效率下降不多。

图 11-2 为 NPN 晶体管功率降额设计的效果曲线。图中 P_0 是与该晶体管设计对应的额定功率，P 为降额后的实际使用功率。λ 与 λ_0 分别为降额情况下的失效率与额定功率下的失效率。从图 11-2 中可看出，当降额系数 $S=P/P_0$ 为 0.5 时，失效率降为额定功率时的 1/4 左右。当 S 小于 0.5 时，失效率下降变得不明显。图 11-2 所示的降额设计效果具有一定的普遍性。

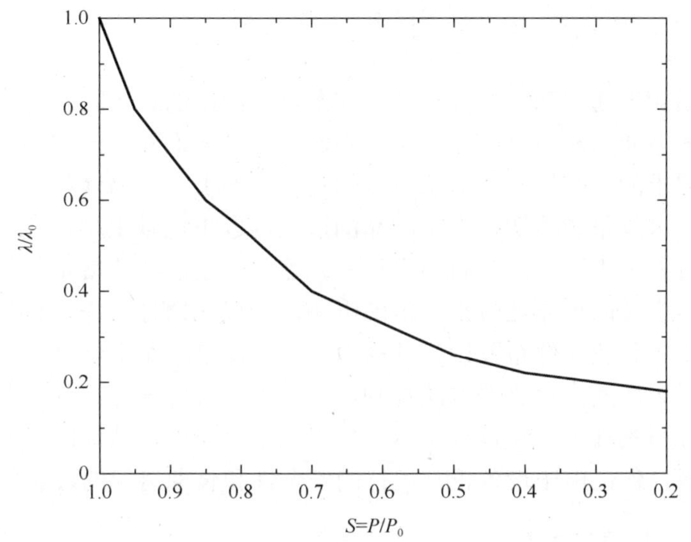

图 11-2　NPN 晶体管功率降额设计的效果曲线图

5. 降额分析与计算

进行降额分析与计算时，首先根据元器件手册的数据，获得额定值并计算元器件降额后的允许值；其次利用电、热应力分析计算或测试以获得温度值和电应力值；最后将降额后的允许值与实际工作值进行比较，检查每个元器件是否达到降额要求。

在降额设计中，“降”得越多，要选用的元器件性能就应该越好，成本也就越高，因此在降额设计过程中，要综合考虑。并不是所有的电子产品都可以“降额”，在实现设计过程时，应该注意以下几点。

（1）不应将标准所推荐的降额量值绝对化，应该根据产品的特殊性适当调整。

（2）应注意有些元器件参数不能降额。

（3）一般情况下，对于电子元器件，其应用应力越降低越能提高其使用可靠性，但不尽然。例如，聚苯乙烯电容器，降额太大易产生低电平失效。

（4）为了降低元器件的失效率，提高设备可靠性而大幅值降低其应用应力，按其功能需要增加元器件数量和接点，但会导致设备可靠性降低。

（5）对器件进行降额应用时，不能将所承受的各种应力孤立看待，应进行综合权衡。

（6）不能用降额补偿的方法解决低质量元器件的使用问题，低质量产品要慎重使用。

11.4 热　设　计

热设计是随着通信和信息技术产业的发展而出现的一个较新的行业，且越来越被重视。随着通信和信息产品性能的不断提升及人们对于通信和信息设备便携化和微型化要求的不断提升，信息设备的功耗不断上升，而体积趋于减小，高热流密度散热需求越来越迫切，电子产品的过热问题也就越来越被关注。如果在电子产品设计过程中不注重热分布的设计，元器件产生的热流就不能得到很好的控制，最终将给产品的可靠性带来一定的影响，造成元器件工作不稳定甚至失效。特别是在印刷电路板元件布置设计过程中，热设计问题尤为重要。

热设计是采用适当可靠的方法控制产品内部所有电子元器件的温度，使其在所处的工作环境条件下不超过稳定运行要求的最高温度，从而防止元器件出现过热应力而失效，保证电子设备正常运行的安全性和长期运行的可靠性。

11.4.1　失效率与温度关系

可靠的电子元器件是指在一定的使用条件下，能正常工作到使用寿命为止。所有电子元器件都对温度敏感，超出极限温度时它们的性能将变得很差，如果温度大大超出工作温度范围，元器件可能会损坏。电子元器件的工作温度通常是由生产制造商规定的，一般情况下规定工业级为-20～+85℃；民用级为 0～70℃；军用级为-55～120℃。电子设备是由大量的电子元器件组成的，正是这些电子元器件的功耗造成了电子设备的内部及其周围环境温度过高，导致电子设备失效率大大增加，降低了设备的可靠性和使用寿命。电子元器件所用的材料都具有一定的温度极限，当超过这个极限时，其物理性质就会发生变化，器件就不能发挥它预期的作用，还有可能发生故障，从电子元器件失效率的统计数据中可以看出电子元器件的失效率与其工作温度有密切关系。如图 11-3 所示，可以明显看出温度对电子元器件的可靠性起着重要的作用。

电子元器件的主要失效形式是热失效，随着温度的增加，其失效率呈指数增长趋势。在电子行业中，电子设备的失效率有 55%是温度超过规定的值引起的。器件环境温度每升高 100℃，其失效率增加一个数量级，这就是所谓的“100℃法则”。因此，对电子设备而言，即使是降低 10℃，也将使设备的失效率降低一个可观的量值，这对于可靠性要求高的电子系统尤为重要。例如，PIII500 芯片，其集成的元器件数目达到了百万之多，运行温度显著提高，虽然采用了散热片、风扇等措施来进行冷却降温，但仍得不到所要求的效果。Intel 公司不得不将其工作电压从 5V 降低到 3V，甚至更低，以减小其功耗，控制内部温度，保证其正常工作。可见，在设计电路时，热设计是十分重要的。表 11-3 显示了电子元器件失效率随温度变化的关系。

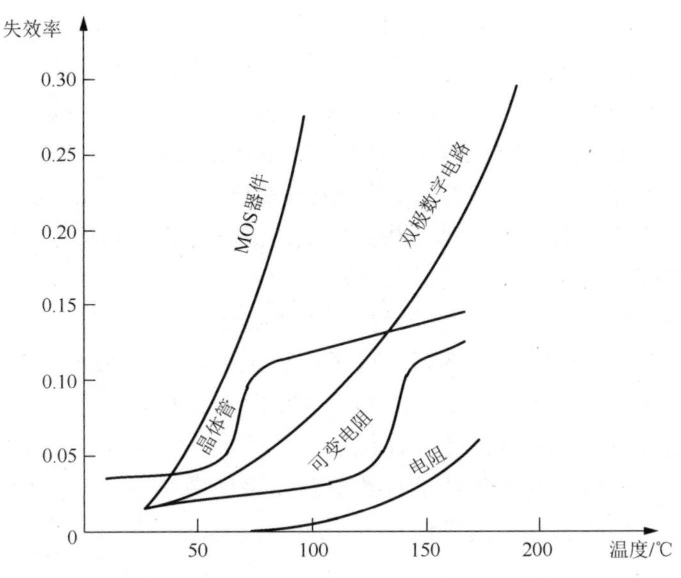

图 11-3　电子元器件失效率与温度的关系

表 11-3　电子元器件失效率随温度变化的关系

元件名称	基本失效率		Δt/℃	高低温失效比例
	高温	低温		
晶体管	160℃时 0.064	40℃时 0.008	120	8∶1
玻璃管和陶瓷电容	125℃时 0.029	40℃时 0.0009	85	32∶1
变压器	85℃时 0.0267	40℃时 0.001	45	27∶1
碳膜电阻	90℃时 0.0063	40℃时 0.0002	50	31∶1
集成电路芯片	90℃时 0.51	40℃时 0.0068	50	75∶1

从表 11-3 可看出，元器件在高温环境下工作将使其失效率升高。无论升高幅度大小，元器件的失效率都随着温度的升高而升高，即元器件的工作寿命随温度的升高而降低。

11.4.2 热设计思路

热设计思路有降耗、导热、布局三个措施。降耗是不让热量产生；导热是把热量导走不产生影响；布局是热没散掉但可以通过措施隔离热敏感器件。

降耗是最原始最根本的解决方式，降额和低功耗的设计方案是降耗的两个主要途径。其中降额是最需要考虑的降耗方式。假设一根细导线，标称能通过 10A 的电流，电流在其上产生的热量就较多，把导线加粗，增大余量，标称通过 20A 的电流，则同样都是通过 10A 电流时，由于内阻产生的热损耗就会减小，热量就小。而且因为降额，在环境温度升高时，由于有余量，即使器件性能下降，也能满足要求。降低功耗，器件选型时尽量选用发热小的元器件，如片状电阻和线绕电阻（少用碳膜电阻）；独石电容和钽电容（少用纸介电容）；MOS 和 CMOS 电路（少用锗管）；指示灯采用发光二极管或液晶屏（少用白炽灯）；表面安装器件等。除了选择低功耗器件外，对一些温度敏感的特型元件进行温度补偿与控制也是解决问题的办法之一，尤其是放大电路的电容电阻等定量测量关键器件。低功耗的方案需要结合具体的设计进行分析，不予赘述。

导热的设计规范比较多。例如，进风口和出风口之间的通风路径须经过整个散热通道，一般进风口在机箱下侧方角上，出风口在机箱上方与其距离最远的对称角上；避免将通风孔及排风孔开在机箱顶部朝上或面板上；对靠近热源的热敏元件，采用物理隔离法或绝热法进行热屏蔽；采用散热装置（热槽、散热片、风扇）减小热阻；热源器件专门设计在一个印制板上，并密封、隔离、接地和进行散热处理；设计上避免器件工作热环境的稳定性，以减轻热循环与冲击而引起的温度应力变化等。产品不同，设计指标要求也会不同，可根据厂家自行进行调整。

元器件布局合理，不仅可以减小热阻，还能减小元器件间的热影响。其合理布局应遵循以下原则。

（1）元器件安装在最佳自然散热的位置上，发热元件分散安装，将发热量大的元件安装在条件好的地方，如靠近通风孔。

（2）将热敏元件安装在热源下面。零件安装方向横向面与风向平行，利于热对流。

（3）元器件热流通道要短、横截面要大并且通道中无绝热或隔热物。

（4）冷却气流流速不大时，元件按叉排方式排列，提高气流紊流程度、增加散热效果。

（5）发热元件不安装在机壳上时，与机壳之间的距离应大于 35～40cm。

11.4.3 表面贴装元件热设计方法

近年来表面贴装技术的应用不断拓展，使得热设计工作变得更为复杂和困难。

这是由于表面贴装类元器件与矩形扁平插装器件相比较，物理形状和尺寸的大小有着显著的不同，表面贴装元器件更趋小型化、微型化。因此，表面贴装元器件的冷却比起以往所采用的通孔器件（如双列直插式器件）来说，在印刷电路板上所占的空间更趋紧凑，进一步增加了热密度。

近年来，人们对表面贴装技术的散热问题倾注了大量的精力，其主要研究内容包括冷却系统的设计、散热片的材质选择以及数值热分析等。为了能够有效地解决表面贴装元件的散热问题，可以从表面贴装元器件的内部和外部两方面热设计来采取措施。

1. 内部热设计方法

为了提高表面贴装元器件的热性能，可以对器件组装本身进行综合的热设计处理。例如，对于引脚数量众多的方形塑料扁平封装器件，可以通过增强其内在的冷却性能，使得热传递性能大为改善。包括使用铜引脚框架增加引脚框的面积和增加组件内的传热通道将其与引脚框连接起来，将热量通过引脚框传递到器件的外表面。采用这些热设计措施，将增大方形塑料扁平封装器件的功耗散发量，可以从原来的 2W 左右增至 3W 以上。

另外，采用其他热设计的方式也能够改善表面贴装器件的散热性能。例如，增加管芯尺寸、增加铜材制成的电源线和接地线的面积及降低塑料的厚度等。所有表面贴装元器件内部增加的热设计措施都会导致费用增加，影响结构的可靠性。因此，目前更多的是采用外部散热和冷却的热设计方法。

2. 外部热设计方法

为了能够将表面贴装器件上的热量散发掉，人们尝试了各种方法，其中绝大多数方法同样也适用于通孔插装工艺。对于表面贴装和通孔插装器件也可以使用系统冷却技术。

一些常规的电子元器件和印刷电路板上常用的冷却技术，也同样可用在表面贴装器件上，包括传热通道、冷板、焊接散热板、热管、温差电制冷、微型风机和充满液体的冷却袋等。

在表面贴装元器件的顶部安装上散热器，可以显著地增加元器件的散热面积。当气流方向不明确的时候，在表面贴装元器件上黏接垂直的铝散热片是非常有效的。表面贴装元器件所采用的散热器，绝大多数采用挤压成形或波纹状的铝板材，此外还有实心铜散热器。目前多采用由金属填充的、具有热传导性能的聚合物材料制造的散热器，其结构如图 11-4 所示。该散热器的优势在于，它的热膨胀系数与塑封器件接近，热传递性能较高，可以通过胶黏剂黏接在表面贴装器件上。

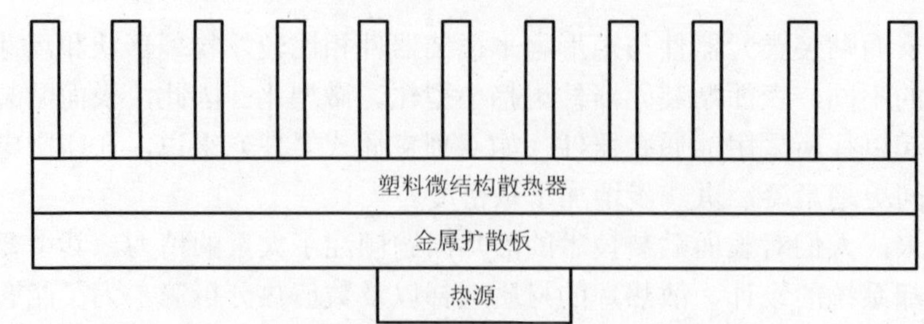

图 11-4　金属-塑料（聚合物）散热器示意图

在表面贴装器件上使用散热器会增加热耗散的面积，这种散热器向外凸出的高度很小，散热片的覆盖面的边长是表面贴装元器件长度的 30%～50%，不会妨碍焊点的检查。散热片的高度可在满足空间尺寸限制的条件下，达到最大限度的允许值。黏接散热片的材料最好采用柔性的、填充有银粉的环氧黏合剂。

对于涉及高热度的特殊应用场合，或者为了达到最佳的高速工作状态，必须对元器件进行冷却，使之低于环境温度，比如温差电制冷就是一项有效的技术手段。一般情况下温差电制冷颇为麻烦，但温差电制冷可以满足定点定位的冷却需要，它几乎可以满足各种尺寸大小的需求。作为一个有源器件（好似一个热泵），它要求有输入功率。在接触器件的一侧形成一个制冷端，热量从发热的一端散发出去。例如，某一微信息处理装置采用温差电制冷进行低于环境温度的冷却，温差电制冷与水冷套管相结合，水冷套管将温差电制冷的发热端所散发的热量带走。温差电制冷端通过黏接或者压紧装置与发热元器件的表面相连接。

从表面贴装元器件顶部所散发的热量，同样也可以通过液体所形成的柔性散热器来完成。例如，采用内部注满全氟化碳液体的金属化塑料袋作为柔性散热器，袋中的受热液体通过热对流传导，可以很方便地将器件上所散发的热量传递到袋子的金属化塑料表面。当散热袋与散热体，如机壳或机柜壁相接触时，会获得最佳的效果。上述充满液体的柔性散热器已经有效地达到 2.3W/cm^2 以上的功率耗散，它一般被使用于自然对流受到约束，或者不能直接采用强迫冷却的特殊场合。

热管比简单的带有散热片的散热器所占用的空间要多，但其冷却能力却有显著的提高。热管加强了散热片的热交换能力，并能适应高功率密度的场合需要。典型的热管冷却结构是采用热管和冷却散热片的组合体，它能够固定在大型和微型元器件的顶部并进行散热。在铜基层中竖直埋置热管，该热管一直延伸到散热器上，对于 32mm×32mm 正方形的表面贴装器件，在强迫风冷的状态下，采用高度大于 25.4mm 的热管散热器能够耗散掉 60W 的热量。

借助热管的超导能力，热管能迅速将热量从底座转移到各个鳍片上，实现超强散热。因此，热管是整个散热器的关键，热管数量、直径大小、热管类型、热管与热源的接触方式都直接影响着散热器的性能。

除了可对表面贴装器件顶部进行冷却，还可以在其底部进行冷却以使冷却效果进一步加强，或者采用底部冷却来替换顶部的冷却。底部冷却最简便的方式是在印刷电路板的底部黏上一块金属板（冷板），这种方式虽然简单，但是元器件底部的热量必须通过印刷电路板才能得以传导到金属板上。印刷电路板是热的不良导体，因此该方式散热效率并不高。另一个常用的工艺方式是在元器件的下面提供一定数量的通道，这些通道被制成通孔形式，焊锡被灌注在其中。热通道将元器件底部的热量，通过印刷电路板传递到安装在板子另外一个侧面的冷板上进行热交换，如图 11-5 所示。

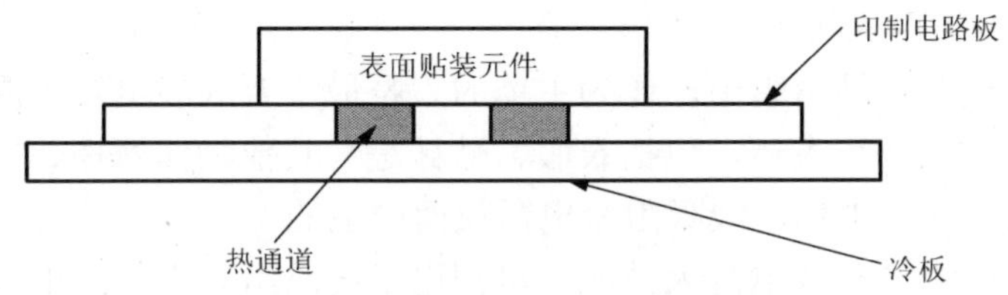

图 11-5　具有热通道的印刷电路板

11.5　静电防护设计

静电防护是为防止静电积累所引起的人身电击、火灾和爆炸、电子器件失效和损坏，以及对生产的不良影响而采取的防范措施。其防范原则主要是抑制静电的产生，加速静电的泄漏，进行静电中和等。

11.5.1　静电放电现象

物体聚集静电后，其电位很高，能达到数千伏甚至数万伏，当电场强度超过附近电介质的抗电强度时，电场力就会使介质中的束缚电子脱离原子核而形成自由电子，于是介质变为导体，电荷从一个物体向另一个物体产生静电放电（electrostatic discharge，ESD）现象，又称静电放电效应。

发生静电放电的前提是物体带静电。静电是指物体所带电荷处于静止或缓慢变化的相对稳定状态。静电一般存在于物体的表面，是正负电荷在局部范围内失去平衡的结果。静电可由物质的接触和分离、静电感应、介质极化和带电微粒的附着等物理过程产生，静电的特点是高电位及小电量。其主要产生方式有摩擦产生静电和感应产生静电两种。

摩擦产生静电是通过电子或离子的转移而形成的。两个相对绝缘的物体相互摩擦，一个物体中的一部分电子会转移到另一物体上，于是这个物体失去了电子，并带上“正电荷”，另一个物体得到电子并带上“负电荷”，就会产生静电。像塑料、地毯、化纤织物、纸张、海绵物品之间或人与这些物品之间的相互摩擦，均可产生和存有大量的静电荷。例如，人在化纤地毯上行走、对印刷电路板进行塑料薄膜包装等，都可以使人体携带几千伏甚至高达万伏以上的静电。

除了不同物质之间的接触摩擦会产生静电外，相同物质之间接触摩擦也会产生静电。产生的静电能量除了取决于物质本身外，还与材料表面的清洁程度、环境条件、接触压力、光洁程度、表面大小和摩擦分离速度等有关。

导体或电介质处在静电场中均会感应起电。带静电的物体附近存在导体时，导体在静电场的作用下会发生极化，极化后的电介质在电力线方向相对的两面出现大小相等且极性相反的感应电荷，并成为新的电场源而产生静电。显然，非导体不能通过感应产生静电。

另外，在电子产品组装中，作为主体的人是最主要的静电发生源之一。人体静电主要是人的行动和人体，包括衣服、鞋袜等与其他物体摩擦、接触分离、静电感应或直接接触带电体，或吸附带电微粒而产生的。

依据静电的力学和放电两大效应，可把电子产品组装中的静电危害大体上分为静电吸附和静电放电。静电作用力的数值通常是很小的，印制板组件和元器件的静电吸附表现为吸附灰尘、杂质和潮气，这就会改变线路之间的阻抗，影响绝缘性、安全性，直接影响电子产品组件的功能和寿命。

静电放电现象是过电应力的一种。首先，电压较高，至少有几百伏，典型值为几千伏，最高可达上万伏；其次，持续时间短，多数只有几百纳秒；然后，相对于通电所说的过电应力，其释放的能量较低，典型值在几十到几百微焦耳；最后，静电放电电流的上升时间很短，如人体放电，其电流上升时间约短于 10ns。人体对 3kV 以下的静电放电毫无感觉，但这种静电却是电子产品组装业中最普遍、最严重的危害。据相关统计，在微电子领域因 ESD 造成的危害损失每年高达约 100 亿美元[4]。从元器件的预处理、贴装、焊接、清洗、测试直到包装、储存、发送等工序，由于接触、分离、摩擦、碰撞、感应等作用，都会导致元器件、组件、产品因接触静电而产生静电放电，电子产品组装中静电敏感器件（SSD）能承受的静电放电电压一般为几百伏，最高也仅为数千伏。

11.5.2 静电放电损伤

静电放电对元器件的损伤主要表现为两类，一类是造成整个元器件的失效和损坏，称硬击穿；另一类是造成元器件的轻微击伤，降低元器件的性能参数，称软击穿。软击穿危害比硬击穿危害更大，因为静电放电对元器件的损伤是在不知不觉的状况下发生的，遭到静电轻微击伤后，在装配的检验工序中并不能被发现，而是等到产品正式投入使用一段时间后，才发展为器件的完全失效，其后果将更加严重，具体特点如下。

1）损伤的隐蔽性

一般情况下，人体所带静电电位都在 1～2kV，在此电压水平静电放电，人体一般无法直观觉察，而元器件却在人们不知不觉当中受到损伤，损伤不易发现。

2）损伤的潜在性

静电放电引起的半导体器件的损伤，相当一部分是潜在性的。有些元器件受静电放电损伤后，并未达到完全失效的程度，仅表现出产品某些性能参数的下降，如不进行全面的检测往往无法发现。例如，数字电路在静电损伤后输入电流的增加，在电路功能测试时一般不会发现。

3）损伤的随机性

只要元器件接触和靠近超过其静电放电敏感电压阈值的情况存在，就有可能发生静电放电损伤。而由于静电可以在任何两种接触分离的条件下产生，故元器件的静电损伤有可能从加工到使用维护的任意环节、任意步骤、与任何有关带电人体（或物体）接触时发生，具有很大的随机性。

4）复杂性

静电损伤失效分析工作，需要各种先进的分析仪器和设备。有些静电损伤现象也难以与其他原因所造成的伤害加以区别，使人误把静电损伤失效当作其他失效，从而不自觉地掩盖了失效的真正原因。

11.5.3　静电放电防护

静电放电防护应贯彻于电子产品的全过程中，即在设计、生产、使用的各个环节都要采取相应的措施。针对静电放电的损伤特点，ESD 防护可以从生产制造过程、片外专用 ESD 保护器件和片上 ESD 防护单元电路设计三个不同的层面来进行。

1. 生产制造过程中 ESD 防护

生产制造过程中的静电防护重点是从消除静电源和加速释放静电电荷两要素入手，是从源头上防止静电的产生，减少甚至消除静电的积累。具体措施如下。

（1）避免使用产生静电的材料。采用专门的防静电的塑料和橡胶（在塑料或橡胶中掺入炭黑或碳等导电材料）来制作各种容器，如包装材料、工作台垫、设备垫、地板等。

（2）静电放电敏感器件必须采用防静电材料包装。常用的包装材料有静电导电泡沫塑料、防静电袋和防静电包装盒等。在器件验收和入库检查时应检查其是否采取防静电材料包装以及包装是否完好。

（3）操作者应穿防静电工作服和鞋子，不能穿化纤（尼龙、涤纶等）工作服，避免摩擦起电。

（4）控制环境湿度。环境湿度越大，静电累积就越低，当然环境湿度也不能太大，否则对湿敏元器件不利，一般环境湿度控制在 40%RH～70%RH 为佳。

（5）对各种可能产生静电的物体和人提供放电通路。例如，车间的各种仪器、设备和电烙铁头要接地良好；操作者使用接地的肘带、腕带等。

2. 片外 ESD 防护

片外 ESD 防护是利用外围器件保护芯片，使其免受 ESD 伤害；片上 ESD 防护是将 ESD 防护电路集成到芯片上，提高芯片自身的防护能力。

对于片外 ESD 防护，设计时利用陶瓷电容、齐纳二极管、肖特基二极管、多层变阻器和瞬态电压抑制器等外围器件来保护芯片免受 ESD 伤害。例如，多层变阻器，就是利用压敏电阻的非线性特性，经出现在压敏电阻两极的过电压钳位到一个相对固定的电压值，从而实现对后级电路的保护。

3. 片上 ESD 防护

片上 ESD 防护对电子产品抗击 ESD 伤害的作用至关重要。它能从本质上提高集成电路产品的 ESD 防护能力[5]。片上 ESD 防护利用集成在芯片内部的 ESD 防护单元实现，能在 ESD 事件发生时保护内部电路免遭烧毁。较之片外 ESD 防护，它更能直接而显著地增强 ESD 防护能力，节省板级空间，减少系统成本并降低设计与布线的复杂度。对于片上 ESD 防护的设计与研究，可以从电路级、器件级和版图级三个不同层次进行。

1）电路级

电路级 ESD 防护设计并非仅仅设计单个 ESD 防护器件，它需要侧重于系统级的研究，构建一种芯片级的 ESD 防护网络。不同的芯片需要设计不同的全芯片防护方案。在实际的电路级 ESD 防护设计过程中，通常要考虑芯片的大小、引脚数目等因素。

2）器件级

器件级 ESD 防护设计需要在深入分析传统 ESD 防护器件，如二极管、MOS 管和晶闸管等工作机制的基础上，设计出开启电压低、寄生电容小、开启速度快和防护等级高的 ESD 防护器件。

3）版图级

版图级 ESD 防护设计主要研究金属布线和寄生电容之间的关系，以及多叉指情况下的均匀导通问题。

在实际的 ESD 解决方案中，通常同时采用上述三种方法。其中片上 ESD 防护是最经济有效的方法。

11.6　抗辐射加固技术

抗辐射加固技术是为保证电子系统、仪器等在辐射环境中仍能完好并可靠地完成各种预定功能而采取的各种技术措施。为了进行抗辐射加固工作，首先，必须了解辐射环境和辐射效应损伤机制。其次，根据抗辐射指标和电子系统所要完成的性能要求制订失效判据。然后，按照合理的安全系数进行加固设计。从器件生产、电路设计到组装成电子系统，每个环节都可加固，但是元件、器件的加固，是整个加固工作的基础[6]。

辐射环境往往是一个综合的辐射场。每一种辐射可产生数种效应。一种辐射可产生与另一种辐射相同的效应，只是程度有所不同。运行在空间的各类人造卫星、航天器会受到地球带电粒子、太阳宇宙射线等各种辐射，并造成不同程度的损伤。另外，除天然辐射环境外，核武器爆炸也会对各种电子系统及元器件构成严重威胁。为避免在未来战争中遭受敌方毁灭性的打击，提高武器系统和卫星等航天器的抗辐射能力十分必要。微电子器件的抗辐射加固技术是辐射环境下电子系统或装置可靠工作的保障。

11.6.1　辐射效应分类

在航天器运行的空间环境中，存在着由高能粒子、射线组成的辐射环境，其中一些粒子穿透航天器的屏蔽层，与元器件材料相互作用产生辐射效应，引起器件的性能退化或功能异常，影响航天器的在轨安全。引起器件辐射效应的主要空间辐射源包括地球辐射带中的质子和电子、银河宇宙射线中的重离子和高能质子、太阳耀斑的质子和重离子等。

在空间辐射作用下，高能粒子穿过器件材料时，辐射粒子在器件中能量的沉积，产生电离效应、位移损伤效应、瞬时辐照效应和单粒子效应，使器件性能退化。

1. 电离效应

电子、质子、γ 射线等辐射粒子进入硅材料并与原子轨道上的电子相互作用。若电子获得足够能量脱离原子核的束缚而成为自由电子，原子则成为带正电的离子束，即辐射粒子产生电子-空穴对，这即是碰撞电离过程。γ 射线和 X 射线通过光电效应很容易产生电离效应，在 MOS 器件的栅氧中产生陷阱并使 Si/SiO_2 界面态密度增加。空穴迁移率小，被氧化层陷阱俘获而带正电，引起平带电压向负栅压方向漂移，导致阈值电压变化，跨导下降。γ 射线还可使管壳内气体电离，在芯片表面积累可动电荷，引起表面复合电流和漏电。

2. 位移效应

中子不带电，具有很强的穿透能力。当中子与硅材料中的原子发生碰撞时，晶格原子在碰撞中获得能量而离开原来位置进入晶格间隙，在原来位置处留下一个空位，这种效应称为位移效应。这是一种永久损伤，若晶格原子能量较高，它的运动还可使路径上更多晶格原子位移，在晶格内形成局部的损伤区，形成缺陷。位移效应破坏了半导体晶格的势能，在禁带中形成新的电子能级，起着复合中心和散射中心的作用。复合中心可使半导体内多子减少，致使材料电阻率增大，向本征硅转变（即杂质补偿作用）。它增加了发射结空间电荷区的产生-复合电流，缩短了基区少子寿命，使电流放大系数下降，饱和压降增加，引起性能退化。其中少子寿命是中子辐照引起的半导体材料特性变化最灵敏的参数。

3. 瞬时辐照效应

瞬时 γ 脉冲在 PN 节空间电荷区产生大量电子-空穴对，它们在结电场作用下产生瞬时光电流，对器件形成瞬时损伤。瞬时辐照还可在 PNPN 四层可控硅结构的器件内形成闩锁。

4. 单粒子效应

单粒子效应是指单个高能粒子穿过微电子器件的灵敏区时造成器件状态的非正常改变的一种辐射效应，包括单粒子翻转、单粒子锁定、单粒子烧毁、单粒子栅击穿等。

单粒子翻转是空间辐射造成的多种单粒子效应中最常见和最典型的一种。主要发生在数据存储或指令相关器件中，引发器件的逻辑状态发生异常变化。单粒子翻转造成的器件错误可通过系统复位、重新加电或重新写入能够恢复到正常状态。航天器抗单粒子效应设计的主要途径是采用检错纠错码技术发现并纠正单粒子翻转错误，使之不会对航天器系统造成更严重乃至致命的错误。

单粒子锁定主要发生于 CMOS 器件中。单个带电粒子入射产生的瞬态电流触发 CMOS 器件的寄生可控硅结构，使其导通，由于可控硅的正反馈特性使电流不断增大，进入大电流再生状态，即导致锁定。锁定大电流导致器件局部温度升高，造成器件永久性损坏。一般而言，单粒子锁定都是由重离子引起的，而对于某些非常敏感的设备，质子也会导致单粒子锁定。在航天工程中，防范单粒子锁定的措施主要有限流电阻、限流电路或系统重新掉电、上电等。

单粒子烧毁是场效应管漏极-源极局部烧毁，属于破坏性效应。入射粒子产生的瞬态电流导致敏感的寄生双极型晶体管导通，双极型晶体管的再生反馈机制造成收集结电流不断增大，直至产生二次击穿，造成漏极-源极永久短路，直至电路烧毁，单粒子烧毁主要影响 CMOS、功率 BJT、MOSFET 等器件。

单粒子栅击穿是指在功率 MOSFET 器件中，单粒子导致在栅氧化物中形成导电路径的破坏性的烧毁。

单粒子效应是威胁航天器安全的主要空间环境效应，而且随着航天器系统复杂程度和器件集成度越来越高，单粒子效应的危害会更加严重。

11.6.2　抗辐射加固措施

不存在对所有辐射效应均有效的加固措施。对于电离效应、单粒子效应和位移损伤效应，分别需要针对性的加固措施。

1. 工艺加固

利用抗电离效应加固工艺的方法有薄栅氧化层、隔离栅、浅沟槽隔离 STI 代替局域硅氧化隔离 LOCOS 等。因为辐射产生的氧化层陷阱电荷量与氧化层厚度的平方成正比，所以采用薄栅氧化层可显著减少辐射产生氧化层陷阱电荷。新涌现出来的超深亚微米器件，栅氧化层较薄，固有抗电离效应能力较强。隔离栅（环形栅）结构是在栅四周增加一个重掺杂环，重掺杂区不易反型，可降低栅四周厚的场氧化层陷阱电荷引起的漏电流的影响。局域硅氧化隔离容易在栅边缘形成状如“鸟嘴”的区域，厚的鸟嘴区容易形成漏电路径。采用浅槽隔离结构，可以降低单边缘场氧化层厚度，减少氧化层陷阱电荷引起的漏电流。

利用抗单粒子效应加固工艺的方法包括增加反馈电阻和 SOI/SOS 技术。在存储单元中增加反馈电阻，可以提高内部电路的 RC 常数。增加了反向器之间反馈过程的时间常数，从而增大了从一种状态转到另一种状态的时间，降低逻辑翻转概率。采用 SOI/SOS 工艺，减少离子的电离路径长度，从而减少离子产生的额外电荷量，降低单粒子事件的发生概率。SOI 技术是在绝缘衬底上形成单晶硅以制作数字电路和模拟电路的技术。SOI 器件具有速度快、集成度高、工作温度范围宽（高温达 350℃）、无单粒子锁定效应等特点。使用 SOS 技术制出的器件对单粒子锁定免疫。

2. 材料加固

微电子器件材料的加固技术，实质上是对加固微电子器件材料的选择。砷化镓、氮化镓、碳化硅等材料具有宽的禁带宽度，用这些材料制造出的器件不仅具有高速、高频、功率大、功耗低、工作温度范围宽（200～400℃）等特点，而且抗电离效应能力高。

铁电材料具有介电系数高、机械耦合系数大、热电响应和光电效应好等特点，并有自发的极化特性。用铁电材料制成的非易失性存储器与硅 E^2PROM 相比，抗电离辐射能力较强。

11.6.3　抗辐射加固原则

一个电子系统包含许多个元件、器件和单元电路，加固的电子系统必须经过辐射效应的实际检验，才能最终确定其抗辐射能力。

半导体分立器件的加固，主要从材料、结构和工艺三方面考虑。原则上，应选择低载流子寿命或高掺杂的材料，即选用低阻材料。结构设计应尽可能做到薄基区、重掺杂、小尺寸（特别是结面积），尽量提高器件的增益和带宽。在工艺方面，需要掌握浅结扩散，以及合适的钝化层材料及厚度。封装要使管壳与管芯间保持高真空或填充适当的填充材料。器件内部采用铝线互联。通过电参数筛选和预辐照退火筛选，优选出抗辐射能力较强的器件，也可获得一定的加固效果。

单元线路的加固需要设计各种补偿电路，用以减小辐射影响。常用的电路有达林顿电路（补偿中子辐照引起的增益下降）、晶体管对电路（补偿瞬时光电流）、集电极阻抗补偿电路、基极-发射极间阻抗补偿电路、发射极负载补偿电路等。为此，要求选择出性能一致的器件。

集成电路的加固原则上与分立器件一样。但是，还必须解决寄生结和闭锁现象等特殊问题，方法是采用介质隔离和薄膜电阻，尽量使反偏结工作在低压等条件下。

电子系统的加固是一项综合而复杂的工作。首先对整个电子系统进行易损性和辐射灵敏度的分析，利用分配法加固和平衡加固原理，提出子系统或各个部分的抗辐射指标。随后对子系统和部件确定辐射容限，挑选元件和器件，或对元件和器件提出加固要求。在单元电路加固的基础上，尽量少用有源元件和高阻值电阻，设法降低功率损耗，提高逻辑灵活性，采用限幅器、滤波器或齐纳二极管等措施。对于整个系统，还要从屏蔽结构、充填材料和可靠性等方面考虑。对于瞬时辐射效应，采用时间回避法或间隙式工作方式比较有效。对于易损部分，可采用局部屏蔽或双套以上的复式电路。抗辐射电子系统的设计，应利用计算机进行模拟分析和辅助电路设计，不仅可提高工作效率，而且还可以模拟实验室很难得到的环境条件与元器件和电路的极限参数对电路的影响。

11.7　耐环境设计

耐环境设计是在设计时就考虑产品在整个寿命周期内可能遇到的各种环境影响，如装配、运输时的冲击，振动影响，储存时的温度、湿度、霉菌等影响，使用时的气候、沙尘振动等影响。元器件耐环境设计又称为环境适应性设计，是保证元器件在规定的寿命期内，在运输、储存和使用过程的预期环境中，实现规定功能的设计技术。因此，必须慎重选择设计方案，采取必要的保护措施，减少或消除有害环境的影响。

11.7.1　元器件失效模式

环境是指在任一时刻和任一地点产生或遇到的自然环境因素和诱发环境因素的综合体。它是影响元器件在运输、储存和使用中可靠性的重要因素，是进行可靠性设计和耐环境设计的基本依据。所谓自然环境因素是指由大自然按其运动规范自发产生的因素，包括地表、气候和生物因素等。例如，温度、湿度、风、雨、电、辐射等；而诱发因素则主要是指由人类活动引起的，即由产品设计者、生产者、使用者在设计、生产和使用时所形成的环境，如元器件在运输过程中所受到的冲击、振动和碰撞等机械应力，开关打开或关闭时产生的浪涌电压等。

大多数环境因素既不是静止不变的，也不一定是处处存在的。环境因素的存在及其变化与地理位置和季节有关。例如，在湿热带地区会出现暴雨、高湿、大量植被、生物和微生物等因素，但不会出现沙尘；温度和湿度在同一地区也随四季变化；人类活动会使局部地区的环境发生改变。

元器件在装运、储存和使用过程中所处的典型应用环境为振动、冲击、温度、湿度和盐雾。表 11-4 列出了主要类别的元器件在这五种环境因素下易出现的失效模式。

表 11-4　主要类别元器件在典型应用环境下易出现的失效模式

元器件	振动	冲击	温度	湿度	盐雾
半导体器件	断路、功能衰变	断路、密封破坏	漏电增大、增益改变、短路和断路增加	漏电增大、电流增益减少	漏电增大、电流增益减少、引线和壳体腐蚀
电阻器	引线断裂、破裂	破裂、断开	电阻增大、断路、短路	电阻增大、断路、短路	电阻改变、断路、短路
电位器	噪声增大、扭矩和线性改变、电刷跳跃、断路	噪声增大、扭矩和线性改变、电刷跳跃、断路	噪声增大、扭矩和线性改变、电刷跳跃、断路	噪声增大、扭矩和线性改变、电刷跳跃、断路	绝缘电阻减小、腐蚀加剧、粘连
陶瓷电容器	导线断线增多、压电效应、壳体和密封破裂	导线断线增多、压电效应、壳体和密封破裂	介电常数和电容改变、绝缘电阻随温度升高而降低	—	腐蚀、短路
变压器	短路、断路	短路、断路、功率输出变化	绝缘电阻降低、断路、短路、热点畸变	腐蚀、长霉、短路、断路	腐蚀、短路、断路
继电器	触电颤抖	触点断开或闭合	短路或断路、绝缘电阻随温度升高而降低	绝缘电阻减小	引脚腐蚀
电连接器	插头和插座分离、插件破裂、触点断开	触点断开	跳火、电解质破坏	短路、霉菌、触点腐蚀、绝缘电阻降低	腐蚀
开关	触电颤抖	触点断开	触点氧化	触电烧坏、击穿	氧化和腐蚀触点

11.7.2 耐环境设计方法

根据元器件所处的环境类别，重点对元器件进行耐高温环境设计、耐力学环境设计、三防（耐潮湿、盐雾和霉菌环境）设计、耐静电环境设计及耐辐射环境设计。耐高温环境设计、耐静电环境设计及耐辐射环境设计在前面章节已阐述，本小节重点介绍耐力学环境设计和三防设计。

1. 耐力学环境设计

机械应力环境因素可使元器件结构损坏、材料断裂、磨损增加等，从而导致元器件结构失效，产生可靠性问题。

元器件经常遇到的力学环境主要包括冲击、振动、恒定加速度、谐振、拉力、剪应力、弯曲力等。提高元器件耐机械应力的主要措施包括消源设计和抗振设计。

（1）消源设计。消源设计即消除或减弱冲击源、振动源及其他振源，以避免或减弱对元器件的影响。常用的隔振材料有金属弹簧、泡沫乳胶和减振器等。

（2）抗振设计。随着元器件固有可靠性的提高，电子设备的刚性化抗振日趋普遍。刚性化抗振是设备不采用减振或隔振装置，刚性地固定在支架上。

2. 三防设计

三防设计是指防潮湿、防盐雾、防霉菌设计。潮湿、盐雾和霉菌环境会破坏材料，使材料退化。

1）防潮湿设计

潮湿是元器件损坏变质的主要因素之一，它有物理的（溶胀、变化和最终分解）、机械的（破质或力学性能变化）和电气的（改变电气性能）三个方面的侵蚀作用。湿气往往溶解有氯化物、硝酸盐和硫酸盐等，能引起或加剧金属的腐蚀。潮湿会降低绝缘材料和绝缘电路板的介电常数和体积绝缘电阻，增大损耗角的正切值，潮湿还会为霉菌生长提供有利条件。空气中的水汽不仅能吸收电磁能量，而且加剧了两个电极之间击穿的危险性，由于水的介电常数高，大多数电容器吸水率超过某一定值就失效。在高密度的微电路中，湿气能够形成导电通路，引起漏电或短路。

防潮湿设计的基本方法是对材料表面进行防潮处理，对元器件进行密封、灌封、镶嵌、气体填充或液体填充，暴露的接触面应避免不同金属的接触，尤其是避免活泼金属和稳定金属的接触。

2）防盐雾设计

盐雾是元器件损坏变质的一个重要因素，水分中溶解的盐具有两个独立的侵蚀作用，一个作用是腐蚀金属和无机材料；另一个作用是提供一种活性电解质，使不同金属接触时产生电偶腐蚀。防盐雾设计的基本原则是采用密封结构的元器件，并采用相应的防护措施，如涂覆有机涂层、不同金属间接触要防接触腐蚀。

3）防霉菌设计

霉菌是菌丝所组成的植物体，生长于植物和各种普通材料上，在一定的温度、湿度环境下，繁殖生长迅速。霉菌分泌物可破坏许多有机物和它们的衍生物，还可破坏许多矿物质，从而影响元器件的密封、绝缘，并降低其性能，缩短使用寿命。

防霉菌设计的主要措施有选择不易长霉或耐霉性好的材料；将元器件严格密封；元器件表面涂覆防霉剂；用足够强度的紫外线照射元器件及材料，抑杀和防止霉菌等。

11.8　可靠性试验

可靠性试验是为评价分析电子产品的可靠性而进行的试验，是指产品在规定的条件下和规定的时间内完成规定的功能的能力。可靠性试验是对产品进行可靠性调查、分析和评价的一种手段。通过可靠性试验，可以确定电子产品在各种环境条件下工作或存储时的可靠性特征量，为使用、生产和设计提供有用的数据；也可以暴露产品在设计、原材料和工艺流程等方面存在的问题。通过失效分析、质量控制等一系列反馈措施，可使产品存在的问题逐步解决，提高产品可靠性。

11.8.1　可靠性试验方法

可靠性试验包括各种环境条件下的模拟试验和现场试验。按试验项目可分为环境试验、寿命试验、筛选试验；按试验目的可分为筛选试验、鉴定试验和验收试验；按试验性质可分为破坏性试验和非破坏性试验。本小节主要介绍按试验项目分类的几种试验方法。

1. 环境试验

环境试验是为了保证产品在规定的寿命期间，在预期的使用、运输或储存的所有环境下，保持功能可靠性而进行的活动。其是将产品暴露在自然或人工模拟环境条件下经受其作用，以评价产品在实际使用、运输和储存的环境条件下的性能，并分析研究环境因素的影响程度及其作用机理。国际电工委员会 TC75 环境条件分类委员会于 1981 年颁布了“环境参数分级标准”，具体分类如下。

（1）气候环境因素。包括温度、湿度、压力、日光辐射、沙尘、雪等。

（2）生物及化学因素。包括盐雾、霉菌、二氧化硫、硫化氢等。

（3）机械环境因素。包括振动（含正弦、随机）、碰撞、跌落、摇摆、冲击等。

（4）综合环境因素。包括温度与湿度、温度与压力、温度、湿度与振动等。

环境试验主要有自然环境试验、使用环境试验和实验室环境试验三种。

1）自然环境试验

自然环境试验是将产品特别是材料和构件长期直接暴露于某一自然环境中，以确定该自然环境对它的影响过程，通常在各种类型的自然暴露场进行。其主要是获取气候环境因素对材料、工艺和构件等受自然环境各种因素长期综合作用产生的腐蚀、老化、长霉和降低电性能等，为产品设计中材料、工艺、元器（部）件选择提供基本数据。

2）使用环境试验

使用环境试验是将产品安装于载体（平台）上，直接经受产品使用中遇到的自然或诱发的平台环境的作用，以确定其对平台环境的适应性，通常在现场进行。其主要用于产品样机研制过程和产品使用阶段，获取样机对真实使用环境适应性的信息，为改进设计或评价其环境适应性提供依据。

3）实验室环境试验

实验室环境试验分为激发试验和模拟试验，是将产品置于人工产生的气候、力学或电磁等环境中，以确定这些环境对它的影响，通常在实验室内进行。激发试验主要用于研制过程，用于发现产品环境适应性设计方面的缺陷，以改进设计，通过反复进行这一过程可提高产品的环境适应性；模拟试验主要用于验证或评价产品的环境适应性水平或是否达到规定的要求，作为设计定型、产品验收和采购决策的依据。

随着对自然资源的开发与利用的迅猛发展，各种产品在储存、运输和使用过程中遇到的环境也更加复杂和严酷。从热带到寒带，从平原到高原，从海洋到太空等，促使用户和生产者双方都关心产品在上述环境中的性能、可靠性和安全性。通过环境试验，可以提供设计质量和产品质量方面的信息。环境试验是可靠性试验的必要补充内容，是提高、验证和评价产品环境适应性的重要手段。

2. 寿命试验

评价和分析产品寿命特征的试验称为寿命试验。对于大部分电子产品，寿命是最主要的一个可靠性特征量[7]。因此，可靠性试验往往指的就是寿命试验。寿命试验可分为非工作状态的存储寿命试验、工作状态的工作寿命试验和加速寿命试验三类。

1）存储寿命试验

存储寿命试验是产品可靠性测试在规定的环境条件下进行非工作状态的存放试验。存储试验条件通常为室内、棚下、露天等，因此存储的环境试验方法又称天然暴露试验。存储试验的样品处于非工作状态，存储试验需要较多的试验样品和长期的观察测量，才能对产品做出较好的预计和评价。为缩短试验时间可以进行存储的加速试验，加速存储试验常用高温储存来实现。

2）工作寿命试验

工作寿命试验是产品在规定的条件下进行的加负荷试验。寿命试验分为连续工作寿命试验和间断工作寿命试验。连续工作寿命试验还分为静态连续工作和动态连续工作试验两种。间断工作寿命试验的特点是周期性的工作和停止工作，动态连续工作是不间断的连续工作。

3）加速寿命试验

为了缩短试验周期、减少样品数量和试验费用，常常采用加速寿命试验。在不改变产品的失效机理和增添新的失效因子的前提下，提高试验应力，即相对于工作状态的实际应力或产品的额定承受应力，以加速产品的失效过程。根据试验中应力施加方式的不同，又可分为恒定应力加速寿命试验（应力保持不变）、步进应力加速寿命试验（应力逐级步进式增加）和序进应力加速寿命试验（应力连续增加）三种。

3. 筛选试验

电子元器件的固有可靠性取决于产品的可靠性设计，产品在制造过程中，由于人为因素或原材料、工艺条件、设备条件的波动，最终的成品不可能全部达到预期的固有可靠性。在大量生产过程中由于原材料、设计、制作工艺和设备仪器以及人为的不足造成有的产品会提前失效，即“早期失效”。可靠性筛选的目的就是利用外加应力或其他手段把潜在“早期失效”的产品从整批产品中剔除掉，从而提高筛选后该批产品总的可靠性。外加应力可以是热应力、电应力、机械应力或者几种应力的组合，筛选应力大小和作用时间应遵循以下选取原则。

（1）针对产品的主要失效机理。

（2）所用应力对于良好的产品无破坏作用，而对于有缺陷的产品应能使缺陷很快暴露。

（3）根据用途、成本、产品批量大小和试验设备等条件统一考虑，力求最佳经济效果。

（4）充分调查，收集数据，掌握产品的失效分布和失效机理，才能确定合理的筛选项目。筛选对于不存在缺陷而性能良好的产品应是非破坏性试验，对于有潜在缺陷的产品应能诱发使其失效。

11.8.2　可靠性筛选种类

可靠性筛选的种类很多，最常见的筛选方法有目检、密封性检查筛选、环境应力筛选（environmental stress screening，ESS）和寿命筛选等。

1. 目检

目检包括显微镜镜检、X 射线照相、红外扫描等检验方法，通过检查筛选能发现电子元器件工艺制作中的缺陷以及器件密封后内部的一些缺陷和采购过程中的损坏和隐患。

在半导体管或电路封装前，通常用 30～200 倍的双筒立体显微镜对芯片进行全面检查。检查集成电路的金属化、氧化、扩散、划线、芯片的安装、键合内引线和封装缺陷。红外线非破坏性检查是在器件设计不合理、制作工艺有缺陷以及器件的局部出现热点或热区时使用的筛选方法。应用红外探测或照相技术能发现这种热点和热区，故可将有缺陷的器件剔除。这种检查方法不损伤器件，特别适用于检查大规模集成电路。

如果器件密封后进行检查，就要用 X 射线非破坏性检查。用 X 射线照相法可以透过外壳观察器件内部是否有污染、断引线、金属微尘、键合不良等缺陷。这种检查是非破坏性的，它是器件密封后检查缺陷的有效手段。它被广泛用来检查金属与塑料封装器件的组装工艺。

2. 密封性检查筛选

密封性检查筛选的目的是确定具有内空腔的元器件和含有封装的元器件的气密性。对于半导体器件来说，为了保证其长的使用寿命和高的可靠性，必须确保器件具有较好的密封性，以抵御在使用环境中各种气体的侵入。例如，侵入管壳内部的湿气、盐雾以及其他沾污性的或腐蚀性的气体。随着时间的积累，这些污染物会造成器件在性能上的退化或形成潜在的失效，如漏电的增加、放大系数的变化、击穿电压的降低等。在高空使用时，由于管壳内部气体的逃逸致使器件的导热性能减弱和电解质介电常数的变化而影响器件的使用，湿气的渗入会造成金属件的化学腐蚀。因此，器件的密封性是影响器件可靠性的一个重要问题。密封性筛选方法包括液浸检漏筛选、氦质谱仪检漏筛选、放射性示踪检漏筛选、湿度筛选和高温高压潮湿筛选等。

3. 环境应力筛选

环境应力筛选为发现和排除产品中的不良零件、元器件、工艺缺陷和防止出现早期失效，在环境应力下所做的一系列试验。环境应力筛选包括温度循环、机械振动、冲击、热冲击和恒定加速等方法。对电子产品，环境应力筛选的应力主要选择温度（高、低温）循环和随机振动，这两种应力的组合筛选效果较好，能暴露产品各组装等级大部分故障。统计数据表明，环境应力筛选所揭示的产品缺陷中，80%左右是温度循环激发的。元器件的环境应力筛选是元器件筛选的主要组成部分，对不同类别元器件的筛选要求和方法，我国有相应的军用标准予以规定。

环境应力筛选是装备研制生产的一种工艺手段，筛选效果取决于施加的环境应力、电应力水平和检测仪表的能力。施加应力的大小决定了能否将潜在的缺陷在预定时间内加速变为故障，检测能力的大小决定了能否将已被应力加速度变成故障的潜在缺陷找出来，以便加以排除。因此，环境应力筛选又可看作产品质量控制检查和测试过程的延伸[8]。

4. 寿命筛选

寿命筛选有高温储存、功率老化等方法。高温储存筛选在半导体器件上被广泛采用，是测试封装体长时间暴露在高温环境下的耐久性实验。其方法是在试验箱内模拟高温条件对元器件施加高温应力（不加电应力），使得元器件体内和表面的各种物理、化学变化的速率大大加快，其失效过程也得到加速，使有缺陷的元器件能及时暴露。老化筛选的原理及作用是给电子元器件施加热的、电的、机械的或者多种结合的外部效应力，模拟恶劣的工作环境，使它们内部的潜在故障加速暴露出来，然后进行电气参数测量，筛选剔除那些失效或参数变化了的元器件，尽可能把早期失效消灭在正常使用之前。

在电子整机产品生产厂家里，广泛使用的老化筛选项目有高温存储老化、高低温循环老化、高低温冲击老化和高温功率老化等，其中高温功率老化是目前使用最多的试验项目。高温功率老化是给元器件通电，模拟它们在实际电路中的工作条件，再加上+80～+180℃的高温进行几小时至几十小时的老化，这是一种对元器件的多种潜在故障都有筛选作用的有效方法。

理想的筛选应该既不把本来是可靠的产品判为早期失效的产品，又不把具有早期失效的产品判为可靠的产品。但实际上不可能做到理想筛选，只能要求所选择的筛选方法尽量接近理想。下面介绍选择筛选方法的三个主要参数。

1）筛选剔除率 Q

试验剔除的次品数 n 与参加试验的样品总数 N 之比称为筛选剔除率 Q，即有

$$Q = \frac{n}{N} \times 100\% \tag{11-14}$$

在高可靠性指标的产品标准中应规定 Q 的上限，当 Q 超过该上限值时，这批产品就不能当作高可靠的产品交付使用。美国分别规定了高可靠性指标的电阻器、电容器及电感器的 Q 值。其中，每种元器件又根据不同的情况，规定了筛选淘汰率，如电容器中纸介电容器不大于 5%，云母电容器不大于 8%和陶瓷电容器不大于 5%。

从式（11-14）可看出，不能简单地以筛选剔除率的高低来评价筛选方法的优

劣。剔除率太高，有可能是产品设计、材料和工艺等的缺陷严重，也可能是筛选应力太高。剔除率很低，有可能是产品的缺陷少，也可能是筛选应力太低或试验时间太短。通常还需按筛选效率 η 和筛选效果 β 来评价筛选方法的优劣。

2）筛选效率 η

筛选效率 η 为被淘汰的早期失效产品的比例与未被淘汰的非早期失效产品的比例的乘积，即

$$\eta = \frac{r}{R}\left(1 - \frac{n-r}{N-R}\right) \tag{11-15}$$

其中，N 是受试样品总数；R 是受试样品中有早期失效的产品数；n 是被剔除的样品数；r 是被剔除样品中有早期失效的产品数；（$n-r$）/（$N-R$）表示非早期失效的产品被剔除的比例，显然，该比例越小越好。

从式（11-15）可看出，筛选效率考虑了防止漏剔有早期失效的产品和错剔非早期失效的产品两种情况，故可用筛选效率来评价筛选方法的优劣。显然，$0<\eta<1$，η 值越逼近 1，筛选方法越好。但应注意，用筛选效率值评价筛选方法在理论上较合理，可是有早期失效的产品数实际存在多少并不知道，因此在实际工作中筛选效率无法使用。

3）筛选效果 β

筛选前的产品失效率 λ_N 与筛选后的产品失效率 λ_S 之差跟 λ_N 之比称为筛选效果 β，即

$$\beta = \frac{\lambda_N - \lambda_S}{\lambda_N} \times 100\% \tag{11-16}$$

从式（11-16）可看出，筛选效果 β 表示产品经过筛选后其失效率下降的相对幅度。显然，只有在理想情况下 β 才等于 100%。

由上面的叙述可知，筛选剔除率 Q 和筛选效果 β 共同评价筛选方法的优劣是可行的，显然，优良的筛选方法是 Q 值低而 β 值高。

综上所述，一个好的封装要有好的可靠性能，必须有较强的耐湿、耐热、耐高温的能力，大部分可靠性测试都逃不脱温度和湿度。通过可靠性测试能够评估产品的可靠度，有利于回馈改善封装设计工艺，从而提高产品的可靠度。

习　题

1. 简述元器件可靠性的基本概念。
2. 定量表征元器件可靠性的参数有哪些？
3. 表面贴装元件的热设计的方法有哪些？
4. 静电产生的原因有哪些？静电会带来哪些危害？

5．静电防护设计的主要方法有哪些？

6．对于元器件可以采用哪些抗辐射加固设计？

7．什么是三防设计？

8．可靠性筛选的目的是什么？

9．量化可靠性筛选的主要参数有哪些？它们各代表什么含义？

10．简述可靠性筛选的分类？

参考文献

[1] 史保华, 贾新章, 张德胜. 微电子器件可靠性[M]. 西安: 西安电子科技大学出版社, 1999.

[2] 付桂翠. 电子元器件使用可靠性保障[M]. 北京: 国防工业出版社, 2015.

[3] 曾声奎. 可靠性设计与分析[M]. 北京: 国防工业出版社, 2011.

[4] 刘尚合, 武占成, 朱长青. 静电放电及危害防护[M]. 北京: 北京邮电大学出版社, 2004.

[5] 韩雁, 董树荣, LIOU J J, 等. 集成电路 ESD 防护设计理论、方法与实践[M]. 北京: 科学出版社, 2014.

[6] 王蕴辉, 孙再吉. 电子元器件可靠性设计[M] . 北京: 科学出版社, 2007.

[7] 张志华. 加速寿命试验及其统计分析[M]. 北京: 北京工业大学出版社, 2002.

[8] 王守国. 电子元器件的可靠性[M]. 北京: 机械工业出版社, 2014.

第 12 章　表面组装技术

表面组装技术（surface mount technology，SMT），又称表面贴装或表面安装技术，是一种将无引脚或短引线表面组装元器件安装在印刷电路板的表面或其他基板表面上的电路装连技术。表面组装技术的快速发展，为电子产品的微型化、轻量化创造了基础条件，成为现代电子制造行业的重要组成部分，对推动当代信息产业的发展起到独特的作用。随着表面组装技术的迅速发展，表面组装组件密度的提高以及电路图形的细线化、表面贴装元件的细间距化，表面组装的应用领域还在不断扩大，相应的技术也得到不断完善和深化发展。

12.1　表面组装概述

表面组装技术自 20 世纪 60 年代问世以来，经过几十年的发展，已进入成熟的阶段，是当代电路组装技术的主流。表面组装是无须对印刷电路板钻插装孔，直接将片式元器件或适合表面贴装的微型元器件贴、焊到印刷电路板或其他基板表面规定位置上的装联技术，具有“轻、薄、短、小”和功能多、可靠性高、性能好和价位低的优势，故表面组装作为新一代电子装联技术，被广泛地应用于航空、航天、通信、计算机、医疗电子、汽车、办公自动化和家用电器等各个领域。

表面组装技术是从厚薄膜混合发展演变过来的。美国是表面组装元器件的起源国家，并且一直重视在此类电子产品的投资开发。进入 20 世纪 80 年代，由于微电子产品的需要，表面组装技术作为一种新型装配技术，在微电子组装中得到广泛的应用，被称为电子工业的装配革命，标志着电子产品装配技术进入第四代，同时引发了电子装配技术的第三次自动化高潮，导致全球通孔组装技术的电子产品比重快速下降。

表面组装技术发展至今，已经历了几个阶段。

第一阶段（1970～1975 年）以小型化作为主要目标，此时的表面组装元器件主要用于混合集成电路，如石英表和计算器等。

第二阶段（1976～1980 年）主要目标是减小电子产品的单位体积，提高电路功能，产品主要用于摄像机、录像机、电子照相机等。在这段时期内，对表面组装技术进行了大量的研制工作，元器件和组装工艺以及支撑材料日渐成熟，为表面组装的大发展奠定了基础。

第三阶段（1981～1995 年）的主要目标是降低成本，大力发展组装设备，表面组装元器件进一步微型化，提高电子产品的性能/价格比。

当前，表面组装已进入微组装、高密度组装和立体组装技术的新阶段，以及多芯片组件、球形栅格阵列、芯片尺寸封装等新型表面组装元器件的快速发展和大量应用阶段。

12.2　表面组装元器件及印刷电路板

表面组装技术的来料包括元器件、印刷电路板、表面组装材料，其质量直接影响表面组装工艺质量。因此，在表面组装技术中，在介绍它们的分类、外形等基础上，侧重对元器件的电性能参数及焊接端头、引脚的可焊性，印刷电路板的可生产性设计及焊盘的可焊性，焊膏、贴片胶、棒状焊料、焊剂、清洗剂等表面组装材料的质量等，进行严格的检测。

12.2.1　表面组装元器件

表面组装元器件是指外形为矩形片状、圆柱形或异形，其焊端或引脚制作在同一平面内并适合采用表面组装工艺的电子元器件[1]。习惯上把表面安装无源元件，如片式电阻、电容和电感称为表面组装元件（surface mounted component，SMC）；将有源器件，如小外形晶体管及四方扁平组件称为表面组装器件（surface mounted devices，SMD）。电子元器件的小型化、制造与安装自动化是电子工业发展的需求和多年来追求的目标，表面组装元件就是为满足这一需求而产生的。表面组装元器件的主要特点是微型化、无引线或扁平、短小引线，适合在印刷电路板上进行表面组装。

元器件的检测是来料检测的关键部分，对组装工艺性、可靠性影响比较大的元器件问题有外观质量、可焊性、耐焊性、引脚共面性和使用性。

1. 外观质量检测

元器件外观质量对表面组装组件的可靠性有直接影响，要根据有关标准和规范对元器件进行检查。特别注意元器件的性能、规格、包装等是否符合订货要求，是否符合产品性能指标要求，是否符合组装工艺和组装设备生产要求，是否符合存储要求等。

2. 可焊性检测

电子元器件的可焊性是指工件表面易于被熔融焊料润湿的特性。是指在具有规定的焊剂和在规定的温度下以规定的熔融焊料合金流入工件表面之间形成结合的能力。可以从形成这种结合所需的时间（即焊接时间）和润湿程度的大小两方面评定一个工件可焊性的好坏。因此，可焊性通常用在规定的条件下，达到所能达到的润湿程度来表示。

元器件可焊性的优劣直接关系电子元器件在电装时是否会产生虚焊、假焊和脱焊等问题，在航天方面用的电子元器件的质量保证中，正确应用可焊性试验可以更加全面地保证电子元器件的质量，提高整机的可靠性。

3. 引脚共面性检测

表面组装技术是在印刷电路板表面贴装元器件，因此该技术对元器件引脚共面性有比较严格的要求，一般规定必须在 0.1mm 的公差区内。这个公差区由两个平面组成，一个是印刷电路板的焊区平面；另一个是器件引脚所处平面。如果器件所有引脚的三个最低点所处的同一个平面与印刷电路板的焊区平面平行，各引脚与该平面的距离误差不超过公差范围，则贴装和焊接可以可靠进行，否则可能会出现引脚虚、缺焊等焊接故障[2]。

检测时，芯片被放置到精密工作台上，引脚正对着镜头。在镜头的顶端有 LED 阵列照亮芯片引脚。被照亮的引脚通过变焦镜头成像在电荷耦合器件传感器上，传感器把采集到的图像发送到处理器上，处理器在采集到的图像上加入一条基准线和一条标准线，并输出到显示器显示出来，工作原理如图 12-1 所示。引脚低端在标准线以上的为不合格产品，在标准线下的为合格产品。

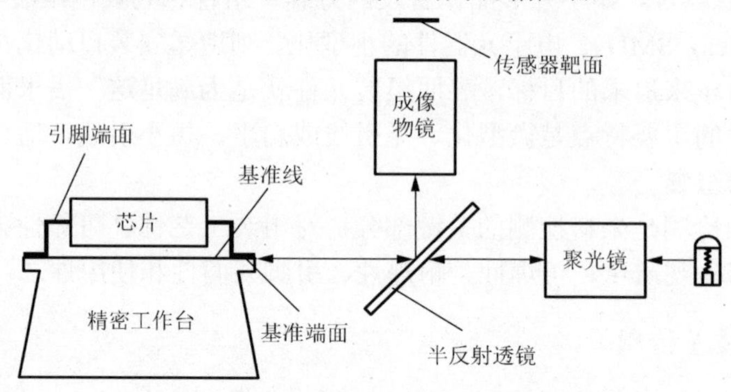

图 12-1　共面性光学检测仪工作原理图

12.2.2　印刷电路板

印刷电路板是印刷电路的成品板。早期的印刷电路板被称为插装印制板或单面板；表面组装技术出现后，元器件在印刷电路板的安装方式逐渐从通孔插装过渡到表面安（贴）装，或插、贴混合安装，此时印刷电路板具有高密度、小孔径、多层数、优良的传输特性、高平整光洁度和尺寸稳定性等特点。

因此，印刷电路板在使用前要进行检测，涉及内容包括尺寸与外观检测、翘曲和扭曲检测、可焊性检测、阻焊膜完整性检测和内部缺陷检测等。

1. 尺寸与外观检测

印刷电路板尺寸检测主要有加工孔的直径、间距及其公差、印刷电路板边缘尺寸等。外观缺陷检测主要有阻焊膜和焊盘对准情况，阻焊膜是否有杂质、剥离、起皱等异常情况，基准标记是否合格，电路导体宽度（线宽）和间距是否符合要求，多层板是否有剥层等。实际应用中，常采用印刷电路板外观测试专用设备对其进行检测。典型设备主要由计算机、自动工作台、图像处理系统等部分组成。这种系统能对多层板的内层和外层、单/双面板、底图胶片进行检测；能检出断线、搭线、划痕、针孔、线宽线距、边沿粗糙及大面积缺陷等。

2. 翘曲和扭曲检测

设计不合理和工艺过程处理不当，都有可能造成印刷电路板的翘曲。翘曲是电子组装生产和有机基板封装中经常出现的问题，通常是指弓曲和扭曲两种变形。随着大规模、超大规模集成电路的使用，器件的封装尺寸越来越大，印刷电路板翘曲对组装的合格率和可靠性的影响更加明显。组装前的印刷电路板翘曲，会引起组装过程中的引脚产生偏移、虚焊等问题，严重的甚至会撞坏印刷机的镜头；组装后发生的翘曲，会产生很大的内应力，导致焊点开裂、失效。

将被测试印刷电路板暴露在组装工艺具有代表性的热环境中，对其进行热应力测试。典型的热应力测试方法是旋转浸渍测试和焊料漂浮测试，在这种测试方法中，将印刷电路板浸渍在熔融焊料中一定时间，然后取出进行翘曲检测。

弓曲是指覆铜板或印刷电路板类似于柱形或曲球形状的一种变形。对于形状为矩形的覆铜板或印刷电路板，四个角位于同一平面上。

扭曲是指矩形覆铜板或印刷电路板在平行于对角线方向的一种变形，其中一个角不包含在另外三个角的平面上。

3. 可焊性检测

印刷电路板的可焊性检测重点是焊盘和电镀通孔的测试，IPC-S-804 等标准中规定有印刷电路板的可焊性测试方法，包含边缘浸渍测试、旋转浸渍测试和焊料珠测试等。边缘浸渍测试用于测试表面导体的可焊性，旋转浸渍测试和波峰浸渍测试用于表面导体和电镀通孔的可焊性测试，焊料珠测试仅用于电镀通孔的可焊性测试。

4. 阻焊膜完整性检测

在 SMT 用的印刷电路板上一般采用干膜阻焊膜和光学成像阻焊膜，这两种阻焊膜都具有高的分辨率和不流动性。干膜阻焊膜是在压力和热的作用下层压在印刷电路板上的，它需要清洁的印刷电路板表面和有效的层压工艺。这种阻焊膜在锡-铅合金表面的黏性较差，在再流焊产生的热应力冲击下，会出现从印刷电路板表面剥层和断裂的现象；这种阻焊膜也较脆，进行整平时因受热和机械力的影响可能会产生微裂纹；另外，在清洗剂的作用下也有可能产生物理和化学损坏。为了暴露干膜阻焊膜这些潜在的缺陷，应在来料检测中对印刷电路板进行严格的热应力试验。这种检测多采用焊料漂浮试验，时间为 10～15s，焊料温度为 260～288℃。当试验时观察不到阻焊膜剥层现象，可将印刷电路板试件在试验后浸入水中，利用水在阻焊膜与印刷电路板表面之间的毛细管作用观察阻焊膜剥层现象。还可将印刷电路板试件在试验后浸入 SMA 清洗溶剂中，观察其与溶剂有无物理和化学的作用。

5. 内部缺陷检测

检测印刷电路板的内部缺陷一般采用显微切片技术，其具体检测方法在 IPC-TM-650 等相关标准中有明确规定。印刷电路板在焊料漂浮热应力试验后进行显微切片检测，主要检测项目有铜和锡-铅合金镀层的厚度、多层板内部导体层间对准情况、层压空隙和铜裂纹等。

12.3　表面组装工艺材料

组装材料是进行表面组装工艺的基础，不同的组装工序采用不同的组装材料。有时在同一组装工序中，由于后续工艺或组装方式不同，所用材料也有所不同。

组装工艺材料主要有贴片胶、焊接材料和清洗材料等，这些工艺材料是保证表面组装质量的关键材料[3]。从原则上讲，选择和应用这些工艺材料前应该对其进行检测和评估。但评估需要专用设备、仪器，有些项目对于一般的表面组装技术加工厂是没有条件开展的。对于有条件的企业，以及有高可靠性或特殊要求的产品，应对工艺材料进行检测与评估。

12.3.1　贴片胶

贴片胶多为红色，常被称为红胶。在印刷电路版的表面组装工艺中，贴片胶用于在波峰焊前黏接，定位元器件，以免元器件因加速、振动、冲击等原因发生偏移或脱落。焊接后胶虽仍残留在基板上，但已不再起任何作用，而由焊料代替起固定元件的作用，并提供可靠的电子连接[4]。

贴片胶的主要成分包括基本树脂、固化剂及固化剂促进剂、增韧剂和填料等。根据贴片胶核心材料基本树脂类型，贴片胶可分为环氧树脂和丙烯酸酯类聚合物。环氧树脂类贴片胶是以加热的方法固化，适用于所有不同的涂敷方式；丙烯酸酯类贴片胶在紫外线照射及适当加热就能很快固化，可缩短固化时间。环氧树脂有很好的电气性能，且黏接强度高，故环氧树脂的应用较为广泛。

表面组装用的贴片胶，必须考虑固化前、固化中和固化后三个方面的性能。在表面组装工艺中，通常采用红色和橙色的环氧胶，若使用过量时很容易被察觉并进行清除。未固化的贴片胶应具有良好的初黏强度，同时贴片胶必须与生产中与所采用的施胶方法相适应。表面组装用的贴片胶必须在低温下迅速固化，黏接强度应适中，以便在波峰焊时将元件固定住。若黏接强度太大，则返工困难，相反黏接强度太小元件容易掉落。贴片胶在波峰焊后会丧失其作用，但在随后的制造过程，如清洗、修理返修中会影响部件的可靠性。贴片胶固化后的重要特性之一是可返修能力，为了保证可返修能力，固化贴片胶的玻璃化温度应相对低。通常，固化贴片胶的玻璃转变温度低于 100℃且用量不是很多，可返修能力很好。同时，贴片胶固化后要具有非导电性、抗湿性和非腐蚀性。

12.3.2　焊膏

焊锡膏（soldering paste）又称焊膏，是表面组装工艺必需的材料，由合金焊料粉末、糊状助焊剂和一些添加剂混合而成，具有一定黏性和良好触变特性的膏状体[5]。其中，合金焊料粉末占总重量的 85%～90%，助焊剂占 10%～15%。在常温下，焊膏具有一定的黏性，可将电子元器件初黏在印刷电路板的既定位置，在倾斜角度不大、没有外力碰撞的条件下，元器件一般不会移动。当焊膏被加热到一定温度时，随着溶剂和部分添加剂的挥发、合金粉的熔化，焊膏再流使被焊元器件与焊盘互连在一起经冷却形成永久连接的焊点。

相比其他材料，焊锡膏具有独特的性质，最典型的是具有触变性和黏性。

焊锡膏的触变性是指随着所受外力的增加，焊膏的黏度迅速下降，但下降到一定程度后又开始稳定下来，这种性质对印刷焊膏时是非常有利的，即焊膏在印刷时，受到刮刀的推力作用，黏度下降，当到达模板窗口时，黏度最低，故能够顺利通过窗口沉降到印刷电路板的焊盘上。随外力的停止，焊膏的黏度又迅速回升，这样就不会出现印刷图形的塌陷和漫流，得到良好的印刷效果。

焊锡膏具有黏性，在一定意义上是指焊锡膏的黏度，在印刷后放置一段时间是非常必要的，它可以保证元器件黏附在需要的位置上，并在传输过程中不出现元器件的移动。影响焊膏黏度的因素主要有合金焊料粉末含量、焊料粉末粒度和温度等。焊膏黏度测试所用的仪器是旋转式黏度计。如图 12-2 所示，利用黏度计 Malcolm 测试焊膏黏度的方法是，取出一定量待测焊膏，置于规定容器内，将黏度计的探测头深入焊膏中一定距离，然后探测头按照不同转速旋转，将探测头旋转时受到的阻力用黏度反映出来即得到所测黏度数值。

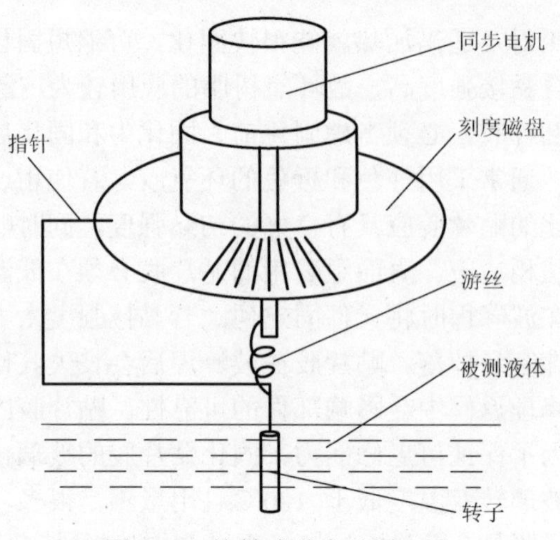

图 12-2　旋转式黏度计原理图

焊锡膏的品种繁多，尚缺乏统一的分类标准。按合金焊料粉的熔点可分为低温焊膏、中温焊膏和高温焊膏；按助焊剂的活性可分为低活性、中等活性和高活性；按焊锡膏的黏度可分为模板印刷、丝网印刷和分配器；按清理方式可分有机溶剂清洗、水清洗、半水清洗和免清洗等。

1. 合金焊料粉末

常用的合金焊料粉末有锡-铅、锡-银-铜、锡-铅-银和锡-铅-铋等。合金焊料粉末是易熔金属，它在母材表面能形成合金，并与母材连为一体，它不仅可实现机械连接，同时也可以用于电器连接。焊料通常由两种基本金属或几种熔点低于425℃的金属组成。焊料中的合金成分和比例对焊料的熔点、密度、机械性能、热性能和电性能都有很显著的影响。

按照使用的环境温度又可分为高温焊料和低温焊料。熔点在 450℃以上的锡铅焊料称为硬焊料，熔点在 450℃以下的锡铅焊料称为软焊料。按焊料中含铅量的高低可分为锡铅焊料和无铅焊料。

锡铅焊料是指在元素周期表中排列均为Ⅳ类主族元素锡、铅的合金，它们之间互熔性很好，并且合金本身不存在金属间的化合物。锡铅焊料性能稳定，特别是金属锡在焊点表面能生成一层极薄且致密的氧化物，有良好的抗蚀性能，对焊点有保护作用。此外，锡铅合金混合后，总体积几乎不发生变化，且具有低的黏度和表面张力。

无铅焊料是指以锡为主要成分来发展的，通过添加其他金属，如铜、铋、银等金属的合金在共晶点或非共晶点出现的共熔现象制成的焊料。作为锡铅共晶焊料的替代材料，无铅焊料应该在熔点、机械特性和物理特性等方面同锡铅共晶焊料接近，且供应材料充足，毒性弱并能在现有的设备中运用现有的工艺条件。

2. 助焊剂

在焊膏中，糊状助焊剂是合金焊料粉末的载体。助焊剂的主要作用是在焊接工艺中能帮助和促进焊接过程，同时具有保护作用、阻止氧化反应的化学物质。助焊剂可分为固体、液体和气体。主要有辅助热传导、去除氧化物、降低被焊接材质表面张力、去除被焊接材质表面油污、增大焊接面积、防止再氧化等几个方面，在这几个方面中比较关键的作用有两个，是去除氧化物与降低被焊接材质表面张力。

近几十年来，在电子产品生产锡焊工艺过程中，一般多使用主要由松香、树脂、含卤化物的活性剂、添加剂和有机溶剂组成的松香树脂系助焊剂。这类助焊剂虽然可焊性好，成本低，但焊后残留物高。其残留物含有卤素离子，会逐步引起电气绝缘性能下降和短路等问题，要解决这一问题，必须对印刷电路板上的松香树脂系助焊剂残留物进行清洗。这样不但会增加生产成本，而且清洗松香树脂系助焊剂残留的清洗剂主要是氟氯化合物。这种化合物是大气臭氧层的损耗物质，属于禁用和被淘汰之列。仍有不少公司沿用的工艺是属于前述采用松香树脂系助焊剂焊锡再用清洗剂清洗的工艺，效率较低而成本偏高。

免洗助焊剂主要原料为有机溶剂，松香树脂及其衍生物、合成树脂表面活性剂、有机酸活化剂、防腐蚀剂，助溶剂、成膜剂。简单地说是各种固体成分溶解在各种液体中形成均匀透明的混合溶液，其中各种成分所占比例各不相同，所起作用不同。

12.4　表面组装工艺

表面组装是一项复杂的系统工程，涉及内容丰富。狭义的表面组装是将表面组装元器件贴、焊到以印刷电路板为组装基板的表面规定位置上的电子装联技术，如图 12-3 所示。广义的组装技术涉及表面组装元器件、表面组装电路板及图形设计、表面组装专用辅料（焊锡膏及贴片胶）、表面组装设备、表面组装焊接（双波峰焊、再流焊、气相焊、激光焊）、表面组装测试技术、清洗技术、防静电技术以及表面组装生产管理等多方面内容。表面组装技术的一般基本工艺流程有印刷、点胶、贴装、固化、焊接、清洗、检测和返修等过程。

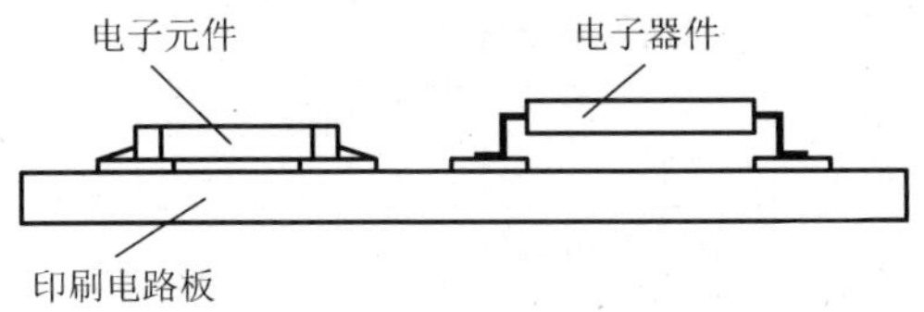

图 12-3　表面组装技术

印刷的作用是将焊锡膏漏印到印刷电路板的焊盘上，为元器件的焊接做准备，所用的设备为焊锡印刷机，位于表面组装的生产线的最前端。

点胶的作用是将胶水滴到印刷电路板的固定位置上，将元器件固定到印刷电路板上，防止二次回炉时投入面的元件因锡膏再次熔化而脱落。所用设备为点胶机，位于表面组装生产线的前端或检测设备的后面。

贴装的作用是将表面组装元器件准确安装到印刷电路板的固定位置上。所用设备为贴片机，位于表面组装生产线中印刷机的后面。

固化的作用是将贴片胶融化，从而使表面组装元器件与印刷电路板牢固黏接在一起。所用设备为固化炉，位于表面组装生产线中贴片机的后面。

焊接的作用是将焊膏融化，使表面组装元器件与印刷电路板牢固黏接在一起。所用设备为回流焊炉，位于表面组装生产线中贴片机的后面。

清洗的作用是将组装好的印刷电路板上面的对人体有害的焊接残留物，如助焊剂等除去。所用设备为清洗机，位置可以不固定，可以在线，也可不在线。

检测的作用是对组装好的印刷电路板进行焊接质量和装配质量的检测。所用设备有放大镜、显微镜、针床测试仪、飞针测试仪、自动光学检测仪、自动 X 射线检测系统和功能测试仪等。位置根据检测的需要，可以配置在生产线合适的地方。

返修的作用是对检测出现故障的印刷电路板进行返工。所用设备为电烙铁、返修工作站等，配置在生产线中任意位置。

在表面组装过程中，焊锡膏涂敷方式、焊接方式以及点胶工序的有无，都可根据组线方式的不同而有所不同。

表面组装技术按焊接方式可分为再流焊和波峰焊两种类型；按组装方式可分为单面混装、双面混装和全表面组装三种类型，如表 12-1 所示。

表 12-1　按组装方式分类

<table>
<tr><th colspan="2">组装方式</th><th>电路基板</th><th>元器件</th><th>特征</th></tr>
<tr><td rowspan="2">单面混装</td><td>先贴法</td><td>单面印刷电路板</td><td>表面组装元器件及通孔插装元器件</td><td>先贴后插，工艺简单、组装密度低</td></tr>
<tr><td>后贴法</td><td>单面印刷电路板</td><td>表面组装元器件及通孔插装元器件</td><td>先插后贴，工艺复杂、组装密度高</td></tr>
<tr><td rowspan="2">双面混装</td><td>表面组装和通孔插装元件都在一面</td><td>双面印刷电路板</td><td>表面组装元器件及通孔插装元器件</td><td>先插后贴，工艺复杂、组装密度高</td></tr>
<tr><td>通孔插装元件都在一面，表面组装器件两面均有</td><td>双面印刷电路板</td><td>表面组装元器件及通孔插装元器件</td><td>工艺复杂，很少采用</td></tr>
<tr><td rowspan="2">全表面组装</td><td>单面表面组装</td><td>单面印刷电路板和陶瓷基板</td><td>表面组装元器件</td><td>工艺简单，适用于小型、薄型化的电路组装</td></tr>
<tr><td>双面表面组装</td><td>双面印刷电路板和陶瓷基板</td><td>表面组装元器件</td><td>高密度组装，薄型化</td></tr>
</table>

12.4.1　涂敷和贴片技术

表面组装印刷电路板组装采用再流焊技术，焊前需要进行焊锡膏涂敷及贴片工序。

1. 贴片胶涂敷

贴片胶涂敷是指将贴片胶涂到印刷电路板的指定区域。常用的方法主要有分配器点涂技术、针式转印技术和胶印技术。分配器点涂技术是指将贴片胶一滴一滴地点涂在印刷电路板贴装表面组装器件的部位上；根据施压的方式可分为时间压力法、阿基米德螺栓法和活塞正置换泵法；针式转印技术一般是指同时成组地将贴片胶转印到印刷电路板贴状表面组装器件的所有部位上；胶印技术与焊膏印刷技术是使用印刷方法将贴片胶涂敷到印刷电路板上。

涂敷贴片胶采用的方法不同时，对贴片胶的性能要求也不同。适合分配器点涂的贴片胶不一定适合针式转印技术涂敷，反之亦然。因此，要根据涂敷方法正确选择贴片胶种类。

2. 贴片

贴片技术是指在印刷电路板上印好焊锡膏或贴片胶以后，用贴片机或人工的方式，将表面组装元器件准确地贴放到印刷电路板表面相应位置上的过程。随着无源器件向微型化，有源器件向多引脚、细间距方向的不断发展，元器件的种类越来越多，尺寸或引脚间距越来越小，贴片技术日益成为表面组装产品组装生产中的关键。

12.4.2　自动焊接技术

随着印刷电路板的诞生，焊接便成为连接印刷导线和元器件的主要方式。焊接技术主要分为浸焊、波峰焊和再流焊三种类型。浸焊和波峰焊属于流动焊接，是熔融流动的液态焊料与焊件对象做相对运动，实现润湿而完成焊接。再流焊使用膏状焊料，通过模板漏印或点滴的方法涂敷在印刷电路板的焊盘上，贴上元器件后加热，焊料熔化再次流动，润湿焊接对象，冷却后形成焊点。浸焊工艺熔融焊料容易形成漂浮的表面氧化残渣，严重影响焊点质量。另外，印刷电路板在浸入焊料时，还会因为热冲击大而翘曲变形。因此，在表面组装技术中，一般不采用浸焊工艺。

1. 波峰焊

波峰焊是指将熔化的软钎焊料（铅锡合金），经电动泵或电磁泵喷流成设计要求的焊料波，使预先装有元器件的印刷电路板通过焊料波，实现元器件焊端或引脚与印刷电路板焊盘间机械与电气连接的软钎焊。波峰焊机主要是由运输带、助焊剂添加区、预热区和波锡炉组成。

波面的表面均被一层氧化皮覆盖，它在沿焊料波的整个长度方向上几乎都保持静态，在波峰焊接过程中，印刷电路板接触到锡波的前沿表面，氧化皮破裂，印刷电路板前面的锡波皲褶地被推向前进，这说明整个氧化皮与印刷电路板以同样的速度移动波峰焊机焊点成型。当印刷电路板进入波面前端时，基板与引脚被加热，并在未离开波面前，整个印刷电路板浸在焊料中，即被焊料所桥联，但在离开波尾端的瞬间，少量的焊料由于润湿力的作用，黏附在焊盘上，并由于表面张力的原因，会出现以引线为中心收缩小状态，此时焊料与焊盘间的润湿力大于两焊盘间的焊料的内聚力。因此，会形成饱满、圆整的焊点，离开波尾部的多余焊料，由于重力的原因，回落到锡锅中。波峰焊主要用于传统通孔插装印刷电路板电装工艺，以及表面组装与通孔插装元器件的混装工艺，适合波峰焊的表面贴装元器件有矩形和圆柱形片式元件、小外形晶体管以及小外形封装等。

波峰焊已成为应用最普遍的一种焊接印刷电路板的工艺方法。这种方法适宜成批、大量地焊接一面装有分立元器件和集成电路的印刷电路板，凡与焊接质量有关的重要因素，如焊料和助焊剂的化学成分、焊接温度、速度、时间等，在波峰焊机上均能得到比较完善的控制。为克服表面组装焊接的缺陷，已研制出许多新型或改进型的波峰焊设备，如斜坡式波峰焊机、高波峰焊机、电磁泵喷射波峰焊机和双波峰焊机等。

2. 再流焊

再流焊（re-flow soldering），也称为回流焊。再流焊工艺是通过重新熔化预先分配到印刷电路板焊盘上的膏状软钎焊料，实现表面组装元器件焊端或引脚与印刷电路板焊盘之间机械与电气连接的软钎焊。

再流焊是伴随微型化电子产品的出现而发展起来的锡焊技术，主要应用于各类表面组装元器件的焊接，这种焊接技术的焊料是焊锡膏[6]。预先在印刷电路板的焊盘上涂敷适量和适当形式的焊锡膏，再把表面组装元器件贴放到相应的位置；然后让贴装好元器件的印刷电路板进入再流焊设备。当印刷电路板进入升温区（干燥区）时，焊膏中的溶剂和气体蒸发掉；同时，焊膏中的助焊剂润湿焊盘、元器件端头和引脚；焊膏软化、塌落、覆盖焊盘；将焊盘、元器件引脚与氧气隔离。印刷电路板进入保温区时，使印刷电路板和元器件得到充分的预热，以防印刷电路板突然进入焊接高温区而损坏印刷电路板和元器件。当印刷电路板进入焊接区时，温度迅速上升使焊膏达到熔化状态，液态焊锡对印刷电路板的焊盘、元器件端头和引脚润湿、扩散、漫流或回流混合形成焊锡接点。印刷电路板进入冷却区，使焊点凝固，此时完成了再流焊。

如果焊盘设计正确（焊盘位置尺寸对称，焊盘间距恰当），元器件端头与印刷电路板焊盘的可焊性良好，元器件的全部焊端或引脚与相应焊盘同时被熔融焊料润湿时，就会产生自定位或称为自校正效应。当元器件贴放位置有少量偏离时，在表面张力的作用下，能自动被拉回到目标位置。但是如果印刷电路板焊盘设计不正确、元器件端头与印刷电路板焊盘的可焊性不好、焊膏本身质量不好或工艺参数设置不恰当等原因，即使贴装位置十分准确，再流焊时由于表面张力不平衡，焊接后也会出现元件位置偏移、吊桥、桥接、润湿不良等焊接缺陷，这就是表面组装技术再流焊工艺最大的特性。

再流焊工艺的“再流动”及“自定位效应”的特点，使再流焊工艺对贴装精度要求比较宽松，较为容易实现高度自动化与高速度。同时也正由于“再流动”及“自定位效应”的特点，再流焊工艺对焊盘设计、元器件标准化、元器件端头与印刷电路板质量、焊料质量以及工艺参数的设置有更严格的要求。

再流焊操作方法简单，效率高、质量好、一致性好，节省焊料，是一种自动化生产的电子产品装配技术，已成为表面组装印刷电路板组装技术的主流。

经过多年的发展，再流焊设备的种类和加热方法取得很大的进展，目前主要有气相法、热板传导、红外辐射和热风对流等几种方法。近年来，新开发的激光束逐点式再流焊机，可实现极其精密的焊接，但成本很高。

再流焊与波峰焊工艺之间最大的差异是，波峰焊工艺是通过贴片胶黏接或印刷电路板的插装孔事先将贴装元器件及插装元器件固定在印刷电路板的相应位置上，焊接时不会产生位置移动。而再流焊工艺焊接时的情况就大不相同了，元器件贴装后只是被焊膏临时固定在印刷电路板的相应位置上，当焊膏达到熔融温度时，焊料还要“再流动”一次，元器件的位置受熔融焊料表面张力的作用而发生位置移动。

12.5　表面组装检测技术

随着电子技术的飞速发展，专业化的生产对生产线上的各类设备和工艺有了更高的要求，从而检测成为电子产品生产中不可缺少的一环，它最大限度地提高了电子产品的生产效率和产品质量。表面组装检测的内容很多，除组装前的来料检测外，还包括组装工序过程检测和组装后组件检测。组装工序过程检测包含印刷焊膏、贴片、再流焊和清洗等工序的质量检测。组装后组件检测包含组件外观检测、焊点检测、组件在线检测和功能测试等。

12.5.1　组装工序检测

组装工序检测即焊前检验。在焊接前把型号、极性贴错以及贴装位置偏差过大、不合格的元器件纠正过来，比焊接后检查出来再进行返工要节省成本。焊膏不合格需要返工工时、材料，还可能导致元器件或印刷电路板（有的元器件是不可逆的）等的损坏，即使元器件没有损坏，但对其可靠性也会产生一定的影响。

1. 焊膏印刷质量检测

对于表面组装工艺，从最初焊膏印刷到最后焊膏回流，都与焊膏有关。因此，焊膏质量对表面组装工艺意义十分重大。在整个表面组装工艺中，65%的缺陷来自于焊膏印刷。印刷质量直接影响印刷电路板组装件的质量，尤其是含有 0.65mm 以下细间距引脚的集成电路器件贴装工艺，对焊膏印刷的要求更高。在焊膏印刷中常见的问题，如表 12-2 所示。

表 12-2　焊膏印刷中常见的问题

常见问题	原因
印刷不完全	开孔阻塞或部分焊膏黏在模板底部；焊膏黏度太小；焊膏中有较大尺寸金属粉末颗粒；刮刀磨损
模板表面有残留物	焊膏粒度过大或合金粉末颗粒过大导致
网孔堵塞	焊膏粒度过大或合金粉末颗粒过大导致
焊膏变干	焊膏中溶剂挥发过快
桥连	焊膏黏度太低
凹型焊膏沉积	使用软刮刀或刮刀压力较大或焊膏黏度过低，使焊膏从模板开孔中被刮走
塌边	刮刀压力太大；印刷电路板定位不牢；焊膏黏度或金属含量太低
焊膏太薄	模板厚度不符合要求(太薄)；刮刀压力太小；焊膏流动性差
拉尖	刮刀间隙或焊膏黏度太大

焊膏印刷后若能立即检测出印刷不良现象，并排除焊膏过多、焊膏不足和塌边等故障因素，将非常有利于焊接质量的改善与提高。焊膏印刷后设置检测工序是非常必要的。焊膏印刷质量检测可借助设备自动在线监测。自动在线检测主要是使用自动光学检测设备和三维焊膏测厚仪。三维焊膏测厚仪可测量锡膏厚度、锡膏面积、锡膏体积等特征量，检测多锡、少锡、锡膏桥接、锡膏拉尖等缺陷，如图 12-4 所示。对于异常锡膏点及时返工，可有效地降低返修成本，提高印刷电路板的合格率。

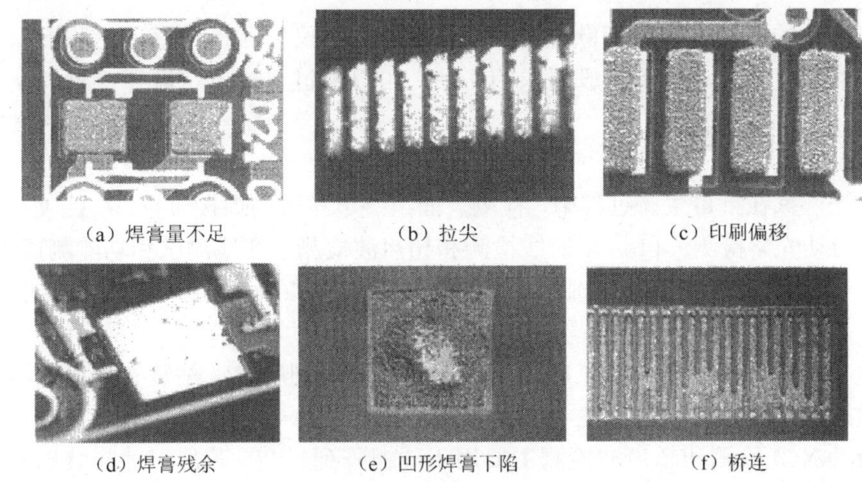
（a）焊膏量不足　（b）拉尖　（c）印刷偏移
（d）焊膏残余　（e）凹形焊膏下陷　（f）桥连

图 12-4　焊膏应用中出现的问题

三维焊膏检测仪系统的检测过程与自动光学检测机类似，主要使用激光三角测量和数字叠栅测量两种检测方法。前者与二维图像结合测量待测件的高度和标准高度的差异；后者采用相位调制法进行三维立体测量，将投射到测量对象上的光线调制成干涉条纹，使用移动光栅来测量被测对象的高度和体积。前者采用一束激光，测量精度不是很精确，而且容易受到印刷电路板表面不同形状与颜色的影响，但测量速度较快；后者视场深度不够，容易受噪声和振动影响，且速度较低，二者均存在阴影效应。虽然两种测量方法均存在一定的缺点，但利用其来检测印刷焊膏的厚度、长度与间距仍然是目前较好的方法。

2．贴片质量检测

贴片质量检测工序主要是进行贴装元器件的外观检查。外观检查可以检测出焊膏印刷或者点胶后放置在印刷电路板上的片式元器件及各种电子元器件的漏装或位置偏移。外观检查可采用人工目测或外观自动检查装置进行。相比人工目测方法，外观自动检查装置可以大幅度提高产品质量和生产效率。

3．其他组装工序过程检测

除以上组装工序过程检测之外，还有再流焊和清洗等工序过程检验。

焊后必须 100%全检，如果采用双面再流焊工艺，可在完成双面再流焊后一起检测。检测方法可根据各单位的检测设备配置来确定。如果没有光学检查设备（AOI）或在线测试设备，一般采用目视检测，根据组装密度选择 2～5 倍放大镜或 3～20 倍显微镜进行检验。

清洗工序过程检测要根据产品的清洁度要求进行，如军品、医疗和精密仪表等特殊要求的产品，需要用欧米伽（Ω）仪等测量仪器测量钠离子污染度、绝缘电阻等清洁度指标。对于一般要求的产品，可以通过目检方法进行检测。

12.5.2　常用的检测方法

生产厂家在批量生产过程中，检测表面组装电路板的焊接质量，广泛使用目视检测、自动光学检测、自动X射线检测和超声波检测、在线测试和功能测试等[7]。

目视检测是指直接用肉眼或借助放大镜和显微镜等工具检验组装质量的方法。

自动光学检测主要用于工序检验，包括焊膏印刷质量、贴装质量以及再流焊后质量检验。自动光学检测主要用来替代目视检测。

自动X光检测和超声波检测主要用于球栅阵列封装、芯片尺寸封装以及倒装芯片封装的焊点检验。

在线测试设备采用专门的隔离技术可以测试电阻器的阻值、电容器的电容值、电感器的电感值、器件的极性，以及短路和开路等参数。该种设备能够自动诊断错误和故障，把错误和故障显示、打印出来并可直接根据错误和故障进行修板或返修。在线测试的正确率和效率较高。

功能测试用于表面组装板的电功能测试和检验。功能测试就是将表面组装板或表面组装板上的被测单元作为一个功能体输入电信号，然后按照功能体的设计要求检测输出信号，大多数功能测试都有诊断程序，可以鉴别和确定故障，但功能测试的设备价格都比较昂贵。最简单的功能测试是将表面组装板连接到该设备相应的电路上进行加电，看设备能否正常运行，这种方法简单、投资少，但不能自动诊断故障。

1. 自动光学检测

表面组装电路的小型化和高密度化，使检验的工作量越来越大，依靠人工目视检测的难度越来越高，判断标准也不能完全统一。自动光学检测根据照相机成像技术来检查印刷电路板和焊接元器件等。自动光学检测可以快速检测出各种缺陷，主要用于焊膏印刷质量、贴装质量以及再流焊炉后质量检测，被广泛应用于大批量生产中。

自动光学检测是通过LED灯光等代替自然光，用光学透镜和电荷耦合器件传感器取代人眼，通过光学镜头拍摄的方式获得元件或焊点的图像，然后通过微处理机对印刷电路板信息的色彩差异和灰度比进行分析处理，从而判断印刷电路板上焊锡印刷、元件放置、焊点焊接质量等情况、可以完成的检查项目一般包括元器件缺漏检查、元器件识别、表面组装器件方向检查、焊点检查、引线检查和反接检查等。自动光学检测系统由图像处理软件对采集到的数据进行处理、分析和判断，不仅可以从外观上检测印刷电路板的质量，也可以在贴片焊装工序以后检查焊点的质量。图像处理技术包括彩色图像判别技术、相关匹配法技术和基于规则算法技术等，可在缺陷检测过程中降低误判率，提高设备的使用效率。自动光学检测的工作原理图如图 12-5 所示。

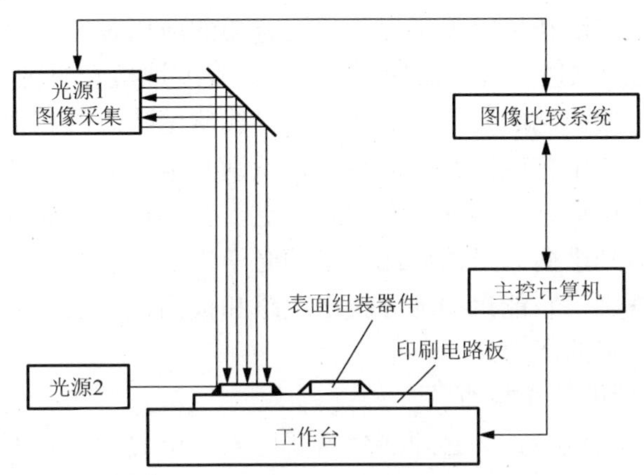

图 12-5　自动光学检测的工作原理图

自动光学检测一般可分为在线式和桌面式两大类。根据在线位置不同，可分为放在焊锡膏印刷之后、放在贴片机之后和放在再流焊之后三种自动光学检测；根据摄像机位置不同，可分为纯粹垂直式相机和倾斜式相机两种自动光学检测；根据光源情况可分为彩色镜头和黑白镜头自动光学检测。

自动光学检测的目标如下。

1）底片的检查

自动光学系统的设计是根据底片检查贴装工艺特性，利用玻璃面下的光透射玻璃进行对底板的扫描来检查底片对应位置上的缺陷。为彻底展现印刷电路板上的缺陷，在印刷电路板生产过程中使用自动光学系统，就能检查出印刷电路板面的 5μm 以下的缺陷，并且能够辨别错误的真实性，这种识别系统大大减少了故障缺陷的发生。

2）板的潜像质量检查

在湿处理前，对印刷电路板图像与孔的校准度进行检测，如有质量缺陷就可尽早得到解决。

3）铜表面显影后的图形质量检查

在印刷电路板铜面上显影后的图像检查，是一种更为广泛运用的检查方法。对显影后的图形检查，及时发现底版图像是否有缺陷或灰尘、划伤、沾污以及曝光机存在的问题等。使用自动光学检测系统对印刷电路板表面的检查，就是采用图像在光敏抗蚀剂膜与铜膜色彩反射率之间的差别进行分析。在多数的情况下，色彩差别越大，经过曝光后的图像所形成的颜色也越为强烈，其分析的结果就比较精确。一般在自动光学检测系统内设有“旋转式滤色镜”的色彩转换装置，进行恰当的选择并对图像进行优化处理，以提高对比度。

4）导体电路图形质量的检查

自动光学检测方法在抗蚀膜层退除后这方面的应用是非常普遍的，要获得更为清晰的图像，完全取决于过滤器的选择。最大限度地检查出蚀刻后的导体宽度，这就可能涉及多层板内层的元件表面状态和导线侧壁状态的相似程度的显现，这种形态取决于腐蚀的工艺或微腐蚀的特征，特别是电镀后的导线经过蚀刻后的形态。类似地，对多层板外围的导线腐蚀时，更需要进行选择和处理，从而保证导线蚀刻后的形态达到平衡。虽然如此，自动光学检测设置有人工智能控制系统，通过恰当的取舍规则，它能自动地寻找出电路和板面范围的缺陷，这就能大大地改善了系统检测缺陷的能力。

5）机械钻孔后的质量检查

机械钻孔后的质量检查，必须清楚需要检查的位置，同时不能忽略成本。要使用该系统检查，需要在低成本的情况下，花很少的费用完成“检查孔”的工艺。

6）微孔质量的检查

如果制作一开始要求进行蚀刻，激光打孔前进行铜体的掩蔽敷形，于是在打孔前需要对敷形掩膜附加检查步骤。观察打孔后的环氧腐蚀，就是采用图像非反射环形的工艺特征利用反射的方法进行的。反射的位置包含铜的焊盘，即孔的底边。假定钻孔前所制作的内层覆盖的是铜，唯一能观察到的就是激光打孔的直径比敷形掩膜制作的孔直径要小。因此，当高密度互连构造的印刷电路板的敷形孔的直径细小时，是无法探测到的。孔铜化前需要观察铜焊盘的整洁程度和孔、焊盘的部位。微孔检查最适合用自动光学系统检测，利用铜的反射和介质的荧光图形获得的信息，自动光学系统能够独立地检查出微孔上的铜和介质材料。

7）内层检测

自动光学检测在确认内层板导线正常后，要确保通路和绝缘性，即好似单面板先要认真检查。若一旦压合后还有缺陷存在，则影响很大，对于多层的面板更要先逐一确保其各层质量符合要求，才能进行压合，由于多层板渐多，内层板的负担加重，且导线越来越细，万一有漏失将会造成压合后的巨大损失。

2. 自动 X 射线检测

随着元器件的细微化和组装密度的进一步发展，常规检测已经不能满足人们的需求，而自动 X 射线检测技术可以对表面组装技术上的焊点、印刷电路板内层以及器件内部的连线进行更精确的检测。没有检测点的 BGA 封装，其焊锡球内部的空腔和焊锡球错位，只能通过自动 X 射线检测（automatic x-ray inspection，

AXI）系统检测出来。利用自动 X 射线检测系统，可以检测出由于焊接工艺的问题而造成的硬件上的失效，还可以确定失效点的具体位置。

X 射线检测是近几年才兴起的一种新型测试技术。当组装好的印刷电路板沿导轨进入机器内部后，位于印刷电路板上方有一个 X 射线发射管，其发射的 X 射线穿过印刷电路板后被置于下方的探测器（一般为摄像机）接受，焊点中含有可以大量吸收 X 射线的铅，因此与穿过玻璃纤维、铜、硅等其他材料的 X 射线相比，照射在焊点上的 X 射线被大量吸收，而呈黑点产生良好图像。X 射线很容易探测到焊点内的空洞或元件下面的焊料空缺，因而即使很小的缺陷也能观察到。

近几年，自动 X 射线检测设备有了较快的发展，从二维检测发展到三维检测。计算机分层扫描技术可以提供传统 X 射线成像技术无法实现的二维切面或三维立体表现图，并且避免了影像重叠、混淆真实缺陷的现象，可清楚地展示被测物体内部结构，提高识别物体内部缺陷的能力，更准确地识别物体内部缺陷的位置。这类设备有两种成像方式。

3. 在线测试

随着芯片集成度和组装密度越来越高，测试点间距越来越小、测试点数量越来越多，对组装后的元件测试要求也相应提高。在线测试是通过对在线元器件的电性能及电气连接进行测试来判断生产制造缺陷及元器件不良的一种标准测试手段。一块印刷电路板组件是由许多个元器件及元器件之间的连线构成，只要将信号源和测量仪连接在与某一器件相连的节点上，就可以对该器件进行测试。它主要检查在线的单个元器件及各电路网络的开、短路情况。在线测试技术广泛应用于自动化领域，一般安排在波峰焊或再流焊的后一道工序，可分为针床式在线测试和飞针式在线测试。

在线测试能有效地检查制成印刷电路板上元器件的电气性能和电路网络的连接情况，能够定量地对电阻、电容、电感、晶振等器件进行测量；对二极管、三极管、光耦合器、继电器和电源模块进行测量；对中、小规模的集成电路也可进行测试。在线测试可直接定位具体的元器件、元器件引脚、网络点上的故障，定位准确、操作简单、测试快捷。

1）针床式在线测试

传统针床式在线测试，使用专门针床与印刷电路板上已焊接好的元器件接触，用数百毫伏电压和 10mA 以内电流进行分离隔离测试，精确地判断表面组装元器件的漏装、错装、参数值偏差、焊点连焊、印刷电路板开短路等故障，将故障准确定位。针床式在线测试具有测试速度快和适合单一品种民用型家电电路板极大规模生产的测试。然而，随着组装密度的提高，特别是细间距表面组装及新产品开发生产周期缩短、品种增多，针床式在线测试面临一些难以克服的难题。例如，测试用针床夹具的制作及测试周期长、价格贵，对一些高密度表面组装由于测试精度问题而无法进行。

要进行在线测试，在线测试仪必须能做到"触及"和"隔离"，能触及所有的待测元器件。显然，要分别逐个测试，测试仪必定要接触到任何器件的每个脚。另外，在线测试仪必须能隔离周围器件对被测器件的影响，这是由于器件和器件之间存在线路连接，需专门的隔离技术使被测器件不受其他器件影响。要触及印刷电路板上的每个测试点，需要一个特殊的测试工具——针床，针床上有许多弹性小探针，就可以触及测试点，这些小探针也隔离了周围器件对被测器件的影响。每个印刷电路板都需要一个和其相符的测试针床，针床的作用是连接在线测试仪内部测量仪器模块和被测试节点。因测试可以是模拟、数字和混合，每个测试针都能在测试程序控制下与模拟或数字测量仪表模块相连。每个测试仪内部有两组继电器，一组为跟踪器，连接任一测试点和测量仪表总线；另一组为多路传输器，连接测量仪表总线和测量仪表模块。

2）飞针式在线测试

飞针式在线测试是目前电气测试一些主要问题的最新解决办法。飞针测试仪用探针来取代针床，使用多个由电动机驱动、能够快速移动的电气探针同器件的引脚进行接触并进行电气测量。这种仪器最初是为裸板而设计的，也需要复杂的软件和程序来支持，现在已经能够有效地进行模拟在线测试。飞针测试的出现已经改变了小批量与快速转换装配产品的测试方法。以前需要几周时间开发的测试，现在仅需几个小时，大大缩短了产品设计周期和投入市场的时间。

飞针测试仪是对传统针床在线测试仪的一种改进，用探针来代替针床，在 X-Y 机构上装有可分别高速移动的 4 个头，共 8 根测试探针，最小测试间隙为 0.2m。工作时，在测单元（unit under test，UUT）通过传送系统输送到测试机内，然后固定，测试仪的探针接触测试焊盘和通路孔，从而测试在测单元的单个元件。测试探针通过多路传输系统连接到驱动器（信号发生器、电源供应等）和传感器（数字万用表、频率计数器等）来测试在测单元上的元件。当一个元件正在测试的时候，在测单元上的其他元件被屏蔽以防止读数干扰。

飞针测试仪可以检查短路、开路和元件值。在飞针测试上也使用了一个相机来帮助查找丢失元件。用相机来检查方向明确的元件形状，如极性电容。随着探针定位精度和可重复性达到 5～15μm，飞针测试仪可精密地探测在测单元。飞针测试解决了在印刷电路板装配中见到的大量现有问题：可能长达 4～6 周的测试开发周期；10000～50000 美元的夹具开发成本；不能经济地测试小批量生产；不能快速地测试原型样机装配。

飞针测试仪为一个有价值的测试工具，其优点如下。

（1）较短的测试开发周期。系统在接收到 CAD 文件后几小时内就可以开始生产。因此，原型电路板在装配后数小时即可测试，而不像针床测试，高成本的测试开发与夹具可能将生产周期延误几天甚至几个月。

（2）较低的测试成本，不需要制作专门的测试夹具。

（3）由于设定、编程和测试的简单与快速，实际上一般技术装配人员就可以进行操作测试。

（4）较高的测试精度。飞针在线测试的定位精度（10μm）和重复性（±10μm）以及尺寸极小的触点和间距，使测试系统可探测到针床夹具无法达到的印刷电路板节点。

3）两种测试的比较

传统的针床在线测试探针数目有 500～3000 只，针床与印刷电路板一次接触即可完成在线测试的全部要求，测试时间只要几十秒；而飞针在线测试探针只有 4 支，针床一次接触所完成的检测，飞针需要多次运动才能完成，时间显然要长得多。针床在线测试可使用顶面夹具同时测试双面印刷电路板的顶面与底面元件；而飞针在线测试要求操作员测试完一面后，翻转再测试另一面，因此飞针在线测试并不能很好地适应大批量生产的要求。另外，飞针在线测试因测试探针与通路孔和测试焊盘上的焊锡发生物理接触，可能会在焊锡上留下小凹坑，因为在没有测试焊盘的地方探针会接触到元件引脚，可能会错过松脱或焊接不良的元件引脚。

4. 功能测试

组件功能测试就是将表面组装组件上被测单元作为一个功能体，对其提供输入信号，按照功能体的设计要求检测输出信号。这种测试要确定表面组装组件能否按照设计要求正常工作。功能测试最简单的方法，是将组装好的表面组装组件连接到该设备的适当电路上，加电压，如果设备正常工作，就表明表面组装组件合格。这种方法简单、投资少，但不能自动诊断故障。

通常把功能测试分成静态测试和动态测试两种类型。静态测试是在固定的状态下测试表面组装组件的功能，成本较低。动态测试需要给表面组装组件加激励，以正常工作的时钟频率操作测试功能。不管是哪种类型的功能测试，都包括加激励、收集响应及根据标准组装组件的响应评价被测试表面组装组件的响应三个基本过程。大多数功能测试仪都有诊断程序，用来鉴别和确定故障。通常采用的功能测试除人工分析外，还有以下几种测试分析方法。

1）测试夹具测试

测试夹具测试包括双测试夹具测试和单测试夹具测试。

采用双测试夹具测试时，将标准表面组装组件和被测试表面组装组件分别夹在一个测试夹具上，同时对两块组件加相同激励（伪激励），进行响应比较。若发现故障，再用手持探针，比较被测组件上的故障结点和测试标准版上的相应结点的响应，以便确定故障范围和类型。

单测试夹具的测试方法是用单测试夹具夹在标准表面组装组件上进行测试操作，将响应存储在存储器中，然后用同一夹具对被测试的表面组装组件进行相应的测试操作，进行响应比较。如发现故障，用手持探针进行测试操作，其原理如图 12-6 所示。用这种方法进行功能测试，由于测试时标准板组件和被测试组件之间存在一定的定时差别，会使检测出的故障不精确。

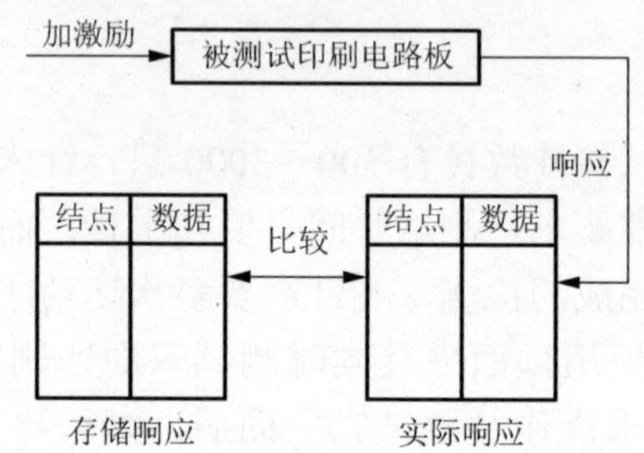

图 12-6　单测试夹具功能测试方框图

双测试夹具或单测试夹具测试方法都属静态测试，测试成本较低。

2）模拟测试

模拟测试方法采用故障模拟进行激励，其模拟器能对所推荐的激励图形计算其故障范围，从而有助于开发最佳激励。该方法应具有很强的软件功能，根据被测表面组装组件上的元器件布局和器件真值表数据库，利用计算机产生的被测表面组装组件的模型，预测所选择的输入图形的正确响应，通过计算表面组装组件上每个结点的逻辑状态进行评价，发现故障。采用模拟器的功能测试方框图如图 12-7 所示。这种测试仪多数采用静态测试技术，也有少数采用动态测试的系统，是最精确的功能测试方法，但价格昂贵。其需要后备表面组装组件和高速驱动器，以便以高速时钟频率加激励。因为并非所有器件都能模拟，所以该方法的应用受到限制。

3）特征分析测试

特征分析（SA）测试是一种动态数字测试技术，采用针床夹具对被测表面组装组件上的给定结点取数，检验器件输入端和输出端的特性，检查给定器件工作的正确性。这类似于在模拟电路上用示波器观察波形的方式，采用返回跟踪进行故障检测。测试时，测试系统多路转换到被测试的每个结点上，与测试标准板的相应结点进行比较，检测表面组装组件的某些特征。特性分析仪与表面组装组件时钟同步，进行动态测试，其原理如图 12-8 所示。相比模拟测试技术，动态测试技术成本较低，但由于依赖于测试标准板进行测试，不能精确分析故障特性。

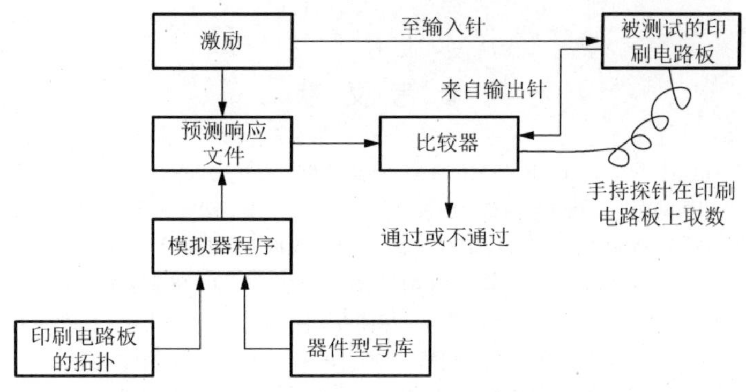

图 12-7　采用模拟器的功能测试方框图

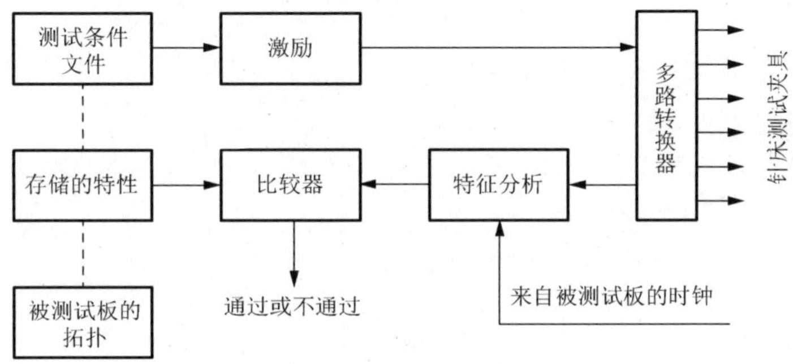

图 12-8　特性分析测试技术方框图

习　　题

1. 什么是表面组装技术？
2. 表面组装的基本工艺流程有哪些？
3. 电子元器件的检测包括哪些内容？
4. 印刷电路板的检测包含哪些内容？
5. 贴片胶的作用是什么？
6. 表面组装检测包含哪些基本内容？
7. 什么是 X 射线检测？
8. 简述针床式在线检测技术。
9. 简述飞针式在线检测技术。
10. 在线测试和功能测试的测试内容有什么不同？

参 考 文 献

[1] 吴兆华, 周德俭. 电路模块表面组装技术[M]. 北京: 人民邮电出版社, 2008.

[2] 张杰. SO 型芯片引脚共面性在线光电质检仪的设计与实现[D]. 桂林: 桂林电子科技大学, 2009.

[3] 何丽梅, 陈玲玲, 程刚. SMT-表面组装技术[M]. 2 版. 北京: 机械工业出版社, 2016.

[4] 杜中一, 张欣, 王万刚, 等. SMT 表面组装技术[M]. 3 版. 北京: 电子工业出版社, 2016.

[5] 史建卫, 何鹏, 钱乙余, 等. 焊膏工艺性要求及性能检测方法[J]. 电子工业专用设备, 2004, 119(12): 19-25.

[6] 韩满林, 郝秀云. 表面组装技术（SMT 工艺）[M]. 2 版. 北京: 人民邮电出版社, 2014.

[7] 曹白杨, 张欣, 梁万雷, 等. 表面组装技术基础[M]. 北京: 电子工业出版社, 2012.

附　　表

附表 A 检测项目和陪片设置

工序	检测项目	常用检测方法和设备	陪片	备注
抛光片	电阻率	四探针、扩展电阻		对 MOS 集成电路要分档
	抛光片质量	紫外灯、显微镜、化学腐蚀、热氧化层错法	√	紫外灯 100%检查，其余抽检
外延	表面	紫外灯、显微镜		紫外灯 100%检查
	电阻率、杂质分布	三探针、四探针、扩展电阻、C-V 法	√	
	厚度	层错法、干涉法、红外反射法	√	
	埋层漂移	干涉法、显微镜	√	
热氧化	表面	紫外灯		100%，必要时显微镜抽检
	厚度、折射率	椭偏仪、反射仪、干涉法、分光光度计	√	
	表面电荷	C-V 法	√	把陪片做成 MOS 结构
	场氧后“白带”效应	显微镜		正式片抽检
	三层腐蚀后场氧厚度	分光光度计		正式片抽检
扩散	薄层电阻	四探针	√	
	结深	磨角法、滚槽法	√	
	杂质分布	扩展电阻、C-V 法、阳极氧化剥层法	√	不作为常规检测
	结的漏电、击穿电压	电学测试	√	带图形检测片
离子注入	大剂量的反型掺杂型	同扩散	√	
	小剂量载流子分布	扩展电阻、C-V 法	√	
光刻	光刻胶厚度	分光光度计、机械探针扫描	√	
	硅片平整度	平整度测试仪		正式片抽检
	CD 尺寸	目镜测微仪、线宽测试仪	√	
	接触孔腐蚀情况	分光光度计、液体探针		正式片抽检
	各种薄膜腐蚀速率	用相应的干法和湿法腐蚀	√	
多晶硅	表面	紫外灯、显微镜		正式片抽检
	厚度	分光光度计、反射仪	√	
CVD PSG	厚度、折射率	同热氧化	√	
	缺陷、漏电、击穿电压	电测试、各种针孔检查方法	√	电测试用样品做成MOS结构
	磷含量	扩散后测薄层电阻、查曲线	√	定期抽检
	回流效果	扫描电镜		正式片抽检
	腐蚀速率	同光刻	√	
CVD Si_3N_4	表面	紫外灯、显微镜		紫外灯 100%检查
	厚度、折射率	同热氧化		
	腐蚀速率	浓 HF 或同光刻		
PVD 铝等金属薄膜	表面	紫外灯、显微镜		正式片抽检
	厚度	机械探针扫描、干涉法	√	表面要做成台阶

注：“√”记号表示要放工艺检测片。记录测试结果，进行计算机辅助测试、分析。

附表B 微电子封装的主要类型

缩写		名称		特征	
		英文名称	中文名称	材质	针脚或引脚间距
IC针脚插入型	DIP	dual in-line package	双列直插封装	P/C	2.54mm
	SIP	single in-line package	单列直插封装	P	2.54mm （1方向引线）
	ZIP	zigzag in-line package	Z形直插封装	P	2.54mm （1方向引线）
	S-DIP	shrink dual in-line package	紧缩式双列直插封装	P	1.778mm
	SK-DIP	skinny dual in-line package	薄型双列直插封装	C/P	2.54mm 宽度方向引线间距缩短1/2
	PGA	pin grid array package	针栅阵列封装	C	2.54mm
IC SMT型	SOP	small outline package	小外形封装	P	1.27mm 2方向引线
	MSP	mini square package	微方形封装	P	1.27mm 1.016mm 4方向引线
	QFP	quad flat package	四边引脚扁平封装	P	1.0mm 0.8mm 0.65mm 4方向引线
	FPG	flat package of glass	玻璃扁平封装	C	1.27mm 0.762mm 2方向引线 4方向引线
	LCC	leadless chip carrier	无引线芯片载体	C	1.27mm 1.016mm 0.762mm
	PLCC	plastic leaded chip carrier	塑料有引线芯片载体	P	1.27mm J形弯曲 4方向引线
	SOP/SOJ	small outline(j-lead) package	小外形（J形）封装	P	1.27mm J形弯曲 2方向引线
	BGA	ball grid array package	球栅阵列封装		
	CSP	chip scale package	芯片尺寸封装		
	TAB	tape automated bonding	载带自动键合		

续表

缩写		名称		特征	
		英文名称	中文名称	材质	针脚或引脚间距
芯片键合类型	WB	wire bonding	引线键合		
	FC	flip chip	倒装焊		
	COB	chip on board	板上芯片		
	COF	chip on film	覆晶薄膜		
	COG	chip on glass	玻璃衬底芯片		
	3D-MCM	three dimensional multichip module	三维多芯片组件		
	TF-MCM	thin film multichip module	薄膜多芯片组件		

注：P代表塑料封装，C代表陶瓷封装。